U0317154

黄土高原流域侵蚀产沙及其植被重建响应

朱清科 秦 伟 张 岩 著

科 学 出 版 社

北 京

内 容 简 介

全书在梳理、总结黄土高原侵蚀产沙影响因素、监测预报及其植被重建变化响应相关理论与方法的基础上，以陕北黄土区北洛河上游流域为研究区，综合运用遥感、地信、地统计学、模型模拟等方法，多尺度系统揭示了降雨空间分异、地形地貌特征、植被覆盖变化、水沙变化驱动、浅沟和道路等主要侵蚀类型发生规律，构建了考虑沟间地、沟谷地侵蚀分异和泥沙输移比率的大中流域侵蚀产沙模型，分析了植被水沙调控效应及其导致的流域侵蚀产沙重点策源地变化特征，阐明了流域侵蚀产沙的植被变化响应机制。

本书可供土壤侵蚀、水土保持、林业生态、生态水文、自然地理和遥感地信等专业方向的科研和教学人员参考，亦可作为科研院所和高等院校相关专业的教学参考书籍。

图书在版编目 (CIP) 数据

黄土高原流域侵蚀产沙及其植被重建响应／朱清科，秦伟，张岩著.
—北京：科学出版社，2016. 2
ISBN 978-7-03-047253-3

Ⅰ.①黄…　Ⅱ.①朱…②秦…③张…　Ⅲ.①黄土高原–土壤侵蚀–研究
②黄土高原–植被–重建–研究　Ⅳ.①S157.1②Q948.15

中国版本图书馆 CIP 数据核字（2016）第 020076 号

责任编辑：李　敏　吕彩霞　杨逢渤／责任校对：钟　洋
责任印制：肖　兴／封面设计：无极书装

科 学 出 版 社 出版

北京东黄城根北街 16 号
邮政编码：100717
http://www.sciencep.com

中国科学院印刷厂 印刷
科学出版社发行　各地新华书店经销

*

2016 年 1 月第　一　版　开本：787×1092　1/16
2016 年 1 月第一次印刷　印张：20 3/4
字数：500 000

定价：158.00 元
（如有印装质量问题，我社负责调换）

前　言

　　土壤侵蚀是导致土地退化的重要原因。尤其水力侵蚀不仅使水土资源流失、土地生产力下降，还造成河湖塘库泥沙淤积，促发洪涝、干旱等灾害，严重制约了人类社会的可持续发展。当前，全球水力侵蚀面积为 1094 万 km^2，占侵蚀总面积的近 70%，是危害最大、影响最广的世界环境问题。我国是世界上水土流失最为严重的国家之一，根据第二次全国遥感普查结果，全国共有 355.55 万 km^2 的区域存在不同等级和形式的水土流失，约占国土总面积的 37%。全国每年因土壤侵蚀流失土壤 80 亿～120 亿 t，分别占全球总侵蚀量（600 亿 t）和陆地入海泥沙总量（240 亿 t）的 13%～20% 和 33%～50%。虽然近 10 余年，通过实施一系列的大规模水土保持生态治理工程，水土流失面积大幅减少，生态环境明显改善，但仍未能从根本上改变水土流失面广量大的严峻形势。据第一次全国水利普查水土保持情况公报显示，截至普查标准时点 2011 年 12 月 31 日，全国共有水力和风力导致的土壤侵蚀面积为 294.94 万 km^2，约占国土总面积近 1/3，其中水力侵蚀面积为 129.32 万 km^2，年均土壤侵蚀总量为 45.2 亿 t，超过允许土壤流失量 5～10 倍，局部地区达 20 倍以上，相当于每年损失耕地约 100 万亩[①]，而形成 1 cm 厚的土壤需要数百年以上。剧烈水土流失直接导致土地退化和耕地损毁，严重威胁我国 18 亿亩耕地红线，同时还加剧江河湖库淤积、森林退化、水体污染、滑坡山洪、扬尘雾霾和二氧化碳排放等其他生态与环境灾害。据不完全统计，自 20 世纪 50 年代初期以来，全国水库塘坝因泥沙淤积而损失的库容累计超过 200 亿 m^3，相当于损失 1 亿 m^3 的大型水库 200 余座；另据亚洲开发银行研究显示，水土流失引发的直接和间接灾害对我国造成的经济损失相当于 GDP 总量的 3.5%。总体上，水土流失已成为国家生态安全、粮食安全、水安全和人居安全的根本性威胁。

　　黄土高原是中华民族繁衍生息的发祥地，是孕育华夏文明的摇篮。然而，由于气候变化、水资源短缺以及对自然资源的不合理利用，该区的森林植被遭到严重破坏，土地超载，生态环境变得极端脆弱，已成为我国乃至世界上水土流失最为严重的地区之一。区内 45.4 万 km^2 的土地存在水土流失，占黄土高原总面积的 73%。大部分地区的土壤侵蚀强度都在 0.5 万 $t/（km^2·a）$ 以上，有些地方甚至超过 2 万 $t/（km^2·a）$。其中，仅皇甫川至秃尾河各支流的中下游地区和无定河中上游及白于山河源区，即黄土高原多沙粗沙区，每年因土壤侵蚀而输入黄河的泥沙就高达 10 亿 t，占黄河多年平均输沙量的 64%，给下游的水利工程与河道安全造成严重威胁。同时，土壤侵蚀还使土壤养分物质大量流失、土地严重退化。据不完全统计，黄土高原每年因水土流失而损失的氮、磷、钾养分就高达 0.44 亿 t，几乎相当于全国的年化肥生产总量。黄土高原地区严重的土壤侵蚀使森林植被生长

---

　　① 1 亩≈666.7m^2。

更加困难，土地生产能力急剧下降，从而导致生态环境持续恶化，严重制约了区域经济发展和社会进步。

植被重建是恢复退化生态系统、改善土地利用格局、增加地表覆盖的有力途径。通过植被重建可重新分配降雨、避免土壤遭受降雨击溅、改善土壤结构、减少地表降雨产流、缩短坡面径流路径，从而有效减少坡面侵蚀和流域输沙。20 世纪 50 年代以来，我国在黄土高原地区相继开展了一系列大规模的水土保持工程和林业生态工程。大规模植被重建对该区流域侵蚀、产沙产生了重要影响，在控制水土流失、改善生态环境方面取得了显著成效，最直观的表现为区域植被覆盖明显增加，尤其黄河粗泥沙集中来源区已有一半区域由"黄"变"绿"，淮河以北江河水沙明显减少，其中黄河潼关断面的沙量和水量分别由 60 年代以前的年均 15.9 亿 t 和 426 亿 m³ 锐减至近 10 余年的 2.8 亿 t 和 231 亿 m³，减幅达 82% 和 46%。在此背景下，植被重建在黄河流域水沙变化中的具体贡献比例、植被变化流域生态水文响应等问题成为各界关注的热点。虽然国内外就植被重建与流域侵蚀产沙的关系已进行了大量研究，但仍存在诸多问题尚未解决，集中表现在两个方面：首先，在研究尺度上，现有研究多针对坡面和小流域尺度的植被水沙调控能力与机制，针对大中流域还多是单纯针对植被变化在年均尺度减水减沙效益的分析评价，有关大中流域植被变化水沙调控规律的研究少见报道；其次，在研究方法上，侵蚀产沙模型是研究植被重建与流域侵蚀、产沙关系的重要手段，虽然已有大量统计或物理模型见诸报道，但受制于有限的基础数据和海量的运算过程，还未建立起既高效又准确的黄土区大中尺度流域侵蚀、产沙预报模型。这些问题严重制约了黄土高原生态环境的改善和水土资源的可持续利用。

针对黄土高原大中流域侵蚀产沙对植被重建变化响应研究的迫切性，以及现有研究中存在的主要问题和不足，作者依托"十一五"国家科技支撑计划课题"困难立地工程造林关键技术研究（2006BAD03A03）"、"十二五"国家科技支撑计划课题"黄土及华北石质山地水土保持林体系构建技术研究与示范（2011BAD38B06）"、林业公益性行业科研专项经费课题"黄土丘陵严重侵蚀区植被恢复和重建技术研究（201104002-2）"国家自然科学基金项目"考虑植被和地形对下坡侵蚀耦合影响的坡长因子研究（31200535）"，以地处黄土高原腹地北洛河上游流域为典型试验基地，开展了长期研究，形成了黄土高原流域侵蚀产沙及其植被重建响应研究成果。

研究中采用了数字高程模型、多时相遥感影像、长时序水文气象资料等多源基础数据，综合运用了 GIS、RS、地统计学、数理统计、数字模拟等技术方法，融合了土壤侵蚀、水土保持、景观生态、生态水文等多学科理论，注重多时空尺度结合和多视角对比，重点从降雨时空变异、地形地貌特征、植被覆盖演变、水沙变化驱动、土壤侵蚀规律、侵蚀产沙模拟等方面，全面刻画了黄土高原地区的降雨和植被时空分异，系统揭示了北洛河上游流域内坡面、小流域和大中流域尺度侵蚀产沙的植被变化响应规律。研究取得一些创新技术成果。

在技术方法方面主要包括：

1）建立了基于高分辨率遥感影像和高精度数字高程模型的黄土区坡面浅沟及其地形要素识别方法，据此分析确定出黄土高原坡面浅沟侵蚀的上限、下限临界坡度和临界坡长。

2）提出了黄土丘陵沟壑区土壤侵蚀地表过程响应单元快速划分及其地形特征高效提取技术，据此建立了面向地形地貌特征的流域侵蚀风险评估方法，并通过引入谐波和周期分析方法，确定了黄土高原流域沟谷分布规律。

3）基于现有上坡单宽汇流面积的坡长因子算法，通过增加不同地类汇流面积贡献率，新建了考虑植被和地形对下坡侵蚀耦合影响的坡长因子算法。

4）利用基于 Hc-DEM 的黄土高原沟缘线自动提取技术，划分了流域沟间地和沟谷地侵蚀地貌单元，提出了沟间地运用土壤流失方程为模型框架评估面蚀为主的坡地侵蚀，沟谷地运用改造沟坡侵蚀模型评估冲蚀为主的沟谷侵蚀，并与泥沙输移比分布模型集成，构建了考虑沟-坡分异的黄土区大中流域侵蚀产沙模型体系。

在规律认识方面主要包括如下：

1）确定了黄土高原年、月、日降雨的空间变异幅度，提出了进行对应时间尺度降雨空间插值应选用的最小相关距离；分析了黄土高原侵蚀性降雨年发生频率、单场侵蚀性降雨量、侵蚀力分布频率和主要雨型，统计了单峰、双峰和 3 峰降雨在该区总降雨场次的比例。

2）发现近 10 余年黄土高原地区 NDVI 植被指数均值从东南向西北逐渐递减，明显呈 3 条带状分布，并大致对应于中国农业气候分区的干旱中温带、中温带、南温带 3 个气候区；10 余年来，全区 88% 的区域年均 NDVI 增加，90% 的区域夏季 NDVI 增加，表明植被覆盖显著改善，且夏季增加较年均尺度的改善更为明显；不同区域和坡段间，中温带地区内 15°~35° 坡段区域的植被覆盖改善最为明显，反映出坡耕地退耕还林（草）工程作为近 10 余年植被覆盖改善主要驱动的特点。

3）黄土高原小流域内林地分布格局对土壤侵蚀强度具有显著影响，林地面积比例、林地斑块密度、林地形状指数和林地植被覆盖度等反映林地分布格局的指标增加将导致土壤侵蚀减少，而林地坡位指数增加则会增加土壤侵蚀强度，总体上相同面积的林地，其分布越靠坡面上部，其防治土壤侵蚀的功能越弱。

4）明确了黄土高原大中流域植被重建的水沙调控能力及其年际、年内调控特征和效应阈值；确定了大规模植被重建后，流域侵蚀产沙在坡-沟侵蚀地貌单元、不同土地利用类型单元的分布变化及其空间分异影响因素与贡献比例的变化响应，揭示了植被重建调控流域侵蚀的作用机制。

本书共包括 14 章，除第 1 章"绪论"、第 2 章"研究区域概况"外，其余 12 章分为上、下两篇，其中，第 3 章"降雨空间分异与侵蚀性降雨特征"、第 4 章"流域地貌特征及其潜在侵蚀风险评估"、第 5 章"植被恢复空间分异与土地利用/覆被变化"、第 6 章"流域径流输沙变化与驱动因素"、第 7 章"流域坡面浅沟侵蚀发育地形特征"、第 8 章"黄土区土质道路土壤侵蚀特征"组成上篇，以"降雨与植被时空变化及流域侵蚀产沙特征"为主题，揭示黄土高原和北洛河上游流域降雨空间分异、植被覆盖变化、水沙变化驱动，以及坡面浅沟和土质道路的土壤侵蚀特征；第 9 章"黄土高原县域土壤侵蚀强度评估"、第 10 章"黄土高原大中流域 SWAT 模型适用性评价"、第 11 章"黄土高原大中流域侵蚀产沙分布式统计模型"、第 12 章 "黄土高原坡面侵蚀产沙对植被覆盖变化的响应"、第 13 章 "黄土高原小流域土壤侵蚀对林地空间分布变化响应"、第 14 章 "黄土高原大中流域侵蚀产沙对植被重建变化响应" 组成下篇, 以 "侵蚀产沙预报及其植被重建变化响应" 为主题, 从坡面、县区、小流域、大中流域研究侵蚀产沙特征规律、预报方法及其对植被重建变化响应。各章的主要内容分别为: 第 1 章结合全书相关内容, 分别从侵蚀产沙影响因素、侵蚀产沙监测预报方法、侵蚀产沙对植被重建变化响应 3 个方面, 梳理总结了黄土高原地区的现有研究成果, 最后明确了现有研究的不足和未来研究的方向; 第 2 章介绍了全书涉及的黄土高原、北洛河上游流域的基本概况; 第 3 章针对黄土高原地区, 分析了年、月、日多时间尺度的降雨空间分异特征以及侵蚀性降雨频率、雨量、历时等统计特征, 并针对典型研究区——北洛河上游流域, 比选了适宜的降雨空间插值方法, 分析了流域降雨时空分布特征; 第 4 章基于数字地形分析和沟缘线编程提取, 研究了北洛河上游流域的沟谷分布、坡–沟组成、坡度分级等地形特征, 通过侵蚀地貌单元划分及其地形特征提取, 评估了基于地形地貌特征的流域潜在侵蚀风险; 第 5 章采用 RS 和 GIS 技术, 针对黄土高原地区, 基于 NDVI 植被指数变化解析, 揭示了近 10 余年该区植被恢复的空间分异特征, 针对典型研究区——北洛河上游流域, 揭示了近 20 年大规模植被重建驱动下的流域土地利用/覆被与景观格局时空演变特征; 第 6 章基于径流输沙资料统计分析, 揭示了北洛河上游流域水沙波动与变化特征, 确定了流域 30 年水沙变化时段及驱动因素; 第 7 章以高分辨率遥感影像和大比例尺数字高程模型为数据源, 基于 RS 和 GIS 技术快速提取大量浅沟及其地形参数, 分析了北洛河上游流域坡面浅沟侵蚀发育的地形特征; 第 8 章在野外调查的基础上, 通过概化与分区, 统计分析了北洛河上游土质道路不同部位的土壤侵蚀特征; 第 9 章在野外小流域均匀抽样详查的基础上, 对比了基于 CSLE 模型结合抽样调查、基于遥感影像解译结合土壤侵蚀分级两种土壤侵蚀强度评估方法在县域尺度的应用效果与精度; 第 10 章针对黄土高原大中流域, 基于参数敏感性分析、参数校准与检验, 评价了 SWAT 模型在黄土高原大中流域的适用性; 第 11 章针对黄土高原沟缘线上、下侵蚀产沙分异显著的特点, 综合采用 GIS、RS 和编程技术, 尝试在坡–沟地貌单元划分的基础上, 建立了沟间地运用通用土壤流失方程模型结构, 评估面蚀为主的坡地侵蚀, 沟谷地运用改造沟坡侵蚀统计模型, 评估冲蚀为主的沟谷侵蚀, 并与 SEDD 模型集成确定流域侵蚀、产沙分布的黄土高原大中流域侵蚀产沙模型体系, 同时, 以北洛河上游流域为典型区, 评价了针对逐年和不同水沙变化时段的流域侵蚀产沙模拟效果; 第 12 章基于不同植被覆盖坡面小区原位观测资料, 分析了容重、含水量、孔隙度、入渗率和抗冲性等土壤物理性状对植被覆盖的变化响应, 确定了不同植被覆盖条件下, 产流产沙特征及其影响因素与贡献, 从坡面尺度揭示了侵蚀产沙的植被重建变化响应规律; 第 13 章选择北洛河上游流域的独立小流域, 分别采用 CSLE 模型和植被详查确定了小流域的土壤侵蚀强度和林地分布格局指数, 并综合分析了两者的相互关系, 从小流域尺度揭示了侵蚀产沙对林地植被分布的变化响应规律; 第 14 章针对黄土高原大中流域, 分别采用水文统计方法、SWAT 模型模拟方法、分布式统计模型模拟方法, 研究了植被重建在多年、年际和年内等多时间尺度对流域水沙的调控效应, 植被重建前、后流域不同地貌单元、不同土地利用类型侵蚀产沙分布变化，以及流域侵蚀空间分异及其影响因素变化，从大中流域尺度揭示了侵蚀产沙对植被重建的变化响应规律。

全书撰写中，第1章由朱清科、秦伟、赵维军执笔；第2章由朱清科、秦伟、焦醒执笔；第3章由张岩、朱清科、秦伟执笔；第4章由秦伟、燕楠、安彦川执笔；第5章由秦伟、张岩、李扬、何远梅执笔；第6章由秦伟、朱清科、郭乾坤执笔；第7章由秦伟、朱清科、焦醒执笔；第8章由朱清科、秦伟、赵磊磊、罗在燃执笔；第9章由张岩、燕楠执笔；第10章由张岩、姚文俊执笔；第11章由秦伟、朱清科、殷哲执笔；第12章由朱清科、秦伟、艾宁执笔；第13章由张岩、姚文俊、郭乾坤执笔；第14章由秦伟、朱清科、李柏执笔。全书由朱清科、秦伟统稿并定稿。

本书出版得到了"十二五"国家科技支撑计划课题"黄土及华北石质山地水土保持林体系构建技术研究与示范（2011BAD38B06）"子课题"陕北黄土丘陵沟壑区保水固土水土保持植被研究与示范（2011BAD38B0601）"、林业公益性行业科研专项经费课题"黄土丘陵严重侵蚀区植被恢复和重建技术研究（201104002-2）"的资助。

由于流域侵蚀产沙过程复杂，针对大中流域空间尺度的预报模拟等相关技术仍是学界的难点，加之作者水平和时间所限，书中不免会有欠妥之处，敬请读者不吝赐教、批评指正！

作　者

2015年12月

目　　录

上篇　降雨与植被时空变化及流域侵蚀产沙特征

下篇　侵蚀产沙预报及其植被重建变化响应

第1章 | 绪 论

1.1 黄土高原侵蚀产沙影响因素

土壤侵蚀是指陆地表面在水力、风力、冻融和重力等外营力作用下,土壤、土壤母质及其他地面组成物质被破坏、剥蚀、转运和沉积的全过程。当外营力以降雨击溅及其汇集形成的地表径流冲刷为主时,即为水力侵蚀。当前,全球水力侵蚀面积约 1094 万 km^2,占土壤侵蚀总面积的近 70%,是危害最大、影响最广的世界环境问题 (Lal, 2003)。土壤侵蚀是典型的地表过程,发生在由地形、土壤和地表覆盖组成的下垫面单元内,通常称为地表过程响应单元。在地表过程响应单元内,所有外营力驱动下的土壤运动都可视为侵蚀,而当以某一断面为界线,侵蚀运动后被输移出该断面的侵蚀物质则被称为产沙。在实际中,这一断面往往是一个完整坡面、天然集水区、小流域或大中流域的汇流出口。侵蚀产沙过程不仅直接破坏土壤结构、减少土壤养分,使土地生产力下降,而且造成河湖库塘泥沙淤积,加剧洪涝、干旱等灾害发生,成为危及人类生存与发展的重要环境问题。按照侵蚀产沙发生的动力过程,当外营力的作用大于土体抵抗力的作用时,即导致侵蚀产沙,因此,所有决定外营力、土体抵抗力及泥沙运移过程的要素及其相互作用便成为侵蚀产沙的影响因素。一般主要包括以降雨为主的气候因素,以及地形地貌、土壤性状和以林草植被为主的下垫面因素。当然,由于人类活动能够明显改变地形、土壤和植被等下垫面因素,从而也对侵蚀产沙具有重要影响。

1.1.1 降雨与侵蚀产沙

降雨是侵蚀产沙原动力的主要来源。降雨以雨滴击溅、汇流冲刷等过程对侵蚀产沙产生重要影响。其中,雨滴击溅使土壤颗粒发生分离、跃迁,成为坡面侵蚀产沙过程的开始。同时,雨滴的击溅作用还使土壤颗粒堵塞土壤孔隙,从而阻滞降雨入渗,增加地面径流及其剥蚀破坏。当降雨发生一段时间后,地表形成径流,此时径流的冲刷作用成为侵蚀产沙的直接动力。因此,出现了大量针对坡面降雨侵蚀能力量化的研究 (Morgan, 1995; Morgan et al., 1998; Nearing et al., 1999),多数认为降雨侵蚀力是描述降雨侵蚀能力及其与侵蚀产沙关系的有效因子指标。

国内有关降雨与侵蚀产沙关系的研究始于 20 世纪 80 年代。针对黄土高原地区的侵蚀产沙,研究认为引起该区侵蚀产沙的主要降雨类型为短历时 (1~4 h)、中雨量 (20~50 mm) 和高强度 (平均强度为 5~20 mm/h 和最大 5min 降雨大于 7.0 mm) 的暴雨 (王万忠,

1984）。为确定不同降雨条件下的侵蚀产沙量，许多研究尝试建立不同空间尺度范围、不同降雨特征指标与侵蚀产沙量的统计关系，如郑粉莉（1988）建立了坡耕地内，降雨动能等指标与细沟侵蚀量的统计关系；周佩华等（1981）、江忠善等（1989）提出了降雨动能与土壤溅蚀量的指数统计关系。随着研究的深入，在引入和应用美国通用土壤流失方程或建立区域性土壤侵蚀统计模型的过程中，反映降雨对侵蚀产沙综合影响的降雨侵蚀力因子得到较广泛的报道，主要围绕不同地区降雨侵蚀力因子的算法或参数取值（表1-1）。

表1-1　我国不同地区的降雨侵蚀力因子算式研究成果

Table 1-1　Study results of rainfall erosivity factor formula in different regions of China

水土流失类型区	观测地点	土壤类型	因子算法	资料来源
东北黑土区	黑龙江宾县 黑龙江克山	黑土	$R_t = E_{60} \cdot I_{30}$	张宪奎等（1992）
	辽宁西丰	黑土	$R_t = I_{30} \cdot \sum E_j \cdot P_j$	林素兰等（1997）
西北黄土高原区	陕西子洲 陕西绥德	黄绵土	$R_t = E_{60} \cdot I_{10}$ $R_y = 1.67 \left(P_{ye} \cdot I_{y60}/100 \right)^{0.93}$ $R_y = 0.272 \left(P_y \cdot I_{y60}/100 \right)^{1.205}$	王万忠和焦菊英（1995）
	甘肃西峰 陕西安塞		$R_t = P_t \cdot I_{30}$	江忠善等（1989）
	宁夏西吉		$R_y = 1.77 P_y - 133.03$	孙立达等（1988）
	甘肃西峰 陕西淳化		$R_y = \sum P_{te} \cdot I_{30}$ $R_y = 105.44 P_{yx}^{1.2}/P_y - 140.96$	刘秉正（1993）
北方土石山区	海河流域 太行山区	黄土 红壤 褐土	$R_y = 1.2157 \sum_{i=1}^{12} 10^{(1.51 \lg P_{mi}^2/P_y - 0.8188)}$	马志尊（1989）
南方红壤区	江西德安	红壤	$R_y = 0.265 P_y^{1.435}$	秦伟等（2013）
	安徽岳西		$R_t = \sum E \cdot I_{60}$ $R_t = 2.455 E_{60} \cdot I_{60}$ $R_y = \sum_{i=1}^{12} 0.0125 P_{mi}^{1.6295}$	吴素业（1992；1994）
	福建安溪		$R_y = \sum_{i=1}^{12} 0.0199 P_{mdi}^{1.5682}$	黄炎和等（1993）
西南岩溶区	云南昭通 云南东川	黄壤	$R_t = E_{60} \cdot I_{30}$	杨子生（1999a）
全国	全国66个气象站点	—	$R_{ya} = 0.0668 P_{ya}^{1.6266}$ $R_y = 0.3589 \left[\left(\sum_{i=1}^{12} P_{mi}^2 \right)/P_y \right]^{1.9462}$ $R_y = 0.0534 P_y^{1.6548}$	章文波和付金生（2003）

注：水土流失类型区采用2012年水利部确定的全国水土保持一级类型区；R_t为次降雨侵蚀力；R_y为年降雨侵蚀力；R_{ya}为多年平均年降雨侵蚀力；P_t为次降雨量；P_y为年降雨量；P_{ya}为多年平均年降雨量；P_{ye}为年内大于10 mm的降雨量；P_{te}为次侵蚀性降雨量；P_{yx}为年内汛期（6～9月）降雨量；P_{mi}为第i月降雨量；P_{mdi}为第i月内大于20 mm的降雨量；P_j为次降雨中第j时段雨量；I_{10}、I_{30}和I_{60}分别为次降雨最大10min、最大30min、最大60 min雨强；I_{y60}为年内最大60min雨强；E_{60}为次降雨中60 min降雨产生的动能；E为次降雨总动力；E_j为次降雨中第j时段降雨动能。

1.1.2 土壤与侵蚀产沙

国际上有关土壤性质与侵蚀产沙关系的研究始于 20 世纪 30 年代，通过分析测定土壤质地、结构、有机质和化学组成发现，土壤侵蚀与土壤不同组分的含量显著相关，并依据土壤硅铁铝含量与土壤侵蚀的关系建立了相应的侵蚀强度分级标准（Bennet，1926）。此后，土壤黏粒率、渗透性、团聚体表面率以及团聚体稳定性和分散率等指标陆续被作为刻画土壤性质与侵蚀产沙关系的指示性指标。上述指标虽然从不同角度，且在一定程度上反映出土壤性质与侵蚀产沙的定量关系，但由于缺乏统一标准，难以直接作为侵蚀产沙强度预报评估的基本参数。60 年代，Olson 和 Wischmeier（1963）最早提出土壤可蚀性（soil erodibility）指标，定义为标准小区上单位降雨侵蚀力所引起的土壤流失量。该指标综合反映了土壤质地、粒径组成和有机质含量等对土壤侵蚀的影响，边界条件具体，便于比较，因此被作为许多侵蚀产沙预报模型的基本参数。此后，有关土壤性质和侵蚀产沙关系的研究多集中于土壤可蚀性指标的测算，相继出现了很多基于不同土壤理化资料的土壤可蚀性因子算法（Wischmeier and Mannering，1969；Young and Mutchler，1977；Römkens et al.，1977）（表 1-2）。除此以外，年内干湿季节变化（Calvin and Cade，1983）、土壤水分（Rejman et al.，1998）及性质的季节性变化（Wall et al.，1988）等其他土壤理化性状对土壤可蚀性的影响研究也多有报道。

我国针对土壤性质与侵蚀产沙关系的研究始于 20 世纪 50 年代。早期对土壤性质与侵蚀产沙关系的研究多针对土壤抗蚀或抗冲单一方面（朱显谟，1982），重点建立土壤抗蚀性或抗冲性与不同指标的统计关系，进而量化土壤抗蚀性或抗冲性（蒋定生，1979；吴普特和周佩华，1993），并将黄土区土壤抗冲性划分为 5 个等级（周佩华和武春龙，1993）、土壤抗蚀性划分为 6 个等级（王佑民等，1994）。除此以外，不同土地利用类型、枯落物厚度及其植物根系对土壤抗冲性的影响多有报道（刘秉正等，1984；李勇，1990；汪有科等，1993）。之后，伴随美国通用土壤流失方程的应用研究，出现了大量有关不同地区、不同土壤类型土壤可蚀性因子测算及国外算法修订的研究（表 1-3）。同时，针对不同研究中标准小区和边界条件不统一而导致土壤可蚀性因子测算结果无法相互比较和外推应用的问题，张科利等（2007）总结、分析已有研究的背景条件及其观测资料，通过统一标准换算，重新测算了我国主要土壤类型区的土壤可蚀性因子值，为不同地区的土壤侵蚀预报提供了良好基础。

表 1-2 基于不同资料的土壤可蚀性因子算式研究成果

Table 1-2 Study results of soil erodibility factor formula based on different data information

算式	备注	资料来源
$K=[2.1\ (M_1-M_2)^{1.14} \cdot (12-OM)\ /10\ 000+3.25\ (b-2)\ +2.5\ (c-3)]\ /100$	诺谟图法	Wischmeier 和 Smith（1978）

续表

算式	备注	资料来源
$K=[2.1(M_1-M_2)^{1.14}\cdot(12-OM)/10\,000+3.25(2-b)+2.5(c-3)]/100$	RUSLE 法	Renard 等（1997）
$K=\{0.2+0.3\exp[-0.025\,6S_a(1-S_i/100)]\}\cdot\left(\dfrac{S_i}{C_i+S_i}\right)^{0.3}\cdot$ $\left[1-\dfrac{0.25C}{C+\exp(3.72-2.95C)}\right]\cdot\left[\dfrac{1-0.7S_{n1}}{S_{n1}+\exp(-5.51+22.9S_{n1})}\right]$	EPIC 法	Sharply 和 Williams（1990）
$K=7.594\left\{0.003\,4+0.040\,5\exp\left[-\left(\dfrac{\log D_g+1.659}{0.7101}\right)^2/2\right]\right\}$ $D_g=\exp(0.01\sum f_i\cdot\ln m_i)$	几何粒径法	Renard 等（1997）
$K=0.029\,3(0.65-D_k+0.24D_k^2)\cdot\exp\{-0.002\,1\cdot OM/f_c-0.000\,37\cdot$ $(OM/f_c)^2-4.02f_c+1.72f_c{}^2\}$ $D_k=-3.5\cdot f_c-2.0\cdot f_s-0.5\cdot f_d$	Torri 法	Torri 等（1997）

注：M_1、M_2 为土壤质地参数，其中，M_1 为粉砂粒（0.002~0.05mm）与极细砂粒（0.05~0.1mm）百分含量，M_2 为除黏粒（<0.002mm）外的土壤颗粒百分含量；OM 为有机质百分含量；b 为土壤结构编号；c 为土壤剖面渗透等级；S_a 为砂粒（0.05~2.0mm）百分含量；S_i 为粉砂（0.002~0.05mm）百分含量；C_i 为黏粒（<0.002mm）百分含量；C 为有机碳百分含量；$S_{n1}=1-S_a/100$；D_g 为几何平均粒径；f_i 为第 i 个粒径等级百分含量；m_i 为第 i 个粒径等级两端数值算术平均值；f_c 为土壤黏粒（<0.002mm）含量（小数表示）；f_s 为土壤粉砂粒（0.002~0.05mm）含量（小数表示）；f_d 为土壤砂粒（0.05~2.0mm）含量（小数表示）；D_k 为土壤质地几何平均粒度因子。

表 1-3　我国不同地区土壤可蚀性因子取值研究成果

Table 1-3　Study results of soil erodibility factor value in different regions of China

水土流失类型区	观测地点	土壤类型	平均 K 值	资料来源
东北黑土区	黑龙江鹤山	黑土	0.0381	张科利等（2007）
	黑龙江宾县	白浆土	0.0210	
	辽宁西丰	棕壤	0.0097	唐克丽（2004）
	辽宁北部	黄土状棕壤	0.0211	
	黑龙江牡丹江	暗棕壤	0.0369	张宪奎等（1992）

水土流失类型区	观测地点	土壤类型	平均 K 值	资料来源
西北黄土高原区	陕西安塞	黄绵土	0.0092	张科利等（2007）
	陕西绥德		0.0234	
	陕西子洲		0.0186	
	山西离石		0.0156	
	内蒙古皇甫川		0.0166	
	甘肃天水	中壤土	0.0324	唐克丽（2004）
		轻黏土	0.0168	
	内蒙古皇甫川	砒砂岩	0.03	
		砂质黄土	0.015	
		风砂土	0.008	
北方土石山区	北京密云	粗骨褐土	0.0018	张科利等（2007）
	北京怀柔	褐土	0.0195	刘宝元等（2010）
	北京延庆		0.0200	
	北京门头沟		0.0108	
南方红壤区	福建安溪	红壤	0.0073	张科利等（2007）
	安徽岳西	砖红壤	0.0018	
	湖南绥宁	紫色土	0.0191	
	江西德安	红壤	0.0017	秦伟等（2013）
西南岩溶区	云南昭通	黄壤	0.3010	杨子生（1999b）
		紫色土	0.4100	
	云南东川	红壤	0.3600	

注：水土流失类型区采用 2012 年水利部确定的全国水土保持一区分区，所有土壤可蚀性因子取值均通过径流小区多年野外降雨侵蚀观测资料计算获得。

1.1.3 地形与侵蚀产沙

地形是侵蚀产沙发生发展的载体。坡面尺度内，任意地形单元的径流水蚀动力主要取决于单宽流量和坡度，而单宽流量又取决于降雨强度、产流系数及坡段所在位置到分水线的距离。因此，一定降雨条件下，坡度和坡长是决定侵蚀产沙的主要地形指标。随着空间尺度的扩展，地形对产输沙过程的影响加大，除描述具体坡面单元的坡度、坡长等地形指标外，还需考虑流域或区域整体地貌形态在侵蚀产沙变化中的作用（秦伟等，2015）。

坡面尺度内，坡度与侵蚀产沙间通常存在指数或二次多项式关系，即随坡度增加侵蚀产沙强度先增后减或趋于平稳，二者关系存在临界转折。不考虑重力侵蚀时，对坡面侵蚀产沙总量而言，临界坡度通常在 24°～29°（靳长兴，1993）；若细分侵蚀形态，则面蚀为主时临界坡度在 22°～26°、沟蚀为主时临界坡度会超过 30°、重力侵蚀为主时临界坡度更大（胡世雄和靳长兴，1999）（表1-4）。对于坡长与侵蚀产沙关系，多数研究认为，由于坡面径流深随坡长增加，从而导致侵蚀产沙强度随坡长同步增加（Zingg，1940）；也有个别研究提出，随坡长增大，径流挟沙增多，达到最大挟沙能力时，侵蚀产沙强度达到峰值，此后不再随坡长延长继续增加，甚至有所减弱（King，1957）（表1-5）。总体上，在一定坡长范围内，以指数形式反映的侵蚀产沙随坡长同步增大的关系，即坡长因子被广泛认可与应用。

表1-4 现有主要坡度因子算法

Table 1-4 Main study results of slope steepness factor formula

算式	备注	资料来源
$S=(0.43+0.3\theta+0.043\theta^2)/6.613$	USLE 算式	Wischmeier 和 Smith（1965）
$S=65.41\sin^2\theta+4.56\sin\theta+0.065$	USLE 算式	Wischmeier 和 Smith（1978）
坡度<时，$S=10.8\sin\theta+0.03$ 坡度≥时，$S=16.8\sin\theta-0.05$	RUSLE 法	Renard 等（1997）
$S=-1.5+17/(1+e^{2.3-6.1\sin\theta})$	适用陡坡	Nearing（1997）

注：S 为坡度因子；θ 为坡度。

表1-5 现有主要坡长因子算法

Table 1-5 Main study results of slope length factor formula

适用尺度	算式	备注	资料来源
针对小区/坡面尺度	$L=\left(\dfrac{\lambda}{22.13}\right)^m$ 坡度 ≤ 0.5°时，m 取 0.2； 0.5°<坡度≤ 1.5°时，m 取 0.3； 1.5°<坡度≤ 2.5°时，m 取 0.4； 坡度>2.5°时，m 取 0.5	USLE 算式	Wischmeier 和 Smith（1978）
	$L=\left(\dfrac{\lambda}{22.13}\right)^m$ $m=\dfrac{\beta}{\beta+1}$	RUSLE 法	Foster 和 Meyer（1975）
	$L=\left(\dfrac{\lambda}{22.13}\right)^m$ $m=\dfrac{\beta}{\beta+1}$ 细沟侵蚀等于细沟间侵蚀量： $\beta=(\sin\theta/0.0896)/(3\sin^{0.8}\theta+0.56)$ 细沟侵蚀大于细沟间侵蚀： $\beta=2(\sin\theta/0.0896)/(3\sin^{0.8}\theta+0.56)$ 细沟侵蚀小于细沟间侵蚀： $\beta=0.5(\sin\theta/0.0896)/(3\sin^{0.8}\theta+0.56)$ $L_i=\dfrac{\lambda_i^{m+1}-\lambda_{i-1}^{m+1}}{(\lambda_i-\lambda_{i-1})(22.13)^m}$	RUSLE 法	McCool 等（1989）
	$L_i=\dfrac{\lambda_i^{m+1}-\lambda_{i-1}^{m+1}}{(\lambda_i-\lambda_{i-1})(22.13)^m}$	RUSLE 法	Foster 和 Wischmeier（1974）

适用尺度	算式	备注	资料来源
针对小流域/区域尺度	$L = \left(\dfrac{A_o}{22.13}\right)^m$	—	Mitasova 和 Mitas（1999）
	$L_{i,j} = \dfrac{(A_{i,j} + D^2)^{m+1} - A_{i,j}^{m+1}}{D^{m+2} x_{i,j}^m (22.13)^m}$	—	Desmet 和 Govers（1996）
	$x_{i,j} = \cos\alpha_{i,j} + \sin\alpha_{i,j}$	—	
	$L_{i,j} = \dfrac{(A_{ai,j} + t_n \cdot D^2)^{m+1} - A_{ai,j}^{m+1}}{D^{m+2} x_{i,j}^m (22.13)^m}$	—	秦伟等（2009）
	$x_{i,j} = \cos\alpha_{i,j} + \sin\alpha_{i,j}$	—	

注：L 为坡长因子；λ 为坡长；22.13 为标准小区坡长；β 为细沟和细沟间侵蚀量的比值；θ 为坡度；L_i 为不规则坡面内第 i 坡段的坡长因子；λ_i 为从坡顶到第 i 段底端的坡长；A_o 为上坡单位等高线宽度的汇流面积；$L_{i,j}$ 为第 i 行、第 j 列单元格的坡长因子；$A_{i,j}$ 为单元格上坡实际汇流面积；D 为单元格边长；$x_{i,j}$ 为单元格等高线长度系数；$\alpha_{i,j}$ 为单元格坡向；$A_{ai,j}$ 为第 i 行、第 j 列个单元格考虑地表覆盖的单元格上坡实际汇流面积；t_n 为不同土地利用类型的汇流面积贡献率。

表 1-6　我国不同地区的坡度因子和坡长因子算式研究成果

Table 1-6　Study results of slope steepness factor and slope length factor formula in different regions of China

水土流失类型区	观测地点	土壤类型	算式	小区概况	资料来源
东北黑土区	黑龙江宾县黑龙江克山	黑土	$L = \left(\dfrac{\lambda}{20}\right)^{0.18}$ $S = \left(\dfrac{\theta}{8.75}\right)^{1.3}$	农地；坡度 7°，坡长 20~300 m	张宪奎等（1992）
	辽宁西丰	黑土	$L = \left(\dfrac{\lambda}{20}\right)^{0.5}$ $S = 0.05 + 3.6\tan\theta + 51.6\tan^2\theta$	农地；坡度 10°，坡长 10~40 m	林素兰等（1997）
西北黄土高原区	甘肃天水	黑褐土	$L = 1.02\left(\dfrac{\lambda}{20}\right)^{0.2}$ $S = \left(\dfrac{\theta}{5.07}\right)^{1.3}$	农地；坡度 10°，坡长 10~40 m	牟金泽和孟庆枚（1983）
	甘肃天水陕西绥德陕西子洲	黄绵土	$L = \left(\dfrac{\lambda}{20}\right)^{0.28}$ $S = \left(\dfrac{\theta}{10°}\right)^{1.45}$	农地；坡度 9.5°~22°，坡长 10~40 m	江忠善和李秀英（1988）
	陕西安塞	黄绵土	$L = \left(\dfrac{\lambda}{20}\right)^{0.4}$ $S = \left(\dfrac{\theta}{10°}\right)^{1.3}$	裸地；坡度 30°，坡长 10~40 m	江忠善等（1992）

水土流失类型区	观测地点	土壤类型	算式	小区概况	资料来源
西北黄土高原区	内蒙古皇甫川	黄绵土	$L = \left(\dfrac{\lambda}{20}\right)^{0.3}$ $S = \left(\dfrac{\theta}{10°}\right)^{1.6}$	坡长指数为引用值	金争平和史培军（1992）
	陕西淳化	黄绵土	$L = \left(\dfrac{\lambda}{20}\right)^{0.14}$ $S = \left(\dfrac{\theta}{9°}\right)^{1.2}$	农地；坡度 6°，坡长 20 ~ 60 m	Zhao 等（1999）
	陕西子洲	黄绵土	$L = \left(\dfrac{\lambda}{22.1}\right)^{0.44}$ $S = 21.91\sin\theta - 0.96$	农地；坡度 20°，坡长 20 ~ 60 m	Liu 等（2000）
	陕西绥德	黄绵土	$L = \left(\dfrac{\lambda}{22.1}\right)^{0.46}$ $S = 21.91\sin\theta - 0.96$	农地；坡度 21.4°，坡长 10 ~ 40 m；坡度 20.2°，坡长 60 m	
南方红壤区	福建安溪	红壤	$L = \left(\dfrac{\lambda}{20}\right)^{0.35}$ $S = 0.08\theta^{0.66}$	裸地；坡度 10° ~ 26°，坡长 17 ~ 26 m	黄炎和等（1993）
西南紫色土区	重庆江津	紫色土	$L = h(1 - \cos\theta)/63.8\sin\theta$ $S = 0.149 \times 1.1^{\theta}$	农地；坡度 15° ~ 25°，坡长 200 ~ 500 m	杨艳生（1988）
西南岩溶区	云南昭通云南东川	黄壤	$L = \left(\dfrac{\lambda}{20}\right)^{0.24}$ $S = \left(\dfrac{\theta}{5°}\right)^{1.32}$	裸地；坡度 15°，坡长 5 ~ 35 m	杨子生（1999a）

注：水土流失类型区采用 2012 年水利部确定的全国水土保持一级区划；L 为坡长因子；S 为坡度因子；θ 为坡度；λ 为坡长；h 为相对高度。

　　流域尺度内，地貌形态对侵蚀、产沙有重要影响，选取不同参数指标对复杂多变的地貌形态进行量化成为侵蚀产沙研究的一个重要问题（张光辉，2001）。目前常采用平均坡度、平均坡长、沟壑密度、流域高差比、切割深度等或由上述单一指标构成的综合指标确定流域侵蚀产沙与地形地貌的关系，且多以指数或幂函数形式出现。也有研究提出：流域汛期侵蚀产沙与沟壑密度、地形起伏度关系最密切，在非汛期流域侵蚀产沙则与海拔高程和粗糙程度关系更紧密（赵文武等，2003）；平均坡度、平均起伏度、大于 15°和 25°流域面积比、高程 100 m 和 200 m 以上流域面积比等地形参数对区域侵蚀产沙具有规律性的显著影响（高华端和李锐，2006）；地貌形态分形信息维数能较好地反映流域地形地貌对侵蚀产沙过程的影响，两者呈幂函数形式的显著正相关（崔灵周等，2006）。流域尺度内，地形对侵蚀产沙的影响除反映在某一地形特征指标与侵蚀产沙量存在显著关系外，还表现为泥沙在坡面至沟道输移过程中发生沉积或再侵蚀导致流域出口输沙量与流域面上侵蚀量间存在差异，即泥沙输移比率。对于特定流域而言，多年平均的泥沙输移比率通常较为稳定，但短期则存在波动（张胜利等，1994）。无论是长期或是短期，大多数流域的泥沙输移比率均小于1，即侵蚀泥沙输移过程中存在沉积；也有部分流域的泥沙输移比率大于1，即前期沉积的泥沙在某一时段的侵蚀泥沙输移过程中被重新侵蚀，一并输出流域控制断面，但这种情况多针对次降雨侵蚀产沙过程。例如，黄河各级流域的多年平均泥沙输移比率近似为1（焦菊英等，2007），长江上游各级流域的多年平均泥沙输移比率多在0.7以上、中下游为0.3~1（景可，2002；景可等，2010a，2010b），而黄土高原典型小流域的次降雨泥沙输移比率可在0.3~1.6的范围内波动（刘纪根等，2007）。当然，泥沙输移比率不仅由流域地形地貌决定，也与流域大小、泥沙粒径、植被覆盖及降雨分布等有关，其本质是随空间尺度扩展，地形等因素对侵蚀产沙影响程度与效果的变化及综合作用，因此准确测算流域泥沙输移比率还较为困难。目前主要有4种类比和3种建模的泥沙输移比率计算方法，但均存在较大限制和不足（张晓明等，2014）。

1.1.4　植被与侵蚀产沙

根据产汇流和产输沙过程中植被所发挥的作用，其对侵蚀产沙的影响主要表现在冠层拦截降雨、根系固土促渗以及阻缓地表径流3方面。

（1）冠层拦截降雨

乔、灌植被的冠层可拦截降雨，削减降雨动能，从而减缓地表击溅侵蚀。冠层所削减的降雨动能包括截留削减和缓冲减弱两部分。其中，拦截后滞留在冠层和转变为树干流的降雨侵蚀能量被完全削减，穿过冠层后在继续下落的林内降雨侵蚀能量则被削弱。冠层拦截降雨的能力受其类型、结构、林龄、郁闭度等自身特性，以及雨滴直径、组成分布、降落速度等降雨特征的综合影响。在覆盖度近似时，不同植被类型冠层的拦截降雨能力通常表现为针叶林强于阔叶林、落叶林强于常绿林、复层异龄林强于单层同龄林（温远光和刘世荣，1995）。全国主要森林类型林冠年均拦截降雨130~850mm，拦截率为11%~37%（刘世荣等，2003），在水力侵蚀严重的黄土高原地区，植被冠层平均可拦截削减总降雨侵蚀动能的17%~40%（余新晓等，2009）。

（2）根系固土促渗

植被除地表覆被层可遮蔽土壤，减少团聚体遭受雨滴击溅，避免空隙堵塞外，其根系层能改善土壤理化性状，增强其入渗、抗冲和抗蚀能力，最终达到固持土壤的效果（Carroll et al.，1997）。根系改良土壤的能力主要与直径小于1 mm的须根密度有关，而增强土壤抗蚀性则主要通过根系网络串联、根-土黏结及其生物化学作用3方面实现（肖培青等，2012），最终外在表现为改善土壤容重、紧实度、渗透率、有机质含量、水稳性团粒含量等影响土壤抗蚀性的物理指标（Moir et al.，2000；Olson et al.，2002）。通常对于表层土壤而言，不同植被类型根系增强土壤抗冲、抗蚀和入渗能力的效果大致按乔木林地、灌木林地、草地、农地递减（吴钦孝和杨文治，1998）。

（3）阻缓地表径流

植被地表覆被部分，尤其是枯落物层可直接吸收、截留降雨，并通过降低径流流速、延长汇流时间，从而增加土壤入渗，减少地表径流。不同植被类型由于枯落物层的糙率、蓄积量、分解程度和持水能力等不同，其阻缓径流能力相差较大。例如，黄土高原植被枯落物截留降雨量平均可达自重的 1.7~3.5 倍（杜峰和程积民，1992），而 0.5 cm 厚的枯落物层则可使径流流速较裸露坡面减少 85% 以上，若按径流动能与流速平方成正比的关系换算，相当于减弱径流冲蚀动能的 98% 以上（韦红波等，2002）。除减缓流速、增加入渗外，植被还能增大水流阻力，使流态由紊流更趋于层流、缓流状态，从而降低其剥蚀动力（Molina et al.，2008）。

1.2　黄土高原侵蚀产沙监测预报方法

侵蚀、产沙量是衡量一定区域侵蚀、产沙及其变化响应的基本定量指标，是评价水土流失演变和水土保持效应的重要依据，目前侵蚀、产沙量的获取方法主要包括原位监测、元素示踪和模型预报。

1.2.1　原位监测

黄土高原侵蚀、产沙定量研究大致涉及坡面、流域和区域 3 个空间尺度。原位监测（试验观测）是确定侵蚀、产沙定量最基本的方法，主要包括对应于坡面尺度的径流小区观测分析、人工降雨模拟试验以及对应流域或区域尺度的河道输沙观测统计、塘库坝地泥沙淤积测算等具体形式。

径流小区观测是土壤侵蚀产沙定量研究的经典方法。该方法通过在一定的径流小区内，观测降雨、植被、地形等环境特征以及侵蚀、产流等生态效应，并对结果进行统计分析，从而确定土壤侵蚀与不同环境因素间的关系（王礼先，1981）。美国通过径流小区搜集大量观测资料，并统计分析后，最终构建了通用土壤流失方程等一系列侵蚀产沙预报模型。国内径流小区观测始于 20 世纪 40 年代初期，以甘肃天水为代表，虽也获得了大量研究成果，但全国范围的径流小区标准不统一，给对比和整合不同地区的结论带来困难。为此，刘宝元（2001）通过将各地小区资料进行标准化处理，并重新分析建立了中国土壤流失方程（Chinese soil loss equation，CSLE），同时提出我国径流小区标准（15°坡度，20 m 水平投影坡长，5 m 宽连续休闲小区）。

人工降雨模拟试验的实质是径流小区观测的延伸。采用人工降雨能在较短时间内和人为控制状态下获得不同特征降雨所导致的土壤侵蚀和坡面产流、产沙，提高观测效率、丰富观测数据。我国自 20 世纪 70 年代开始采用人工降雨模拟试验，在土壤侵蚀机理、土壤侵蚀定量评价和土壤侵蚀动力过程研究中发挥了重要作用。

河道输沙观测统计是通过设立水文观测站点，连续获取河道径流含沙量数据，并采用统计分析以确定站点控制范围内的输沙特征和变化趋势。由于在流域尺度内，很难有一种监测方法或数学模型能完全准确地评估侵蚀强度，因此往往采用水文观测数据，经一定推算方法来确定对应流域内的平均侵蚀强度及其变化特征（焦菊英等，2007）。由于河道输沙观测相对容易，并能保证获取长期、稳定的资料，对研究流域尺度的侵蚀产沙变化有着不可替代的作用，也是其他方法研究结果的修正和检验标准（汤立群和陈国祥，1997）。

土壤侵蚀所产生的泥沙大量淤积于塘库坝地等水利工程设施，测定这些水利工程设施不同时期的泥沙淤积量和泥沙粒径组成，是推断和分析对应时段和区域内侵蚀产沙特征的有效手段。尤其是在我国黄土高原地区修建的淤地坝，通过拦挡和淤积泥沙形成平整农田，监测其泥沙淤积变化较水库等其他水利工程设施更为方便，成为我国研究流域土壤侵蚀强度的重要途径。

除以上相对常规的观测方法外，随着"3S"技术的不断发展，利用 GPS、三维激光扫描和数字摄影测量等对侵蚀特征地貌进行动态监测，以确定其侵蚀特征和变化（胡刚等，2004）；利用遥感影像解译下垫面信息，以确定侵蚀状况（史德明等，1996）；利用高分辨率航片判读地貌演变，以确定侵蚀变化（王冬梅和孙保平，1991）等一系列将现代测量技术与传统观测调查方法相结合的方法逐渐成为侵蚀定量研究的发展趋势。

1.2.2　元素示踪

元素示踪法通过测定微量元素的原子序数和分布，进而解析土壤侵蚀过程和沉积分布特征，具有定量化程度高、可研究面积大等特点，克服了以径流小区法和实地调查法为主要手段的传统试验观测手段的不足，而得到快速发展。目前，应用于土壤侵蚀定量研究的元素主要包括 ^{137}Cs、^{210}Pb、^{7}Be、^{226}Ra 和 ^{228}Ra 等放射性核元素以及稳定的稀土元素（REE）。不同的元素具有不同的环境效应，适用于针对不同时空尺度的侵蚀定量研究。其中，^{137}Cs 和 ^{210}Pb 半衰期较长，分别为 30.3 年和 22.3 年，故 ^{137}Cs 和 ^{210}Pb 单次采样分析，主要被应用于确定大约 50 年和 100 年以来的土壤侵蚀速率估算和侵蚀空间分布特征；^{7}Be 半衰期仅53.3 天，主要被用于短期内或次降雨土壤侵蚀速率。在所有示踪元素中，^{137}Cs 和 ^{210}Pb 元素的示踪应用研究最为普遍和成熟，如 ^{137}Cs 在较小面积小区土壤再分配和侵蚀小区土壤运移间呈紧密相关（Rogowski and Tamura，1965），土壤侵蚀量与土壤中 ^{137}Cs 损失率间的经验统计关系（Ritchie et al.，1974），还有以土壤侵蚀速率和 ^{137}Cs 损失率双对数取值后所建立的各种形式的线性统计模型（Walling and Quine，1990）。但几乎所有根据示踪元素确定侵蚀速率或侵蚀量的关系模型都可分为经验模型（Walling et al.，1999）和理论模型（Walling and He，1998）两类。另外，还有研究采用土壤剖面的 ^{137}Cs 和 ^{210}Pb 活度比分布（Wallbrink and Murray，1996）或根据示踪元素在土壤剖面中的分布特征建立土壤侵蚀模型来估算土壤侵蚀量（Walling et al.，1999），以及 $^{239+240}$Pu 代替 ^{137}Cs 的示踪方法（Schimmack et al.，2001），利用稳定性稀土元素（REE）示踪和中子活化分析技术相结合的方法逐渐成为目前土壤侵蚀研究的主要示踪元素，并开始被应用于流域泥沙来源的测定研究，使元素示踪在土壤侵蚀定量研究中具有更广的应用领域（Shi et al.，1997）。

国内利用核元素示踪法进行侵蚀产沙定量研究始于 20 世纪 80 年代末期，主要应用 ^{137}Cs 示踪技术进行侵蚀产沙定量研究（张信宝等，1988）。杨明义（2001）利用 ^{137}Cs 和 ^{7}Be 复合示踪技术，定量研究了黄土坡面次降雨片蚀和细沟侵蚀随时间推移的发生、发展。除 ^{137}Cs 元素外，^{7}Be 因在沉降输入土壤时主要分布于土壤表层，因此土壤剖面中 ^{7}Be 的分布特征也被用于分析土壤侵蚀强度（李立青等，2003）。同样，国内自 90 年代初期开始应用 REE 示踪技术研究黄土区侵蚀垂直分布，并初步确定了元素投放及其浓度确定方法（田均良等，1992）。

随后，REE 示踪法被相继应用于黄土高原坡–沟产沙关系（吴普特和刘普灵，1997）、黄土高原流域土壤侵蚀定量评估（周佩华等，1997）、黄土坡面土壤表面径流动力特征与土壤侵蚀沿程变化规律（唐泽军等，2004），以及黄土坡面细沟侵蚀发育过程及不同坡段侵蚀强度（李勉等，2002）等研究中。总体上，我国在应用元素示踪进行土壤侵蚀定量研究方面，还处于初级阶段，很多元素的应用尚未见报道，已有研究也多属于定性描述或方法探讨，较成熟的定量研究成果较少。

1.2.3　模型预报

侵蚀、产沙模型是土壤侵蚀研究的重要手段。从构建基础来看，侵蚀产沙预报模型主要分为经验统计模型、物理过程模型以及分布式模型 3 类。任何模型不能完全通用，即使基于物理成因的过程模拟也具有区域性（Hudson，1995）。无论是构建还是应用模型，都需注意模型适应范围，并进行适当的参数调整和率定，若应用不当，物理过程模型的应用效果也未必优于经验模型（Grayson et al.，1992）。总之，模型预报是土壤侵蚀研究的趋势，但在构建和应用中必须依据相关机理，充分考虑参数时空尺度变异性。

1.2.3.1　国外侵蚀产沙模型

根据模型数量和种类变化，国际上侵蚀产沙模型的发展历程可大致划分为以下 3 个时期：

1）自 1877 年德国土壤学家 Wollny 进行土壤侵蚀定量研究（Meyer，1984），至 20 世纪 60 年代美国通用土壤流失方程（universal soil loss equation，USLE）建立，可认为是侵蚀产沙模型发展的第一个阶段。这一时期的研究主要针对土壤侵蚀与降雨、坡长、坡度、植被覆盖等影响因子间的独立关系，通过设立径流小区进行观测，相继建立了许多单因子的统计关系模型，促进了统计模型的发展。其中，美国密苏里大学的 Miller（1926）建立的长 27.66 m、宽 1.83 m 侵蚀径流小区，被作为当时许多模型建立的标准小区，为以后的土壤侵蚀研究提供了许多基础数据和理论依据；Cook（1936）通过对大量径流小区观测资料的统计分析，提出了土壤可蚀性、降雨侵蚀力和植被覆盖度等影响土壤侵蚀的 3 个主要因子，为土壤侵蚀预报提供了重要依据；Zingg（1940）基于野外模拟降雨条件下的小区观测数据，确定了坡长、坡度等影响因子与土壤侵蚀强度的关系，建立了土壤流失速率和坡度、坡长等多个影响因子的综合联系，为集成和整合以往土壤侵蚀与不同单因子间的量化研究成果创造了条件；1946 年，美国在俄亥俄州（Ohio）举行了全国性的土壤流失预报会议，讨论了将玉米带的土壤侵蚀预报方程用于其他农地，并最终提出了 Musgrave 方程，之后被广泛应用于美国流域土壤侵蚀计算（Wischmeier and Smith，1965）；Smith（1941）在此基础上，增加了作物覆盖和水土保持措施等因子，基本建立了通用土壤流失方程雏形，为最终建立土壤侵蚀模型提供了理论依据。在上述成果的基础上，Wischmeier 和 Smith（1978）通过对美国 30 个州、近 30 年、近万个径流小区观测资料的统计分析，提出了 USLE。该模型考虑了降雨、土壤可蚀性、作物管理、坡度坡长和水土保持措施五大因子，并给出了因子算法和取值，成为预测主要包括面蚀和沟蚀在内的坡面水力侵蚀年均土壤流失量的重要方法。

2）自通用土壤流失方程建立，至 20 世纪 70 年代末期，世界范围内相继针对该模型的应用和改进开展了大量研究，先后建立了一些基于物理成因和过程描述的侵蚀产沙模型，可认为是侵蚀产沙模型发展的第二个阶段。其中，Wischmeier 和 Smith（1978）针对 USLE 应用中存在的问题，对其进行改进，克服了基于年侵蚀资料建立的 USLE 无法进行次降雨土壤侵蚀预报以及对垄作、等高耕作等措施不敏感等问题，使模型具有更广的适用性。除此以外，这个时期的研究多属不同国家和地区在引入 USLE 过程中，对不同因子算法的改进或取值测算。而少数物理模型仍具有深刻的经验模型烙印，基本属于将整个流域视为灰色整体的集总式模型。

3）自 20 世纪 80 年代至今，计算机、GIS 和 RS 等信息技术的发展及其在土壤侵蚀研究中的广泛应用，使侵蚀产沙模型与 GIS 有机集成，并为侵蚀数据获取和侵蚀过程模拟方面提供了丰富手段，使不同类型侵蚀产沙模型的开发构建得到飞速发展，出现许多不同类型的侵蚀产沙定量模型，被认为是侵蚀产沙模型发展的第三个阶段。

目前，国际上较成熟的侵蚀产沙模型主要包括 USLE（Wischmeier and Smith，1978）、RUSLE（Renard et al.，1997）等经验统计模型，WEPP（Laflen et al.，1991）、LISEM（De Roo，1996）、EPIC（Williams et al.，1983）、EROSEM（Morgan et al.，1998）和 GUEST（Misra and Rose，1996）等物理过程模型。除此以外，还建立了一些针对特定侵蚀类型的模型，如针对细沟侵蚀过程的 RillGrow（Favis-Mortlock，1998），针对浅沟侵蚀过程的 EGEM（Woodward，1999），以及针对切沟侵蚀过程的 GULTEM（Sidorchuk，1998）等。

1.2.3.2　国内侵蚀产沙模型

国内的土壤侵蚀模型研究起步晚于国外，最早可追溯至 1953 年。利用甘肃天水水土保持试验观测站的野外径流小区资料，刘善建（1953）建立了用于估算坡面农地年土壤侵蚀量的经验统计方程。此后，针对坡面和流域两个尺度的侵蚀产沙，分别在不同区域建立了一系列统计关系模型。主要包括：江忠善和宋文经（1980）基于黄土高原集水面积 0.18~187 km^2 的 10 个小流域水文资料，建立的次暴雨流域产沙与洪水径流总量、平均坡度、土壤可蚀性因子、土壤沙粒和粉粒含量、植被作用系数间的非线性统计关系；范瑞瑜（1985）基于黄河中游地区 0.18~187 km^2 的 16 个小流域水文资料，建立的流域年侵蚀产沙与平均坡度、降雨因子、土壤可蚀性因子、植被覆盖因子、工程措施因子间的统计关系；金争平等（1991）基于黄土高原皇甫川区小流域水文资料，建立的不同条件下流域产沙统计关系；李钜章等（1999）以黄河中游 155 个"闷葫芦"淤地坝的淤积量作为坝体上游集水区的侵蚀产沙量，并与植被盖度、降雨量、沟谷密度、切割深度、地表组成物质、大于 15°坡耕地面积比等指标分析，采用变权形式建立的流域多年平均侵蚀强度统计模型；牟金泽和熊贵枢（1980）基于黄土丘陵沟壑区陕北子洲岔巴沟流域水文资料，建立的次暴雨和年际尺度的流域产沙与洪量模数、洪峰模数、径流模数、主沟道平均比降、流域长度统计模型；尹国康和陈钦峦（1989）基于黄河中游地区 $0.19 \sim 329 \ km^2$ 的 58 个小流域水文资料，建立的小流域年产沙与径流模数、流域长度、流域沟壑密度、流域高差比、地面沟壑切割深度、流域植被度与治理度、地面岩土抗蚀性因素间的流域产沙统计模型。

在统计关系模型研究的基础上，众多学者开始围绕美国通用土壤流失方程在我国不同区域的应用开展了大量研究，先后在宁夏（孙立达和孙保平，1988）、甘肃（李建牢和刘世德，1989）、黑龙江（张宪奎等，1992）、广东（陈法扬和王志明，1992）、福建（周伏建等，1995）、辽宁（林素兰等，1997）、云南（杨子生，1999a）、江西（秦伟等，2013）等省（自治区）提出了针对当地气候和下垫面特点的因子算法和取值。Liu 等（2002）通过对全国不同地区的径流小区进行整理分析，提出了中国土壤流失方程，并被作为全国第一次水利普查水土流失专项普查的方法。然而，由于中国地域辽阔，不同区域的自然条件相差较大，一些地区的模型因子取值和算法研究仍相对薄弱，还需深入研究，以丰富土壤流失方程中国参数库，提升模型适用范围和应用精度。除对通用土壤流失方程的应用研究外，国内还分别对 WEPP（雷廷武等，2005）、LISEM（杨勤科和李锐，1998）、AGNPS（贾宁凤等，2006）、SWAT（范丽丽等，2008）、ANSWERS（陈一兵，1997）、EPIC（王宗明和梁银丽，2002）、EUROSEM（王宏等，2003）等模型进行国内不同地区的适用性评价或参数修订。

近年，国内在物理过程模型研究方面也取得了一批有价值的成果。例如，汤立群等（1990）通过集总分别适用于梁峁坡侵蚀产沙区、沟谷坡侵蚀产沙区和沟槽侵蚀产沙区的侵蚀产沙力学公式，提出了黄土高原小流域分布式产沙模型；陈国祥等（1996）建立了分别针对大、中、小 3 种尺度的流域半经验-半物理暴雨产沙模型；蔡强国等（1996）建立了由坡面子模型、沟坡子模型和沟道子模型组成的黄土丘陵沟壑区小流域侵蚀产沙过程模型；雷廷武等（2004）通过建立变沟宽水流连续性方程、泥沙运移方程、水流动力学方程和土壤剥离方程，并采用沉积一阶方程解析泥沙过程，建立了黄土坡面细沟侵蚀动态模拟数学模型；郑粉莉等（2008）通过集总林冠截流、降水入渗、地表填洼、径流汇集、土壤剥离、泥沙搬运等水文和侵蚀过程，构建了黄土高原小流域分布式水蚀预报模型。

由于我国地缘辽阔，为满足全国性或区域性水土流失治理和规划需要，除流域尺度的侵蚀、输沙模型外，还形成了一系列区域性的侵蚀定量研究方法，并建立了不同侵蚀类型区及其强度分级的标准，形成了一套通过遥感监测、基于规则网格内的植被、坡度等确定土壤侵蚀强度的方法（中华人民共和国水利部，2008）。

1.3　黄土高原侵蚀产沙对植被重建变化响应

侵蚀产沙对植被重建的响应，实质是生态建设所引起的一定时空范围内侵蚀、产沙过程及其发生规律的变化，或者说森林植被在坡面、流域等不同尺度上对产汇流和产输沙的影响，一般直观表现为侵蚀、产沙强度与分布特征变化。植被重建对侵蚀产沙的影响，主要通过改变与侵蚀发生、发展有关的环境条件实现，实质是植被冠层、根系等改变径流、土壤特性的综合作用。现有研究主要从坡面（径流小区）和流域（集水区）两个尺度揭示了不同植被状况或植被变化与侵蚀产沙的响应规律，确定了一系列植被覆盖对产流、产沙的调控能力及相互定量关系。通常认为，随着植被覆盖的增加，坡面和流域尺度的侵蚀产沙减少，坡面尺度的产流减少，但流域尺度的产流在不同时期可能增加。对于植被阻蚀减沙机理，多数研究集中于揭示植被对坡面薄层流水动力特性的影响，认为植被可减缓坡面流流速、增大水流阻力，并使流态由紊流更趋于层流、缓流状态，从而降低坡面薄层流的侵蚀动力，同时通过增加入渗减少地表产流，最终减少坡面和流域侵蚀产沙。

1.3.1　坡面尺度植被阻蚀减沙效应

坡面尺度内，伴随植被与土壤侵蚀关系的研究，大量报道主要围绕不同土地利用/覆盖类型和覆盖状况对侵蚀产沙强度（Erskine et al.，2002）、土壤理化性质（Alejandro et al.，1999）以及渗透、壤中流、地表产流等水文特征（张洪江等，2004）的影响。相比而言，坡面尺度的研究较为简单，结论也较为一致，国内外多数报道认为，植被尤其是森林植被覆盖增加，将大幅削减坡面降雨侵蚀动力，改善土壤水文特性，提升土壤抗蚀能力，增大地表糙度和泥沙沉积，最终减少坡面产流、产沙，显著降低侵蚀强度、泥沙输出。

虽然对整个坡面而言，植被阻蚀减沙效应及其作用机制已较为明确，但由于野外实际坡面内，植被和地形往往共同作用，改变坡面径流量及其水动力特性，从而导致侵蚀产沙变化。这种耦合作用通常难以分离，导致坡面尺度内有关植被和地形对侵蚀产沙的耦合影响尚不明晰。目前，专门针对植被与地形对坡面侵蚀产沙耦合影响的理论研究少有报道，多是围绕其他研究主题时有所涉及。例如，针对黄土高原沟–坡侵蚀产沙关系，在研究上坡来水对下坡侵蚀产沙贡献与作用机制时，涉及植被及其分布对上坡来水和下坡侵蚀产沙的影响。

坡面不同部位（坡段单元）间，植被不仅是其覆盖坡段侵蚀产沙的直接影响因子，还通过与地形共同改变输入下坡段的径流特性间接影响下坡侵蚀产沙。现有研究发现，在黄土坡面内，有上部来水的坡段侵蚀产沙较无来水时增加20%～70%（王文龙等，2004）；若上坡段被植被覆盖，则通过减少产流量，增大汇流阻力，降低径流流速，并使流态从紊流更趋于层流，显著减弱进入下坡段的径流侵蚀动力，最终可减少大暴雨时的下坡段侵蚀产沙80%以上（潘成忠和上官周平，2005；蔡强国等，1998）。植被对下坡侵蚀产沙的影响除与其数量和结构有关外，还取决于覆盖的地形部位与镶嵌格局。如有研究提出，相同类型和数量的植被分布于坡面下部时的侵蚀产沙小于其分布于坡面中部和上部，且两者差异在小雨强时更加明显（游珍等，2006）；具体就低矮灌草植被而言，分布于坡面底部时阻蚀减沙效果最佳，覆盖度达20%以上时即可拦截大部分上坡来沙（Rey，2004）。对于黄土高原沟-坡系统，相同植被覆盖度和放水流量时，若植被覆盖于坡面内的不同部位，产流总量虽无显著变化，但侵蚀产沙强度显著呈上部植被覆盖>中部植被覆盖>下部植被覆盖，由此反映出，植被分布位置对坡面侵蚀产沙的影响并非通过改变径流量来实现（丁文峰和李勉，2010）。另有研究对比发现，相同植被在坡面内按随机无序、均匀带状、均匀网格、坡顶聚集、坡底聚集、坡中聚集等方式分布时，坡面总侵蚀产沙存在较大差异（李强等，2008）。总体上，由现有研究不难看出，上坡植被通过改变汇流及其水动力特性能显著影响下坡侵蚀产沙，且这种影响与其在上坡内的分布位置与镶嵌格局密切相关。然而，多数研究未将上坡植被对下坡侵蚀产沙的影响从其对整个坡面侵蚀产沙的影响中有效分离与量化，更没有专门尝试揭示其与地形共同改变侵蚀产沙的规律和机制。因此，导致诸如上坡植被的分布位置与镶嵌格局为何会改变下坡侵蚀产沙？有何变化规律？是何作用机制？等问题尚不明确。究其原因，主要是植被与地形在侵蚀产沙过程中的耦合作用尚未得到足够重视，聚焦于此的专项研究较少。同时，限于土壤侵蚀的传统研究思路，通常更倾向于分析单因子在侵蚀产沙过程中的影响与贡献，忽视了上坡植被与地形共同改变汇流，进而影响下坡侵蚀这一过程本身的耦合特性（秦伟等，2015）。

由于理论研究不足，也制约了预报模型等应用技术的研究。例如，作为全球应用最广的水蚀预报统计模型，通用土壤流失方程越来越多地被应用于流域和区域尺度的土壤侵蚀评估。我国将中国土壤流失方程（Chinese soil loss equation，CSLE）应用于全国第一次水利普查，用于确定全国多年平均侵蚀强度。然而，模型针对流域和区域尺度的应用精度仍有较大提升空间。现有研究，多从模型因子针对不同地区的取值进行研究改进。实质上，流域坡面单元内的汇流侵蚀能量除受其自身局部地形影响外，也取决于上方汇流路径内的地形特征和地表覆盖，只有在模型因子中完整反映这种耦合影响，才能提高模型应用精度；而在通用土壤流失方程中，植被、地形对侵蚀产沙的影响主要由坡长因子和覆盖因子刻画，现有坡长因子算法只能不同程度地反映坡面单元及其上部地形特征对侵蚀产沙的影响，覆盖因子则仅体现植被对所在坡面单元侵蚀产沙的影响，上方汇流路径内的植被覆盖与地形共同导致汇流侵蚀能量变化，进而改变下部坡面单元侵蚀产沙的耦合影响则未加考虑，这才是通用土壤流失方程在扩展应用于流域时差强人意的根本瓶颈（秦伟等，2010）。

1.3.2　流域尺度植被水沙调控效应

对于流域尺度，已有研究侧重于确定植被类型与覆盖状况变化对流域年均、年际、年内，以及次降雨径流、输沙过程与数量的调控效应。其中，对于森林植被增加可能导致流域产流总量变化主要存在3种观点：一种观点认为增加森林植被对流域产流量影响不显著，如在匈牙利西部阿巴拉契山区，对于以枫树和橡树为主的小流域，择伐13%的森林植被后与原始对照区域相比较，径流量未见明显变化（马雪华，1993）；另一种观点认为增加森林植被将增加流域径流量，如长江流域观测对比发现，随着森林覆盖率的提高，小流域年径流量增加22%～33%（金栋梁，1989）；还有观点认为森林植被增加将减少流域径流量，如基于水量平衡的研究发现，在黄土高原半干旱地区，大面积森林植被恢复将使年均河川径流量减少约50 mm（Sun et al.，2006）。

虽然流域尺度植被对径流量的影响尚有争议，但森林植被增加能削减和滞缓暴雨产流洪峰、减少河道输沙总量已在大量研究报道中成为主流观点。自20世纪70年代以来，国内有关学者分别在黄河、长江等主要流域及其不同级别的支流范围内，对不同时期水土保持林草植被措施的减沙效应进行了定量研究（许炯心，2001；张信宝和文安邦，2002；冉大川等，2010），总体认为，大规模植被重建导致林草植被显著增加，成为主要江河流域尤其黄河下游近30年输沙量减少的重要原因。然而，由于流域面积、地貌特征等会对径流、输沙等生态过程产生影响，因此流域尺度侵蚀产沙对植被变化响应的研究往往受尺度辨析、格局变异等问题困扰，使对植被调控流域输沙的量化问题还不尽明晰。例如，Bissonnais等（1998）通过对不同时空尺度的侵蚀产沙对比发现，由于地形和植被覆盖的沉积作用，坡面产沙难以全部输移至流域出口，使坡面侵蚀观测结果难以上推至流域尺度，而侵蚀泥沙在不同流域内传输过程的沉积又存在差异，由此给通过不同流域输沙对比来量化植被对流域侵蚀产沙的影响带来不确定因素；Merten等（2001）分析坡面试验小区和流域水文站的侵蚀、输沙观测资料发现，水土保持措施在坡面能明显减少土壤侵蚀，但流域河道内输出的泥沙在不同时期并不一定减少。

同时，流域内的植被变化不仅表现在数量和类型上，也表现在分布与格局上。随着空间尺度的扩大，地表水文过程的影响因素及其作用趋于复杂。由于水文路径延长，植被对其覆盖区域外的侵蚀产沙影响更为显著，且地形、地貌本身的多元化和复杂性，单一类型和规则分布条件下的植被水文效应通常难以直接推广至流域尺度，也使植被与地形对侵蚀产沙的耦合影响更为突出。就流域尺度而言，植被的空间镶嵌变化不仅会导致不同土地利用地块与降雨、地形、土壤等因子叠加的空间分布变化，还能改变水文结构和侵蚀系统，引起整个景观体系对侵蚀产沙拦阻能力的增减，最终造成流域产沙变化（Slattery and Burt，1997）。这正是流域尺度内不同植被格局与侵蚀产沙关系的本质。而从方法和结论来看，现有研究多属将流域侵蚀产沙对植被变化响应作为黑箱处理，仅确定坡面侵蚀强度及河道输沙总量的变化，而有关不同地貌部位的侵蚀、产沙及流域侵蚀、产沙分布格局变化的研究则较为薄弱。对此，有研究认为，由于不同土地利用类型的侵蚀方式和强度不同，因此流域内多种土地利用方式镶嵌组成的整体景观格局变化会导致侵蚀产沙变化（Rai and Sharma，1998），当包括植被在内的土地利用均匀分布时，流域侵蚀产沙年际变化较小，反之，波动增大，且土地利用格局对侵蚀产沙的影响还将随空间尺度的增减而变化，小尺度流域内的土地利用坡位分布格局对侵蚀产沙变化有直接影响，而中尺度流域内的土地利用坡度分布格局影响更大（史纪安，2003）；另有研究提出，植被景观中的灌丛斑块对整体景观的水文功能有重要影响，即使整体植被覆盖度相同，若没有灌丛斑块则流域产流总量将比有灌丛斑块时平均增加25%，而同以灌丛斑块为主的植被景观，在流域内呈线状和条状镶嵌格局时将比点状镶嵌格局平均多拦蓄产流总量 8%（Noy，1986）。随着景观生态学的兴起，一些研究开始建立景观格局指数与流域侵蚀产沙的关系，用以定量解释景观格局对侵蚀产沙的影响，并尝试揭示景观格局对流域侵蚀产沙的影响特征（Imeson and Prinsen，2004）；也有研究则直接将植被格局指数与次降雨量、洪峰流量、洪水径流模数、流域形状指数、流域林地面积比例等指标一同作为侵蚀产沙的主要影响因子，构建了流域侵蚀产沙与植被格局耦合关系模型（余新晓和秦富仓，2007）。上述研究从不同角度，指出了植被格局影响流域侵蚀产沙的一些特征规律，其中，围绕景观（植被）格局指数与流域侵蚀产沙关系的研究，则是从定性向定量、从特征向规律深入的重要过渡。然而，由于景观格局指数尚缺乏十分清晰的物理含义，且与侵蚀产沙所建立的仍是单纯的统计关系，因此距离揭示植被格局影响流域侵蚀产沙的机制还有较大差距，如何构建反映侵蚀产沙过程的景观（植被）格局指数仍是未来的重要研究方向（徐宪立等，2006）。总体上，植被格局变化的本质除直接表现为不同植被斑块的镶嵌组合外，更重要的是植被斑块分布于具有不同地形特征的坡面单元，导致植被与地形对侵蚀产沙耦合影响的整体变化，从而改变流域侵蚀产沙分布与强度，只有明确这个本质，通过揭示植被与地形对侵蚀产沙的耦合影响，才能真正破解流域尺度植被格局对侵蚀产沙的影响机制，从而为流域水土保持林草植被的高效对位配置提供理论支撑（秦伟等，2015）。

1.4 小 结

1）黄土高原侵蚀产沙主要受气候、地形、土壤和地表覆盖等因素影响。其中，气候因素主要为降雨，地形因素主要为坡度和坡长，土壤因素主要为土壤物理性状，地表覆盖因素主要为林草植被。目前，单因子与侵蚀产沙的关系已较为明确，但多因素耦合作用下的侵蚀产沙响应机制还不明晰。尤其是植被和地形在坡面和流域尺度侵蚀产沙过程中的作用机制研究还较薄弱，未来应重点研究多因素耦合作用下的侵蚀产沙过程与调控机制。

2）黄土高原侵蚀产沙监测预报主要包括原位监测、元素示踪、模型预报 3 类方法。其中，预报模型主要分为经验统计模型、物理过程模型及分布式模型 3 种。现有研究多围绕以通用土壤流失方程为主的经验统计模型的区域因子取值和算法修订，以及 SWAT 和 WEPP 等国外物理过程模型的适用性评价和参数率定。由于植被和地形对侵蚀产沙耦合影响的基础理论研究不足，导致各类模型应用的精度还有较大的提升空间，未来应重点研究多尺度侵蚀产沙监测预报技术。

3）植被对侵蚀产沙的影响，主要通过改变与侵蚀发生、发展有关的环境条件实现，实质是植被冠层、根系等改变径流、土壤特性的综合作用。由于与其他因素存在耦合作用特征，植被与侵蚀产沙的响应关系具有尺度性。通常随植被增加，坡面和流域尺度的侵蚀产沙减少，坡面产流减少，但流域产流变化存在区域分异和时间变化。目前，由于植被和地形共同改变汇流特性，进而导致侵蚀产沙变化的耦合特征尚未得到广泛关注，因此坡面尺度内上坡植被与地形对下坡侵蚀的影响机制以及流域尺度侵蚀产沙对植被格局的变化响应机制尚不明晰。

参 考 文 献

蔡强国，陆兆熊，王贵平. 1996. 黄土丘陵沟壑区典型小流域侵蚀产沙过程模型. 地理学报，51（2）：108-117.

蔡强国，王贵平，陈永宗. 1998. 黄土高原小流域侵蚀产沙过程与模拟. 北京：科学出版社.

陈法扬，王志明. 1992. 通用土壤流失方程在小良水土保持试验站的应用. 水土保持通报，12（1）：23-41.

陈国祥，谢树楠，汤立群. 1996. 黄土高原地区流域侵蚀产沙模型研究. 郑州：黄河水利出版社.

陈一兵. 1997. 土壤侵蚀建模中 ANSWERS 及地理信息系统 ARCINFOR 的应用研究. 土壤侵蚀与水土保持学报，3（2）：1-13.

崔灵周，李占斌，朱永清，等. 2006. 流域地貌分形特征与侵蚀产沙定量耦合关系试验研究. 水土保持学报，20（2）：1-4，9.

丁文峰，李勉. 2010. 不同坡面植被空间布局对坡沟系统产流产沙影响的实验. 地理研究，29（10）：1870-1878.

杜峰，程积民. 1992. 植被与水土流失. 四川草原，（2）：6-11.

范丽丽，沈珍瑶，刘瑞民，等. 2008. 基于 SWAT 模型的大宁河流域非点源污染空间特性研究. 水土保持通报，28（4）：133-137.

范瑞瑜. 1985. 黄河中游地区小流域土壤流失量计算方程的研究. 中国水土保持，（2）：12-18.

高华端，李锐. 2006. 区域土壤侵蚀过程的地形因子效应. 亚热带水土保持，18（2）：6-9，14.

胡刚，伍永秋，刘宝元，等. 2004. GPS 和 GIS 进行短期沟蚀研究初探. 水土保持学报，18（4）：16-19.

胡世雄，靳长兴. 1999. 坡面土壤侵蚀临界坡度问题的理论与实验研究. 地理学报，54（4）：347-356.

黄炎和，卢程隆，付勤，等. 1993. 闽东南土壤流失预报研究. 水土保持学报，7（4）：13-18.

贾宁凤，段建南，李保国，等. 2006. 基于 AnnAGNPS 模型的黄土高原小流域土壤侵蚀定量评价. 农业工程学报，22（12）：23-27.

江忠善，宋文经. 1980. 黄河中游黄土丘陵沟壑区小流域产沙量计算//第一次河流泥沙国际学术讨论会文集. 北京：光华出版社.

江忠善，李秀英. 1988. 黄土高原土壤流失预报方程中降雨侵蚀力和地形因子的研究. 中国科学院水土保持研究所集刊，（7）：40-45.

江忠善，刘志，贾志伟. 1989. 降雨因素和坡度对溅蚀影响的研究. 水土保持学报，3（2）：29-35.

江忠善，贾志伟，刘志. 1992. 降雨和地形因素与坡地水土流失关系的研究. 黄土高原小流域综合治理与发展. 北京：科学技术文献出版社.

蒋定生. 1979. 黄土区不同利用类型土壤抗冲刷能力的研究. 土壤通报，4（2）：20-29.

焦菊英，景可，李林育，等. 2007. 应用输沙量推演流域侵蚀量的方法探讨. 泥沙研究，2007，（4）：1-7.

金栋梁. 1989. 森林对水文要素的影响. 人民长江，（1）：28-35.

金争平，史培军. 1992. 黄河皇甫川流域土壤侵蚀系统模型和治理模式. 北京：海洋出版社.

金争平，赵焕勋，和泰，等. 1991. 皇甫川区小流域土壤侵蚀量预报方程研究. 水土保持学报，5（1）：8-18.

靳长兴. 1993. 论坡面侵蚀的临界坡度. 地理学报，50（3）：234-239.

景可. 2002. 长江上游泥沙输移比初探. 泥沙研究，（1）：53-59.

景可，焦菊英，李林育. 2010a. 长江上游紫色丘陵区土壤侵蚀与泥沙输移比研究——以涪江流域为例. 中国水土保持科学，8（5）：1-7.

景可, 焦菊英, 李林育. 2010b. 输沙量、侵蚀量与泥沙输移比的流域尺度关系——以赣江流域为例. 地理研究, 29 (7): 1163-1170.

雷廷武, 姚春梅, 张晴雯, 等. 2004. 细沟侵蚀动态过程模拟数学模型和有限元计算方法. 农业工程学报, 20 (4): 7-12.

雷廷武, 张晴雯, 姚春梅, 等. 2005. WEPP 模型中细沟可蚀性参数估计方法误差的理论分析. 农业工程学报, 2005, 21 (1): 9-12.

李建牢, 刘世德. 1989. 罗玉沟流域坡面土壤侵蚀量的计算. 中国水土保持, (3): 28-31.

李钜章, 景可, 李凤新. 1999. 黄土高原多沙粗沙区侵蚀模型探讨. 地理科学进展, 18 (1): 46-53.

李立青, 杨明义, 刘普灵. 2003. 7Be 在坡面土壤侵蚀中应用的研究进展. 水土保持通报, 23 (2): 69-72.

李勉, 李占斌, 丁文峰, 等. 2002. 黄土坡面细沟侵蚀过程的示踪. 地理学报, 57 (2): 218-223.

李强, 李占斌, 鲁克新, 等. 2008. 黄土丘陵区不同植被格局产流产沙试验研究. 中国农村水利水电, (4): 100-103.

李勇. 1990. 沙棘根系强化土壤抗冲性的研究. 水土保持学报, 4 (3): 15-20.

林素兰, 黄毅, 聂振刚, 等. 1997. 辽北低山丘陵区坡耕地土壤流失方程的建立. 土壤通报, 28 (6): 251-253.

刘宝元. 2001. 土壤侵蚀预报模型. 北京: 中国科学技术出版社.

刘宝元, 毕小刚, 符素华, 等. 2010. 北京土壤流失方程. 北京: 科学出版社.

刘秉正. 1993. 渭北地区 R 的估算及分布. 西北林学院学报, 8 (2): 21-29.

刘秉正, 王佑民, 陈东立. 1984. 刺槐林地土壤抗冲性的试验研究. 西北林学院学报, 3 (1): 27-30.

刘纪根, 蔡强国, 张平仓. 2007. 岔巴沟流域泥沙输移比时空分异特征及影响因素. 水土保持通报, 27 (5): 6-10.

刘善建. 1953. 天水水土保持测验的初步分析. 科学通报, (12): 59-65.

刘世荣, 孙鹏森, 温远光. 2003. 中国主要森林生态系统水文功能的比较研究. 植物生态学报, 27 (1): 16-22.

马雪华. 1993. 森林水文学. 北京: 中国林业出版社.

马志尊. 1989. 应用卫星影像估算通用土壤流失方程各因子值方法的探讨. 中国水土保持, (3): 24-28.

牟金泽, 熊贵枢. 1980. 陕北小流域产沙量预报及水土保持措施拦沙计算//第一次河流泥沙国际学术讨论会文集. 北京: 光华出版社.

牟金泽, 孟庆枚. 1983. 降雨侵蚀土壤流失预报方程的初步研究. 中国水土保持, (6): 23-27.

潘成忠, 上官周平. 2005. 牧草对坡面侵蚀动力参数的影响. 水利学报, 36 (3): 371-377.

秦伟, 朱清科, 张岩. 2009. 基于 GIS 和 RUSLE 的黄土高原小流域土壤侵蚀评估. 农业工程学报, 25 (8): 157-163.

秦伟, 朱清科, 张岩. 2010. 通用土壤流失方程中的坡长因子研究进展. 中国水土保持科学, 8 (2): 117-124.

秦伟, 左长清, 郑海金, 等. 2013. 赣北红壤坡地土壤流失方程关键因子的确定. 农业工程学报, 29 (21): 115-125.

秦伟, 曹文洪, 左长清. 2015. 植被与地形对侵蚀产沙耦合影响研究评述. 泥沙研究, (3): 74-80.

冉大川, 赵力毅, 张志萍, 等. 2010. 黄土高原不同尺度水保坡面措施减轻沟蚀作用定量研究. 水利学报, 41 (10): 1135-1141.

史德明, 石晓日, 李德成, 等. 1996. 应用遥感技术监测土壤侵蚀动态的研究. 土壤学报, 33 (1): 48-58.

史纪安．2003. 土地利用空间分布格局对侵蚀产沙过程的影响．杨凌：西北农林科技大学．

史学正，于东升．1995. 用人工模拟降雨仪研究我国亚热带土壤的可蚀性．水土保持学报，9（3）：38-42.

孙立达，孙保平．1988. 西吉县黄土丘陵沟壑区小流域土壤流失量预报方程．自然资源学报，3（2）：141-153.

汤立群，陈国祥．1997. 大中流域长系列径流泥沙模拟．水利学报，(6)：19-26.

汤立群，陈国祥，蔡名扬．1990. 黄土丘陵区小流域产沙数学模型．河海大学学报，18（6）：10-16.

唐克丽．2004. 中国水土保持．北京：科学出版社．

唐泽军，雷廷武，张晴雯，等．2004. 确定侵蚀细沟土壤临界抗剪应力的 REE 示踪方法．土壤学报，41（1）：28-34.

田均良，周佩华，刘普灵，等．1992. 土壤侵蚀 REE 示踪法研究初报．水土保持学报，6（4）：23-27.

汪有科，吴钦孝，赵鸿雁，等．1993. 林地枯落物抗冲机理研究．水土保持学报，7（1）：75-80.

王冬梅，孙保平．1991. 西吉县黄家二岔小流域彩红外航片判读与制图．北京林业大学学报，13（3）：75-83.

王宏，蔡强国，朱远达．2003. 应用 EUROSEM 模型对三峡库区陡坡地水力侵蚀的模拟研究．地理研究，22（5）：579-589.

王礼先．1981. 关于土壤侵蚀规律研究的目的与方法．水土保持通报，3（1）：17-21.

王万忠．1984. 黄土地区降雨特征与土壤流失关系的研究．水土保持通报，3（4）：58-63.

王万忠，焦菊英．1995. 中国降雨侵蚀 R 值的计算与分布（1）．水土保持学报，9（4）：5-18.

王文龙，雷阿林，李占斌，等．2004. 黄土区坡面侵蚀时空分布与上坡来水作用的实验研究．水利学报，35（5）：25-30, 38.

王佑民，郭培才，高维森．1994. 黄土高原土壤抗蚀性研究．水土保持学报，8（4）：11-16.

王宗明，梁银丽．2002. 应用 EPIC 模型计算黄土塬区作物生产潜力的初步尝试．自然资源学报，17（4）：481-187.

韦红波，李锐，杨勤科．2002. 我国植被水土保持功能研究进展．植物生态学报，26（4）：489-496.

温远光，刘世荣．1995. 我国主要森林生态系统类型降水截留规律的数量分析．林业科学，31（4）：289-298.

吴普特，周佩华．1993. 黄土丘陵沟壑区（Ⅲ）土壤抗冲性研究．水土保持学报，7（3）：19-36.

吴普特，刘普灵．1997. 沟坡侵蚀 REE 示踪法试验研究初探．水土保持研究，4（2）：69-74.

吴钦孝，杨文治．1998. 黄土高原植被建设与持续发展．北京：科学出版社．

吴素业．1992. 安徽大别山区降雨侵蚀力指标的研究．中国水土保持，(2)：32-33.

吴素业．1994. 安徽大别山区降雨侵蚀力简化算法与时空分布规律．中国水土保持，(4)：12-13.

肖培青，姚文艺，张海峰．2012. 黄土高原植被固土减蚀作用研究进展．水土保持研究，19（6）：282-286.

徐宪立，马克明，傅伯杰，等．2006. 植被与水土流失关系研究进展．生态学报，26（9）：3137-3143.

许炯心．2001. 长江上游干支流的水沙变化及其与森林破坏的关系．水利学报，(1)：72-80.

杨明义．2001. 多核素复合示踪定量研究坡面侵蚀过程．杨凌：中国科学院水土保持研究所博士学位论文．

杨萍，胡续礼，姜小三，等．2006. 小流域尺度土壤可蚀性（K 值）的变异及不同采样密度对其估值精度的影响．水土保持通报，26（6）：35-39.

杨勤科，李锐．1998. LISEM：一个基于 GIS 的流域土壤流失预报模型．水土保持通报，18（3）：82-89.

杨艳生 .1988. 论土壤侵蚀区域性地形因子值的求取 . 水土保持学报，2（2）：89-96.

杨子生 .1999a. 滇东北山区坡耕地土壤流失方程研究 . 水土保持通报，19（1）：1-9.

杨子生 .1999b. 滇东北山区坡耕地土壤可蚀性因子 . 山地学报，17（增刊）：10-15.

尹国康，陈钦峦 .1989. 黄土高原小流域特性指标与产沙统计模式 . 地理学报，44（1）：32-46.

游珍，李占斌，蒋庆丰 .2006. 植被在坡面的不同位置对降雨产沙量影响 . 水土保持通报，26（6）：28-31.

余新晓，秦富仓 .2007. 流域侵蚀动力学 . 北京：科学出版社 .

余新晓，张晓明，李建牢 .2009. 土壤侵蚀过程与机制 . 北京：科学出版社 .

张光辉 .2001. 土壤水蚀预报模型研究进展 . 地理研究，20（3）：275-281.

张洪江，程金花，史玉虎，等 .2004. 三峡库区花岗岩林地坡面优先流对降雨的响应 . 北京林业大学学报，2004，26（5）：6-9.

张科利，彭文英，杨红丽 .2007. 中国土壤可蚀性值及其估算 . 土壤学报，44（1）：7-13.

张胜利，于一鸣，姚文艺 .1994. 水土保持减水减沙效应计算方法 . 北京：中国环境科学出版社 .

张宪奎，许清华，卢秀琴，等 .1992. 黑龙江省土壤流失方程的研究 . 水土保持通报，12（4）：1-3.

张晓明，曹文洪，周利军 .2014. 泥沙输移比及其尺度依存研究进展 . 生态学报，34（24）：7475-7485.

张信宝，文安邦 .2002. 长江上游干流和支流河流泥沙近期变化及其原因 . 水利学报，（4）：56-59.

张信宝，李少龙，王成华，等 .1988. Cs-137 法测定梁峁坡农耕地土坡侵蚀初探 . 水土保持通报，8（5）：18-22.

章文波，付金生 .2003. 不同类型雨量资料估算降雨侵蚀力 . 资源科学，25（1）：35-41.

赵文武，傅伯杰，陈利顶 .2003. 陕北黄土丘陵沟壑区地形因子与水土流失的相关性分析 . 水土保持学报，17（3）：66-69.

郑粉莉 .1988. 黄土高原坡耕地的细沟侵蚀及其防治途径 . 中国科学院西北水土保持研究所集刊，7：19-25.

郑粉莉，江忠善，高学田，等 .2008. 水蚀过程与预报模型 . 北京：科学出版社 .

中华人民共和国水利部 .2008. 土壤侵蚀分类分级标准（SL 190-2007）. 北京：中国水利水电出版社 .

周伏建，陈明华，林福兴，等 .1995. 福建省土壤流失预报研究 . 水土保持学报，9（1）：25-30，36.

周佩华，武春龙 .1993. 黄土高原土壤抗冲性的试验研究方法探讨 . 水土保持学报，7（1）：29-34.

周佩华，窦葆璋，孙清芳，等 .1981. 降雨能量的试验研究初报 . 水土保持通报，1（3）：51-60.

周佩华，田均良，刘谱灵，等 .1997. 黄土高原土壤侵蚀与稀土元素示踪研究 . 水土保持研究，4（2）：2-9.

朱显谟 .1982. 黄土高原水蚀的主要类型及其有关因素 . 水土保持通报，2（3）：36-41.

Alejandro P，Johann K，Miguel A，et al. 1999. Relationship of soil characteristics to vegetation succession on a sequence of degraded and rehabilitated soils in Honduras. Agriculture，Ecosystems and Environment，72（3）：215-225.

Bennet H H. 1926. Some comparisons of properties of humid-temperate American soils with special reference to indicated relations between chemical composition and physical properties. Soil Science，21：349-375.

Bissonnais Y L，Benkhadra H，Chaplot V，et al. 1998. Crusting，runoff and sheet erosion on silty loamy soils at various scales and up scaling from m^2 to small catchments. Soil and Tillage Research，46（1）：69-80.

Calvin K M，Cade E C. 1983. Soil erodibility variation during the year. Transactions of the American Society of Agricultural Engineers，26（5）：1102-1104.

Carroll C，Halpin M，Burger P，et al. 1997. The effect of crop type，crop rotation，and tillage practice on runoff and soil loss on a Vertisol in central Qweenland. Soil Research, 35 (4): 925-939.

Cook H L. 1936. The nature and controlling variables of the water erosion process. Soil Science Society of American Proceedings, 1936, 1 (C): 60-64.

De Roo A P J. 1996. The LISEM project: an introduction. Hydrological Processes, 10 (8): 1021-1025.

Desmet P J, Govers G. 1996. A GIS procedure for the automated calculation of the USLE LS factor on topographically complex landscape units. Journal of Soil and Water Conservation, 51 (5): 427-433.

Erskine W D, Mahmoudzadeh A, Myers C. 2002. Land use effect s on sediment yields and soil loss rates in small basins of Triassic sandstone near Sydney, NSW, Australia. Catena, 49 (4): 271-287.

Favis-Mortlock D T. 1998. A self-organizing dynamic systems approach to the simulation of rill initiation and development on hillslopes. Computers and Geosciences, 24 (4): 353-372.

Foster G R, Wischmeier W H. 1974. Evaluating irregular slopes for soil loss prediction. Transactions of American Society of Agricultural Engineers, 17 (2): 305-309.

Foster G R, Meyer L D. 1975. Mathematical simulation of upland erosion by fundamental erosion mechanics. Present and prospective technology for predicting sediment yields and sources: Proceedings, sediment–yield workshop, Oxford, Agricultural Research Service, Sedimentation Laboratory.

Grayson R B, Moore I D, McMahon T A. 1992. Physically based hydrologic modeling 2: Is the concept realistic? Water Resource Research, 28 (10): 2659-2666.

Hudson N W. 1995. Soil Conservation. Iowa: Iowa State University Press.

Imeson A C, Prinsen H A M. 2004. Vegetation patterns as biological indication for identifying runoff and sediment source and sink an for semi–arid landscapes in Spain. Agriculture Ecosystems and Environment, 104 (2): 333-342.

King L Y. 1957. The uniformitarian nature of hillslopes. Transaction Edinburgh Geological Society, 17 (1): 81-102.

Laflen J M, Elliot W J, Simanton J R, et al. 1991. WEPP soil erodibility experiments for rangeland and cropland soils. Journal of Soil and Water Conservation, 46 (1): 39-44.

Lal R. 2003. Soil erosion and the global carbon budget. Environment International, 29 (4): 437-450.

Liu B Y, Nearing M A, Shi P J, et al. 2000. Slope length effects on soil loss for steep slopes. Soil Science Society of America Journal, 64 (5): 1759-1763.

Liu B Y, Zhang K L, Xie Y. 2002. An empirical soil loss equation//Proceedings of 12th International Soil Conservation Organization Conference, Volume Ⅱ. Beijing: Tsinghua University Press: 21-25.

McCool D K, Foster G R, Mutchler C K, et al. 1989. Revised Slope Length Factor for the Universal Soil Loss Equation. Transactions of American Society of Agricultural Engineers, 32 (5): 1571-1576.

Merten G H, Nearing M A, Borges A L O. 2001. Effect on sediment load on soil detachment and deposition in rill. Soil Science Society of American Journal, 65 (3): 861-868.

Meyer L D. 1984. Evaluation of the universal soil loss equation. Journal of Soil and Water Conservation, 39 (2): 99-104.

Miller M F. 1926. Waste through soil erosion. Journal of American Society of Agronomy, (18): 153-160.

Misra R K, Rose C W. 1996. Application and sensitivity analysis of proeess – based – erosion – model – CUEST. European Journal Soil Science, 10: 593-604.

Mitasova H, Mitas L. 1999. Modeling soil detachment with RUSLE 3d using GIS. Illinois: Geographic Modeling Systems Laboratory, University of Illinois at Urbana–Champaign.

Moir W H, Ludwig J A, Scholes R T. 2000. Soil erosion and vegetation in grasslands of the Peloncillo Mountains,

New Mexico. Soil Science Society of American Journal, 64 (3): 1055-1067.

Molina A, Govers G, Poesen J, et al. 2008. Environmental factors controlling spatial variation in sediment yield in a central Andean mountain area. Geomorphology, 98 (3-4): 176-186.

Morgan R P C. 1995. Soil Erosion and Conservation. New York: Harlow.

Morgan R P C, Quinton J N, Smith R E, et al. 1998. The European soil erosion model (EUROSEM): A dynamic approach for predicting sediment transport from fields and small catchments. Earth Surface Processes and Landforms, 23 (6): 527-544.

Nearing M A. 1997. A single, continuous function for slope steepness influence on soil loss. Soil Science Society of America Journal, 61 (3): 917-919.

Nearing M A, Simanton H, Norton D, et al. 1999. Soil erosion by surface water flow on a stony, semiarid hill slope. Earth Surface Processes and Landforms, 24 (8): 677-686.

Noy M I. 1986. Desert ecosystems: environment and producers, annual review of ecology and systems. Princeton, New Jersey: Princeton University Press.

Olson K R, Gennadiyev A N, Jones R L, et al. 2002. Erosion patterns on cultivated and reforested hill-slopes in Moscow region, Russia. Soil Science Society of America Journal, 66 (1): 193-202.

Olson T C, Wischmeier W H. 1963. Soil erodibility evaluations for soils on the runoff and erosion stations. Soil Science Society of America Proceedings, 27 (5), 590-592.

Rai S C, Sharma E. 1998. Comparative assessment of runoff characteristics under different landuse patterns with in a Himalayan watershed. Hydrological Process, 12 (13-14): 2235-2248.

Rejman J, Turski R, Paluszek J. 1998. Spatial and temporal variations in erodibility of loess soil. Soil and Tillage Research, 46 (1): 61-68.

Renard K G, Foster G R, Weesies G A, et al. 1997. Predicting Soil Erosion by Water: a guide to conservation planning with the revised universal. United States Department of Agriculture. Agriculture Handbook: No. 703. Washington D C: United States Department of Agriculture.

Rey F. 2004. Effectiveness of vegetation barriers for marly sediment trapping. Earth Surface Processes and Landforms, 29 (9): 1161-1169.

Ritchie J C, MeHenry J R, Gill A C. 1974. Fallout Cs - 137 in the soils and sediments of three small watersheds. Ecology, 55: 887-890.

Rogowski A S, Tamura T. 1965. Movement of Caesium-137 by runoff, erosion and infiltration on the alluvial Captina silt loam. Health Physics, 11: 1333-1340.

Römkens M J M, Roth C B, Nelson D W. 1977. Erodibility of selected clay sub-soils in relation to physical and chemical properties. Soil Science Society of America Journal, 41 (5), 954-960.

Schimmack W, Auerswald K, Bunzl K. 2001. Can 239+240Pu replace 137Cs as an erosion tracer in agricultural landscapes contaminated with Chernobyl fallout. Journal of Environmental Radioactivity, 53 (1): 41-57.

Sharply A N, Williams J R. 1990. EPIC-Erosion/productivity impact calculator I, model documentation. Department of Agriculture Technical Bulletin No. 1768. Washington D C: United States Department of Agriculture.

Shi H, Tian JL, Liu PL, et al. 1997. A Study on sediment sources in a small watershed by using REE tracer method. Science in China (Series E), 40 (1): 12-20.

Sidorchuk A. 1998. Model for estimating gully morphology//Modelling soil erosion, sediment transport and closely related hydrological processes. Wallingford: IAHS Publication: 249: 333-344.

Slattery M C, Burt T P. 1997. Particle size characteristics of suspended sediment in hillslope runoff and stream flow. Earth Surface Processes and Landforms, 22 (8): 705-719.

Smith D D. 1941. Interpretation of soil conservation data for field use. Agricultural Engineering, 22 (5): 173-175.

Sun G, Zhou G, Zhang Z, et al. 2006. Potential water yield reduction due to forestation across China. Journal of Hydrology, 328 (3): 548-558.

Torri D, Poesen J, Borselli L. 1997. Predictability and uncertainty of the soil erodibility factor using a global dataset. Catena, 31 (1): 1-22.

Wall G J, Dickinson W T, Rudra R P, et al. 1988. Seasonal soil erodibility variation in Southwestern Ontario. Canadian Journal of Soil Science, 68 (2): 417-424.

Wallbrink P J, Murray A S. 1996. Determinating soil loss using the inventory ratio of excess lead−210 to Caesium−137. Soil Science Society of America Journal, 60 (4): 1201-1208.

Walling D E, Quine T A. 1990. Calibration of caesium−137 measurements to provide quantitative erosion rate data. Land Degradation and Rehabilitation, 2 (3): 161-175.

Walling D E, He Q P. 1998. Use of fallout ^{137}Cs measurements for validating and calibrating soil erosion and sediment delivery models. IAHS Publication, 249: 267-278.

Walling D E, He Q P, Blake W. 1999. Use of ^{7}Be and ^{137}Cs measurements to document short−and medium−term rates of water−induced soil erosion on agricultural land. Water Resource Research, 35 (2): 3865-6847.

Williams J R, Renard K G, Dyke P T. 1983. EPIC a new method for assessing erosion′s effects on soil productivity. Journal of Soil and Water Conservation, 38 (5): 381-383.

Wischmeier W H, Smith D D. 1965. Predicting rainfall erosion losses from cropland east of the Rocky Mountains. Agricultural handbook. Washington D C: United States Department of Agriculture.

Wischmeier W H, Mannering L V. 1969. Relation of soil properties to its erodibility. Soil Science, 33: 131-137.

Wischmeier W H, Smith D D. 1978. Predicting rainfall erosion losses: a guide to conservation planting. Agricultural Handbook No. 282. Washington D C: United States Department of Agriculture.

Woodward D E. 1999. Method to predict cropland ephemeral gully erosion. Catena, 37 (3): 393-399.

Young R A, Mutchler C K. 1977. Erodibility of some Minnesota soils. Journal of Soil and Water Conservation, 32: 180-182.

Zhao X G, Wu F Q, Liu B Z. 1999. Analysis of runoff and soil loss on the gentle fallow slope land in gully region of loess plateau//Proceedings of International Symposium of Floods and Droughts. Nanjing: Hehai University Press.

Zingg A W. 1940. Degree and length of land slope and it effects soil loss in runoff. Agricultural Engineering, 21 (2): 59-64.

第2章 研究区域概况

黄土高原是我国乃至世界上水土流失最为严重的地区之一，严重制约了区域经济发展和社会进步。20世纪50年代以来，我国在黄土高原地区相继开展了一系列大规模的水土保持和林业生态工程。大规模植被重建对该区流域侵蚀、产沙产生了重要影响，在控制水土流失、改善生态环境方面取得了显著成效。为揭示流域侵蚀、产沙对植被重建的响应机制，本书以黄土高原为基本研究区域，针对具体研究内容选取地处黄土高原腹地的北洛河上游流域为典型研究流域（图2-1）。

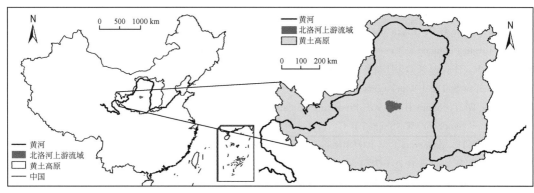

图2-1 黄土高原地理位置

Fig. 2-1 Location of the Loess Plateau

针对黄土高原的研究包括黄土高原多尺度降雨空间分异、黄土高原侵蚀性降雨特征和黄土高原植被恢复空间分异，主要从区域宏观尺度揭示影响侵蚀产沙变化的外营力和下垫面变化背景。除此以外，整个研究以北洛河上游流域为典型研究区，分别从降雨时空变化、地形地貌特征、植被演变格局、径流输沙变化、浅沟侵蚀和道路侵蚀特征、流域侵蚀产沙预报模拟、植被水沙调控效益与机制等方面围绕流域侵蚀产沙植被变化响应的主题进行了系统研究。

2.1 黄土高原

2.1.1 自然概况

黄土高原位处我国西北，涉及青、甘、宁、陕、蒙、晋、豫7个省（自治区），其准确范围至今尚无定论。20世纪80年代，黄土高原地区综合科学考察队界定的范围为：秦

岭山脉以北、阴山山脉以南、太行山脉以西、青藏高原东缘以东，地理坐标为东经
100°52′～114°33′，北纬33°41′～41°16′，总面积为62.38万km²。2005年7月至2007年5
月由水利部、中国科学院和中国工程院联合开展的"中国水土流失与生态安全综合科学考
察"，认为西北黄土高原区即黄土高原地区，包含青、甘、宁、蒙、陕、晋、豫7省（自
治区），总面积为64.2万km²。区内沟壑密布、植被稀少、干旱少雨、暴雨集中，是我国
生态环境最为脆弱和水土流失最为严重的地区之一。黄土高原是比较完整的自然地理单
元，地貌类型主要分为黄土丘陵沟壑区、高原沟壑区和风沙区。该区多属典型大陆性气
候，位于西风带，又受季风影响。土壤和植被呈带状分布，由东南向西北依次分布森林植
被区、森林草原植被区、草原植被区和荒漠草原区。

（1）地形地貌

地貌条件是地理环境中的基本要素之一，影响水热分配和自然资源分布。黄土高原是
我国独特的地貌单元之一，其东、南、西三面均为高山环绕，处于全国第二级地形阶梯
上。地势整体呈西北高、东南低，占全区总面积20%左右的地区海拔不足1000 m，少数
石质山岭的海拔在2000 m以上，其余70%左右的地区海拔在1000～2000 m。具体分布
为：吕梁山以东、太行山以西的晋中、晋东北地区由一系列山岭和盆地构成，海拔主要在
500～1000 m；六盘山以东、吕梁山以西的陇东、陕北、晋西典型黄土高原地区，海拔在
1000～2000 m；中部六盘山以西的地区，海拔在2000～3000 m。

黄土在不断堆积以及各种侵蚀外营力的交替作用下，使黄土高原形成了以塬、梁、峁、
沟壑为主的独特地貌景观。同时，受水热条件由南至北的经向空间分异影响，黄土高原各种
自然景观也多呈由南向北的带状分布。黄土高原主要地貌类型区包括黄土丘陵沟壑、黄土
高原沟壑区、土石山区以及风沙区。其中，黄土丘陵沟壑区在黄土高原分布最广，遍及河
南、山西、陕西、宁夏、甘肃、青海和内蒙古7省（自治区），面积达21.2万km²，成为
黄土高原地貌类型的主体，约占黄土高原总面积的33%。该地貌类型主要为黄土塬长期遭
受流水冲蚀，不断被沟谷分割后沟间地的残余地貌，区内沟壑纵横，沟壑面积约占本区总
面积的52%，沟壑密度为3.0～5.0 km/km²。黄土高原沟壑区为黄土高原侵蚀残留面积较
大的塬地，主要有陇东董志塬、渭北洛川塬等高原沟壑区和渭北东部及山西西部的残塬沟
壑区，面积约3.6万km²，约占黄土高原总面积的6%。黄土高原沟壑区的塬面以下沟蚀
严重，切割形成不同形状的高原沟谷，沟谷面积约占本区总面积的42%，沟壑密度为
1.5～4.0 km/km²。土石山区主要为石质山地向黄土丘陵或塬区的过渡地貌，多由薄层黄
土覆盖，土层厚度一般不超过10～20 m，局部较陡地段有基岩出露，分布在黄土高原内较
低的石质山地或山麓地带，涉及秦岭、阴山、吕梁山、六盘山、太行山等山地，面积约
13.3万km²，约占黄土高原总面积的21%。风沙区主要分布在长城沿线以北、阴山以南的
宁夏、内蒙古和陕西北部，包括毛乌素沙地和库布齐沙漠，面积约7.0万km²，区内地广
人稀、垦殖指数高，年降雨量不足450 mm，风力侵蚀剧烈，沙暴灾害频繁，土地沙化严
重。除此以外，还有干旱草原区、高地草原区、林区、黄土阶地区、冲积平原区，合计近
20万km²，但这些地区沟壑密度较小，与黄土高原的整体地貌特征有所不同（水利部等，
2010）。

（2）气候

黄土高原位于我国东部季风区的中纬度地带、高空盛行西风带的南部。区内近地面高低对流活动频繁，环流季节变化明显，气候干旱，降水总量少且时空分布不均，常为集中暴雨，表现出明显的大陆性季风气候特征。年降水量自东南最高的 600 mm 以上向西北最低的不足 200 mm 递减，降水天数相应由 100 天降至 60 天，降水变率高、暴雨比例大；太阳辐射在 2200～2850 h，呈自南向北递增、经向差异较小的分布格局。区内温差大，1 月最冷、7 月最热，春季温度高于秋季温度，≥10℃积温在 2500～4350℃，自东南向西北递减；干燥度为 1.0～4.0，属半湿润半干旱及干旱气候带（吴钦孝和杨文治，1998）。

（3）植被

黄土高原植被共有 11 个植被型组、23 个植被型、171 个群系。植被型组包括针叶林、阔叶林、灌丛、草丛、草原、草甸、荒漠、沼泽、沙生植被、栽培植被、荒漠和高山稀疏植被。根据现存天然植被分布和自然特征，全区植被类型自东南向西北可依次划分为森林植被区、森林草原植被区、草原植被区和荒漠草原植被区。其中，森林植被区开垦指数低，一般在 10% 以下，植被类型以落叶阔叶林为主，其中尤以栎类（*Quercus*）为典型标志，其余还分布油松（*Pinus tabulaeformis*）、侧柏（*Platycladus orientalis*）、白皮松（*Pinus bungeana*）等温性针叶林，桑（*Morus alba*）、榆（*Ulmus*）、臭椿（*Ailanthus altissima*）等天然小乔木，连翘（*Forsythia suspensa*）、丁香（*Syringa oblata*）、荆条（*Vitex negundo*）等灌丛，区内适宜人工栽植杨（*Populus*）、柳（*Salix*）、榆（*Ulmus*）、槐（*Sophora*）、白蜡（*Fraxinus chinensis*）、泡桐（*Paulownia*）、油松（*Pinus tabulaeformis*）、侧柏（*Platycladus orientalis*）等树种；森林草原植被区的植被类型以夏绿阔叶林及菊科（Compositae）、禾本科（Gramineae）为主，草原植被占较大优势，尤以长芒草（*Stipa bungeana*）草原、茭蒿（*Artemisia giraldii*）+长芒草（*Stipa bungeana*）草原、长芒草（*Stipa bungeana*）+兴安胡枝子（*Lespedeza daurica*）杂草类草原等最具代表，多分布于黄土丘陵的阳坡和梁峁顶部，有时也出现在侧柏（*Platycladus orientalis*）林下，使其更具有草原化特征，阴坡适生刺槐（*Robinia pseudoacacia*）、油松（*Pinus tabulaeformis*）、杨树（*Populus*）等树种，阳坡则以榆（*Ulmus*）、侧柏（*Platycladus orientalis*）、山桃（*Amygdalus davidiana*）、山杏（*Armeniaca sibirica*）、沙棘（*Hippophae rhamnoide*）、小叶锦鸡儿（*Caragana microphylla*）为主；草原植被区开垦指数为 30%～40%，部分高达 60%，以针茅（*Stipa capillata*）、披碱草（*Elymus dahuricus*）、委陵菜（*Potentilla chinensis*）等草本为主要植被类型；荒漠草原区植被稀疏，开垦指数为 10%～20%，以针茅（*Stipa capillata*）、甘草（*Glycyrrhiza uralensis*）等草本为主要植被类型（朱清科等，2012）。

2.1.2 经济人文

黄土高原地区涉及 7 省（自治区）的 50 个地（市），317 个县（旗），总人口为 1.08 亿人，其中农业人口为 0.73 亿人，占总人口数的 68%，人口密度约 169 人/km²，人均土地面积为 0.59 hm²。按照基于遥感影像解译的结果，截至 2005 年，黄土高原耕地面积为 13.88

万 km², 园地面积为 1.14 万 km², 林地面积为 14.22 万 km², 牧草地面积为 18.02 万 km², 居民点及工矿用地面积为 2.22 万 km², 交通用地面积为 0.55 万 km², 水利设施用地面积为 0.26 万 km², 其余为未利用地 (汤青等, 2010)。粮食作物播种面积为 9.34 万 km², 平均单产约 3.4t/hm², 总产量为 322.1 亿 t, 人均产粮约 0.5t; 养殖业以牲畜、猪、羊为主, 共养殖大牲畜约 1200 多万头、猪 1700 多万头、羊 3400 多万只, 人均饲养量分别为 0.2 头、0.3 头和 0.5 只。据 2008 年统计, 全区生产总值为 1.85 万亿元, 农民人均纯收入为 3000 余元。区内绝大多数地区以农业经济为主, 农业总产值中种植业占 60%, 林木副业占 40%。黄土高原地区主要工业企业集中于西安、太原、兰州等大中型城市, 其他多数地区工业基础薄弱。区内石油产量约占全国的 1/4, 原煤产量占全国的 1/2 以上。近年来, 煤炭、石油、天然气大规模开发, 带动了相关产业和地方经济发展, 但该区企业大多属资源型工业, 高新技术产业还较落后, 工业产值、经济效益低于全国平均水平。

2.2　北洛河上游流域

2.2.1　自然概况

2.2.1.1　区位

本研究中的北洛河上游流域为北洛河上游吴旗水文站以上部分。流域地处黄土高原腹地, 属黄土高原丘陵沟壑区第二副区, 位于东经 107°32′40″ ~ 108°32′45″, 北纬 36°44′53″ ~ 37°19′28″, 面积为 3424.47 km² (图 2-2)。流域范围可分为两个区域, 第一个区域为北洛河源头区域, 在定边县境内, 面积为 1040.58 km², 具体包括定边县新安边镇、杨井镇、油房庄镇、王盘山乡、樊学乡和白马崾崄乡大部, 学庄乡、武峁子乡、白湾子镇和张崾崄乡小

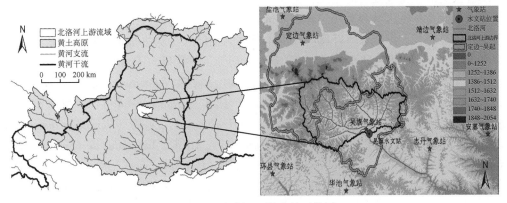

图 2-2　北洛河上游流域区位图

Fig. 2-2　Location of the upper reaches of Beiluohe River basin

部；第二个区域为北洛河上游吴起段，在吴起县境内，面积为 2383.89 km²，具体包括吴起县王洼子乡、铁边城、新寨乡和吴仓堡乡全部，庙沟乡、吴起镇、薛岔乡和五谷城乡大部，以及周湾乡小部。

2.2.1.2　气候

北洛河上游流域位于半干旱、半湿润向干旱气候的过渡地带，具有明显的大陆性季风气候特征，冬季寒冷干燥、春季干旱多风、夏季旱涝相间、秋季温凉湿润。

据吴旗气象站长年观测资料，该区多年平均降水量为 445 mm，6～9 月占年平均降水总量的 70% 以上。降水空间分布不均，东南部地区降水较多、西北部地区较少，在定边县的油房庄乡和白湾子镇年降水量小于 380 mm，在吴起县的吴起镇年降水量在 450 mm 以上；年均气温在 7.5℃ 左右，年均日照时数为 2400～2700 h，年均辐射量为 117～137 kcal①/cm²，受地形影响，气温分布呈北高南低，年内 7 月气温最高、1 月气温最低。

2.2.1.3　土壤

北洛河上游流域以黄土性土类为主要土壤类型，常见土类有黄绵土、黑垆土和灰褐土，且以初育黄绵土分布最广。黄绵土是由于长期水土流失，原有地带性土壤——黑垆土及其腐殖质被侵蚀掉，黄土母质出露，经人类在黄土母质上耕种，发育而成的幼年土壤，土质疏松、孔隙大、透水性强、有机质含量低、保水和保肥能力差。黑垆土是北洛河流域的地带性土壤，也是古老的耕作土壤，发育在深厚疏松的黄土母质上，积累了深厚的腐殖质层，土壤肥沃，是良好的农业土壤，其上多分布草原化的杂类草群落，植物种类多，生长繁茂。灰褐土需在暖温带半湿润、半干旱季风气候条件下形成，故在流域内主要分布在为数不多的林地。此外，在一些地方有小面积的草甸土、栗钙土、棕钙土等土类分布。

2.2.1.4　植被

随着人类对可持续发展的重视，生态环境改善逐渐受到广泛关注。北洛河上游流域属于我国水土保持重点区域和退耕还林试点区域，经过十多年的人工植被建设，区内的林草覆盖面积明显增长，形成以落叶阔叶及灌木草丛为主的人工次生植被类型。据统计，该区现存乔灌树种主要有河北杨（*Populus hopeiensis*）、小叶杨（*Populus simonii*）、大关杨（*Populus dakuanensis*）、旱柳（*Salix matsudana*）、刺槐（*Robinia pseudoacacia*）、臭椿（*Ailanthus altissima*）、杜梨（*Pyrus betulaefolia*）、白榆（*Ulmus pumila*）、沙枣（*Elaeagnus angustifolia*）、沙柳（*Salix psamm*）、柽柳（*Tamarix chinensis*）、沙棘（*Hippophae rhamnoides*）、柠条（*Caragana korshinskii*）、山杏（*Armeniaca sibirica*）、山桃（*Amygdalus davidiana*）、紫丁香（*Syringa oblata*）、丁香（*Syzygium aromaticum*）、杠柳（*Periploca sepium*）等；草本植物主要包括铁杆蒿（*Artemisa vestita*）、茭蒿（*Artemisia giraldii*）、冷蒿（*Artemisia frigida*）、黄蒿（*Artemisia annua*）、茵陈蒿（*Artemisia capillaris*）、针茅（*Stipa capillata*）、冰草（*Agropyron*

---

① 1cal＝4.184J。

cristatum）、白草（*Pennisetum centrasiaticum*）、猪毛菜（*Salsola collina*）、盐蒿（*Artemisia halodendron*）、二色胡枝子（*Lespedeza bicolor*）、狗尾草（*Setaria viridis*）、草木樨状黄芪（*Astragalus melilotoides*）、紫花苜蓿（*Medicago sativa*）等。除此以外，还有甘草（*Glycyrrhiza uralensis*）、黄芪（*Astragalus membranaeus*）、柴胡（*Bupleurum chinense*）、五加皮（*Periploca sepium*）、苦参（*Sophora flavescens*）、苍耳（*Xanthium sibiricum*）、胡黄连（*Picrorhiza scrophulariiflora*）、艾叶（*Folium artemisiae*）、二丑（*Pharhiris nil*）、党参（*Codonopsis plilsula*）等一些药用植物（李育材，2008；徐文梅等，2008）。

2.2.1.5 水文

北洛河上游流域气候干旱，降雨量少，蒸发量大，地表径流贫乏，水资源总体数量缺乏。流域卡口吴旗水文站设立于 1980 年 1 月，地处吴起县吴旗镇宗石湾村，东经108°12′，北纬 36°53′，距渭河河口 582 km。据该站观测资料，流域年均径流总量为 0.9 亿 m³，最大径流量为 3.03 亿 m³，最小径流量为 0.48 亿 m³，7～8 月平均径流量为 0.44 亿 m³，占年径流总量的48%，6～9 月平均径流量为 0.77 亿 m³，占年径流总量的85%；年均输沙总量为 3.26 亿 t，最大输沙量为 20.2 亿 t，最小输沙量为 0.06 亿 t，7～8 月平均输沙量为 2.62 亿 t，占年输沙总量的81%，6～9 月平均输沙量为 3.03 亿 t，占年输沙总量的93%；实测最大流量为 7040 m³/s（1994 年 8 月 31 日），实测最大含沙量为 1180 kg/m³（1983 年 6 月 18 日）。控制范围呈扇形，洪水由暴雨形成，涨落快、历时短，中高水时由于受洪水涨落影响，水位流量关系一般呈多峰波动型，产沙过程与洪水过程基本同步或稍滞后，峰型相似（秦伟等，2007）。

（1）地表水资源

北洛河上游流域内主要包括吴起县境内的头道川、二道川、宁塞川、乱石头川和定边县境内的新安边河、石涝河等支流。其中，头道川源于定边县白于山之南坡石涝沟，主沟全长约 83 km，流域面积为 1578 km²，平均径流量为 0.54 亿 m³，河流比降为 2.51‰；二道川全长为 54 km，流域面积为 375 km²，平均径流量为 0.3 亿 m³，河流比降为 5.01‰；宁塞川全长约 48 km，流域面积为 529 km²，平均径流量为 0.18 亿 m³，河流比降为6.27‰；乱石头川全长约 55 km，流域面积为 942 km²，平均径流量为 0.32 亿 m³，河流比降为 5.48‰；新安边河长约 27 km，流域面积为 341 km²，常流量为 0.1～0.2 m³/s，河流比降为 1.00%，最大洪流量为 1300 m³/s；石涝河县河长约 27 km，流域面积为 251 km²，常流量为 0.01～0.1 m³/s，河流比降为 1.00%，最大洪流量为 1300 m³/s。随着近年来经济快速发展，部分地表水体遭受污染，加之流域水土流失严重，水质普遍硬度较高，导致水资源利用率很低。

（2）地下水资源

流域内隶属吴起县的面积占全县总面积的63%，隶属定边县的面积占全县总面积的15%，由于地质地形因素对地下径流和壤中流影响较大，且研究区域地质地形特征一致，均属陕甘宁坳陷部分，故此大致确定该区地下水天然补给量为 0.5 亿 m³，年均径流模数为 1.4 万 m³/km²。总体上，流域地下水资源主要靠大气降水入渗补给，地下水资源作为主要饮用水源，含盐量高、水质较差，相当一部分乡镇的地下水含氟量较高。实际利用中发现，单井出水量以河谷区最大，但均埋深在 100～400 m 以下，难以开采利用；洞地居中，且易出现涌沙现象，要求成井质量高；面梁峁区单井出水量小，仅可解决人畜饮水。

2.2.1.6 地质地貌

北洛河上游流域在大的地质类型上，属鄂尔多斯台地向斜陕北台凹的陕甘宁盆地中部下白垩系向斜部分，位于陕甘宁坳陷部分。白垩纪喜山运动后，区内形成山地丘陵，随后在其上覆盖一层第三纪红黏土。而后，由于早、中更新世地台沉降和抬升过程中，其上沉积了离石黄土（老黄土）。至中更新世末，地台抬升，产生河流溯源侵蚀，将红土剥蚀殆尽。晚更新世堆积了马兰黄土（新黄土），距今已有二三百万年。此后，由于外力塑造影响，加之老黄土抗侵蚀能力强，形成现代地貌中的梁、峁主体；新黄土覆盖度较小，加之受水力、风力等外营力的剥蚀、搬运等作用，形成沟壑及陷穴等局部地形。

北洛河上游流域位于白于山以南，在地貌类型上，属于黄土高原丘陵沟壑区。由于第四纪之后的新构造运动强烈，经历了多次升降运动，海陆变迁，使白于山以南成为一块古老的陆地地块。从地貌上看，基本保留了古地貌的自然特征，山大沟深、千沟万壑、纵横交错、支离破碎。黄土梁、峁、洞和河谷等共同组成了该区的地貌景观。在黄土梁区，由于其下伏基岩由中生代的砂页岩和上新世的三趾马红土组成，且黄土梁具有明显的三向倾斜，即向主沟和两侧支沟倾斜或作阶梯状过渡，同时在纵向上黄土梁的基岩骨架倾向主谷，并具有起伏特点，基岩出露很少，沟谷大部切入基石，在重力、水力和风力的作用下剥蚀严重。黄土洞地也是该区重要的地貌单元，广泛分布在黄土宽梁斜坡之间的宽谷，横截面成为宽、浅"V"状，由于受到洪水冲刷，部分洞地的中部出现新的切沟，滑塌极为普遍。此外，在部分乡镇还有掌形地、河川地等地貌类型（吴旗县地方志编纂委员会，1991；定边县志编撰委员会，2003）。

2.2.2 经济人文

北洛河上游流域包含吴起和定边县的 19 个乡镇，总面积为 3424.47 km²。截至 2005 年，全区总人口约 10 万人，生产总值为 11 亿元左右；1999 年在全国率先实施退耕还林以来，退耕还林总面积达 700 多平方公里。大规模实施退耕还林（草）工程使流域内的生态、社会、经济状况发生巨大变化。流域内人均粮食单产 350 多千克，较实施退耕还林（草）工程前（250 多千克）提高约 40%，弥补了退耕造成耕地面积减少进而对粮食总产量的影响。同时，石油开采、畜牧养殖、林果种植等各项产业快速发展，第二、第三产业的总产值大幅增长，农村人均收入近 2000 元，人民生活水平明显改善。

参 考 文 献

定边县志编撰委员会.2003. 定边县志. 北京：方志出版社.

李丽娟，姜德娟，杨俊伟，等.2010. 陕西大理河流域土地利用/覆被变化的水文效应. 地理研究，

29（7）：1233-1243.

李育材. 2008. 十年退耕催生吴起秀美山川——对陕西省吴起县退耕还林成功之路的思考. 中国林业，（12）：4-7.

鲁克新，王民，李占斌，等. 2012. 岔巴沟流域三维地貌多重分形特征量化. 农业工程学报，28（18）：248-254.

綦俊谕，蔡强国，蔡乐，等. 2011. 岔巴沟、大理河与无定河水土保持减水减沙作用的尺度效应. 地理科学进展，30（1）：95-102.

秦伟，朱清科，吴宗凯，等. 2007. 吴起县 2015 年水资源承载力评价. 干旱区研究，24（1）：70-76.

冉大川，张志萍，耿勃，等. 2010. 大理河流域水沙变化重要问题分析. 人民黄河，32（9）：80-82.

冉大川，姚文艺，李占斌，等. 2013. 不同库容配置比例淤地坝的减沙效应. 农业工程学报，29（12）：154-162.

沈中原，李占斌，杜中，等. 2008. 大理河流域土壤侵蚀空间分布的地貌特征研究. 水土保持学报，22（5）：78-81.

水利部，中国科学院，中国工程院. 2010. 中国水土流失防治与生态安全：西北黄土高原区卷. 北京：科学出版社.

汤青，徐勇，刘毅. 2010. 黄土高原地区土地利用动态变化的空间差异分析. 干旱区资源与环境，24（8）：15-21.

吴旗县地方志编纂委员会. 1991. 吴旗县县志. 西安：三秦出版社.

吴钦孝，杨文治. 1998. 黄土高原植被建设与可持续发展. 北京：科学出版社.

徐文梅，李亚妮，廉振民，等. 2008. 北洛河流域退化植被的生物恢复措施. 西北林学院学报，23（5）：51-54.

朱清科，张岩，赵磊磊，等. 2012. 陕北黄土高原植被恢复及近自然造林. 北京：科学出版社.

上篇　降雨与植被时空变化
及流域侵蚀产沙特征

第3章 降雨空间分异与侵蚀性降雨特征

水分是黄土高原地区最敏感的生态要素，在水资源匮乏的黄土高原，降雨时空变化及分配规律是影响生态系统的主要因素。研究黄土高原降雨时空变异是防治水土流失和植被恢复重建的必要基础，也是开展区域降雨模拟和流域水沙预报的重要依据，成为该区生态、地学等领域的研究热点之一。

在时间变化方面，林纾和王毅荣（2007）研究发现，黄土高原年际降雨具有明显的阶段性，总体由历史上的多雨逐渐向当前的少雨演变，在此过程中，年降雨和秋季降雨均在1985年左右存在突变，之后均呈显著减少变化，但年降雨的减少程度小于秋季降雨。傅朝和王毅荣（2008）对黄土高原1961~2000年的月降雨变化分析认为，月降雨在全区具有较高的一致性，平均变化速率为-1.2~0.6 mm/a，不同月份间变化速率不同，不同区域间主要存在明显减少、明显增加和变化不明显3种类型，其中，降雨明显减少的类型多在1985年发生突变，之后减少趋势加剧，降雨明显增加的类型则多在1978年或1977年发生突变，之后明显增加，而变化不明显的类型具有相对简单清晰的振荡周期，以2~4年的振荡周期最为显著。卢爱刚（2009）基于Mann-Kendall趋势分析得到，黄土高原多数站点的降雨在半个世纪间呈减少趋势，期间在1983年左右存在突变，之后减少明显。张焱等（2008）对晋西黄土高原地区的降雨量分析得到，该区年降雨和汛期降雨总体均呈减少趋势，各季间，冬季降雨具有较弱的减少趋势，夏、秋降雨减少明显，而春季少雨干旱的趋势有所加剧。总体上，对于降雨时间变化的研究，主要集中在利用数理统计学和地统计学确定年际或年内降雨的变化趋势、突变节点和波动周期等变化特征。

在空间变化方面，针对黄土高原作为我国东部季风区向西部干旱区的过渡地带性特点，一些学者分别就年降雨、季降雨、侵蚀性降雨和极端降雨的空间分异特点进行了研究。叶燕华等（2004）分析发现，黄土高原春季降雨存在明显的南北差异和东西差异。祝青林等（2005）综合Mann-Kendall趋势分析和空间插值分析发现，近30年间，黄河流域总降雨北半部以增加为主，南半部以减少为主。田风霞等（2009）通过采用8种空间插值方法对黄土高原降雨空间分布进行模拟认为，全区年均降雨分布不均，由东南部的700 mm左右递减至西北部的不足200 mm，6~9月降雨占年降雨的比例由南向北逐渐增大。对于黄土高原极端降雨变化的分析表明，年最大日降雨量、年均降雨量和强度均呈东南向西北递减，严重干旱事件从东南向西北递增（李志等，2010），暴雨频数呈由西北向东南递减（王毅荣等，2007）。同时，大量基于空间插值的研究均表明（段建军等，2009；沈红等，2011），黄土高原年均降雨呈东南多、西北少，自东向西递减的空间分布。同时，信忠保等（2009）的研究发现，黄土高原年降雨与侵蚀性降雨呈显著正相关，侵蚀性降雨呈自西北向东南随降雨量增加而增加，暴雨量从西北向东南逐步增多。除关注不同区域的降雨分异以及降雨在空间上的变化趋势外，对于降雨空间变异的尺度规模（尺度域）也有一定报道。李长兴（1995）根据岔巴沟流域次降雨的相关分析发现，在0.7相关水平上，该流域次降雨的相关域在5~7 km，而殷水清等（2005）利用相同资料和方法，则得出在0.7和0.8相关水平上时，该流域日降雨的相关域分别为19 km和9 km；王万忠等（1999）通过分析黄土高原13个中小流域的降雨相关系数与距离关系得到，在0.7相关水平上次降雨的相关域为10 km；李丽娟等（2002）利用普通克里金法进行插值分析，确定出黄土高原无定河流域年降雨的空间变程在20~69 km。纵观黄土高原降雨空间变化研究，在方法上，主要采用传统数理统计方法、Moran指数方法和地统计学方法3类；在内容上，多集中于不同地区间的降雨变化差异，且全区的基本结论大致统一，而对于降雨空间变异的尺度规模（尺度域）则研究较少，且已有报道限于研究范围不统一，尚未形成比较一致的结论。

为此，本书首先选取黄土高原，综合采用传统数理统计方法和地统计学方法，分析黄土高原不同时间尺度降雨量的空间分异以及不同空间尺度次降雨参数空间变异特征。其次，利用黄土高原6个站点的逐日降雨量和断点雨强资料，采用数理统计方法分析黄土高原地区侵蚀性降雨的发生频率、次降雨量、次降雨历时、次降雨侵蚀力以及降雨时程分布等特征。最后，分析本书中的主要流域北洛河上游的降雨时空特征。

3.1 降雨空间分异与侵蚀性降雨特征研究方法

3.1.1 降雨数据来源与处理

3.1.1.1 降雨空间分异研究数据来源与处理

采用黄河中游水文站降雨数据，包括1959~1985年逐年降雨数据，按照各站年降雨资料的时序长度不同每年使用56~74个站点，其中1977年年降雨数据涉及的有效站点为21个，用于分析黄土高原地区年降雨空间分异；1960~1985年的5~10月逐月降雨数据，按照各站年降雨资料的时序长度不同每月至少使用34个站点，用于分析黄土高原地区月降雨空间分异。采用黄土高原气象站降雨资料，具体为1961~2010年43个站点的日降雨数据，首先从中选取各站最大日降雨量，其中4个气象站的日最大降雨量发生在同一天，因此，使用了39天43个站点降雨分析黄土高原日最大降雨空间分异；再从中选取各站发生概率为5%的日降雨量，获得50场日降雨，用于分析黄土高原地区日降雨空间分异（研究中涉及的水文和气象站如图3-1所示）。

3.1.1.2 侵蚀性降雨研究数据来源与处理

侵蚀性降雨研究的数据采用黄土高原地区具有断点雨强资料的雨量站点资料，最终选取了资料年限20年以上的6个水土保持试验站的降雨过程资料（站点信息见表3-1）。但

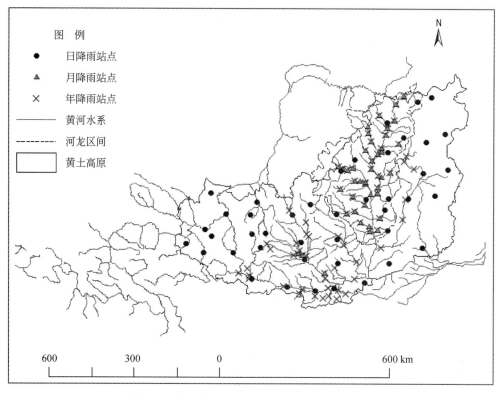

图 3-1　黄土高原不同时间尺度降雨站点分布图

Fig. 3-1　The distribution of rainfall stations with different time scales of the Loess Plateau

是，这些站点的降雨资料年限一般未超过 30 年，且对小雨量降雨常有漏测。因此，再利用各水土保持试验站所在区域的国家气象站点逐日降雨资料用于分析日降雨量的均值、标准差和偏态系数等统计特征。所用的日降雨资料来源于 1961～1990 年的气象站记录。这 6 个气象站的日雨量记录比较完备，其中，大同和天水 30 年无缺测记录，其他 4 个站缺测日数在 93～363 天，最多不超过总记录日数的 3%，不影响统计分析精度。

表 3-1　断点雨强观测资料的基本情况

Table 3-1　Observational data of storm process

站点代码	站名	所在省份	纬度	经度	观测年限	记录年数	观测月份	降雨次数
52889	兰州	甘肃	36.03°N	103.53°E	1952～1979 年	28	6～10 月	29
53487	大同	山西	40.06°N	113.20°E	1956～1980 年	25	5～9 月	68
53664	兴县	山西	38.28°N	111.08°E	1966～1986 年	21	5～9 月	110
53673	原平	山西	38.44°N	112.43°E	1956～1980 年	25	5～9 月	80
53764	离石	山西	37.30°N	111.06°E	1966～1986 年	21	5～9 月	83
57006	天水	甘肃	34.35°N	105.45°E	1955～1979 年	25	5～10 月	61

3.1.2 降雨空间分异研究方法

降雨空间异质性的定量分析主要包含两方面：一是空间特征分析；二是空间比较分析。本书采用 GS 地统计学软件中的半方差函数和 Moran 指数功能来分析黄土高原降雨空间异质性，具体采用理论半方差函数模型用来拟合实验半方差图的离散点，该方法具有以下特征：

1）随间隔增大，方差增大，达到一定间隔后，方差趋于稳定，该值称为基台（sill），在理论函数模型中基台用（C_0+C_1）表示，平稳数据的基台值近似于采样方差。基台值意味着在对应（或大于）距离的样点间没有空间相关性，故方差不随距离变化。

2）曲线从较低方差升高至一定间隔值时，达到基台值，该间隔称为变程（range）。在理论函数模型中变程用（a）表示，是半方差函数中最重要的参数，描述了该间隔内样点的空间相关特征。

3）C_1 与基台的比值，即 "C_1/Sill" 称作结构比，其值大于 75% 时说明空间相关性好，在 25%~75% 时说明空间相关性中等，小于 25% 时说明空间相关性较弱。

4）C_0 与基台的比值，即 "C_0/Sill"，表示间隔距离小于采样间距时的空间变异占系统最大变异的比例，比值越小说明站点密度越能满足空间变异分析。

3.1.3 侵蚀性降雨特征研究方法

侵蚀性降雨统计特征研究主要包括以下分析与处理：

1）确定侵蚀性降雨标准。本书采用修正通用土壤流失方程（RUSLE）（Renard et al.，1997）的侵蚀性降雨标准，单场降雨量小于 12.7 mm，不纳入降雨侵蚀力计算，但若该场降雨 15min 降雨量超过 6.4 mm，无论总雨量是否小于 12.7 mm 仍纳入降雨侵蚀力计算。按照该标准，本书所选的黄河流域 6 个雨量站记录的 462 场降雨过程资料中，仅有 6 场降雨未达侵蚀性降雨标准。而气象站点记录的日降雨资料，则按日降雨量 12 mm 为侵蚀性降雨标准（谢云等，2000），单日降雨量不足 12 mm，不纳入降雨侵蚀力计算。同时，将0.2 mm 作为日降雨阈值，即单日降雨不足 0.2 mm 则按无降雨处理，单日降雨在 0.2~12 mm 时，不作为侵蚀性降雨。

2）降雨统计参数计算。将降雨数据资料以 Access 数据库格式存储，编写 VB 程序计算所需的统计参数。其中，基于断点雨强资料计算的统计参数包括：次降雨量、峰值雨强、降雨历时、达到峰值雨强历时比（达到峰值雨强的历时占场降雨总历时的比例）、30min 最大降雨量以及次降雨侵蚀力，并统计单场暴雨出现峰值的平均次数；基于逐日降雨资料计算的统计参数包括：侵蚀性降雨发生频率，年均侵蚀性降雨发生日数的均值、标准差，年均侵蚀性降雨的日雨量均值、标准差和偏态系数。最后，采用 Origin 软件绘制各统计参数的频率分布直方图。

3.2 黄土高原多尺度降雨空间分异

3.2.1 黄河中游年降雨量空间分异

3.2.1.1 年降雨量基本特征

利用黄河中游年降雨资料，得到 1959～1985 年年降雨有效站数为 56～74 个，其中站数最小值出现在 1983 年，最大值出现在 1965 年和 1966 年。年降雨均值在 376.8～743.5 mm，最小年降雨量出现在 1972 年，为 172.1 mm，最大年降雨量出现在 1984 年，达 1223.9 mm。变异系数（CV）反映随机变量离散程度，CV≤0.1 时为弱变异性，0.1＜CV＜1 为中等变异性，CV≥1 为强变异性（白玉和张玉龙，2008）。

统计结果显示（表 3-2），变异系数值在 0.17～0.58，说明年降雨属中等变异，其中，最大变异系数出现在 1965 年，达 0.58，最小变异系数出现在 1961 年，为 0.17。

表 3-2 黄河中游各年份降雨量的统计特征表

Table 3-2 The statistical characteristics of annual rainfall of the Middle Reaches of the Yellow River

年份	站点数	最小值（mm）	最大值（mm）	均值（mm）	标准差（mm）	变异系数
1959	63	387.8	825.7	552.8	110.16	0.20
1960	66	269.3	800.0	445.4	112.67	0.25
1961	69	437.9	951.6	646.8	112.89	0.17
1962	69	188.4	946.0	472.1	167.96	0.36
1963	72	237.5	966.2	524.6	148.22	0.28
1964	72	474.2	1204.5	743.5	138.28	0.19
1965	74	99.6	1107.7	376.8	217.83	0.58
1966	74	283.1	830.7	535.3	138.45	0.26
1967	73	431.1	836.3	602.6	108.60	0.18
1968	72	299.8	1116.5	549.1	176.62	0.32
1969	73	293.3	754.6	492.2	92.80	0.19
1970	73	307.8	993.6	517.0	142.12	0.27
1971	73	246.2	804.2	468.2	133.98	0.29
1972	71	172.1	807.3	378.4	134.14	0.35

年份	站点数	最小值（mm）	最大值（mm）	均值（mm）	标准差（mm）	变异系数
1973	72	408.5	954.8	552.3	109.74	0.20
1974	72	210.2	1114.5	456.5	181.46	0.40
1975	72	319.5	1192.3	599.8	205.68	0.34
1976	72	331.4	840.5	508.4	95.64	0.19
1978	66	368.6	892.6	582.1	103.44	0.18
1979	73	279.3	701.0	435.1	88.15	0.20
1980	73	222.1	1083.0	454.5	167.93	0.37
1981	73	266.3	1011.9	543.2	161.41	0.30
1982	73	239.9	1003.6	455.9	128.50	0.28
1983	56	286.2	878.1	497.8	157.92	0.32
1984	73	268.0	1223.9	555.9	207.78	0.37
1985	72	214.9	798.0	525.3	102.30	0.19

3.2.1.2 年降雨量空间分异

（1）半方差分析

黄河中游 56～74 个站 1959～1985 年逐年降雨量中，有 15 年可用高斯模型拟合，6 年可用指数模型拟合，5 年可用球状模型拟合，对其参数进行统计（表 3-3）。

表 3-3 黄河中游年降雨量半方差函数基本参数统计特征表

Table 3-3 The statistical characteristics of the semi−variance basic parameter of annual rainfall of the Middle Reaches of the Yellow River

参数	均值	最大值	最小值	标准差
$C_0/Sill$（%）	9.3	30.1	0.1	0.085
$C_1/Sill$（%）	90.7	99.9	69.9	0.085
Sill（km）	495.8	840.3	142	248.2

$C_0/Sill$ 值、结构比和变程的直方图如图 3-2～图 3-4 所示，$C_0/Sill$ 最大值出现在 1959 年，最小值出现在 1985 年，88% 的年份在 0～15%，说明站点密度可满足降雨空间变异分析；结构比最大值出现在 1985 年，最小值出现在 1969 年，90% 的年份在 75%～100%，说明多数年份降雨空间相关性强；变程最大值为 840.3 km，最小值为 142 km，均值为 495.8 km，分布较均匀，说明各年份降雨量均值的空间变化较大。

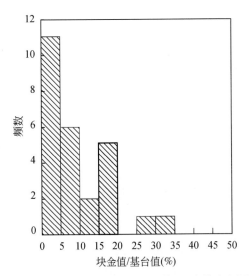

图 3-2　黄河中游年降雨量块金值/基台值直方图

Fig. 3-2　The spatial correlation degree histogram of annual rainfall of the Middle Reaches of the Yellow River

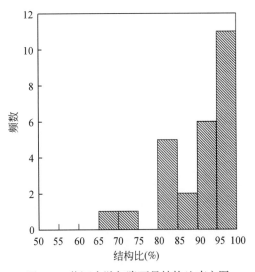

图 3-3　黄河中游年降雨量结构比直方图

Fig. 3-3　The structural ratio histogram of annual rainfall of the Middle Reaches of the Yellow River

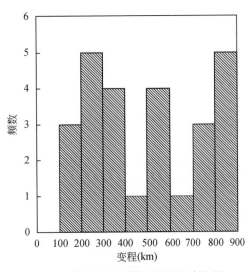

图 3-4　黄河中游年降雨量变程直方图

Fig. 3-4　The histogram of annual rainfall range of the Middle Reaches of the Yellow River

（2）Moran 指数相关距离分析

利用 Moran 指数计算黄河中游 1959～1985 年年降雨相关距离（图 3-5）。结果表明，平均相关距离为 229.4 km，最大相关距离为 300 km，最小相关距离为 120 km，标准差为 69.6 km，50% 年份的年降雨相关距离分布在 280～300 km。

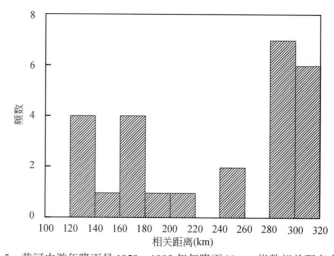

图 3-5　黄河中游年降雨量 1959～1985 年年降雨 Moran 指数相关距离直方图

Fig. 3-5　The histogram of Moran index correlation

distance of annual rainfall of the Middle Reaches of the Yellow River from 1959 to 1985

Moran 指数相关距离和半方差函数的变程均反映变量空间相关范围。为此，对两者进行相关性分析（表3-4）。

表 3-4　黄河中游年降雨量 Moran 指数相关距离与半方差函数变程的相关分析

Table 3-4　The correlation analysis between Moran index correlation distance and the semi-variance

range of annual rainfall of the Middle Reaches of the Yellow River

变量	相关系数	变程
Moran 指数相关距离	皮尔逊相关系数	0.860 * *
	斯皮尔曼秩相关系数	0.833 * *

* * 表示显著性水平在0.01以内，说明非常显著，下同。

结果表明，Moran 指数相关距离和半方差函数变程的皮尔逊相关指数和斯皮尔曼秩相关指数反映出二者显著的正相关关系（$P<0.01$）。

3.2.1.3　年降雨量统计参数与 Moran 指数相关距离的关系

为了解年降雨统计参数与空间相关范围间的关系，对其进行相关性分析（表3-5）。

表 3-5　黄河中游年降雨量统计参数和 Moran 指数相关距离的相关分析

Table 3-5　The correlation analysis between annual rainfall statistical parameters and Moran index

correlation distance of annual rainfall of the Middle Reaches of the Yellow River

变量	相关系数	变程	Moran 指数相关距离
变异系数	皮尔逊相关系数	0.510 * *	0.649 * *
	斯皮尔曼秩相关系数	0.604 * *	0.658 * *
年平均降雨量	皮尔逊相关系数	0.013	−0.053
	斯皮尔曼秩相关系数	−0.077	−0.050

结果显示，由皮尔逊相关系数反映出变异系数与变程间呈显著正相关关系（$P<0.01$），变异系数与相关距离也呈显著正相关关系（$P<0.01$），而年均降雨量（年总雨量/站数）与变程和相关距离则未见显著相关性；由斯皮尔曼秩相关系数反映出变异系数与变程间呈显著正相关关系（$P<0.01$），变异系数与相关距离间呈显著正相关关系（$P<0.01$），而年均降雨量与变程和相关距离未见显著相关性。由此说明，年降雨的变异系数越大，则其空间相关范围越大。

3.2.2 黄河中游月降雨量空间分异

3.2.2.1 月降雨量基本特征

利用黄河中游月降雨资料，得到 1960 ~ 1985 年 5 月降雨均值最小出现在 1979 年，为 10.0 mm，最大出现在 1963 年，为 98.7 mm，变异系数为 0.22 ~ 1.02；6 月降雨均值最小出现在 1960 年，为 16.2 mm，最大出现在 1961 年，为 118.4 mm，变异系数为 0.25 ~ 0.83；7 月降雨均值最小出现在 1980 年，为 58.8 mm，最大出现在 1964 年，为 170.8 mm，变异系数为 0.23 ~ 0.68；8 月降雨均值最小出现在 1965 年，为 28.5 mm，最大出现在 1967 年，为 231.4 mm，变异系数为 0.23 ~ 0.80；9 月降雨均值最小出现在 1965 年，为 13.7 mm，最大出现在 1985 年，为 142.1 mm，变异系数为 0.23 ~ 0.83；10 月降雨均值最小出现在 1971 年，为 9.3 mm，最大出现在 1961 年，为 81.4 mm，变异系数为 0.21 ~ 0.89（表 3-6）。

表 3-6　黄河中游 1960 ~ 1985 年 5 ~ 10 月降雨量统计特征表

Table 3-6　The statistical characteristics of monthly rainfall of May to October of 1960 ~ 1985 of the Middle Reaches of the Yellow River

年份	5 月		6 月		7 月		8 月		9 月		10 月	
	均值（mm）	变异系数	均值（mm）	变异系数	均值（mm）	变异系数	均值（mm）	变异系数	均值（mm）	变异系数	均值（mm）	变异系数
1960	33.7	0.35	16.2	0.45	90.3	0.51	97.2	0.36	89.8	0.42	24.7	0.35
1961	21.4	0.51	118.4	0.35	115.5	0.37	117.5	0.28	131.6	0.23	81.4	0.42
1962	13.0	1.02	20.6	0.83	132.7	0.29	65.7	0.49	76.1	0.68	17.4	0.89
1963	98.7	0.31	51.3	0.55	95.6	0.37	70.6	0.45	72.4	0.83	10.7	0.31
1964	60.8	0.22	52.7	0.43	170.8	0.33	126.6	0.54	119.6	0.37	44.4	0.35
1965	10.5	0.76	18.2	0.75	62.3	0.68	28.5	0.52	13.7	0.66	22.3	0.49
1966	20.0	0.49	55.0	0.54	159.7	0.41	95.3	0.32	41.0	0.70	34.7	0.30
1967	42.1	0.24	39.8	0.45	82.9	0.33	231.4	0.46	114.4	0.32	17.3	0.43
1968	11.8	0.70	27.1	0.62	85.9	0.41	133.8	0.31	59.6	0.36	73.8	0.34

续表

年份	5月		6月		7月		8月		9月		10月	
	均值(mm)	变异系数	均值(mm)	变异系数	均值(mm)	变异系数	均值(mm)	变异系数	均值(mm)	变异系数	均值(mm)	变异系数
1969	35.9	0.51	21.0	0.54	130.2	0.32	102.0	0.41	116.4	0.33	37.6	0.27
1970	49.4	0.44	52.0	0.29	70.3	0.41	159.3	0.38	47.0	0.38	16.4	0.43
1971	25.6	0.24	48.2	0.65	147.6	0.50	71.3	0.80	61.0	0.38	9.3	0.37
1972	16.8	0.31	31.2	0.69	61.5	0.49	92.4	0.43	30.0	0.42	14.9	0.25
1973	10.1	0.57	64.9	0.55	80.6	0.26	155.7	0.26	91.2	0.26	65.1	0.21
1974	30.2	0.43	31.5	0.38	125.8	0.60	29.8	0.78	64.4	0.27	16.7	0.82
1975	12.9	0.47	61.4	0.35	118.6	0.57	67.5	0.62	94.9	0.59	46.2	0.28
1976	11.6	0.56	33.7	0.42	96.8	0.31	165.1	0.23	59.5	0.32	23.3	0.31
1977	26.3	0.47	52.7	0.57	123.4	0.30	165.1	0.44	53.9	0.41	29.5	0.22
1978	59.5	0.42	34.0	0.48	130.8	0.43	155.1	0.23	103.0	0.23	34.4	0.26
1979	10.0	0.59	53.4	0.38	154.7	0.27	96.3	0.36	34.9	0.38	13.8	0.37
1980	41.8	0.46	60.9	0.38	58.8	0.55	74.0	0.31	40.2	0.37	27.0	0.41
1981	15.5	0.95	86.5	0.43	149.2	0.23	97.8	0.78	39.9	0.55	14.1	0.30
1982	39.5	0.91	26.5	0.55	145.0	0.32	91.5	0.40	47.9	0.46	14.4	0.57
1983	73.9	0.69	47.6	0.38	67.5	0.53	50.5	0.55	89.0	0.38	48.1	0.25
1984	46.7	0.37	91.5	0.25	95.2	0.39	96.3	0.34	45.3	0.41	14.9	0.56
1985	69.5	0.30	35.5	0.52	62.5	0.37	130.9	0.31	142.1	0.40	31.5	0.36

3.2.2.2 月降雨量空间变异

(1) 月降雨量半方差分析

黄河中游 1960~1985 年共 156 个月降雨量中,72 个月可用球状模型拟合,71 个月可用高斯模型拟合,12 个月可用指数模型拟合,并对其参数进行统计(表 3-7)。

表 3-7 黄河中游月降雨量半方差函数基本参数统计特征表

Table 3-7 The statistical characteristics of the semi-variance basic parameter of monthly rainfall of the Middle Reaches of the Yellow River

参数	均值	最大值	最小值	标准差
C_0/Sill(%)	10.7	50	0	0.111
C_1/Sill(%)	89.3	100	50	0.111
Sill(km)	256.5	669.8	12.1	150.8

$C_0/Sill$ 值、结构比和变程的直方图如图 3-6 ~ 图 3-8 所示，62% 的 $C_0/Sill$ 值在 0 ~ 10%，说明站点密度可满足半方差分析；$C_0/Sill$ 最大值出现在 1963 年 8 月，最小值出现在 1983 年 5 月、1975 年 6 月、1971 年 7 月、1968 年 9 月和 1962 年 10 月；89% 的结构比在 75% ~ 100%，说明大部分月份的降雨空间相关性强，最大值出现在 1983 年 5 月、1975 年 6 月、1971 年 7 月、1968 年 9 月和 1962 年 10 月，最小值出现在 1963 年 8 月；变程最大值出现在 1962 年 7 月、10 月，均为 670 km，最小值出现在 1974 年 8 月，为 12.1 km，均值为 256.5 km。与年降雨量类似，变程频率分布较均匀，说明月降雨量相关空间变化大。

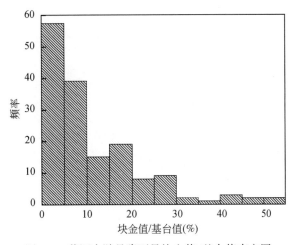

图 3-6　黄河中游月降雨量块金值/基台值直方图

Fig. 3-6　The spatial correlation degree histogram of monthly rainfall of the Middle Reaches of the Yellow River

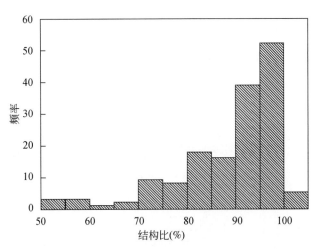

图 3-7　黄河中游月降雨量结构比直方图

Fig. 3-7　The structural ratio histogram of monthly rainfall of the Middle Reaches of the Yellow River

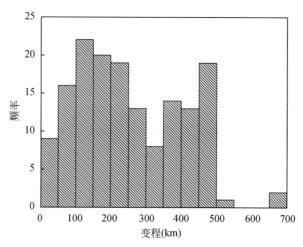

图 3-8　黄河中游月降雨量变程直方图

Fig. 3-8　The histogram of monthly rainfall range of the Middle Reaches of the Yellow River

　　各月降雨变程直方图显示（图 3-9），5 月降雨变程集中在 150～200 km，均值为 240.4 km，最小值为 19.0 km，最大值为 480.8 km；6 月降雨变程最小值为 13.0 km，最大值为 480.8 km；7 月降雨变程最小值为 36.0 km，最大值为 669.8 km；8 月降雨变程最小值为 12.1 km，最大值为 480.8 km；10 月降雨变程最小值为 32.8 km，最大值为 669.8 km；6～8 月和 10 月降雨变程分布较均匀，均值分别为 220.0 km、213.2 km、218.8 km、291.6 km；9 月降雨变程集中在 450～500 km，均值为 355.1 km，最小值为 119.5 km，最大值为 524.8 km，9 月平均变程最大，说明该月降雨空间相关性范围最大，全区降雨均匀；8 月降雨变程最小，为 12.1 km，7 月和 10 月变程最大，均为 669.8 km。

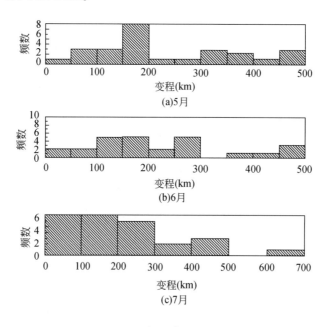

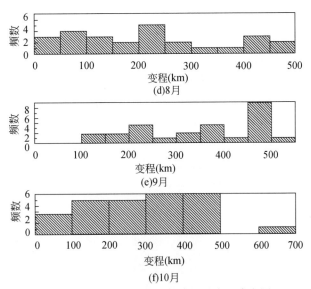

图 3-9 黄河中游不同月份降雨量变程直方图

Fig. 3-9 The histogram of rainfall range of different months of the Middle Reaches of the Yellow River

为进一步了解各月间的降雨变程差异，对 5 ~ 10 月的降雨变程进行方差分析。通过方差性检验和方差分析结果表明，在 5% 显著性水平下，各月间方差相等，并存在显著性差异。LSD 多重比较结果表明，在 5% 显著性水平下，5 月、6 月、7 月、8 月和 9 月降雨的变程均值存在显著差异。

各月降雨平均变程与其平均月雨量的变化趋势如图 3-10 所示：5 ~ 7 月，随平均月雨

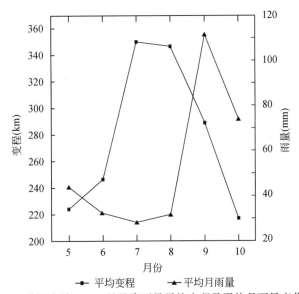

图 3-10 黄河中游 5 ~ 10 月月降雨量平均变程及平均月雨量变化趋势

Fig. 3-10 The variation trend of average range and average monthly rainfall between May and
October of the Middle Reaches of the Yellow River

量升高，变程呈下降趋势，这可能由于 6 月、7 月的强对流降雨较多，雨量大且范围小；7~9月，随平均月雨量降低，变程呈升高趋势，这可能由持续、稳定的长历时秋雨造成（苑海燕等，2007），10 月例外。

（2）月降雨量 Moran 指数相关距离分析

利用 Moran 指数计算黄土高原 1960~1985 年 5~10 月月降雨相关距离（图 3-11），结果显示，平均相关距离为 109.5 km，最大相关距离为 240.4 km，最小相关距离为 0 km，标准差为 38.5 km，78% 的月降雨相关距离分布在 80~160 km。

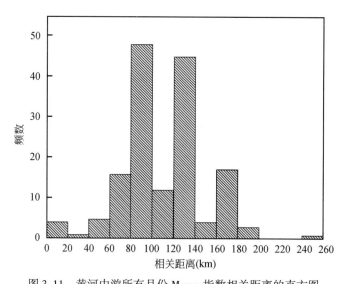

图 3-11　黄河中游所有月份 Moran 指数相关距离的直方图

Fig. 3-11　The histogram of Moran index correlation distance of all months of the Middle Reaches of the Yellow River

各月 Moran 指数相关距离统计结果表明（表 3-8），9 月降雨平均相关距离最大，说明该月空间相关性范围较大，降雨均匀；5 月、8 月和 10 月的最小相关距离最小，为 0，8 月最大相关距离最大，为 240.4 km。

表 3-8　黄河中游 5~10 月 Moran 指数相关距离基本统计特征表

Table 3-8　The basic statistical characteristics of Moran index correlation distance between May and October of the Middle Reaches of the Yellow River

月份	个数	均值（km）	标准方差（km）	最小值（km）	最大值（km）
5	26	111.9	40.8	0	178.2
6	26	97.5	26.7	43.0	160.3
7	26	103.8	39.4	30.0	192.3
8	26	100.8	43.2	0	240.4
9	26	129.9	28.5	89.1	191.3
10	26	113.0	43.3	0	167.4

为进一步确定各月间的相关距离差异，对 5 ~ 10 月降雨的相关距离进行方差分析，结果表明在 5% 显著性水平下，各月间方差相等，组间差异显著；LSD 法多重比较结果表明，在 5% 显著性水平下，6 月、7 月、8 月和 9 月降雨的相关距离均值差异显著，这可能因不同月份具有不同降雨导致。

3.2.2.3 月降雨量统计参数与 Moran 指数相关距离的关系

由变异系数、月平均雨量与变程及 Moran 指数相关距离间的皮尔逊相关系数、斯皮尔曼秩相关系数可见（表3-9），变异系数与变程及相关距离的相关性不显著；月平均降雨量（月总雨量/站数）与变程和相关距离也未见显著相关关系；变异系数和月平均降雨量及变程的相关性不显著；变异系数与相关距离呈显著正相关关系（$P<0.05$），而月平均降雨量与相关距离未见显著相关性。

表 3-9 黄河中游月降雨量统计参数和 Moran 指数相关距离的相关分析

Table 3-9 The correlation analysis of monthly rainfall statistical parameters and Moran index correlation distance of the Middle Reaches of the Yellow River

变量	相关系数	变程	Moran 指数相关距离
变异系数	皮尔逊相关系数	0.078	0.136
	斯皮尔曼秩相关系数	0.087	0.203 *
月平均降雨量	皮尔逊相关系数	0.013	0.037
	斯皮尔曼秩相关系数	0.016	0.001

* 表示显著性水平在 0.05 以内，说明一般显著。

3.2.3 黄土高原日降雨量空间分异

3.2.3.1 单站最大日降雨量空间分异

(1) 最大日降雨量的基本统计特征

采用 1961 ~ 2010 年黄土高原 43 个站点的日降雨资料，从中提取出各站最大日降雨量，其中，4 个气象站日最大降雨量发生在同一天，因此，使用了 39 天 43 个站点的降雨数据分析黄土高原日最大降雨量空间分异特征。

统计结果显示（表3-10），39 天日降雨的站数范围为 36 ~ 43 个。值得注意的是，当某一站点为最大日降雨时，当日存在降雨为零的其他站点，总体变异系数范围为 0.97 ~ 4.37，大部分大于 1，说明日降雨空间变异显著。

表 3-10　黄土高原 39 个最大日降雨量记录的统计特性

Table 3-10　The statistical characteristics of the 39 maximum daily rainfall in the Loess Plateau

编号	站数	最小值 （mm）	最大值 （mm）	均值 （mm）	标准方差 （mm）	总雨量 （mm）	变异系数
1	43	0	77.00	21.5	21.0	925.9	0.97
2	43	0	100.20	18.2	21.9	784.1	1.20
3	43	0	120.50	21.2	30.1	912.8	1.42
4	42	0	183.50	13.9	29.9	582.7	2.15
5	42	0	113.40	9.5	20.8	400.9	2.18
6	43	0	126.00	19.0	25.8	817.3	1.36
7	43	0	140.20	13.0	22.5	558.9	1.73
8	43	0	147.10	16.6	25.0	713.1	1.51
9	43	0	144.70	20.3	27.6	873.7	1.36
10	43	0	261.50	9.3	40.6	400.3	4.37
11	43	0	101.80	4.6	16.0	199.2	3.45
12	43	0	149.40	18.8	29.4	807.7	1.57
13	43	0	169.70	11.1	26.4	476.6	2.38
14	42	0	102.90	27.3	28.2	1145.6	1.03
15	43	0	120.10	15.6	24.1	669.7	1.55
16	42	0	131.60	24.7	27.7	1037.0	1.12
17	43	0	133.00	14.7	25.3	632.4	1.72
18	43	0	113.60	9.6	21.3	414.7	2.21
19	43	0	113.40	11.1	21.6	476.6	1.95
20	43	0	110.70	13.3	18.9	571.1	1.43
21	43	0	139.90	30.1	37.9	1292.3	1.26
22	43	0	124.30	12.3	26.5	530.7	2.15
23	43	0	98.10	11.9	19.3	511.0	1.63
24	43	0	73.10	12.1	19.3	520.5	1.59
25	43	0	60.50	10.0	14.5	430.6	1.44
26	43	0	98.90	21.7	23.3	931.7	1.07
27	43	0	57.10	6.3	10.3	269.1	1.65
28	43	0	65.10	8.4	17.7	363.0	2.10
29	43	0	96.80	11.2	17.7	482.5	1.58
30	43	0	143.80	10.2	27.1	436.7	2.67
31	43	0	82.10	7.2	13.2	308.6	1.85
32	43	0	166.90	15.5	31.8	668.2	2.05

续表

编号	站数	最小值（mm）	最大值（mm）	均值（mm）	标准方差（mm）	总雨量（mm）	变异系数
33	43	0	88.10	18.2	24.3	781.3	1.34
34	43	0	80.60	9.3	17.9	399.4	1.93
35	41	0	115.90	22.3	29.6	916.3	1.33
36	36	0	120.70	13.7	27.5	491.9	2.01
37	37	0	140.80	6.7	24.5	248.3	3.65
38	39	0	93.20	15.1	23.0	587.6	1.52
39	37	0	115.90	14.5	26.5	537.6	1.83

（2）最大日降雨量半方差函数分析

对 39 天最大日降雨量进行半方差函数分析，其中 34 场较好的符合地统计学模型分布，分别为：19 天可用高斯模型拟合，13 天可用球状模型拟合，2 天可用指数模型拟合，并对其参数进行统计（表3-11）。

表 3-11　黄土高原最大日降雨量半方差函数基本参数统计特征表

Table 3-11　The statistical characteristics of the semi−variance basic parameter of maximum daily rainfall of the Loess Plateau

参数	均值	最大值	最小值	标准差
C_0/Sill（%）	4.8	36	0	0.079
结构比（%）	95.2	100	64.0	0.079
变程（km）	451.2	1000.0	41.0	298.2

C_0/Sill、结构比和变程的直方图如图 3-12 ～ 图 3-14 所示，C_0/Sill 大部分值分布在 0 ～ 10%，占总数的 56.4%，说明站点密度可以满足半方差分析的条件；结构比大部分值分布

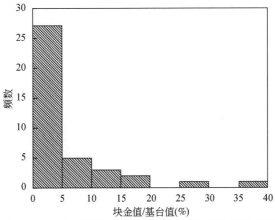

图 3-12　黄土高原最大日降雨量块金值/基台值直方图

Fig. 3-12　The spatial correlation degree histogram of the maximum daily rainfall of the Loess Plateau

在 75% ~ 100%，占总数的 94.9%，说明大部分年份降雨空间相关性强；变程最大值为 1000 km，最小值为 41 km，均值为 451.2 km，变程分布比较均匀，说明日降雨量的相关空间变化很大。

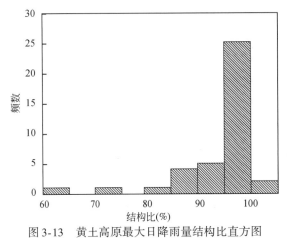

图 3-13　黄土高原最大日降雨量结构比直方图

Fig. 3-13　The structural ratio histogram of the maximum daily rainfall of the Loess Plateau

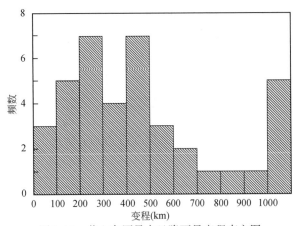

图 3-14　黄土高原最大日降雨量变程直方图

Fig. 3-14　The histogram of the maximum daily rainfall range of the Loess Plateau

（3）最大日降雨量 Moran 指数相关距离统计特征

利用 Moran 指数计算黄土高原 1961 ~ 2010 年最大站日降雨数据的相关距离，结果显示，平均相关距离为 259.2 km，最大相关距离为 400 km，最小相关距离为 0 km，标准差为 74.2 km。图 3-15 为相关距离的直方图，可得出日降雨的相关距离分布在 250 ~ 333.3 km，占 70%。

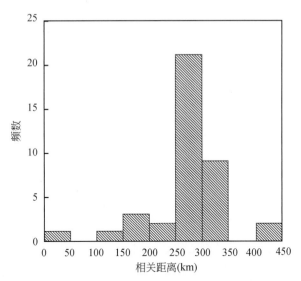

图 3-15　黄土高原最大日降雨量 Moran 指数相关距离直方图

Fig. 3-15　The histogram of Moran index correlation distance of the maximum daily rainfall in the Loess Plateau

3.2.3.2　黄土高原5%概率日降雨量空间分异

（1）5%概率日降雨量基本统计特征

采用1961~2010年黄土高原43个站点的日降雨资料，从中提取各站发生概率为5%的日降雨量，得到50场日降雨，进行统计分析。

结果显示（表3-12），50场日降雨站数至少36个。每场单站降雨量最小值为0~4.7 mm，每场单站降雨量最大值为25.0~130.0 mm，每场单站降雨量均值为6.7~29.2 mm。场降雨总量最大值为1286.8 mm，最小值为288.0 mm。76%的变异系数为0.10~1，为中等变异性，其余24%的变异系数大于1，为强变异性。

表 3-12　黄土高原50天5%概率日降雨统计特性

Table 3-12　The statistical characteristics of the 50 days daily rainfall（5% probability）of the Loess Plateau

编号	站数	最小值（mm）	最大值（mm）	均值（mm）	标准方差（mm）	总雨量（mm）	变异系数
1	43	0.2	64.0	15.2	13.4	654.5	0.88
2	43	0.8	80.7	27.8	20.2	1196.5	0.73
3	43	0	50.8	12.6	10.7	542.4	0.85
4	43	0	91.4	29.9	24.2	1286.8	0.81
5	43	4.7	48.9	21.1	10.5	908.0	0.50
6	43	1.2	66.9	19.1	14.2	821.6	0.74

编号	站数	最小值（mm）	最大值（mm）	均值（mm）	标准方差（mm）	总雨量（mm）	变异系数
7	43	0	47.9	17.1	12.1	734.0	0.71
8	43	0	39.9	18.1	9.1	777.0	0.50
9	43	0	41.3	14.0	9.8	600.2	0.70
10	43	0.2	102.8	20.2	18.0	868.1	0.89
11	43	3.1	68.4	14.8	10.9	636.8	0.74
12	43	0	82.6	16.2	17.6	694.6	1.09
13	43	0	38.3	14.3	7.7	615.1	0.54
14	43	0	31.8	13.3	8.7	570.9	0.66
15	43	0	63.7	13.0	13.3	558.2	1.03
16	43	0.8	38.8	13.9	8.9	598.4	0.64
17	43	4.2	48.6	13.8	9.9	594.5	0.72
18	43	0	40.9	9.0	8.7	385.8	0.97
19	43	2.8	78.2	26.1	19.0	1122.3	0.73
20	43	0.9	73.9	25.4	16.8	1090.8	0.66
21	43	1.3	67.6	26.3	18.0	1132.9	0.68
22	43	0	52.9	15.7	15.5	673.8	0.99
23	43	0	65.5	26.3	16.1	1130.6	0.61
24	43	0	44.5	10.7	11.0	458.7	1.03
25	43	0	46.3	8.9	9.7	384.3	1.08
26	43	0	84.0	20.8	20.1	894.3	0.97
27	43	0.4	32.7	9.1	5.3	392.0	0.58
28	43	0.8	53.7	13.8	12.0	594.7	0.87
29	43	0.9	32.2	9.2	7.5	396.4	0.82
30	43	0	41.5	6.7	7.9	288.0	1.18
31	43	0.2	77.7	20.9	17.3	897.2	0.83
32	43	0	45.9	14.1	12.0	607.5	0.85
33	43	0	90.5	16.1	17.0	694.2	1.05
34	43	0	130.0	23.2	26.4	998.0	1.14
35	43	0.6	50.1	21.1	15.1	905.2	0.72
36	43	0.5	46.8	14.3	9.6	613.8	0.67

编号	站数	最小值（mm）	最大值（mm）	均值（mm）	标准方差（mm）	总雨量（mm）	变异系数
37	43	0.5	25.0	10.2	5.5	437.5	0.54
38	43	6.0	45.2	20.8	10.6	893.4	0.51
39	43	0	55.4	16.7	15.5	716.5	0.93
40	43	0	57.6	20.7	14.1	891.2	0.68
41	43	0	56.6	14.9	12.8	638.6	0.86
42	42	0	45.2	8.6	9.5	361.7	1.10
43	42	0.4	31.4	11.9	8.4	499.5	0.71
44	41	0	77.4	19.4	20.0	794.1	1.03
45	38	0	72.4	18.3	19.7	693.5	1.08
46	38	0.3	71.7	28.3	20.4	1073.5	0.72
47	42	0	44.0	12.4	10.0	519.3	0.81
48	36	0	57.2	15.7	16.8	563.7	1.07
49	36	0	50.6	11.4	14.6	411.4	1.28
50	36	0	71.0	21.9	18.6	789.0	0.85

（2）5%概率日降雨量半方差分析

对 50 天 5%概率日降雨量进行半方差函数分析，其中，26 天可用球型模型拟合，20 天可用高斯模型拟合，4 天可用指数模型拟合，并对其参数进行统计（表3-13）。

表 3-13　黄土高原 5%概率日降雨量半方差函数基本参数统计特征表

Table 3-13　The statistical characteristics of the semi-variance basic parameter of the daily rainfall（5% probability）in the Loess Plateau

参数	均值	最大值	最小值	标准差
C_0/Sill（%）	10.6	50	0	0.134
结构比（%）	89.4	100	50	0.134
变程（km）	408.0	1000	42	256.2

C_0/Sill、结构比和变程的直方图如图 3-16 ~ 图 3-18 所示，66% 的 C_0/Sill 在 0 ~ 10%，说明站点密度可满足半方差分析；88% 的结构比在 75% ~ 100%，说明大部分年份降雨空间相关性好；变程最大值为 1000 km，最小值为 42 km，均值为 408 km。

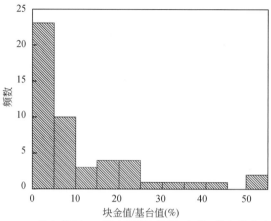

图 3-16 黄土高原5%概率日降雨量块金值/基台值直方图

Fig. 3-16   The spatial correlation degree histogram of the daily rainfall（5% probability）in the Loess Plateau

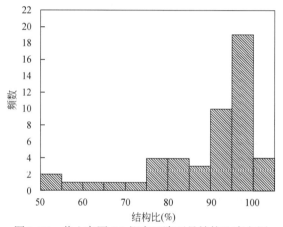

图 3-17 黄土高原5%概率日降雨量结构比直方图

Fig. 3-17   The structural ratio histogram of the daily rainfall（5% probability）in the Loess Plateau

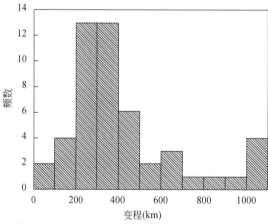

图 3-18 黄土高原5%概率日降雨量变程直方图

Fig. 3-18   The histogram of the daily rainfall range（5% probability）in the Loess Plateau

（3）5%概率日降雨量Moran指数相关距离统计特征

利用 Moran 指数计算黄土高原 1961～2010 年 5% 概率日降雨数据的相关距离，结果显示，Moran 指数相关距离平均为 223.7 km，最大相关距离为 333.3 km，最小相关距离为 0 km，标准差为 50.7 km。图 3-19 为 Moran 指数相关距离的直方图，可得出相关距离分布在 200～250 km，占 84%。

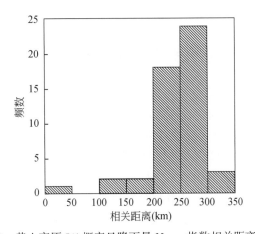

图 3-19　黄土高原 5% 概率日降雨量 Moran 指数相关距离直方图

Fig. 3-19　The histogram of Moran index correlation distance of the daily rainfall（5% probability）in the Loess Plateau

（4）5%概率日降雨量统计参数与 Moran 指数相关距离的关系

降雨统计参数（变异系数和日平均雨量）与变程和 Moran 指数相关距离之间的皮尔逊相关系数和斯皮尔曼秩相关系数均表明，变异系数与变程及相关距离相关性不显著；日平均降雨量（日总雨量/站数）与变程及相关距离也无相关关系。

3.2.4　不同时间尺度降雨空间分异比较

通过对黄土高原（黄河中游）年、月、日降雨的空间变异特征比较可以发现：

1）年降雨量和月降雨量的变异系数均在 0.1～1，均属中等变异；日降雨量中的站最大日降雨量的变异系数多大于 1，为强变异；5% 概率日降雨量变异系数多在 0.1～1，为中等变异，少数大于 1，为强变异。

2）年降雨量的变程均值为 495.8 km，空间变化较大，因此在进行年降雨插值时应选用其最小相关距离，约 142 km；月降雨量的变程均值为 256.5 km，空间变化较大，因此在进行月降雨插值时应选用其最小相关距离，约 12 km；站最大日降雨量变程均值为 451.2 km，相关空间变化较大，在进行日降雨插值时应选用其最小相关距离，约 41 km；5% 概率日降雨量的变程均值为 408 km，相关距离集中在 200～400 km，范围太大，因此在进行插值时应选用其最小相关距离，约 42 km。

3）不同时间尺度的降雨变程均值呈年尺度大于日尺度、大于月尺度，年、月、日降雨量的相关空间变化均较大，因此在进行降雨插值时均应选用其对应的最小相关距离，且对同一区域范围内的不同时间尺度降雨插值时所选用的相关距离大小应遵循年尺度大于日尺度、大于月尺度。

3.3 黄土高原侵蚀性降雨特征

3.3.1 侵蚀性降雨发生频率和场降雨量特征

根据逐日降雨观测资料统计结果可以看出（表3-14），黄土高原地区6个气象站平均降雨日数在69.4～96.7d/a，而侵蚀性降雨日数只有7.0～13.4d/a，仅占年均降雨日数的1/20左右。可见，黄土高原地区侵蚀性降雨的发生频率并不算高。这也再次印证了黄土高原严重的土壤侵蚀只是由为数不多的几场暴雨引起。侵蚀性降雨的日均雨量在19.17～25.38 mm，标准差在9.66～15.01 mm，且在6个站点中，场降雨量均值越大，其标准差越大，说明大雨量的降雨概率并不大。6个气象站点的场最大降雨量在67.0～147.1 mm。总体来看，侵蚀性降雨发生频率不高，场降雨量不大，但变异性很大。黄土高原6个站的场降雨量频率分布近似呈指数分布（图3-20）。

表3-14 黄土高原6个气象站点侵蚀性降雨发生频率

Table 3-14 The occurrence frequency of erosive rainfall of the six meteorological stations in the Loess Plateau

统计项目	兰州 52889	大同 53487	兴县 53664	原平 53673	离石 53764	天水 57006
年降雨日数均值（天）	69.4	71.3	77.3	72.4	73.3	96.7
年降雨日数标准差	10.0	10.6	11.6	11.4	12.5	11.2
年侵蚀性降雨日数均值（天）	7.0	8.6	11.6	9.8	12.1	13.4
年侵蚀性降雨日数标准差（mm）	3.1	3.4	5.1	4.3	3.9	3.8
侵蚀性降雨日均雨量（mm）	19.17	22.06	24.39	24.74	25.38	21.92
侵蚀性降雨日雨量标准差（mm）	9.66	11.27	15.01	14.65	15.00	11.18

3.3.2 降雨历时特征

降雨历时的长短与径流和侵蚀机制密切相关，也是随机天气模型必须模拟的降雨参数。统计结果显示，黄土高原侵蚀性降雨历时变化范围大，6个站点各自的降雨历时均值在218～396 min，而标准差接近甚至超过均值，在191～403 min。降雨历时最大值出现在原平站，达1890 min，其他场降雨历时均在1500 min以内；最小值出现在大同站，仅5 min。黄土高原6个站的场降雨历时频率分布近似呈指数分布（图3-21）。

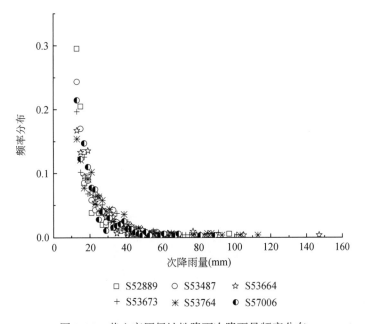

图 3-20　黄土高原侵蚀性降雨次降雨量频率分布

Fig. 3-20　The frequency distribution of erosive rainfall amount in the Loess Plateau

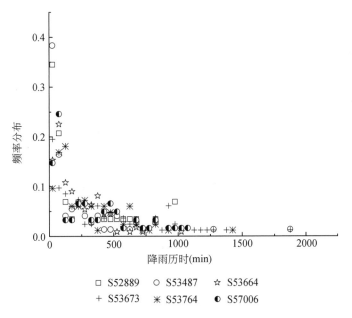

图 3-21　黄土高原侵蚀性降雨次降雨历时频率分布

Fig. 3-21　The frequency distribution of erosive rainfall duration in the Loess Plateau

3.3.3 场降雨侵蚀力特征

降雨侵蚀力指数是评价降雨因子对土壤流失影响的定量指标，反映了雨滴溅蚀以及地表径流对土壤侵蚀的综合效应，是侵蚀性降雨的本质特征。本书根据 Wischmeier（1959）提出的降雨侵蚀力因子概念及其计算方法：

$$E = \sum_{r=1}^{n} (e_r \cdot P_r) \tag{3-1}$$

$$e_r = 0.29[1 - 0.72 \cdot e^{(-0.05i_m)}] \tag{3-2}$$

式中，E 为每一场侵蚀性降雨的动能，MJ·mm/（hm^2·h）；P_r 为相应时段降雨量，mm；e_r 为某时段单位降雨量的动能；i_m 为时段雨强，mm/h。

根据黄土高原 6 个站点的断点雨强资料计算的场降雨侵蚀力及其主要统计特征值（表 3-15）和频率分布（图 3-22）可知，黄土高原地区次降雨具有很大的侵蚀力，均值在 288.1～625.0 MJ·mm/（hm^2·h），最大值甚至达到 10 730.8 MJ·mm/（hm^2·h）。次降雨侵蚀力的变化也非常大，各站的标准差均超过均值，次降雨侵蚀力频率分布可很好地用指数分布描述。

表 3-15　黄土高原 6 个气象站点侵蚀性降雨历时和场降雨侵蚀力统计特征值

Table 3-15　The statistical characteristics of theduration and erosivity of erosive rainfall of the six meteorological stations in the Loess Plateau

雨量站		兰州 52889	大同 53487	兴县 53664	原平 53673	离石 53764	天水 57006
降雨历时（min）	最大值	965	1 860	1 037	1 890	1 430	1 080
	最小值	15	5	19	7	15	10
	平均值	271	220	218	396	284	308
	标准差	315	318	191	403	263	296
降雨侵蚀力[MJ·mm/（hm^2·h）]	最大值	2 275.0	4 216.3	10 730.8	4 915.6	2 995.1	2 572.8
	最小值	32.3	10.1	35.9	13.2	4.4	36.6
	平均值	288.1	425.4	518.6	625.0	373.8	375.1
	标准差	422.4	653.8	1 199.4	865.6	537.2	409.5

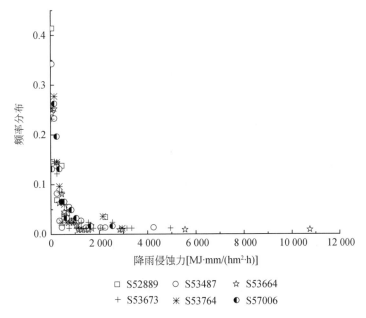

图 3-22 黄土高原侵蚀性降雨场降雨侵蚀力频率分布

Fig. 3-22 The frequency distribution of the rainfall erosivity in the Loess Plateau

3.3.4 侵蚀性降雨时程分布特征

（1）雨峰界定

在一次降雨过程中，雨强总是不断变化的。在降雨量过程曲线上，广义上每一个波峰都可以看作一个雨峰。而一场降雨的雨峰个数对于径流和侵蚀过程影响很大，更是降雨随机模拟的主要依据。由于没有每场侵蚀性降雨的过程线，本书只能根据断点雨强资料绘制大致的降雨量过程线，从而分析雨峰统计规律。

统计断点雨强记录的一次降雨中，所有时段雨强高于相邻时段的雨强出现的次数，记为广义雨峰次数，并记录每个峰值雨强与平均雨强的比值，以及每个雨峰过程（以波峰前后的波谷为界）降雨量与场降雨总量的比值。统计结果表明，在黄土高原 6 个雨量站的439 场降雨过程中，出现广义雨峰 886 个；一次降雨出现的雨峰最多为 7 个，单峰降雨占总数的 42%，其频率曲线大致为指数分布。15% 的广义雨峰的峰值雨强小于平均雨强，而峰值雨强与平均雨强的比值平均为 400，峰值雨强的分布函数也接近指数分布。除去单峰降雨外，多峰降雨过程中的每个雨峰过程的雨量平均占次降雨总量的 36%，其中，有 1/3 的雨峰过程，雨量不足场降雨总量的 20%，由此可见，广义雨峰包含了很多雨量过程曲线上起伏微弱的波峰，这些波峰对于一次降雨而言微不足道，因此有必要设定一个合理的标准和方法，界定对降雨过程的统计和分析有实际意义的雨峰。

为此，本书从保证一场降雨的侵蚀力不受影响的角度出发，试图定义一个雨峰标准。

由于时段降雨侵蚀力主要受到雨量和雨强的影响，所以选择一次雨峰过程的雨量和雨强同时作为界定雨峰的标准。通过对黄土高原 6 个站点、439 场降雨过程的测算，确定出雨峰选定标准，即峰值雨强大于次降雨平均雨强，且雨峰过程降雨量不小于次降雨总量的 20%。根据该标准，从黄土高原 6 个站点、439 场降雨过程中选出了 886 个广义雨峰，剔除 31% 后保留雨峰 612 个。所选雨峰与广义雨峰相比，存在显著差别：首先，次降雨过程出现的雨峰次数最大值为 3 个，单峰降雨占总降雨次数的 65%，双峰降雨占 30%，3 峰降雨占 5%；其次，被剔除的广义雨峰的峰值雨强多在平均雨强的 400 倍以下，大于 1000 倍的广义雨峰只剔除 2 个，原因是历时太短，雨峰过程的雨量太小；被剔除广义雨峰的雨量占场降雨量的百分比一般不足 30%，大于 40% 的只有 6 个。

（2）峰值雨强分布特征

根据上述雨峰的标准，分析了黄土高原 6 个站点、439 场降雨过程中 612 个雨峰的峰值雨强统计特征。结果表明，峰值雨强的均值为 0.62 mm/min，标准差为 0.44 mm/min，最大值为 2.4 mm/min，最小值为 0.02 mm/min。这说明黄土高原次降雨的峰值雨强较大，且变率较大。各站峰值雨强频率大致呈一种 Gamma 分布或偏正态分布（图 3-23）。

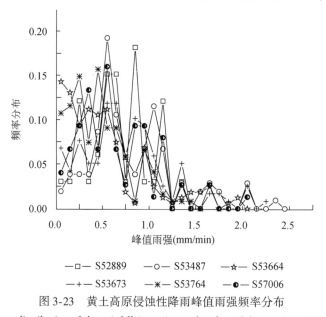

图 3-23　黄土高原侵蚀性降雨峰值雨强频率分布

Fig. 3-23　The frequency distribution of the rainfall intensity peak value of the erosive rainfall in the Loess Plateau

（3）达到峰值雨强历时比特征

达到峰值雨强历时比是指一次降雨过程达到峰值雨强时的降雨历时占场降雨总历时的比值，用百分数表示，是用来表征降雨时程分布型的参数，该值接近于 0 时，说明雨峰出现在降雨过程的前期，接近于 1 时，说明雨峰出现在降雨过程的后期。统计结果表明，黄土高原 6 个站点、439 场降雨过程中的 612 个雨峰，达到峰值雨强历时比的均值为 37.2%，标准差为 28.3%，最大值为 99.4%，最小值为 0.3%，可见黄土高原地区侵蚀性降雨多为前锋型，越是接近降雨后期，雨峰出现的概率就越小（图 3-24）。

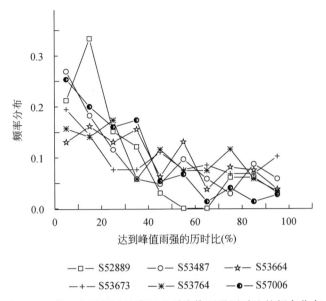

图 3-24 黄土高原侵蚀性降雨达到峰值雨强历时比的频率分布

Fig. 3-24 The frequency distribution of the time rates of reaching the peak rainfall intensity of erosive rainfall in the Loess Plateau

3.4 北洛河上游降雨时空特征

3.4.1 流域降雨空间特征

降雨空间变化是影响流域侵蚀产沙空间变化的主要因素，成为产输沙规律分析中的重要问题，显著影响了降雨-产沙预报精度（王万忠，1996）。20 世纪 70 年代以来，很多学者针对包括黄土高原在内的区域降雨空间特征进行了研究，并通过采用相关系数刻画流域降雨空间特征，提出了不同相关水平下，次降雨相关域。相关域，即当两个雨量站相隔小于等于某一距离时，两者降雨的相关特性显著，或者说在有效反映降雨空间变化的前提下，流域内雨量站点布设的最大距离（李长兴，1995）。也就是说，要准确反映一定空间范围内的降雨特征，必须采用数量充足、位置合理的多个观测站点。然而，限于现实中的各种原因，多数流域内的降雨观测站点十分有限，且空间布局不尽合理，因此实际研究中往往需要通过采用合理的空间插值方法，以便基于数量有限的观测站点资料，最大程度地获得区域降雨空间特征。北洛河上游流域内仅有一个气象站点，在确定流域降雨时，必须利用流域周边气象站点，进行空间插值。现有研究中常用的插值方法主要包括反距离加权（inverse distance weighted）插值（Xin et al.，2011）、径向基函数（radial basis function）插值（Goovaerts，1999）、克里格（Kriging）插值（章文波等，2003）等。然而，纵观现有区域降雨侵蚀力空间插值研究，均未对不同插值方法的适用性和可靠性进行对比分析。为此，本书对不同空间插值方法在北洛河上游流域的可靠性进行对比，选择最佳的空间插值方法，以便为后续侵蚀产沙研究提供更准确的基础数据。在此基础上，对空间插值获得的流域降雨空间分布特征进行分析，并对流域把口站降雨对流域面降雨的代表性进行评价。

3.4.1.1　流域降雨空间插值方法比选

目前主要的空间插值方法包括：反距离加权插值、多项式（polynomial interpolation）插值、径向基函数插值和克里金插值。

反距离加权插值主要基于相近相似原理，认为空间位置越近则属性值越相似，空间位置越远则属性相似性越小，以样本点属性值与样本点间的距离为权重进行加权平均，对距离样本点越近的待插值点赋予越高的权重，最终根据权重值及样本点属性值量化各插值点的属性特征。

多项式插值是利用一个或多个多项式来拟合插值区域的属性面，并根据多项式计算各插值点的属性值。根据用于拟合插值区域的趋势面数量，分为全局多项式（global polynomial interpolation）插值和局部多项式（local polynomial interpolation）插值。其中，全局多项式插值是以整个插值区域的样本属性为基础，用一个多项式计算待插值点的属性值，即用一个平面或曲面对整个区域的属性特征进行拟合。由于利用一个多项式生成的插值曲面容易受极高和极低样本属性值影响，尤其在插值区域的边沿地带，因此全局多项式插值很难获得与实际已知样本点属性值完全吻合的插值曲面，它是一种非精确的插值方法。这也要求该方法用于模拟的有关属性在插值区域内最好呈平缓变化。局部多项式插值采用多个多项式对整个区域的属性特征进行拟合，且每个多项式都处在特定重叠的邻近区域内。局部多项式插值包括多个拟合方程，但通过使用搜索邻近区域对话框定义搜索的邻近区域，能得到一个平滑表面，且生成的表面能描述插值属性在空间内的短程变异，因此当插值的属性数据集中含有短程变异时，应用局部多项式插值的效果将十分理想。局部多项式插值虽然较全局多项式插值更为复杂，但仍属于非精确插值方法。

径向基函数插值是将一个包含局部变化的趋势面插入，并保证该趋势面通过每个已知的样本属性点，且具有最小的曲率。径向基函数插值用于拟合变化平缓的表面时，将得到较好的结果，尤其是当拥有大量的插值样本点数据并要求获得平滑表面时，该方法具有很好的适用性。相反，对于一段较短的水平距离内，表面值发生较大变化，或无法确定样本点属性值的准确性（或样本点属性值具有不确定性）时，则不适用径向基函数进行插值。由于径向基函数的拟合曲面经过了每一个已知样本属性点，因此属于精确插值方法。根据具体拟合的函数种类又分为平面样条（thin plate spline）函数、张力样条（spline with tension）函数、规则样条（completely regularized spline）函数、高次样条（multiquadric spline）函数和反高次样条（inverse multiquadric spline）函数 5 种类型。

克里金插值是以空间自相关性为基础，利用原始数据和半方差函数的结构性，对区域化变量的未知采样点进行无偏估值的插值方法。克里金插值在确定待插值点属性值时与反距离加权插值一样，是根据待插值点周围的样本点属性值及其权重。不同的是，克里金插值中的权重并不是按距离确定，而是按照由样本数据所建立和满足的变异函数模型计算。依据采用的变异函数模型，克里金插值主要包括普通克里金（ordinary kriging）插值、简单克里金（simple kriging）插值、泛克里金（universal kriging）插值、指示克里金（indicator kriging）插值、概率克里金（probability kriging）插值、析取克里金（disjunctive kriging）插值、协同克里金（co-kriging）插值和对数正态克里金（logistic normal kriging）插值等。这些方法分别适用于不同的条件：当样本点的属性值服从正态分布时，适宜选用对数正态克里金插值；当样本点的属性值存在主导趋势时，适宜选用泛克里金插值；当仅想了解待插值的属性是否超过某一阈值时，适宜选用指示克里金插值；当待插值点的属性期望值为已知常数时，适宜选用简单克里金插值；当待插值点的属性期望值未知时，适宜选用普通克里金插值；当研究对象存在两种具有相关关系的属性，且一种属性不易获取时，需借助与其相关的属性实现该属性的空间内插时，适宜选用协同克里金插值；若样本点的属性值不服从简单分布则应采用析取克里金插值。

虽然不同的插值方法都具有各自的优劣特点及适用条件，但是在实际应用中由于待插值属性的空间分布规律在插值前并不一定清楚，使得根据待插值属性的特征选定插值方法具有困难，因此往往通过对比不同方法插值结果的统计参数，进行精度检验。常用的统计参数具体如下。

平均残差（mean residual，MR），反映插值结果的误差大小：

$$MR = \frac{1}{n} \cdot \sum_{i=1}^{n} (P_i - O_i)$$

平均误差百分比（Percent Average Estimation Error，PAEE），总体反映插值结果可靠程度：

$$PAEE = \frac{MR}{\overline{O}} \cdot 100\%$$

均方差（root mean squared error，RMSE），反映一组插值结果的可靠性，值越小，插值结果可靠性越高，反之可靠性越低：

$$RMSE = \sqrt{\frac{\sum_{i=1}^{n} (Q_i - \overline{O})^2}{n-1}}$$

效率系数（Nash-Sutcliffe，E_{ns}），反映插值结果与实际值的拟合程度，值越大，插值结果与实际值越接近，反之越远：

$$E_{ns} = 1 - \frac{\sum_{i=1}^{n} (P_i - O_i)^2}{\sum_{i=1}^{n} (O_i - \overline{O})^2}$$

式中，P_i 为样本点插值结果；O_i 为样本点实际降雨；$\overline{O}$ 为所有样本点实际平均降雨；n 为样本点数。

本书选择北洛河上游流域内外的 8 个气象站点用于空间插值分析（图 3-25）。

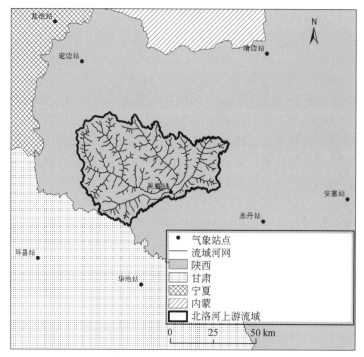

图 3-25 北洛河上游流域及周边气象站点分布

Fig. 3-25 The distribution of meteorological stations around the upper reaches of Beiluohe River basin

在 ArcGIS 软件平台中，基于各站年降雨资料，分别运用反距离加权、全局多项式、局部多项式、平面样条函数、张力样条函数、规则样条函数、高次曲面函数、反高次曲面函数、普通克里金、简单克里金、泛克里金和析取克里金 12 种主要的空间插值方法对研究区的降雨进行插值，获得了降雨空间分布图（图 3-26），并对各种方法的插值经过进行了误差统计分析（表 3-16）。

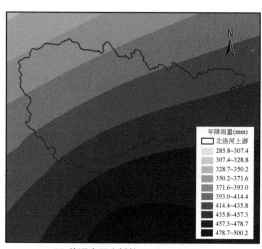

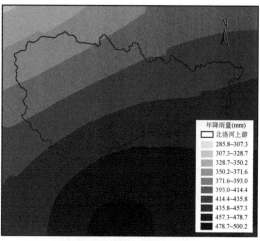

(a) 普通克里金插值(ordinary kriging)　　　　　(b) 简单克里金插值(simple kriging)

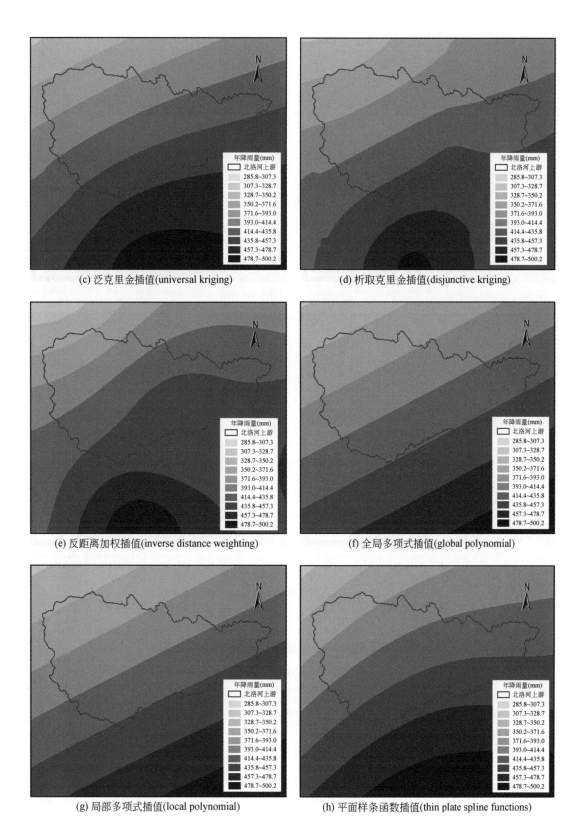

(c) 泛克里金插值(universal kriging)

(d) 析取克里金插值(disjunctive kriging)

(e) 反距离加权插值(inverse distance weighting)

(f) 全局多项式插值(global polynomial)

(g) 局部多项式插值(local polynomial)

(h) 平面样条函数插值(thin plate spline functions)

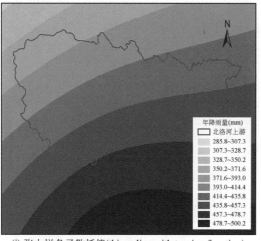

(i) 张力样条函数插值(thin spline with tension function)

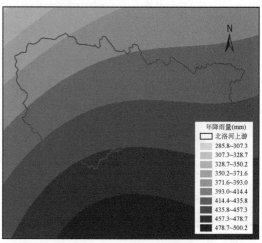

(j) 规则样条函数插值(completely regularized spline function)

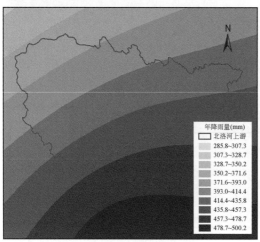

(k) 高次样条函数插值(multiquadric spline function)

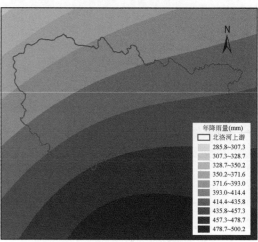

(l) 反高次样条函数插值(inverse multiquadric spline function)

图 3-26　北洛河上游流域年降雨不同方法空间插值示意图

Fig. 3-26　Different interpolation methods of annual precipitation in the upper reaches of Beiluohe River basin

表 3-16　北洛河上游流域不同降雨插值方法误差分析

Table 3-16　The error analysis of various precipitation interpolation methods in the upper reaches of Beiluohe River basin

插值方法		平均残差 MR	平均误差百分比 PAEE	均方差 RMSE	效率系数 E_{ns}
反距离加权插值		−2.1479	−0.5329	37.25	0.5845
多项式插值	全局多项式	−1.5243	−0.3782	74.7762	0.7704
	局部多项式	−1.8951	−0.4702	75.7263	0.7714

插值方法		平均残差 MR	平均误差百分比 PAEE	均方差 RMSE	效率系数 E_{ns}
径向基函数	平面样条函数	−7.0199	−1.7417	81.5072	0.6849
	张力样条函数	−2.8172	−0.6989	63.7238	0.7921
	规则样条函数	−2.0825	−0.5167	64.5025	0.7799
	高次曲面函数	−2.8108	−0.6974	62.5323	0.8109
	反高次曲面函数	−2.1898	−0.5433	64.8991	0.7701
克里金插值	普通克里金	−0.8541	−0.2119	53.7284	0.7334
	简单克里金	0.3791	0.0941	53.0433	0.7481
	泛克里金	−0.8541	−0.2119	53.7284	0.7334
	析取克里金	2.3438	0.5815	29.1651	0.5032

从不同插值方法的误差统计结果可以看出，简单克里金插值方法的平均残差、平均误差百分比都最低，虽然均方差高于析取克里金插值法和反距离加权插值法，效率数也并非最高，但综合 4 个误差统计指标的结果，该插值结果的误差最小，其插值趋势面与已知样本点的实际降雨值吻合较好，因此选用简单克里金插值法确定北洛河上游流域降雨空间分布。

3.4.1.2 流域降雨空间不均匀性

天然降雨存在空间差异，同一场降雨，在降雨中心和非中心地带的差异甚至可以达到数倍或数十倍以上。这种空间差异性，随地域范围的扩大更加突出。尤其是在大中流域，不同地点间的降雨无论是在单场、一天、一年或多年的时间域内均存在显著差异。这种差异对于整个流域而言，就是降雨空间分布的不均匀性。降雨是侵蚀产沙的主要动力源，确定其降雨空间不均匀性对分析流域侵蚀产沙具有重要意义。

通常用于确定流域降雨不均匀性的指标包括极差、平均差、标准差、极值比系数、不均匀系数和离差系数等。其中，极差、平均差和标准差属于带量纲的简单统计变量，主要反映变量的变动范围或平均值的代表性，结果易受样本数据的影响，且包含的量纲使不同量纲的系列间无法进行比较。因此，选用极值比系数（α）、不均匀系数（η）和离差系数（C_v）衡量流域降雨的空间不均匀性。

极值比系数，反映一定区域内极值降雨的差异程度，值越大表示区域降雨空间分布越不均匀，等于 1 表示区域降雨完全均匀：

$$\alpha = \frac{H_{max}}{H_{min}}$$

式中，H_{max} 为一定区域内的最大点降雨量，mm；H_{min} 为一定区域内的最小点降雨量，mm。

不均匀系数，反映一定区域内降雨的点面折减程度，值越接近 1 表示区域降雨越均匀：

$$\eta = \frac{H_0}{H_{max}}$$

式中，H_0 为一定区域内的平均雨量量，mm。

离差系数，反映一定区域内点降雨的离散程度，介于 0~1，值越小表示区域降雨离散程度越小，反之离散程度越大：

$$C_v = \frac{\sqrt{\frac{1}{n-1} \cdot \sum_{i=1}^{n} (H_i - H_0)^2}}{H_0}$$

式中，H_i 为一定区域内某一样本点的降雨量，mm；n 为样本数。

采用简单克里金插值获得北洛河上游流域的多年平均降雨趋势面和降雨等值线（图3-27），计算降雨不均匀性的评价指标。

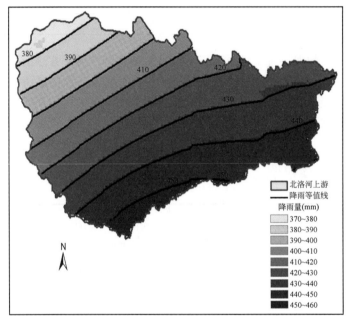

图3-27　北洛河上游流域降雨趋势面与等值线

Fig. 3-27　The precipitation trend surface and isoline of the upper reaches of Beiluohe River basin

统计结果显示（表3-17），各不均匀性指标均反映出北洛河上游流域年均降雨的空间差异性并不十分显著。

表3-17　北洛河上游流域降雨空间不均匀性统计指标

Table 3-17　The precipitation spatial non−uniformity statistical indices of the
upper reaches of Beiluohe River basin

指标	$H_{\max}$（mm）	$H_{\min}$（mm）	H_0（mm）	α	η	C_v
取值	455.7	372.0	421.6	1.23	0.93	0.12

3.4.1.3 流域把口站年降雨代表性

土壤侵蚀是河道产沙的基本来源和原因。由于流域输沙的理论内涵与实际监测的要求，流域把口输沙量一直是侵蚀产沙研究的重要依据。在以流域把口输沙数据为基础研究降雨-输沙关系等问题时，建立流域把口站输沙数据与其对应把口站降雨数据统计关系成为十分常用的分析方法。然而，流域把口站点的降雨与流域面降雨间存在差异，且这种差异与流域面积和降雨雨型、雨强有关。在黄土高原地区，对于场降雨而言，流域把口站点降雨与流域面降雨的平均误差达 41%；对于年降雨而言，在面积 300 km² 以下的流域内，流域把口年降雨与流域年降雨的平均误差则达 11%，且误差将随流域面积的增加而增加。因此，确定流域把口站年降雨量对于流域年降雨的代表性，能够为评价以把口降雨数据为基础获得的分析结果的准确性和误差来源提供依据。

以北洛河上游流域把口站（吴旗水文站）1980～2009 年实测降雨数据与基于流域内外 8 个气象站按简单克里金插值获得的流域面降雨量进行对比分析。

统计结果显示（表3-18），北洛河上游流域把口站年降雨与流域内面年水量的最大误差绝对值为 26.4%，最小误差绝对值为 1.0%，平均误差为 7.2%，表明流域把口站年降雨与流域内面降雨的最大误差总体较小，把口站降雨对流域面降雨具有良好的代表性，一般的置信概率可达90%以上。从正负误差发生概率来看，30 年间流域把口站降雨大于流域面降雨的正误差共出现 28 次，概率为93%，负误差仅出现 2 次，概率为 7%，正误差概率远大于负误差，正负误差发生概率比为 13∶1，说明年际尺度上，北洛河上游流域把口站降雨通常大于流域面降雨。

表 3-18　1980～2009 年北洛河上游流域把口站与插值降雨量对比

Table 3-18　The comparison of precipitation of hydrographic station and interpolation in the upper reaches of Beiluohe River basin from 1980 to 2009

年份	流域把口站降雨量（mm）	流域面插值降雨量（mm）	绝对误差（mm）	相对误差（%）
1980	461.4	364.9	96.5	26.4
1981	479.0	440.7	38.3	8.7
1982	278.1	273.3	4.8	1.8
1983	482.5	437.1	45.4	10.4
1984	480.7	451.2	29.5	6.5
1985	631.4	556.1	75.3	13.5
1986	343.7	326.7	17	5.2
1987	270.0	288.1	-18.1	-6.3
1988	486.6	474.7	11.9	2.5
1989	420.8	389.1	31.7	8.1
1990	576.3	554.9	21.4	3.9

年份	流域把口站 降雨量（mm）	流域面插值 降雨量（mm）	绝对误差（mm）	相对误差（%）
1991	357.6	353.4	4.2	1.2
1992	463.1	442.8	20.3	4.6
1993	402.9	373.1	29.8	8.0
1994	507.9	467.3	40.6	8.7
1995	421.8	407.6	14.2	3.5
1996	421.3	431.4	−10.1	−2.3
1997	383.0	357.1	25.9	7.3
1998	526.7	489	37.7	7.7
1999	403.2	343.5	59.7	17.4
2000	398.6	340.9	57.7	16.9
2001	538.6	526.6	12	2.3
2002	533.1	505.4	27.7	5.5
2003	590.2	530.2	60	11.3
2004	356.9	353.4	3.5	1.0
2005	347	336.2	10.8	3.2
2006	412.6	363.4	49.2	13.5
2007	581.6	512.1	69.5	13.6
2008	355.2	350.2	5	1.4
2009	449.8	417.8	32	7.7
多年平均	445.4	415.3	30.1	7.2

3.4.2　北洛河上游降雨时间特征

3.4.2.1　流域降雨年际变化

北洛河上游流域的气候主要受西伯利亚气流影响，春旱夏涝，十年九旱，表现出明显的温带大陆性季风气候特征，总体属中温带半湿润、半干旱气候。基于流域内外 8 个气象站逐年降雨资料，按简单克里金插值获得的 1980～2009 年流域逐年降雨量，分析流域降雨年际变化。

结果显示（图3-28），1980～2009 年，北洛河流域插值面降雨量呈多峰波动，降雨年际变化较大，最小年降雨仅 273.3 mm（1982 年），最大年降雨达 556.1 mm（1985 年），多年平均降雨量为 415.3 mm。同时，30 年间 1/2 的年份降雨达到或超过平均降雨量，总体呈略微增加的变化趋势。

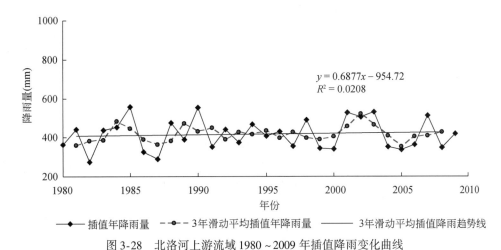

图 3-28　北洛河上游流域 1980~2009 年插值降雨变化曲线

Fig. 3-28　The changing curve of interpolation precipitation in the upper reaches of Beiluohe River basin from 1980 to 2009

3.4.2.2　流域降雨年内变化

降雨年内分布对土壤侵蚀有重要影响。在同一区域，相同数量的降雨发生不同月份或不同时段将产生不同的侵蚀产沙，分析降雨年内分布对研究土壤侵蚀具有重要意义。基于流域内外 8 个气象站逐月降雨资料，按简单克里金插值获得的 1980~2009 年流域各月平均降雨量（图 3-29），分析流域降雨年内变化。

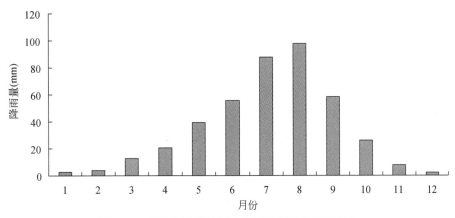

图 3-29　北洛河上游流域多年平均插值月降雨分布

Fig. 3-29　Multi-year average interpolation of monthly precipitation in the upper reaches of Beiluohe River basin from 1980 to 2009

统计结果显示（表 3-19），由于逐月插值和逐年插值结果存在误差，因此按月均降雨统计的年均降雨与逐年插值直接获得的年均降雨具有一定差异，但仍可反映流域降雨的年内分布特征。从各月降雨分布来看，北洛河上游流域降雨主要集中在 4~10 月，占年均总降雨的92.9%，其中6~9月降雨量占全年降雨量的72.1%，降雨月际分配不均，少数月份完成全年大部分降雨。同时，各季节的降雨量分别为春季（3~5月）、夏季（6~8月）、秋季（9~11月）、冬季（12月至次年2月）分别占全年降雨的17.5%、58.1%、22.2%和2.2%，降雨季节差异明显，春冬降雨少、夏秋降雨多，雨热同期。降雨的年内分布表明，该区降雨主要分布在植被生长季节（4~10月），水蚀形成与植被生长在时间上同步，因此植被在该区具有显著调控土壤侵蚀和流域水沙的潜在可能。

表 3-19　北洛河上游流域 1980~2009 年插值月均降雨

Table 3-19　The interpolation monthly precipitation of in the upper reaches of Beiluohe River from 1980 to 2009

项目	冬季		春季			夏季			秋季			冬季
	1	2	3	4	5	6	7	8	9	10	11	12
平均降雨量（mm）	2.9	3.7	12.6	20.7	39.6	55.5	88.0	97.8	58.3	26.2	7.8	2.3
占年均降雨比例（%）	0.7	0.9	3.0	5.0	9.5	13.4	21.2	23.5	14.0	6.3	1.9	0.6

3.4.2.3　流域侵蚀性降雨特征

侵蚀性降雨是造成土壤侵蚀的主要降雨，分析侵蚀性降雨特征是研究土壤侵蚀的重要依据。对于黄土高原地区的侵蚀性降雨标准，王万忠（1984）将其细化为基本雨量标准、一般雨量标准、瞬时雨率标准和暴雨标准4个具体指标，对于相关指标的具体取值，江忠善和李秀英（1988）确定为次降雨大于10 mm，谢云等（2000）确定为日雨量大于12 mm、平均雨强高于0.04 mm/min 或最大30 min 雨强高于0.25 mm/min 3类。限于日降雨资料的有限性，采用流域把口站（吴旗水文站）1980~2009年逐日降雨数据，按照12 mm作为侵蚀性降雨标准，统计获得了流域1980~2009年侵蚀性降雨量及其占年降雨总量的比例（图3-30）。

统计结果显示（图3-30），北洛河上游流域30年间的年均侵蚀性降雨为261.2 mm，占年均总降雨的59%。其中，1985年的侵蚀性降雨最多，为390 mm，而当年也是25年间降雨总量最多的年份（631.4 mm）；1987年的侵蚀性降雨最少，仅84.4 mm，而当年也是25年间降雨总量最少的年份（270.0 mm）。总体上，各年侵蚀性降雨量占当年总降雨量比例的年际波动基本与侵蚀性降雨量的年际波动一致，30年来略有增加趋势。由于侵蚀性降雨是剥蚀和搬运土壤的真正动能来源，因此其变化趋势表明该区的气候条件具有加剧土壤侵蚀的潜在条件。

为进一步分析，结合传统的降雨等级划分标准（梅伟和杨修群，2005），将日降雨量（p_i）分为5个等级，即小雨（0.1 mm ≤ 日降雨量 <10.0 mm）、中雨（10.0 mm ≤ 日降雨量 <25.0 mm）、大雨（25.0 mm ≤ 日降雨量 <50.0 mm）、暴雨（50.0 mm ≤ 日降雨量 <100.0 mm）、大暴雨（100.0 mm ≤ 日降雨量），其中小雨属非侵蚀性降雨，其他降雨属侵蚀性降雨，据此统计流域30年间不同强度的降雨量、降雨日数及其与总降雨的关系（表3-20）。

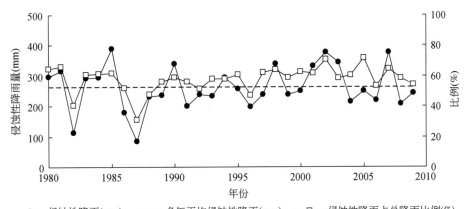

图 3-30 1980～2009 年吴旗水文站侵蚀性降雨及其占年总降雨量的比例

Fig. 3-30 Erosive rainfall and the proportion to annual total rainfall of Wuqi hydrographic
station from 1980 to 2009

表 3-20 1980～2009 年吴旗水文站不同降雨量级的日降雨量及降雨日数统计

Table 3-20 The daily rainfall amount and rainfall days of different levels of Wuqi
hydrographic station from 1980 to 2009

项目	降雨强度量级（mm）					总计
	非侵蚀性降雨	侵蚀性降雨				
	小雨	中雨	大雨	暴雨	大暴雨	
	$0.1 \leqslant p_i < 10$	$10 \leqslant p_i < 25$	$25 \leqslant p_i < 50$	$50 \leqslant p_i < 100$	$100 \leqslant p_i$	
降雨量（mm）	4 633.4	4 689.8	2 925.8	1 000.6	113.4	13 363.0
占总降雨量比例（%）	34.67	35.1	21.89	7.49	0.85	100
降雨日次（天）	2 112	306	89	15	1	2 523
占总降雨日次比例（%）	83.71	12.13	3.53	0.59	0.04	100

结果显示（表 3-20），1980～2009 年，北洛河上游流域内累计发生降雨 2523 日次，共
13 363.0 mm。其中，单日次降雨量小于 10 mm 的非侵蚀性降雨 2112 次，共 4633.4 mm，分
别占总降雨日次和总降雨量的 83.71% 和 34.67%；其余属侵蚀性降雨。侵蚀性降雨以中雨和
大雨为主，两项合计占总降雨量和总降雨日次的 56.99% 和 15.66%。可以看出，一半以上
的降雨在不到 1/6 的降雨日次中完成，而这些降雨正是该区土壤侵蚀的根本原因。可以
说，研究流域的土壤侵蚀主要由少数日次的中雨或大雨造成，而多数日次中的小雨对土壤
侵蚀并无贡献。

3.5 小　　结

1）黄土高原地区，年降雨量和月降雨量的变异系数均在 0.1~1，属中等变异，日降雨量中的最大日降雨量变异系数多大于 1，属强变异，而 5% 概率日降雨量的变异系数多在 0.1~1，属中等变异，少数站点的 5% 概率日降雨量变异系数大于 1，属强变异。

2）黄土高原地区，不同时间尺度的降雨量变程平均值和最小值呈年尺度大于日尺度、大于月尺度，其中，年降雨量变程均值约 496 km、最小相关距离为 142 km，月降雨量变程均值约 257 km、最小相关距离为 12 km，站最大日降雨量变程均值约 451 km、最小相关距离为 41 km，5% 概率日降雨量变程均值约 408 km，最小变程均值约 42 km，总体上，年、月、日降雨量均具有较强的空间分异性，在进行空间插值时应选用对应的最小相关距离。

3）黄土高原地区，侵蚀性降雨发生频率为 7~13d/a，侵蚀性降雨的场降雨量较小，多在 19~25 mm，但变异较大；各站次降雨量频率多近似呈指数分布；侵蚀性降雨历时变化较大，标准差接近甚至超过均值，其频率分布大致呈指数分布；场降雨具有较强侵蚀力，均值多在 288~625 MJ·mm/（hm²·h），且变化很大，各站标准差均超过对应均值，其频率近似呈指数分布。

4）基于场降雨过程资料分析，确定了黄土高原侵蚀性降雨的雨峰标准，即峰值雨强大于场降雨平均雨强，雨峰过程降雨量不小于次降雨总量的 20%。据此标准进行统计，黄土高原地区单峰降雨、双峰降雨和 3 峰降雨分别约占总降雨场次的 65%、30% 和 5%；场降雨峰值雨强变化较大，其频率函数大致为 Gamma 分布的一种或呈偏正态分布；侵蚀性降雨多为前锋型，越接近降雨后期，雨峰出现概率越小。

5）北洛河上游流域，降雨空间插值采用简单克里金方法效果最佳；基于简单克里金插值获得的多年平均降雨分布显示，流域内降雨总体呈西北少、南部多、自西北向东南递增空间分布，空间差异性不显著；流域把口站年降雨对流域面年降雨具有良好代表性，一般置信概率可达 90% 以上，但年际尺度流域把口站降雨多大于流域面降雨。

6）北洛河上游流域，近 30 年来，年际间，降雨量呈多峰波动，变化较大，多年平均降雨量约 415 mm，呈略微增加变化趋势；年内，春、夏、秋、冬 4 季降雨分别占全年降雨的 17.5%、58.1%、22.2% 和 2.2%，季节差异明显，雨热同期，尤其 4~10 月植被生长季的累计降雨约 419 mm，占全年总降雨的 93%，少数月份完成全年大部分降雨，水蚀多发期与植被生长期同步，植被在该区应具有显著调控侵蚀产沙的潜在可能。

7）北洛河上游流域，近 30 年来，单日次降雨量小于 10 mm 的非侵蚀性降雨场次及其累计降雨量分别占总降雨日次和总降雨量的 83.71% 和 34.67%，其余属侵蚀性降雨；侵蚀性降雨以中雨和大雨为主，两项合计占总降雨量和总降雨日次的 56.99% 和 15.66%，一半以上的降雨在不到 1/6 的降雨日次中完成，土壤侵蚀主要由少数日次的中雨或大雨造成，而多数日次中的小雨对土壤侵蚀并无贡献。

参 考 文 献

白玉, 张玉龙. 2008. 半干旱地区风沙土水分特征曲线 VG 模型参数的空间变异性. 沈阳农业大学学报, 39 (3): 318-323.

段建军, 王小利, 高照良, 等. 2009. 黄土高原地区 50 年降水时空动态与趋势分析. 水土保持学报, 23 (5): 143-146.

傅朝, 王毅荣. 2008. 中国黄土高原月降水对全球变化的响应. 干旱区研究, 25 (3): 447-451.

江忠善, 李秀英. 1988. 黄土高原土壤流失方程中降雨侵蚀力和地形因子的研究. 中国科学院西北水土保持研究所集刊, 1988, (7): 40-45.

李长兴. 1995. 黄土地区小流域降雨空间变化特征分析. 水科学进展, 6 (2): 127-132.

李丽娟, 王娟, 李海滨. 2002. 无定河流域降雨量空间变异性研究. 地理研究, 21 (4): 434-440.

李志, 郑粉莉, 刘文兆. 2010. 1961—2007 年黄土高原极端降水事件的时空变化分析. 自然资源学报, 25 (2): 291-299.

林纾, 王毅荣. 2007. 中国黄土高原地区降水时空演变. 中国沙漠, 27 (3): 502-508.

卢爱刚. 2009. 半个世纪以来黄土高原降水的时空变化. 生态环境学报, 18 (3): 957-959.

梅伟, 杨修群. 2005. 我国长江中下游地区降水变化趋势分析. 南京大学学报 (自然科学版), 41 (6): 577-589.

田凤霞, 赵传燕, 冯兆东. 2009. 黄土高原地区降水的空间分布. 兰州大学学报 (自然科学版), 45 (5): 1-5.

王万忠. 1984. 黄土地区降雨特性与土壤流失关系的研究Ⅲ: 关于侵蚀性降雨标准的问题. 水土保持通报, 4 (2): 58-62.

王万忠. 1996. 黄土高原降雨侵蚀产沙与黄河输沙. 北京: 科学出版社.

王万忠, 焦菊英, 郝小品. 1999. 黄土高原暴雨空间分布的不均匀性及点面关系. 水科学进展, 10 (2): 165-169.

王毅荣, 林纾, 张存杰. 2007. 中国黄土高原区域性暴雨时空变化及碎形特征. 高原气象, 26 (2): 373-379.

谢云, 刘宝元, 章文波. 2000. 侵蚀性降雨标准研究. 水土保持学报, 4 (14): 6-11.

信忠保, 许炯心, 马元旭. 2009. 近 50 年黄土高原侵蚀性降水的时空变化特征. 地理科学, 29 (1): 98-104.

叶燕华, 郭江勇, 王风. 2004. 黄土高原春季降水的气候特征分析. 干旱区农业研究, 22 (1): 11-17.

苑海燕, 侯建忠, 杜继稳, 等. 2007. 黄土高原突发性局地暴雨的特征分析. 灾害学, 22 (2): 101-104.

张焱, 韩军青, 郭刚. 2008. 晋西黄土高原地区近 47 年降水量的统计分析. 干旱区资源与环境, 22 (1): 89-91.

章文波, 谢云, 刘宝元. 2003. 中国降雨侵蚀力空间变化特征. 山地学报, 21 (1): 33-40.

祝青林, 张留柱, 于贵瑞, 等. 2005. 近 30 年黄河流域降水量的时空演变特征. 自然资源学报, 20 (4): 477-482.

Goovaerts P. 1999. Using elevation to aid the geostatistical mapping of rainfall erosivity. Catena, 34 (3/4): 227-242.

Mikhailova E A, Bryant R B, Schawger S J, et al. 1997. Predicting rainfall erosivity in Honduras. Soil Science Society of America Journal, 61 (1): 273–279.

Renard K G, Foster G R, Weesies G A, et al. 1997. Predicting soil erosion by water: a guide to conservation planning with the revised universal//United States Department of Agriculture. Agriculture Handbook: No. 703. Washington: United States Department of Agriculture.

Wischmeier W H. 1959. A rainfall erosion index for a universal soil loss equation. Soil Science Society of America Proceedings, 23 (3): 246-249.

Xin Z B, Yu X X, Li Q Y. 2011. Spatiotemporal variation in rainfall erosivity on the Chinese Loess Platau during the period 1956 – 2008. Regional Environmental Change, 11 (1): 149-159.

第4章 | 流域地貌特征及其潜在侵蚀风险评估

地形地貌决定着地表物质与能量的形成和再分配，是影响土壤侵蚀的重要因素之一。不同的地形、地貌条件不仅直接影响土壤侵蚀的发生、发展，同时还可改变土壤（邱扬等，2002；朱晓华等，2005）、植被（陈云明等，2002；秦伟等，2009）、水分（邱扬等，2000；黄奕龙等，2004）、小气候（殷水清和谢云，2005；李静等，2008）等环境因素，从而间接影响土壤侵蚀过程。除此以外，由于在不同空间尺度下，地形、地貌对土壤侵蚀的影响过程与机制将发生变化（唐政洪等，2002），从而成为土壤侵蚀模拟预报中出现尺度效应的重要原因（刘前进等，2004）。因此，针对不同空间尺度范围的土壤侵蚀研究中，往往需要选择不同的地形或地貌指标（刘新华等，2004）。

黄土高原地域广阔，区内地形、地貌空间分异显著。有关该区地形、地貌分区的研究已多见报道（朱显谟，1989；蒋定生，1997；杨文治和邵明安，2000；吴普特等，2002）。针对不同地形、地貌条件下的土壤侵蚀强度（王万忠和焦菊英，2002）、特征（唐政洪等，2000）及预报（江忠善等，1996）等研究也得到广泛关注。北洛河上游地处黄土高原腹地，属黄土高原丘陵沟壑区第二副区，地形破碎、沟壑纵横，具有半干旱、半湿润区向干旱区过渡的气候特征，是黄河干流输沙的主要来源。同时，该区北与黄河多沙、粗沙区的无定河流域毗邻，同发源于白于山河源区，东以崤山、黄龙山为界与延河毗邻，西沿子午岭与径河为界，南与渭河相接，且东北部与毛乌素沙地和农牧交错带隔古长城相望，特殊的区位特征使其成为黄土高原重要的生态响应区。为此，本书从子流域组成、沟-坡组成、沟谷分布规律、坡度与坡向组成特征等方面系统解析北洛河上游流域地形、地貌特征，并通过建立显著影响土壤侵蚀的地貌特征指标体系，开展基于地貌特征的侵蚀风险评估，尝试从地形、地貌条件的角度揭示流域侵蚀产沙及其对植被重建变化响应的本底条件，为深入研究流域侵蚀产沙变化过程与调控机制提供重要依据。

4.1 流域地形数据处理与沟缘线提取

4.1.1 流域数字高程模型处理

数字高程模型（digital elevation model，DEM）是对地形地貌的离散数字表达，是分析地形特征的重要途径。按其组织方式，一般分为规则格网模型（如 grid、lattice、raster 等）和不规则三角网（triangulated irregular network，TIN）模型。其中，规则格网模型是将地形曲面划分成一系列的规则格网单元，每个格网单元对应一个地形特征值（如地面高

程）。本书采用陕西省测绘局（现陕西省测绘地理信息局）1981 年调绘、1982 年出版的
1∶5 万纸质地形图，1954 年北京坐标系，1956 年黄海高程系，等高距为 25 m。经数字化
扫描后，在光栅图形矢量化软件 R2V 中完成等高线矢量化，并进行平滑、赋值、添加特
征高程点、拼接图幅等编辑处理，最后获得数字化等高线。然后在 ArcGIS 软件平台中，
利用 3D 分析生成流域不规则三角网数字高程模型（图 4-1）。再生成 10 m 分辨率的规则
网格 DEM，并采用 ANUDEM 算法生成水文关系正确的数字高程模型（hydrologically correct
DEM，Hc-DEM）（杨勤科等，2007）作为地形分析的基础数据（图 4-2）。

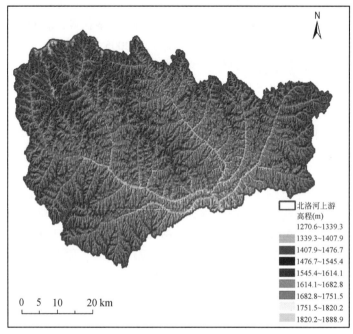

图 4-1　北洛河上游流域数字不规则三角网高程模型

Fig. 4-1　TIN of the upper reaches of Beiluohe River basin

4.1.2　流域子流域分割

北洛河上游流域面积为 3424.47 km²，面积较大。为深入分析其流域组成，通过选取
小流域进行相关分析，开展流域侵蚀、产沙空间分异辨析等研究，首先提取河网，对流域
进行分割，形成由真实河网连接的子流域系统。

4.1.2.1　河道临界支撑面积厘定

在 ArcGIS 软件平台中，采用空间分析模块，按不同临界支撑面积生成河网（图 4-3），
并分别与北洛河上游流域实际水系进行比对，初步将参选临界支撑面积的范围确定为
0.025 ~ 2.5 km²。然后按 0.05 km² 为间隔，均匀生成不同临界支撑面积的河网，并提取各

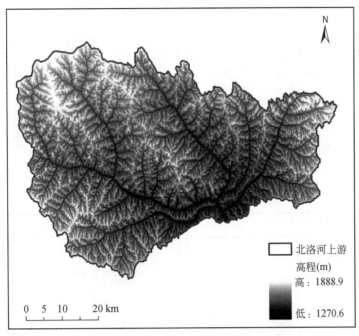

图 4-2　北洛河上游流域数字高程模型

Fig. 4-2　DEM of the upper reaches of Beiluohe River basin

级河网总长与河网平均坡降。将不同临界支撑面积与所对应河网总长及河网平均坡降进行回归分析，获得临界支撑面积与河网总长度及河网平均坡降的相关曲线（图 4-4 和图 4-5）。

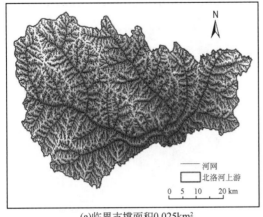

(a)临界支撑面积0.025km²

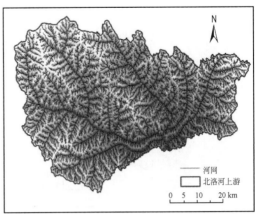

(b)临界支撑面积0.05km²

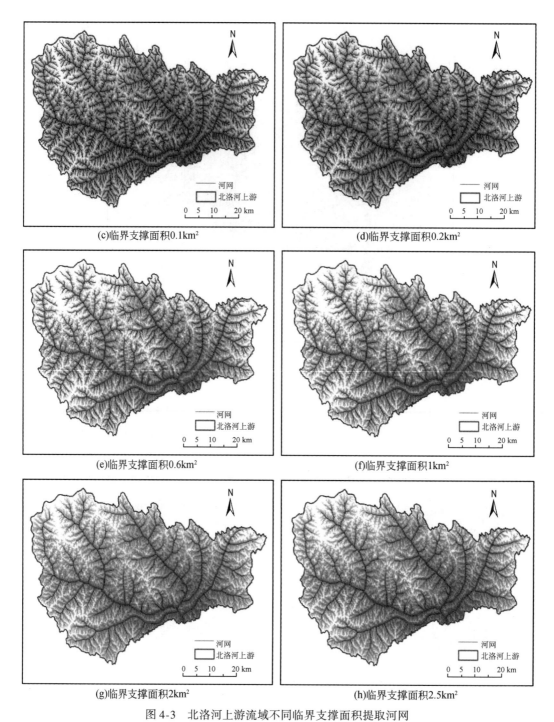

(c)临界支撑面积0.1km² (d)临界支撑面积0.2km²

(e)临界支撑面积0.6km² (f)临界支撑面积1km²

(g)临界支撑面积2km² (h)临界支撑面积2.5km²

图 4-3　北洛河上游流域不同临界支撑面积提取河网

Fig. 4-3　River network extracted from different critical support areas of the upper reaches of Beiluohe River basin

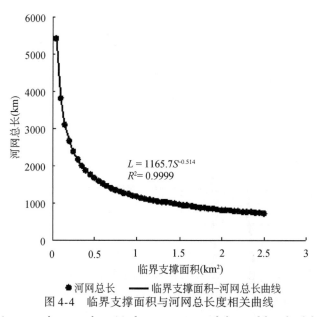

图 4-4　临界支撑面积与河网总长度相关曲线

Fig. 4-4　Correlation curve between the critical support area and the total length of the channel network

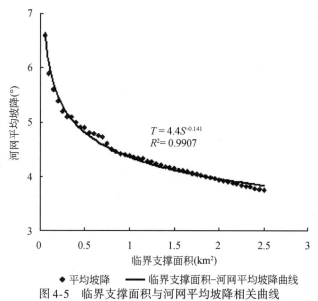

图 4-5　临界支撑面积与河网平均坡降相关曲线

Fig. 4-5　Correlation curve between the critical support area and the average slope of the channel network

　　由临界支撑面积与河网总长度及河网平均坡降的相关曲线可知，随着临界面积的增大，河网总长度和河网平均坡降先明显下降，之后逐渐变缓，最终趋于稳定。

$$L = 1165.7S^{-0.514} \qquad (R^2 = 0.9999) \qquad (4\text{-}1)$$

$$T = 4.4S^{-0.141} \qquad (R^2 = 0.9907) \qquad (4\text{-}2)$$

式中，L 为河网总长度，km；S 为临界支撑面积，km^2；T 为河网平均坡降度。

为进一步确定流域河网提取的临界支撑面积，对临界支撑面积与河网总长度及河网平均坡降的幂函数求一阶导数，获得临界支撑面积与河网总长度变化率及河网平均坡降变化率的相关曲线（图4-6和图4-7）及表达式：

$$dL = -598.7S^{-1.514} \tag{4-3}$$

$$dT = -0.6S^{-1.141} \tag{4-4}$$

式中，dL 为河网总长度变化率；S 为临界支撑面积变化率，km^2；dT 为河网平均坡降变化率。

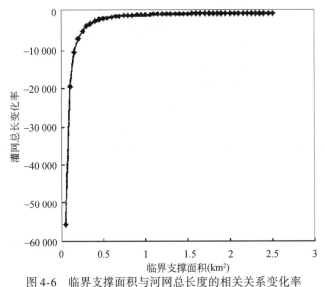

图 4-6　临界支撑面积与河网总长度的相关关系变化率

Fig. 4-6　Variation rate of correlativity between the critical support area and the total length of the channel network

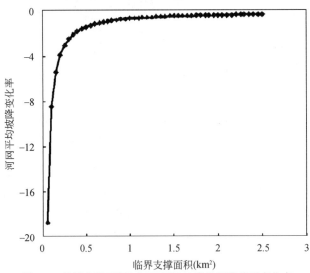

图 4-7　临界支撑面积与河网平均坡降的相关关系变化率

Fig. 4-7　Variation rate of correlativity between the critical support area and the average slope of the channel network

从变化率曲线可以看出（图4-6和图4-7），河网总长度与河网平均坡降的变化率随临界支撑面积的增加而增加，起初增速明显，当临界支撑面积增至 $0.5 \sim 1~\text{km}^2$ 区间时，增速明显变缓，并逐渐趋向稳定。因此，可以判断北洛河上游河流地貌发育的临界支撑面积，即真实河网的提取阈值应在 $0.5 \sim 1~\text{km}^2$。

针对河网提取的阈值范围，在 $0.5 \sim 1~\text{km}^2$ 范围内按 $0.05~\text{km}^2$ 为间隔，获得不同临界支撑面积下的河网，并与实际水系进行对比。结果显示，按 $1~\text{km}^2$ 为阈值提取的河网（图4-8）与参照遥感影像及地形图手工勾绘的实际水系（图4-9）相比最为相似，且各项统计结果比较接近（表4-1），可作为子流域分割水系网络。

图 4-8　按临界支撑面积 $1~\text{km}^2$ 自动提取的北洛河上游流域河网

Fig. 4-8　Automatically extracted river network of the upper reaches of Beiluohe River basin by $1~\text{km}^2$ critical support area

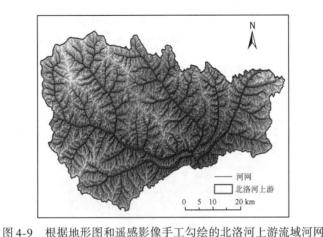

图 4-9　根据地形图和遥感影像手工勾绘的北洛河上游流域河网

Fig. 4-9　Manually drew river network of the upper reaches of Beiluohe River basin based on relief map and remote sensing image

表4-1　北洛河上游流域提取河网与真实河网的统计结果对比

Table 4-1　Statistical comparison result of extracted river network and actual river network of the upper reaches of Beiluohe River basin

项目	河流条数	河网总长度（m）	平均长度（m）	最大长度（m）	最小长度（m）	标准差	最高河网级别	最低河网级别
提取河网	486	1 172 503.7	2 412.6	14 207.6	22.4	1 536.1	5	1
实际河网	436	1 151 701.2	2 641.5	14 223.2	21.2	1 587.4	5	1

4.1.2.2　子流域分割

在 ArcGIS 软件平台中，采用空间分析模块，根据阈值 1 km² 提取水系交汇节点，即子流域出水/入水口，再基于交汇节点自动生成子流域分布图（图4-10）。由于以 1 km² 为阈值提取的河网与实际河网仍存在微小差异，主要表现在一些小型沟道被误划定为永久河道，从而使个别子流域被再次划分为多个子流域。因此，参照实际河网对自动划分的子流域进行个别合并和局部修正，最终确定北洛河上游子流域分布（图4-11）。

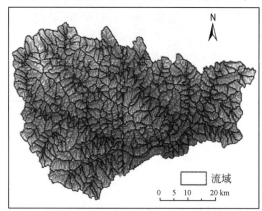

图 4-10　自动提取的北洛河上游子流域分布图

Fig. 4-10　Extracted substream distribution map of the upper reaches of Beiluohe River basin

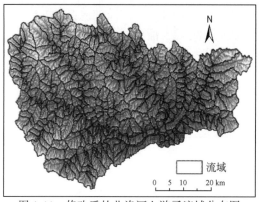

图 4-11　修改后的北洛河上游子流域分布图

Fig. 4-11　Amended substream distribution map of the upper reaches of Beiluohe River basin

子流域划分结果表明，根据实际河网及其对应的临界支撑面积，可将北洛河上游流域划分为 378 个子流域。其中，流域集水面内仅存在一个水沙出口的独立小流域 192 个，累计面积为 2404.01 km²，占该区总面积的 70%；流域集水面内存在一个水沙出口和一个水沙入口的非独立小流域 186 个，累计面积为 1020.46 km²，占该区总面积的 30%。

通常认为，坡面和没有长年流水的沟道是流域主要侵蚀产沙源地，而存在长年流水的沟道则主要作为水沙输移通道及影响泥沙输移比率的主要地貌部位。如果一定区域内，小流域嵌套越深，侵蚀泥沙输移至河道成为河道输沙量的路径则越长，在此过程中受下垫面因素影响越大。这既是造成不同范围流域输移比差异的主要原因，也是影响不同空间尺度流域间汇流输沙的尺度转换问题的重要因素。由于本书对研究区的流域划分基于真实河网进行，因此划分结果能够客观地反映流域地貌结构特征。流域中，70% 的区域属于独立小流域，说明流域结构组成较简单，嵌套程度不高，意味着流域大部分区域的侵蚀泥沙在输移至河道成为河道输沙的过程不存在相互影响。

4.1.3 流域沟缘线提取

研究流域位于黄土丘陵沟壑区，该区从分水线到沟底的地貌形态存在明显地带分异，依次包括梁峁顶部、梁峁坡、沟坡和沟底。其中，梁峁顶部和梁峁坡构成沟间地（梁坡）；沟坡和沟底构成沟谷地（沟坡）。沟间地与沟谷地之间以沟缘线为界（图 4-12）。沟缘线上、下的土壤、地形和植被存在差异，并由此导致土壤侵蚀等地表过程具有不同的特点。作为正负两大地形分区的界线，沟缘线是黄土丘陵沟壑区侵蚀、产沙研究中十分重要的地貌特征线。

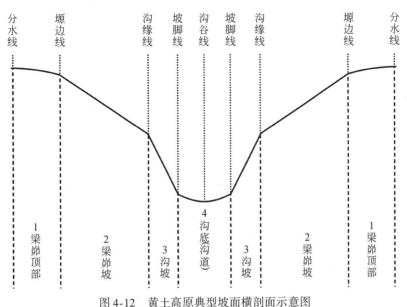

图 4-12 黄土高原典型坡面横剖面示意图

Fig. 4-12 Cross section schematic diagram of typical slop profile in the Loess Plateau

沟缘线提取包括利用等高线或高分辨率航片、卫片手工勾绘和基于数字化高程模型或遥感影像的编程提取。手工勾绘精度较高，但主观性大、效率低，难以满足大、中空间范围的研究需要。因此，基于特定数据源的编程自动提取应用日趋广泛。

本书以 Hc-DEM 为数据源，在 ArcGIS 中将其转为 txt 文本格式作为编程计算对象。编程思路为：根据栅格单元间的汇水路径，计算从分水线出发到河道的每条汇水路径上每个单元的坡度变化率，将坡度变化率最大的单元作为沟缘线组成点；在此基础上，排除局部破碎点和独立点，形成一条连通、完整的沟缘线；将结果与高分辨率遥感影像进行比对，确定提取结果精度。具体步骤如下：

1）沟缘线上、下的地形差异主要表现为坡度陡变，沟缘线位置通常对应坡面坡度变化率最大的部位。因此，首先以 3×3 的窗口为范围，采用三次加权差分计算中心单元坡度，再以同样方法获得其与周围 8 个单元的坡度变化率（单元格间位置编号如图 4-13 所示），作为沟缘线提取依据：

$$S = \arctan\sqrt{f_x^2 + f_y^2} \tag{4-5}$$

$$f_x = \frac{Z_{128} + 2Z_1 + Z_2 - Z_{32} - 2Z_{16} - Z_8}{8g} \tag{4-6}$$

$$f_y = \frac{Z_{32} + 2Z_{64} + Z_{128} - Z_8 - 2Z_4 - Z_2}{8g} \tag{4-7}$$

$$S_{r0} = \arctan\sqrt{\left(\frac{S_{128} + 2S_1 + S_2 - S_{32} - 2S_{16} - S_8}{8g}\right)^2 + \left(\frac{S_{32} + 2S_{64} + S_{128} - S_8 - 2S_4 - S_2}{8g}\right)^2} \tag{4-8}$$

式中，S 为单元格坡度，（°），S_{128} 为周边 8 个单元中某单元的坡度，（°）；f_x 为 x 方向高程变化率；f_y 为 y 方向高程变化率；Z 为高程，m，Z_{128} 为周边 8 个单元中某单元的高程，m；S_{r0} 为单元格坡度变化率；g 为单元格大小，即栅格分辨率，m。

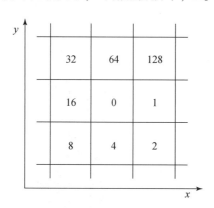

图 4-13　DEM 3×3 局部移动窗口

Fig. 4-13　3×3 part moving window of DEM

2）采用 ArcGIS 9.2 中 Hydrology 模块的 Flow Direction 工具，输入 Hc-DEM，获得各单元汇流方向。然后由分水线出发，按流向在至河道结束的每条汇流路径上选取坡度变化率最大的栅格，作为该路径（坡面纵断面）上的沟缘线位置点；将该点上、下的单元格分别标记为沟间地单元和沟谷地单元，并相应赋值（1、2）。

3）坡度变化率筛选和单元类型标记后可初步形成沟缘线，但因局部高地的存在，使个别位置存在单个或几个孤立单元格构成的孤岛，影响流域沟缘线的连通性。为此，对上述孤立点进行排除处理，获得完整、连通的沟缘线以及由其划分的流域沟间地和沟谷地分区。采用 ArcGIS 转换模块的 From Raster 工具，将栅格数据转换为矢量线、面数据，并与高分辨率遥感影像比对，判断提取结果的准确性（图 4-14）。

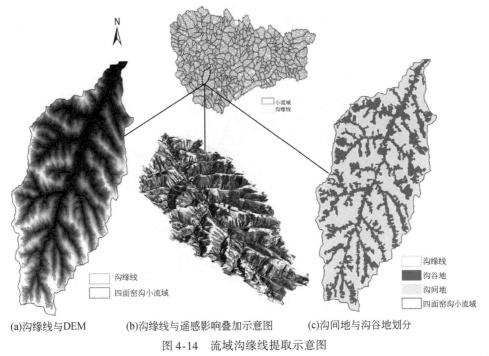

(a)沟缘线与DEM　　(b)沟缘线与遥感影响叠加示意图　　(c)沟间地与沟谷地划分

图 4-14　流域沟缘线提取示意图

Fig. 4-14　Schematic diagram of gully edge extraction

结果显示，以上算法提取的沟缘线与实际地貌吻合较好，与遥感影像上清楚可辨的沟缘线相比，误差不超过±10 m，即提取误差在 1 个单元格内。一些局部提取沟缘线与遥感影像所能判别的沟缘线存在较大偏离，这一方面由于提取数据源 DEM 的调绘时间为 1981年，遥感影像的获取时间为 2004 年，而沟缘线为侵蚀活动剧烈，地形结构不稳定的局部地貌，经过 20 余年的侵蚀作用，一些地方势必发生较大变化；另一方面，沟缘线形态特征和发育阶段分异显著，一些地貌部位的沟缘线本身比较模糊，属隐性沟缘线，即使在实地也难准确判断其位置（肖晨超和汤国安，2007）。总体上，沟缘线提取误差较小，结果可靠。

通过沟缘线提取，自动将流域划分为沟间地和沟谷地两大地貌单元，此后的侵蚀、产沙模拟则分别在两大地貌单位内针对性完成，最终进行集成。

4.2 流域坡度与坡向特征

4.2.1 流域坡度特征

坡度决定径流汇集量及其冲刷能力，从而制约侵蚀、产沙的强弱，是影响坡面水土流失的重要地形特征。通常在一定坡度范围内，随坡度的增加，侵蚀强度增大，因此坡度常被作为评价侵蚀强度或风险的重要指标。

在 ArcGIS 软件平台中，采用空间分析模块，基于 Hc-DEM 提取流域坡度分级图（图4-15），统计获得不同坡度等级的面积和比例（表4-2）。

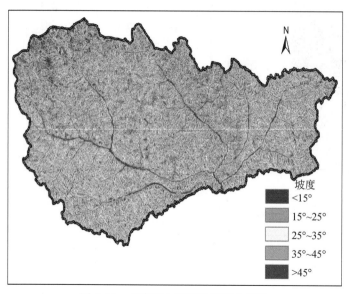

图4-15 北洛河上游流域坡度分级图

Fig. 4-15 Different slope grades classification map of the upper reaches of Beiluohe River basin

表4-2 北洛河上游流域不同坡度面积统计

Table 4-2 The area statistics of different slop grades in the upper reaches of Beiluohe River basin

坡度（°）	<15	15 ~ 25	25 ~ 35	35 ~ 45	>45
面积（km²）	899.23	1125.39	1044.97	330.59	24.29
占总面积比例（%）	26.26	32.86	30.51	9.66	0.71

结果表明，北洛河上游流域40.88%的区域坡度在25°以上，这些地方即使植被覆盖度到达30%以上，仍存在中度以上的侵蚀风险（中华人民共和国水利部，2008）。除此以外，32.86%的区域坡度在15°~25°，这些地方一旦被作为耕地，即会存在强度以上的侵蚀风险。也就是说，73.74%的区域坡度在15°以上，这些地方本身侵蚀风险较高，且不宜

进行一般的坡面耕作，需重点保护和恢复植被，否则将加剧侵蚀风险。总体上，坡度地貌特征决定了该区大部分地方可能存在中度以上的侵蚀风险，73.74% 的区域应重点保护和恢复植被，以控制和降低侵蚀风险。

4.2.2 流域坡向特征

坡向是对坡面朝向的标度。不同坡向的坡面接受太阳辐射的历时不同，从而影响坡面土壤和植被蒸发散，导致土壤水分条件和植被生长状况在不同坡向间的分异。因此，虽然坡向并不直接影响土壤侵蚀的发生、发展，但由坡向引起的湿度、温度、土壤和植被等环境因素的空间分异则是形成不同坡向间土壤侵蚀强度和特征差异的重要原因。

在 ArcGIS 软件平台中，采用空间分析模块的提取坡向功能，基于 Hc–DEM 提取流域坡向图（图 4-16）。同时，按通常的坡向类型划分标准（周启鸣和刘学军，2006）进行坡向类型划分，并利用统计计算工具获得不同坡度等级的面积和比例（表 4-3）。

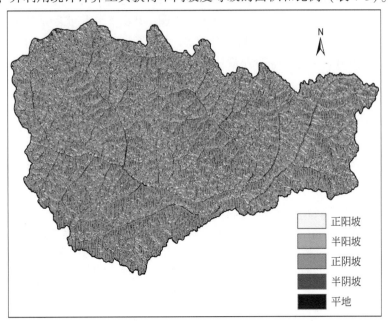

图 4-16 北洛河上游流域坡向分级图

Fig. 4-16 Different slope aspects classification map of the upper reaches of Beiluohe River basin

表 4-3 北洛河上游流域不同坡向面积统计

Table 4-3 The area statistics of different slope aspects in the upper reaches of Beiluohe River basin

坡向（°）	正阳坡 157.5～247.5	半阳坡 67.5～112.5 292.5～337.5	正阴坡 0～67.5 337.5～360	半阴坡 112.5～157.5 247.5～292.5	平地 0
面积（km²）	721.63	884.35	726.76	897.69	194.04
占总面积比例（%）	21.07	25.83	21.22	26.21	5.67

结果表明，北洛河上游流域内分别有 47.43% 和 46.9% 的区域属于阴坡和阳坡，阴阳向坡面的比例接近于 1。由于黄土区阳坡生态恢复条件苛刻，是当前林业生态建设的主要困难立地类型之一。因此，该区将近一半的坡面在保护和恢复植被方面，存在较大困难，需要进行重点治理，以便提高植被覆盖率，降低侵蚀风险。

4.3 基于谐波分析的沟谷分布规律

黄土高原地区，沟壑密度一般在 2 ~ 6 km/km²，沟壑面积比例达 40% ~ 60%。在沟谷系统中，由于地质地貌和气候状况不同，沟谷发育各具不同特点，每一条沟谷都有其产生、发展和变化的规律（刘增文和李雅素，2003）。根据沟谷（沟道）的形状、大小和发育阶段等特征，通常被分为细沟、浅沟、切沟、冲沟和坳沟 5 种类型（左大康，1990），在考虑其对应侵蚀特征的基础上，也可划分为细沟、浅沟、切沟、冲沟、沟道和河川等类型（关君蔚，1996），而这些沟道内则相应存在以细沟侵蚀、浅沟侵蚀、切沟侵蚀、冲沟侵蚀和河道侵蚀为主的侵蚀类型（朱显谟和史德明，1987）。不同类型沟谷（沟道）的侵蚀产沙不同，在由小沟到大沟的水沙汇集过程中，沟谷（沟道）组成与分布的影响尤为重要，研究沟谷（沟道）的组成与分布规律对沟道治理与开发，以及流域侵蚀产沙规律研究都具有重要的指导意义。

目前，国内对黄土高原地形地貌的研究主要集中在利用 DEM 对地形信息的提取上。DEM 是描述地面高程属性空间分布的有序数值阵列，其中蕴涵着丰富的地貌地形信息，能有效地反映区域的基本地形空间分布规律与地貌特征（闾国年等，1998），现有研究主要集中在坡度、坡向、水系等基本地貌特征的自动提取方法上（Martz and Garbrecht，1998；徐涛和胡光道，2004），而对于黄土高原特殊的地貌边界，即沟缘线上、下的坡-沟组成，以及沟谷系统自相似特征所决定的分布规律等则关注较少。为此，本书基于 Hc-DEM 提取北洛河上游流域不同等级的沟谷系统，分析流域沟谷网络组成；基于沟缘线提取技术，划分北洛河上游流域沟间地和沟谷地，分析流域坡-沟组成；基于谐波与周期分析方法，选择北洛河上游流域内的独立子流域——四面窑沟小流域，研究流域沟谷分布规律。

4.3.1 流域沟谷组成特征

沟谷是连接坡地系统和河流系统的纽带，是塑造区域地貌景观的主要地貌单元，在流域地貌系统中占有重要地位，因此一定流域内的沟谷数量，即沟壑密度通常被作为反映该区域土壤侵蚀强度或风险的重要指标（廖义善等，2008）。

沟谷提取与河网提取方法相同，只是所选取的临界支撑面积不同。临界支撑面积越小，提取的沟谷越长、等级越细。由于不同区域相同等级沟谷间以及相同区域不同等级和类型的沟谷间，对应的临界支撑面积不尽相同，难以统一确定。同时，细沟、浅沟多发生在坡面，难以从一般精度的 DEM 中提取；切沟由浅沟而来，沟头前进，沟底下切，沟坡冲掏、崩塌、潟溜，土壤侵蚀极为活跃（唐克丽，1990），也通常在较高精度的 DEM 中有所反映；冲沟由切沟发育演变而成，沟道比较稳定，在一般 DEM 中可以提取；河沟由土壤侵蚀与河流冲刷共同形成，在一般 DEM 中易于提取。因此，本书首先确定以切沟、冲沟、沟道、河道等最能反映区域侵蚀强度的沟谷类型为提取对象，并将不同临界支撑面积的提取结果与高分辨率遥感影像进行对比，最终将临界支撑面积为 0.6 km^2 时提取的沟谷作为反映包括流域输沙主沟道和永久河道在内的沟谷系统，而将临界支撑面积为 0.05 km^2 时提取的沟谷作为反映包括切沟、冲沟、沟道、河道在内的流域沟谷系统。最终，分别提取到包括不同沟谷类型的不同级别沟谷系统（图 4-17 ~ 图 4-19）。由于直接提取的不同级

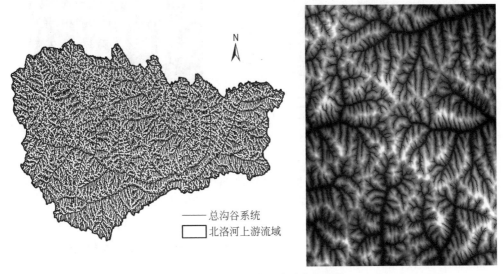

图 4-17　北洛河上游流域总沟谷系统

Fig. 4-17　The whole gully networks in the upper reaches of Beiluohe River basin

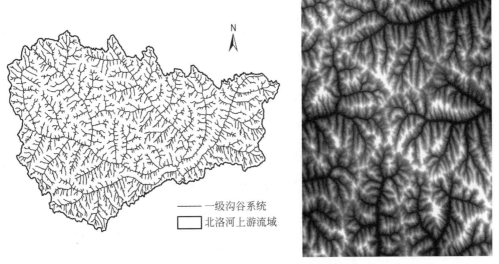

图 4-18　北洛河上游流域一级沟谷系统

Fig. 4-18　First-class gully networks of the upper reaches of Beiluohe River basin

别的沟谷系统中，均包含了永久河道与输送沟道，为分别统计不同级别沟谷系统的数量特征，在 ArcGIS 软件中将直接提取的次一级沟谷系统与上一级沟谷系统叠加分析，减去上一级的沟谷系统再进行统计分析。

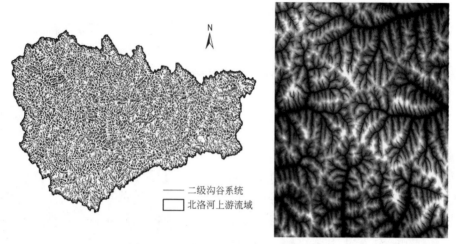

图 4-19　北洛河上游流域二级沟谷系统

Fig. 4-19　Second-class gully networks of the upper reaches of Beiluohe River basin

由不同级别沟谷的数量特征统计结果（表4-4）可以看出，北洛河上游流域包括永久河道、输沙沟道、冲沟和切沟在内的总沟谷 62 119 条，总长 9782.27 km，沟壑密度达 2.86 km/km²。其中，仅包括永久河道与输沙沟道在内的一级沟谷 6983 条，总长 3114.95 km，沟壑密度达 0.91 km/km²；而仅包含冲沟和切沟在内的二级沟谷 55 836 条，总长 6667.32 km，沟壑密度达 1.95 km/km²。总沟谷系统密度是划分黄土高原不同地貌类型区的重要指标，也是一定类型区地貌整体特征的集中反映。北洛河上游流域总沟谷密度为 2.86 km/km²，结果与该区所处的黄土梁状丘陵沟壑区的平均沟壑密度（周启鸣和刘学军，2006）较为接近，能够客观反映当地沟壑纵横、支离破碎的真实地貌特征。同时，沟谷系统中，仅包含冲沟和切沟在内的二级沟谷条数和总长分别占总沟谷条数和总长的 90% 和 68%，沟谷密度达 1.95 km/km²，说明该区冲沟、切沟侵蚀严重，沟道侵蚀和重力侵蚀易于发生。除此以外，河道与输沙沟道是流域侵蚀泥沙最终输移为河道输沙的主要通道，该区包括永久河道与输沙沟道在内的一级沟谷密度达 0.91 km/km²，说明流域输沙通道比较密集。

表 4-4　北洛河上游流域沟谷的统计结果

Table 4-4　**Statistical result of extracted gully networks in the upper reaches of Beiluohe River basin**

项目	沟谷条数	沟谷密度 （km/km²）	总长 （km）	平均长度 （m）	最大长度 （m）	最小长度 （m）	标准差	最高沟 谷级别	最低沟 谷级别
总沟谷系统	62 119	2.86	9 782.27	157.5	14 207.6	22.4	1 536.1	8	1
一级沟谷系统	6 983	0.91	3 114.95	446.1	4 954.7	22.4	654.3	7	1
二级沟谷系统	55 836	1.95	6 667.32	119.4	1 121.5	22.4	152.5	4	1

　　注：总沟谷系统指包括永久河道、输沙主沟道、冲沟和切沟在内的沟谷系统；一级沟谷系统指包括永久河道与输沙主沟道在内的沟谷系统；二级沟谷系统指包括冲沟和切沟在内的沟谷系统。

4.3.2 基于沟缘线提取的流域坡–沟组成

在沟缘线提取过程中，对沟缘线上下的单元格进行标注，从而获得沟间地和沟谷地。由于流域面积较大，为提高运算效率，将流域分割为 378 个小流域进行沟缘线提取。在 ArcGIS 中，利用空间分析模块获得各小流域的坡（沟间地）、沟（沟谷地）面积（表4-5）。

表 4-5　北洛河上游流域沟间地与沟谷地面积统计
Table 4-5　Statistical result of slop-up land area and gully land area of the
upper reaches of Beiluohe River basin

项目	样本数	总面积（km²）	占流域面积平均比例（%）	最大比例（%）	最小比例（%）	标准差
沟间地	378	2338.74	68.3	73.1	35.1	6.8
沟谷地	378	1085.73	31.7	64.9	26.9	6.8

统计结果表明，流域内沟间地共 2338.74 km²，占流域总面积的平均比例 68.3%；沟谷地共 1085.73 km²，占流域总面积的平均比例 31.7%。同时，沟间地与沟谷地的比例在整个研究区内存在空间分异。378 个子流域中，沟谷地占小流域面积比例最高达 64.9%，最小为 26.9%，而对应的沟间地占小流域面积比例最小为 35.1%，最高为 73.1%，标准差为 6.8%。由于沟间地和沟谷地对应的侵蚀特征存在明显差异，因此坡–沟比例的空间差异预示着北洛河上游流域内的侵蚀产沙存在空间分异。

4.3.3 基于谐波分析的沟谷分布规律

为分析流域沟谷特征，本书利用 GIS 技术基于 Hc-DEM 提取地形剖面数据，采用谐波分析等统计方法，以北洛河上游流域主河道南岸的一个独立子流域——四面窑沟小流域为典型研究区，从沟谷分布的谐波、周期等方面揭示流域沟谷分布规律。

所选择的四面窑沟小流域位于北洛河上游流域内的北洛河南岸，属陕西省吴起县铁边城镇，地跨东经 107°45′47″ ~ 107°49′24″，北纬 36°54′08″ ~ 36°59′58″（图4-20）。小流域内主沟道全长 12.5 km，基本由西南流向东北，面积为 32.68 km²；海拔为 1369 ~ 1730 m，沟壑纵横，属黄土高原丘陵沟壑区；土壤主要为地带性黑垆土剥蚀后广泛发育在黄土母质上的黄绵土，质地为轻壤。

4.3.3.1 谐波与周期分析方法

时间序列分析是通过分析地理要素随时间变化的历史过程，揭示其发展变化规律，并对其未来状态进行预测。周期性是时间序列的最重要特征，识别提取周期项的方法有谐波分析和周期图分析两种。周期分析将时间序列曲线看成由多种不同频率振动的规则波（正弦波或余弦波）叠加而成，然后在频率域上比较不同频率波的方差贡献大小，分析主要的

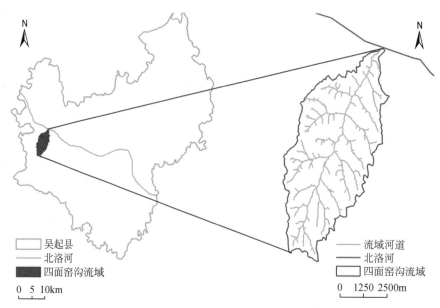

图 4-20　北洛河上游流域四面窑沟小流域区位图

Fig. 4-20　Location of the Simianyaogou watershed of the upper reaches of Beiluohe River basin

振动，进而求出振动的主要频率或周期。地形起伏周期变化也可以认为是由若干个不同频率、不同振幅的波形组成，通过把复杂的组分（或波形）分解成简单的成分（或波形），使其固有的性质表现出来，并可给出定量的结果。因此，在分析地形起伏周期方面，谐波分析不失为一个有力工具。

（1）谐波分析

谐波分析是利用傅里叶级数，把时间序列表示成无数个不同周期的简谐波和的形式，来分析序列变化规律的一种方法。谐波分析是提取要素中已知的周期变化，它根据傅里叶级数理论，一个复杂的周期函数或周期序列都是由具有不同振幅和位相的正弦波叠加而成。基波的最长周期等于序列的长度，谐波是基波以外的波。

假设地形起伏是由随时间变化的 K 个简谐波的叠加，可以用三角函数表示。对地形起伏周期的正弦波函数进行傅里叶变换，可得最终谐波模型：

$$y_t = a_0 + \sum_{k=1}^{p} A_k \sin(\omega_k t + \theta_k)$$

$$a_k = \frac{2}{N} \sum_{t=1}^{N} y_t \cos\left[\frac{2\pi k}{N}(t-1)\right]$$

$$a_0 = \frac{1}{N} \sum_{t=1}^{N} y_t$$

$$b_k = \frac{2}{N} \sum_{t=1}^{N} y_t \sin\left[\frac{2\pi k}{N}(t-1)\right]$$

$$\theta_k = \left(\tan \frac{a_k}{b_k} \right)^{-1}$$

$$A_k^2 = a_k^2 + b_k^2 \tag{4-9}$$

$$F = \frac{\frac{1}{2}(a_k^2 + b_k^2)/2}{\left(S^2 - \frac{1}{2a_k^2} - \frac{1}{2b_k^2} \right) / (N - 2 - 1)} \tag{4-10}$$

$$S^2 = \frac{1}{N} \sum_{t=1}^{N} (y_t - \bar{y})^2$$

式中，k 为谐波数；θ_k 为初相位；A_k 为谐波振幅；ω_k 为频率；N 为样本总量；S^2 为给定时间序列的方差。

利用式（4-9）和式（4-10）可以求得参数 a_0、a_k、b_k、θ_k、A_k，为了确定何种长度的周期为真正的周期，引入 F 检验。对给定的时间序列 y_t（$t=1$，2，3，…，n），根据谐波分析原理，检验第 k 个周期（即谐波）显著性的统计量 F 如下：

统计量 F 服从自由度为（2，$N-2-1$）的 F 分布。其中，S^2 为给定时间序列的方差。当给定显著性水平为 α 时，如果 $F>F_\alpha$（2，$n-2-1$），则表示 T_k 为显著周期。

（2）周期图分析

在谐波分析中，只考虑了整个序列时间区间内的整数谐波振动，波数是整数，而对应的周期则不一定是整数。周期图方法估计功率谱则以整数为周期，由它所构成的谱图横轴常用整数周期表示。为了讨论序列在所给时间尺度内的所有整数周期，可截取序列的一部分以得到任意整数周期。周期图分析的基本原理是首先将离散资料按各种试验周期分组排列，求平均值，组成试验周期的平均序列，然后对平均序列作基波的谐波分析，求其振幅平方，绘制以试验周期为横轴的周期图，最后通过显著性检验确定主要周期（安彦川等，2009）。

4.3.3.2 高程提取与谐波分析

利用 ArcGIS 软件将小流域矢量化 1∶1 万等高线生成 TIN，再将 TIN 转换为 Raster，生成 Hc-DEM（分辨率为 5 m）。应用 3D 分析中的剖面线操作，在已选择的范围内创建一条带有高程信息的直线；之后利用 3D 分析中的创建剖面图操作，为所选中的 3D 折线生成剖面图，并以 Excel 表格形式输出此直线采样点的距离及高程数据。然后使用统计分析软件对数据进行谐波分析和周期图分析，并加以对比分析（图 4-21）。

地形地貌中利用 ArcGIS 软件提取功能获得的距离、高程数据是一系列的等距离高程值。这一系列的观测值则构成以离散距离为参数的数据记录序列。这种序列在已知区间内，满足傅里叶级数的狄利克雷充分条件，因此可用谐波分析及周期图分析进行分析。

利用 ArcGIS 提取吴起县四面窑沟小流域东面支沟沟谷的距离–高程数据，共得到 1680 组数据（图 4-22）。对四面窑沟小流域东面支沟沟谷数据进行谐波分析和周期图分析，得到满足检验要求的周期值和与周期值相对应的谐波模型。

a.四面窑沟小流域DEM剖面线采样示意

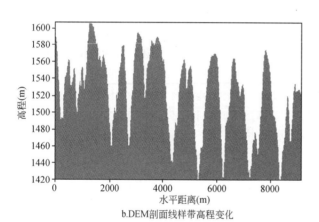

b.DEM剖面线样带高程变化

距离/m	高程/m
0	1593.2
5.5	1592.8
10.9	1592.3
16.4	1591.9
21.8	1591.5
27.3	1591.1
32.7	1590.6
38.2	1589.6
43.6	1588.7
49.1	1587.5
54.5	1586.1
60.1	1584.5
65.4	1583.1
70.9	1581.4
76.3	1579.5
81.8	1576.3
87.2	1572.7
92.7	1569.1
98.1	1565.4
103.6	1561.8
109.1	1558.1
114.5	1554.5
120.1	1550.9
125.4	1547.4
130.9	1544.4
136.3	1541.7
141.8	1538.9
147.2	1536.2
152.7	1532.8
158.1	1528.7
163.6	1524.6
169.1	1520.5
174.5	1516.4
179.9	1512.4
185.4	1509.3
190.8	1506.4
196.3	1503.5
201.7	1500.6
207.2	1497.8
…	…

c.DEM剖面线样带

图4-21 四面窑沟小流域东面支沟剖面数据

Fig. 4-21 Section data of east tributary gullies of Simianyaogou watershed

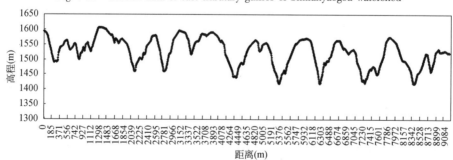

图4-22 四面窑沟小流域东面支沟剖面数据

Fig. 4-22 Section data of east tributary gullies of Simianyaogou watershed

4.3.3.3 沟谷分布谐波与周期

（1）沟谷分布谐波

根据谐波分析计算公式，可以计算出谐波模型的参数 a_k、a_0、b_k、θ_k、A_k，再对求得的谐波模型进行 F 检验，判断所得模型是否满足检验要求。计算四面窑沟小流域东面支沟沟谷谐波模型中的各个参数（计算结果见表4-6）。

表4-6 四面窑沟小流域东面支沟谐波模型参数表

Table 4-6 Parameter table of harmonic models of east tributary gullies of Simianyaogou watershed

谐波数	谐波模型参数值						
	a_0	a_k	b_k	A_k^2	θ_k	T	F
$k=1$	1525.70	−2.77	26.12	690.08	−38.10	1680.00	166.32**
$k=2$	1525.70	−2.15	5.67	36.72	49.57	840.00	7.45**
$k=3$	1525.70	4.90	14.38	230.81	−61.90	560.00	49.14**
$k=4$	1525.70	−13.56	−3.38	195.22	−2.30	420.00	41.19**
$k=5$	1525.70	3.84	−5.21	41.86	−48.45	336.00	8.50**
$k=6$	1525.70	10.59	10.05	213.02	−67.77	280.00	45.15**
$k=7$	1525.70	13.25	−1.14	175.75	−54.52	240.00	37.12**
$k=8$	1525.70	15.78	9.19	333.45	15.60	210.00	72.90**
$k=9$	1525.70	−6.84	−26.38	742.88	−88.67	186.67	181.81**
$k=10$	1525.70	−20.24	9.35	497.01	−49.71	168.00	113.49**
$k=11$	1525.70	7.12	−8.97	131.23	−61.65	152.73	27.25**
$k=12$	1525.70	1.60	4.39	21.80	−54.38	140.00	4.41*
$k=13$	1525.70	−6.91	5.07	73.47	22.25	129.23	15.04**
$k=14$	1525.70	9.18	−7.80	145.11	48.24	120.00	30.24**
$k=15$	1525.70	10.43	−0.51	108.95	−67.76	112.00	22.50**
$k=16$	1525.70	1.04	6.47	42.96	57.37	105.00	8.73**
$k=18$	1525.70	8.46	−4.46	91.50	−30.69	93.33	18.82**
$k=20$	1525.70	5.51	3.59	43.20	−2.54	84.00	8.78**
$k=21$	1525.70	5.45	−1.87	33.21	−86.44	80.00	6.73**
$k=24$	1525.70	−4.82	2.12	27.74	−56.54	70.00	5.62**
$k=25$	1525.70	1.81	4.56	24.10	−43.81	67.20	4.87**
$k=26$	1525.70	1.63	6.11	39.97	−86.25	64.62	8.12**
$k=29$	1525.70	4.36	7.57	76.37	8.07	57.93	15.65**

注：**表示满足0.01显著性检验；*表示满足0.05显著性检验；$T=N/k$ 表示周期；θ_k 表示初位相；A_k 表示谐波振幅；k 表示谐波数；a_0 表示平均高程。其中 $T=N/k$，通过与相邻两个高程之间的水平距离相乘，可以将周期单位换算成 m，此次提取相邻两个高程之间的水平距离为5.45 m。

表4-6列出了满足检验要求的谐波数 k 以及对应的周期值，可以看出得到的23个周期中，谐波数 $k=9$ 对应的周期检验统计量 F 最高，达到了181.81，此时的周期为1017.35 m（186.67×5.45），谐波数 $k=10$ 对应的周期4统计量 F 次高，为113.49，对应周期为

915.60 m（168.00×5.45）。

根据谐波计算公式，将所有满足检验要求的谐波累加就可以得到谐波模型。结果表明（表4-6），由于提取的数据水平间距为5.45 m，距离较小，所以谐波模型得到的沟谷周期既包含主要支沟的周期，又包含次要沟道产生的周期，因此求取的满足检验的周期较多，最终得到的谐波模型公式较复杂。为了得到主要支沟的分布周期及模型，对原始数据进行再处理，水平距离上每隔20个栅格提取一个高程数据，最终得到85组数据，相邻两个高程之间的水平距离变为105 m。

对85组数据进行谐波分析，求取周期、谐波参数及统计量 F 值，结果表明只有基波、$k=9$ 和 $k=10$ 所得到的周期在显著性水平 $\alpha=0.05$ 上显著。按谐波计算公式，最终得到主要支沟分布周期的谐波模型：

$$y_t = 1525.7 + 26.9\sin\left(\frac{2\pi}{85}t - 0.04\right) + 28.3\sin\left(\frac{2\pi}{85}t + 0.67\right) + 21.3\sin\left(\frac{2\pi}{85}t - 0.67\right)$$

（2）沟谷周期图谱

谐波分析计算过程相当繁杂，但利用 SPSS 统计软件中的谱序分析工具生成高程数据的周期图（图4-23）。周期图分析中数据处理取 $F=0.05$ 显著性检验，F 检验采取如下方法，即将提取的高程数据计算每组数据的方差 S^2，代入公式 $L_k = k_\alpha \times 2 \times S^2$，取 $k_\alpha = -\ln0.05 = 3$，计算检验的参照线值 L_k，即横参照线（图4-23）。从周期图上可以直观地看出，凡是图上高于此参照线的部分，就是符合 $K>k_\alpha$，存在显著周期，可认为谐波数（k）对应的周期 T_k 在显著性水平 $\alpha=0.05$ 上显著；在符合 F 检验的周期值中，挑出显著性高的周期，作为纵参照线（图4-23），即可确定此组数据的一个特征周期。

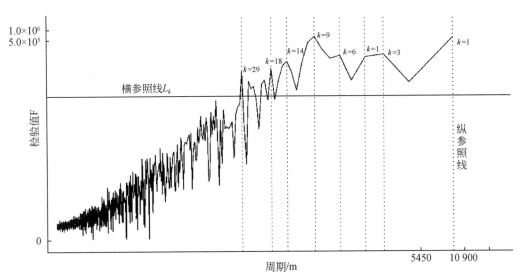

图4-23　四面窑沟小流域东面支沟周期图分析

Fig. 4-23　Periodogram analysis of spectrum analyzing on east tributary gullies of Simianyaogou watershed

结果显示（图4-23），将通过谐波分析求得的周期值在周期图上标识出来后发现谐波分析找出的满足检验要求的谐波数 (k) 和周期图分析找出的谐波数 (k)，两种方法得出的结果一样。在周期图上可以看出，在 1010 m 左右检验值最高，此时的谐波数 (k) 接近于 9，则可取 $k=9$ 通过谐波分析计算谐波参数；周期在 910 m 左右次高，此时谐波数 (k) 近似为 10，可求取 $k=10$ 对应的谐波参数。

周期图分析方法可直观地找到显著性较高的整数周期，大致判断谐波数为何值时求取的周期显著性高，但是对应谐波参数的求取还必须通过谐波分析计算公式求得。

(3) 沟谷分布周期

对四面窑沟小流域东面支沟沟谷高程数据进行谐波分析，得到满足检验要求的周期值 23 个，将满足检验要求的周期进行直方图显示（结果如图 4-24 所示）。

通过提取四面窑沟小流域东面支沟沟谷数据，得到显著性较高的周期值，共得到 23 个显著周期（图 4-24），最小显著周期为 316 m，在 500~1000 m 显著周期最多，达到 8 个，占到总显著周期数量的 35%；在 300~500 m 显著周期数量次多，达到 6 个，占到总显著周期数量的 26%；在 1000~1500 m 和 1500~2000 m 范围内的显著周期为 3 个和 2 个，分别占到总显著周期数量的 13% 和 9%。

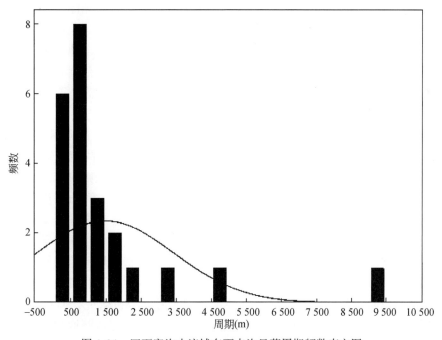

图 4-24　四面窑沟小流域东面支沟显著周期频数直方图

Fig. 4-24　Significant periods frequency histogram graph of east tributary gullies of Simianyaogou watershed

4.4　基于地形地貌特征的潜在侵蚀风险

从地貌学角度分析，土壤侵蚀过程是典型的地貌过程，是自然界物质循环的具体表现，不以人的意志为转移（张丽萍等，2005）。因此，一定区域的地形地貌特征必然对应一定的土壤侵蚀特征和潜在侵蚀风险等级。因此，将从不同侧面反映地貌特征的地形地貌因子有机组合，综合评价一定区域地貌特征相应的侵蚀风险，是研究区域土壤侵蚀特征的重要途径。

目前有关土壤侵蚀风险评估的研究，主要包括直接采用全国土壤侵蚀强度分级标准（中华人民共和国水利部，2008）划分侵蚀风险等级（赵善伦等，2002）；将影响土壤侵蚀的各类因子分级赋值，再计算平均值或加权值（王思远等，2001；莫斌等，2004；赵晓丽等，1999；黄诗峰等，2001），最后按不同分值划分侵蚀风险等级。这些研究中，除采用了坡度、植被等主要指标外，有的还设置了水热条件（王思远等，2002）、人口状况（孙希华，2003）、土壤质地（倪九派等，2002）等其他土壤侵蚀影响因子。而专门基于地形地貌特征的土壤侵蚀风险评估还少有报道，尤其是针对黄土高原地区，考虑沟缘线上、下的侵蚀分异特征，将坡-沟地貌部位和坡向等显著影响土壤侵蚀的地形因子纳入评估指标体系的则未见报道。

同时，现有研究大多基于栅格数据，即以一定边长的均匀网格为评价单元（曹瑜等，2003）。这种处理只考虑了地形等环境因素影响土壤侵蚀的空间差异性，但忽略了一定空间范围内，环境因素对土壤侵蚀影响的相似性，尤其是坡度、坡向等地形特征指标通常反映的是具有一定面积地块的整体地貌特征。最小评价单元实质是一个地表响应单元划分的问题。由于地表过程的复杂性，通常需确立一定标准，据此将研究范围划分为一系列基本单元，先就基本单元完成模拟或分析，再经累加或串联实现整个研究范围的模拟以及相关特征的揭示。这种化繁为简、化整为零的思路是解决地理学、生态学、水文学等众多学科复杂问题的重要途径。其中，所划分的基本单元，即为本书的地表响应单元（秦伟等，2012）。地表响应单元划分是否合理、获取是否高效在很大程度上决定了地表过程研究结果是否可靠、过程是否顺利。现有的划分主要包括规则单元和不规则单元两类。规则单元将研究区域按一定分辨率划分为均匀的方格单元，即栅格单元，这种方法简单、快速、易实现，且在地理信息系统技术广泛应用的背景下，能更好地与遥感影像等多源数据结合分析，目前采用最多，但其仅考虑了地形等环境因素影响地表过程的空间差异性，忽略了一定空间范围内下垫面影响地表过程的相似性。不规则单元是根据地形地貌特点、水文运移路径或土地利用类型等确定特征边界将研究区域划分为不规则的面状斑块，这种方法在特定角度更真实地反映了研究对象的固有属性，更利于后期分析研究，但相比规则单元划分，其实现难度更大，尤其针对较大空间尺度时，往往难以快捷地获取预期结果。比较有代表性的不规则相应单元包括水文响应单元（hydrological response unit，HRU）（Beven，1995）、水文相似单元（hydrological similar unit，HSU）（周大良，1997）和分组相应单元（grouped response unit，GRU）（任立良，2000）等。黄土丘陵沟壑区是世界上地形最破碎复杂的地区之一，加之干旱与暴雨交叠的气候条件，造成该区土壤侵蚀、滑坡坍塌、生态水文等为代表的地表过程具有显著的特殊性和复杂性。针对该区特点，建立一种合理、高效的地表响应单元划分方法对推动地表过程研究具有重要的基础意义。为此，本书参照水文研究中常见的水文响应单元，提出基于分水线、山脊线、沟谷线、沟缘线等地貌特征线进行流域划分，从而得到地貌条件一致并具有一定面积的地表响应单元，再对其进行土壤侵蚀风险评估。

4.4.1　地表响应单元划分及其地形特征提取

4.4.1.1　地表响应单元划分

在 ArcGIS 软件中，利用空间分析工具的水文模块，基于 Hc-DEM 提取流域分水线、山脊线和沟谷线，并将山脊线和沟谷线按水流方向反向延长与分水线相交；然后，叠加基于提取的沟缘线，并将各地貌特征线进行合并，形成地貌侵蚀单元。

组成地表响应单元的地貌特征线中，沟缘线按之前所述的方法获得；沟谷线、山脊线及分水线不仅是流域地形地貌的分界线，也是流域水文循环过程中的特征线，均基于 Hc-DEM 数据。在 ArcGIS 软件的水文模块中完成。

（1）沟谷线提取

利用 ArcGIS 软件中水文模块的流向工具和累积流量工具，以 Hc-DEM 为基础数据，先后获得网格单元的汇流方向和累积汇流量；再利用栅格计算工具，输入不同累积汇流阈值选择生成不同级别的沟谷线。输入的累积汇流阈值越小，获得的沟谷密度越大，长度越长。流域内的沟谷系统是线状水流作用形成的不同等级和规模沟谷总称。根据其形状、大小和发育阶段等特征，通常分为细沟、浅沟、切沟、冲沟和拗沟 5 类（左大康，1990），内部相应存在以细沟侵蚀、浅沟侵蚀、切沟侵蚀、冲沟侵蚀和河道侵蚀为主的侵蚀类型。由于细沟、浅沟多存在于独立坡面内，且难由一般精度的 DEM 提取；切沟、冲沟多存在于沟缘线上下，结构不稳定，不宜用于划分响应单元。因此，本书以沟道和河道为提取对象，通过将不同累积汇流阈值对应的提取结果与高分辨率遥感影像（SPOT-5，2.5m×2.5m 分辨率，下同）进行对比，最终将临界支撑面积为 0.6 km² 时提取的沟谷作为反映包括输沙主沟道和永久河道在内的沟谷系统，以此作为北洛河上游流域地表响应单元划分中所需的沟谷线。

（2）山脊线与分水线提取

山脊线与分水线的提取方法与沟谷线一致。由于是汇流起点，因此，累积汇流阈值为零的栅格所组成的线即山脊线与分水线。其中，分水线是流域最外围的连续闭合山脊线。

4.4.1.2　地表响应单元地形特征提取

完成地表响应单元划分后，可按以下方法提取其地形特征，用于包括侵蚀风险评估在内的相关后续分析研究。

（1）地表响应单元平均坡度提取

在 ArcGIS 软件中，直接提取的坡度是单元格与周围单元格间的最大坡降，属局部坡度，不能作为响应单元平均坡度。因此，采用 3D 分析模块的剖面线功能，以 Hc-DEM 为数据源，在响应单元内以分水线/山脊线为起点、沟缘线/沟谷线为终点，沿顺坡方向创建带有高程信息的直线，并利用创建剖面线功能生成直线对应的剖面图；根据剖面图中所包含的直线长度和直线两端的高程差计算坡面坡度（秦伟等，2010）。每个响应单元根据规格，创建 5~10 条直线，将平均值作为对应响应单元的平均坡度。

（2）地表响应单元整体坡向提取

采用 ArcGIS 软件 3D 分析模块中的表面分析功能，提取坡向，并划分为阴坡（337.5°~360°和 0°~67.5°）、半阴坡（67.5°~112.5°和 292.5°~337.5°）、阳坡（157.5°~247.5°）和半阳坡（112.5°~157.5°和 247.5°~292.5°）4 个坡向类别，分别记为 1、2、3、4。将响应单元内多数栅格单元的坡向类别作为其整体坡向，以消除局部地形影响。

（3）地表响应单元顺坡长度提取

在响应单元内，采用 ArcGIS 软件量测功能量算分水线/山脊线与沟缘线/沟谷线间沿垂直等高线方向的距离，除以所在响应单元平均坡度的余弦，获得顺坡实际长度。每个响应单元根据规格，创建 5~10 条直线，将平均值作为对应响应单元的顺坡长度。

（4）地表响应单元面积与周长提取

采用 ArcGIS 软件转化工具将获得的响应单元图层转化为 Coverage 格式，则可在属性表自动增加各单元的周长与面积。

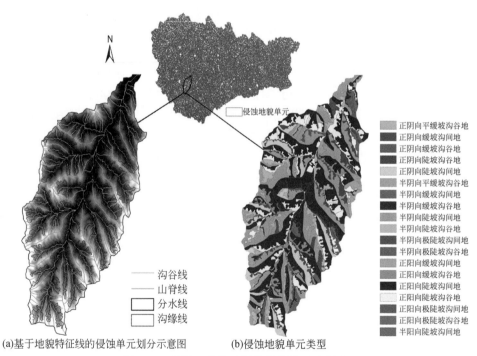

(a)基于地貌特征线的侵蚀单元划分示意图　　　(b)侵蚀地貌单元类型

图 4-25　侵蚀地貌单元划分及其类型示意图

Fig. 4-25　Schematic diagram of erosion topographical units division and types

4.4.2 潜在土壤侵蚀风险评估

综合有关的土壤侵蚀影响因素分级和赋值标准（中华人民共和国水利部，2008；赵晓丽等，1999；黄诗峰等，2001；倪九派等，2002；莫斌等，2004），并结合北洛河上游流域的自然环境特点，首先建立了流域地貌特征的分级及其对土壤侵蚀风险影响程度赋值的标准（表4-7）。然后，在对比分析不同地貌因子影响土壤侵蚀风险的重要性排序的基础上，分别将坡度、坡向和沟坡部位的权重确定为0.4、0.2和0.4。

表4-7　地貌特征对土壤侵蚀风险的影响及分级赋值标准

Table 4-7　The influence of topographic feature on soil erosion grade and valuating standard

侵蚀风险等级	微风险	低风险	中风险	高风险	极高风险
坡度	<15°	15°~25°	25°~35°	35°~45°	>45°
坡向	平地	正阴坡	半阴坡	半阳坡	正阳坡
赋值	1	3	5	7	9
沟坡部位	平地	沟间地		沟谷地	
赋值	1	4		9	

在ArcGIS软件中，按以上分级和赋值标准，采用下式计算基于地貌特征的土壤侵蚀风险指数（erosion rick index，ERI）：

$$ERI = \sum_{i=1}^{3} C_i f_i \tag{4-11}$$

式中，C_i为侵蚀地貌单元第i种地貌特征的分值；f_i为第i种地貌特征的侵蚀风险影响权重。

最后，根据土壤侵蚀风险指数的计算结果和土壤侵蚀风险分级标准（表4-8）获得研究区侵蚀风险评估结果（表4-9）。

表4-8　土壤侵蚀风险分级标准

Table 4-8　Soil erosion risk grading standard

侵蚀风险分级	微风险	低风险	中风险	高风险	极高风险
风险指数	1~1.6	1.6~3.2	3.2~4.8	4.8~6.4	6.4~8

表4-9　北洛河上游流域基于地形特征的土壤侵蚀风险等级面积统计

Table 4-9　The area statistic of different grades of soil erosion risks based on the topographic feature in the upper reaches of Beiluohe River Basin

侵蚀风险等级	微风险	低风险	中风险	高风险	极高风险
面积（km²）	122.94	286.29	824.61	1590.32	600.31
占总面积比例（%）	3.59	8.36	24.08	46.44	17.53

统计结果显示，北洛河上游流域内共有 88.05% 的区域在地貌特征上存在中度以上的侵蚀风险，其中，46.44% 的区域为高风险侵蚀区，说明流域大部分地方具有发生较强土壤侵蚀的地形条件。在这种地貌条件下，如果植被覆盖率较低，水土流失则十分严重，而随植被覆盖增加，其水土保持效果也将迅速显现，即该流域植被重建防治土壤侵蚀，进而调控流域输沙的效应可能较为显著。

4.5 小　结

1）通过建立临界支撑面积与河网总长度及河网平均坡降的相关曲线得到北洛河上游河流地貌发育的临界支撑面积，即真实河网的提取阈值应在 0.5 ~ 1km^2，其中，以 1km^2 为阈值提取的河网水系与实际水系最为相似，各项统计指标结果接近，可作为流域真实水系的提取结果，并用于子流域分割。

2）基于流域真实水系可将北洛河上游划分为 378 个小流域。其中，流域集水面内仅存在一个水沙出口的独立小流域 192 个，占该区总面积的 70%；流域集水面内存在一个水沙出口和一个水沙入口的非独立小流域 186 个，占该区总面积的 30%。流域划分结果表明，北洛河上游流域内 70% 的区域属独立子流域，流域结构组成较简单，嵌套程度不高，意味着流域大部分区域的侵蚀泥沙在输移至河道成为河道输沙量的过程不存在相互影响。

3）北洛河上游流域内约 41% 的区域坡度大于 25°，流域整体坡度较陡；占流域总面积约 47% 的坡面为阳坡，在保护和恢复植被方面，存在较大困难。以基于 Hc-DEM 数据自动提取的沟缘线为界，流域内沟间地和沟谷地分别占总面积的 68.3% 和 31.7%；同时，在 378 个子流域中，沟谷地占流域面积比例最高达 64.9%，最小为 26.9%，对应的沟间地占流域面积比例最小为 35.1%，最高达 73.1%，在一定程度上反映出坡-沟比例在整个流域内的存在空间分异。

4）北洛河上游流域包括永久河道、输沙沟道、冲沟和切沟在内的总沟谷 62 119 条，总长约 9782 km，沟壑密度为 2.86 km/km^2，与黄土梁状丘陵沟壑区的平均沟壑密度接近，反映出该区沟壑纵横、支离破碎的总体地貌特征。其中，仅包括永久河道与输沙沟道在内的一级沟谷 6983 条，总长约 3115 km，沟壑密度为 0.91 km/km^2，说明流域输沙通道较密集，具有出现较高泥沙输移比的地形条件；仅包含冲沟和切沟在内的二级沟谷 55 836 条，总长约 6667 km，分别占总沟谷条数和总长的 90% 和 68%，沟壑密度为 1.95 km/km^2，说明冲沟、切沟侵蚀严重，沟道侵蚀和重力侵蚀易于发生。

5）基于谐波和周期分析，以四面窑沟小流域为典型区，确定了北洛河上游流域的沟谷分布规律。结果显示，流域内地形起伏周期在 1010 m 左右时，检验显著性最高，并建立了谐波模型；对于流域内的一级支沟，当高程分别在 500 ~ 1000 m、300 ~ 500 m、1000 ~ 1500 m、1500 ~ 2000 m 时，其对应的显著周期分别占总显著周期的 35%、26%、13% 和 9%。

6）基于分水线、山脊线、沟谷线、沟缘线等地貌特征线将流域划分为地貌条件相对一致的地表响应单元，并基于 GIS 技术获取了各响应单元的地形特征值。以坡度、坡向和地貌部位（沟、坡位置）为指标，通过计算侵蚀风险指数评价，确定了流域基于地貌特征的侵蚀风险。结果表明，北洛河上游流域内微侵蚀风险、低侵蚀风险、中侵蚀风险、高侵蚀风险和极高侵蚀风险的区域分别占流域总面积的比例约 4%、8%、24%、46% 和 18%，近 90% 的区域在地貌特征上存在中度以上的侵蚀风险，说明流域大部分地方具有发生较强土壤侵蚀的地形条件。

参 考 文 献

安彦川，张岩，朱清科，等 . 2009. 基于谐波分析的黄土高原小流域沟谷分布规律研究, 31 (4)：84-89.

曹瑜，杨志峰，袁宝印，等 . 2003. 基于 GIS 黄土高原土壤侵蚀因子的厘定. 水土保持学报, 17 (2)：93-96.

陈云明，梁一民，程积民 . 2002. 黄土高原林草植被建设的地带性特征. 植物生态学报, 26 (3)：339-345.

关君蔚 . 1996. 水土保持原理. 北京：中国林业出版社.

黄诗峰，钟邵南，徐美 . 2001. 基于 GIS 的流域土壤侵蚀量估算指标模型方法——以嘉陵江上游西汉水流域为例. 水土保持学报, 15 (2)：105-107.

黄奕龙，陈利顶，傅伯杰，等 . 2004. 黄土丘陵小流域沟坡水热条件及其生态修复初探. 自然资源学报, 19 (2)：183-189.

江忠善，王志强，刘志 . 1996. 黄土丘陵区小流域土壤侵蚀空间变化定量研究. 土壤侵蚀与水土保持学报, 2 (1)：1-9.

蒋定生 . 1997. 黄土高原水土流失与治理模式. 北京：中国水利水电出版社.

李静，刘志红，李锐 . 2008. 黄土高原不同地貌类型区降雨侵蚀力时空特征研究. 水土保持通报, 28 (3)：124-127.

廖义善，蔡强国，秦奋，等 . 2008. 基于 DEM 的黄土丘陵沟壑区流域地貌特征及侵蚀产沙尺度研究. 水土保持学报, 22 (1)：1-6.

刘前进，蔡强国，刘纪根，等 . 2004. 黄土丘陵沟壑区土壤侵蚀模型的尺度转换. 资源科学, 26 (增刊)：81-90.

刘新华，张晓萍，杨勤科，等 . 2004. 不同尺度下影响水土流失地形因子指标的分析与选取. 西北农林科技大学学报（自然科学版）, 32 (6)：107-111.

刘增文，李雅素 . 2003. 黄土残塬区侵蚀沟道分类研究. 中国水土保持, (9)：28-30.

闾国年，钱亚东，陈钟明 . 1998. 基于栅格数字高程模型提取特征地貌技术研究. 地理学报, 53 (6)：562-569.

莫斌，朱波，王玉宽，等 . 2004. 重庆市土壤侵蚀敏感性评价. 水土保持通报, 24 (5)：45-48.

倪九派，傅涛，何丙辉，等 . 2002. 基于 GIS 的丰都三合水土保持生态园区土壤侵蚀危险性评价. 水土保持学报, 16 (1)：62-66.

秦伟，朱清科，张宇清，等 . 2009. 陕北黄土区生态修复过程中植物群落物种多样性变化. 应用生态学报, 20 (2)：403-409.

秦伟，朱清科，赵磊磊，等 . 2010. 基于 RS 和 GIS 的黄土丘陵沟壑区浅沟侵蚀地形特征研究. 农业工程学报, 26 (6)：58-64.

秦伟，朱清科，左长清，等 . 2012. 黄土丘陵沟壑区地表过程响应单元划分及其地形特征提取. 中国水土保持科学, 10 (1)：53-58.

邱扬，傅伯杰，王军，等 . 2000. 黄土丘陵小流域土壤水分时空分异与环境关系的数量分析. 生态学报, 20 (5)：741-74.

邱扬，傅伯杰，王勇 . 2002. 土壤侵蚀时空变异及其与环境因子的时空关系 . 水土保持学报，16（1）：108-111.

任立良 . 2000. 数字流域模拟研究 . 河海大学学报，28（4）：1-7.

孙希华 . 2003. 基于 GIS 的济南市土壤侵蚀潜在危险度评价研究 . 水土保持学报，17（6）：47-50.

唐克丽 . 1990. 黄土高原地区土壤侵蚀区域特征及治理途径 . 北京：中国科学技术出版社 .

唐政洪，蔡强国，张光远，等 . 2000. 黄土丘陵沟壑区小流域侵蚀产沙的地貌分带研究 . 水土保持学报，14（4）：34-37，78.

唐政洪，蔡强国，许峰，等 . 2002. 不同尺度条件下的土壤侵蚀实验监测及模型研究 . 水科学进展，3（6）：781-787.

王思远，张增祥，赵晓丽 . 2001. GIS 支持下的土壤侵蚀遥感研究——以湖北省为例 . 水土保持研究，8（3）：154-157.

王思远，张增祥，赵晓丽，等 . 2002. 遥感与 GIS 技术支持下的湖北省生态环境综合分析 . 地球科学进展，17（3）：426-431.

王万忠，焦菊英 . 2002. 黄土高原侵蚀产沙强度的时空变化特征 . 地理学报，57（2）：210-217.

吴普特，汪有科，范新科 . 2002. 黄土高原林草植被建设高效用水技术 . 杨凌：西北农林科技大学出版社 .

肖晨超，汤国安 . 2007. 黄土地貌沟沿线类型划分 . 干旱区地理，30（5）：646-653.

徐涛，胡光道 . 2004. 基于数字高程模型自动提取水系的若干问题 . 地理与地理信息科学，20（5）：11-14.

杨勤科，师维娟，McVicar T R，等 . 2007. 水文地貌关系正确 DEM 的建立方法 . 中国水土保持科学，5（4）：1-6.

杨文治，邵明安 . 2000. 黄土高原土壤水分研究 . 北京：科学出版社 .

殷水清，谢云 . 2005. 黄土高原降雨侵蚀力时空 . 水土保持通报，25（4）：29-33.

张丽萍，张登荣，张锐波，等 . 2005. 小流域土壤侵蚀预测预报基本生态单元生成和模型设计 . 水土保持学报，19（1）：101-104.

赵善伦，尹民，张伟 . 2002. GIS 支持下的山东省土壤侵蚀空间特征分析 . 地理科学，22（6）：694-699.

赵晓丽，张增祥，王长有，等 . 1999. 基于 RS 和 GIS 的西藏中部地区土壤侵蚀动态监测 . 土壤侵蚀与水土保持学报，5（2）：44-50.

中华人民共和国水利部 . 2008. 土壤侵蚀分类分级标准（SL 190—2007）. 北京：中国水利水电出版社 .

周大良 . 1997. 基于遥感信息的林冠截流模型 . 北京：北京大学 .

周启鸣，刘学军 . 2006. 数字地形分析 . 北京：科学出版社 .

朱显谟 . 1989. 黄土高原土壤与农业 . 北京：农业出版社 .

朱显谟，史德明 . 1987. 中国农业百科全书（水利卷）. 北京：农业出版社 .

朱晓华，杨秀春，蔡运龙 . 2005. 中国土壤空间分布的分形与分维 . 土壤学报，42（6）：881-888.

左大康 . 1990. 现代地理学辞典 . 北京：商务印书馆 .

Beven K. 1995. Linking parameters across scales: subgrid parameterization and scale dependent hydrological models. Hydrological Process，9（5-6）：507-525.

Martz L W，Garbrecht J. 1998. The treatment of flat areas and depressions in automated drainage analysis of raster digital elevation models. Hydrological Processes，12（6）：843-855.

第5章 植被恢复空间分异与土地利用/覆被变化

5.1 黄土高原植被恢复空间分异

黄土高原地貌独特，生态环境脆弱，地处半干旱半湿润气候带，是世界上水土流失最严重的地区之一。植被作为影响土壤侵蚀的重要因素之一，对黄土高原产流产沙过程具有重要影响，不仅具有水土保持功能，也反映区域生态环境状况（卢金发和黄秀华，2003）。为治理水土流失，改善生态环境，实现生态经济可持续发展，20世纪50年代以来，国家在黄土高原实施了一系列大规模生态治理，尤其是20世纪末期至今实施的退耕还林（草）工程，使区内林草植被大幅增加，土地利用格局显著变化，发挥了水土保持效益，也给区域生态环境带来巨大影响。在此背景下，黄土高原地区植被恢复及其效益研究成为社会各界广泛关注的热点问题。

归一化植被指数（normalized difference vegetation index，NDVI）是反映植被所吸收的光合有效辐射比例的重要指数，也是目前植被监测的常用参数。尤其NDVI能很好地指示植被生长和覆盖度变化，因此NDVI变化常常被用于在一定程度上反映对应区域的地表覆被变化（Hansen et al.，2000）。以往基于NDVI的黄土高原植被时空变化研究多采用GIMSS/NDVI（global inventory modeling and mapping studies/normalized difference vegetation index）和SPOT VEGETATION/NDVI数据（信忠保和许炯心，2007；李登科，2009；张宝庆等，2011），其空间分辨率较低，分别为8 km和1 km，且空间范围多集中于整个区域或是区域内的特定行政区和流域，其中，刘宪锋等（2013）采用2000~2009年夏季MODIS（moderate resolution imaging spectroradiometer）13Q1数据，得出黄土高原植被覆盖度年际变化曲线及线性趋势、植被覆盖度数量变化及植被覆盖度空间变化。然而，黄土高原空间范围大，东、西部，南、北部间，在气候、植被、土壤、地形等生态环境条件方面均存在较大差异，因而植被生长水热条件及其建设对策均不尽相同，因此有关黄土高原自然水热条件形成的不同植被覆盖区内的植被变化趋势，以及按照退耕坡度实施退耕还林（草）工程对区内植被变化的影响更具现实需求和意义。为总体掌握黄土高原实施植被重建的效果，本书选用MODIS遥感影像计算NDVI，并与坡度分布和气候区划分布叠加，综合分析黄土高原全区、不同气候类型区及不同坡段的植被覆盖变化。

5.1.1 遥感数据与分析方法

黄土高原人工植被重建尤以1998年之后的退耕还林（草）工程规模最大，故研究时段确定为 2000~2013 年。鉴于黄土高原空间范围大，故遥感数据源选用由美国国家航空航天局 EOS 数据中心提供的 MODIS 13Q1 数据。

在 ERDAS 软件平台上，采用月内两时相 NDVI 最大值合成法（maximum value composite，MVC）生成各月 NDVI 数据集，并将年内 12 个月 NDVI 平均值作为年均 NDVI 数据，再以研究时段内各年 NDVI 平均值作为多年平均 NDVI 数据，按夏季季度内的各月 NDVI 算术平均值作为夏季 NDVI 数据。基于不同时间尺度的 NDVI 数据，在 ArcGIS 软件中分析 NDVI 空间变化，并与中国农业气候区划 DEM 数据（中华人民共和国气候图集编委会，2002）进行叠置分析，揭示黄土高原区植被覆盖的区域分布特征、年均和夏季的植被覆盖空间演变趋势，以及不同坡度、不同植被覆盖区域的 NDVI 变化程度，旨在明确黄土高原植被空间分布特征、不同退耕坡度地貌单元和不同气候带的植被恢复程度，评估退耕还林（草）工程实施效果，为区域生态恢复决策与管理提供依据。

5.1.2 黄土高原 NDVI 时空变化

由黄土高原 2000~2013 年年均 NDVI 空间分布图（图 5-1）可以看出，全区 NDVI 自东南向西北逐渐递减，呈条带状分布，明显形成 3 个区域，即 NDVI 小于 0.2 的分区、NDVI 在 0.2~0.4 的分区、NDVI 大于 0.4 的分区。通过与中国农业气候分区叠加对比发

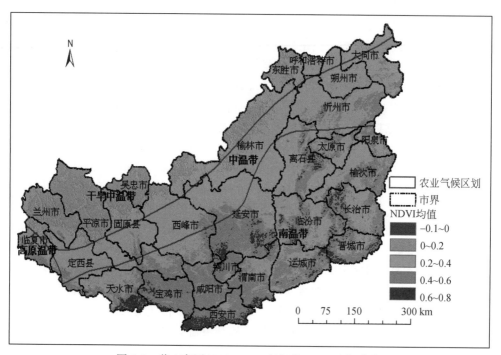

图 5-1　黄土高原 2000~2013 年年均 NDVI 空间分布

Fig. 5-1　The annual average special distribution of NDVI in the Loess Plateau from 2000 to 2013

现，NDVI 的 3 个分区大致对应于干旱中温带、中温带、南温带 3 个气候区，呈现出黄土高原水热分布决定植被分布的特点。其中，NDVI 在 0 ~ 0.2 的分区基本分布在宁夏吴忠市南部和固原县北部、甘肃平凉市西北部及兰州市，占黄土高原全区总面积的 13%；NDVI 在 0.2 ~ 0.4 的分区主要位于山西北部、中部和南部部分地区，陕西延安市北部地区，陕西榆林市、内蒙古呼和浩特市、内蒙古东胜市东和宁夏固原县南部地区，甘肃西峰市和平凉市中部地区，甘肃天水市、临夏市及定西县，该区面积最大，占黄土高原全区面积的 58%；其余地区的 NDVI 均大于 0.4。在 NDVI 大于 0.4 的分区内，NDVI 在 0.4 ~ 0.6 的区域主要分布于陕西延安市南部和关中平原、山西中部和南部的部分地区，占全区总面积的 25%，NDVI 大于 0.6 的区域主要分布于陕西关中平原南部、甘肃天水市的部分地区，占全区总面积的 3%。

采用 ERDAS 软件平台中的建模模块，对各像元 14 期年均和夏季 NDVI 数据进行一元线性回归分析（牛志春和倪绍洋，2003），获得 2000 ~ 2013 年黄土高原区全区年均和夏季 NDVI 的空间变化趋势分布（图 5-2，图 5-3 和表 5-1）。

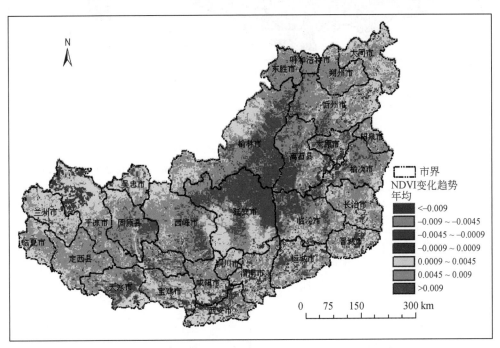

图 5-2 黄土高原 2000 ~ 2013 年年均 NDVI 变化趋势分布

Fig. 5-2 The annual average NDVI variation trend of Loess Plateau from 2000 to 2013

变化趋势对应的变化状况同表 5-1

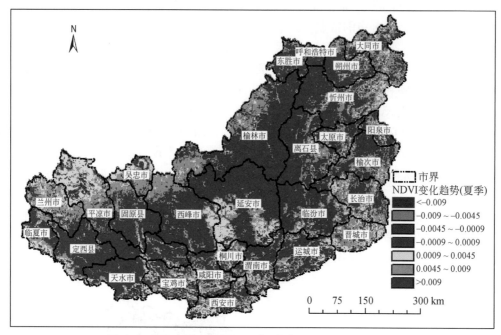

图 5-3　黄土高原 2000～2013 年夏季 NDVI 变化趋势分布

Fig. 5-3　The summer NDVI variation trend of the Loess Plateau from 2000 to 2013

变化趋势对应的变化状况同表 5-1

表 5-1　黄土高原 2000～2013 年年均 NDVI 和夏季 NDVI 变化趋势结果统计表

Table 5-1　The annual average and summer NDVI variation trend from 2000 to 2013 in the Loess Plateau

NDVI 的线性斜率	变化趋势	面积百分比	
		年均 NDVI	夏季 NDVI
小于 -0.009	严重退化	0.294	0.67
-0.009～-0.0045	中度退化	0.671	1.175
-0.0045～-0.0009	轻微退化	3.155	3.529
-0.0009～0.0009	基本不变	7.456	4.496
0.0009～0.0045	轻微改善	36.088	15.17
0.0045～0.009	中度改善	40.017	25.01
大于 0.009	明显改善	12.319	49.95

由表 5-1 可以看出，黄土高原区年均 NDVI 增加区域占总面积的 88%，减少区域占总面积的 4%，基本不变的区域占总面积的 8%，而夏季 NDVI 增加区域占总面积的 90%，减少区域占总面积的 5%，基本不变的区域占总面积的 5%，年均和夏季 NDVI 变化均表明 2000～2013 年，黄土高原区植被覆盖呈增加趋势。年均 NDVI 呈现为中度改善区域最大，轻度改善区域次之，共计超过 76%。图 5-2 显示，黄土高原区年均植被覆盖明显改善的区

域主要分布在黄土高原中部，包括山西离石县西南部和临汾市西北部、陕西延安市北部和榆林市东南部以及甘肃天水市部分地区，约占 12%；中度改善和轻微改善的区域占据了全区大部；植被覆盖基本不变的区域主要分布在甘肃平凉市西北部；轻度退化的区域主要分布在渭河下游、北洛河下游和汾河的周边地区。夏季 NDVI 表现为明显改善区域最大，约占 50%，自东北向西南呈长条状分布；减少区域零星分布于渭河下游周边地区。总体上，近 10 余年来，黄土高原区植被覆盖呈现增加趋势，且夏季较年均增加更为明显。

5.1.3 不同气候带 NDVI 时空变化

为揭示黄土高原区不同气候带的 NDVI 变化差异，在 ArcGIS 软件中采用空间分析模块获得黄土高原区年均和夏季 NDVI 分级图，再采用叠置分析模块将其与对应的 NDVI 变化趋势分布图（图 5-2 和图 5-3）叠加，统计获得不同等级下的年均和夏季 NDVI 变化面积比例。结果表明，黄土高原 NDVI 小于 0.2、在 0.2～0.4 和大于 0.4 的区域，大致对应于中国农业气候分区的干旱中温带、中温带和南温带。由于中国农业气候分区图比例尺较小，不能精确反映黄土高原水热条件分布，故以 NDVI 均值小于 0.2、在 0.2～0.4 和大于 0.4 的 3 个区域 2000～2013 年 NDVI 变化趋势反映相应气候带的 NDVI 变化（图 5-4 和图 5-5）。

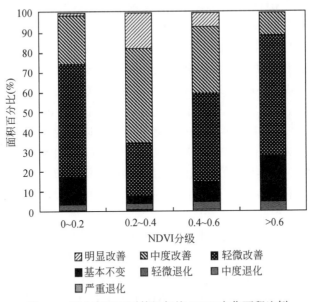

图 5-4　黄土高原不同等级年均 NDVI 变化面积比例

Fig. 5-4　Different levels of annual average NDVI area change proportions of the Loess Plateau

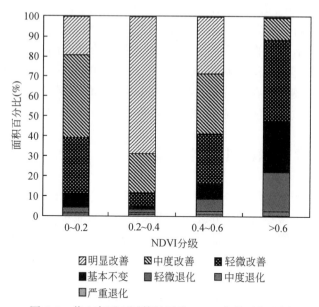

图 5-5 黄土高原不同等级夏季 NDVI 变化面积比例

Fig. 5-5 Different levels of summer NDVI area change proportions of the Loess Plateau

图 5-4 显示，不同 NDVI 等级区域的年均植被覆盖改善面积占对应总面积的比例均超过 70%，以中度和轻微改善为主，而植被退化面积比例占对应总面积的比例则均不足 5%。其中，2000～2013 年年均 NDVI 在 0.2～0.4 的区域内，植被改善面积比例超过其总面积的 90% 以上，且中度改善面积比例最大，表明该区域植被总体处于中度改善状态；2000～2013 年年均 NDVI 在 0～0.2、0.4～0.6 以及大于 0.6 的区域内，植被以轻微改善为主，轻微改善的面积占各自总面积的比例分别为 57%、45%、60%。

图 5-5 显示，夏季 NDVI 在 0～0.2 的区域内，植被以中度和轻微改善为主，分别占总面积的 40% 左右和 30% 左右；夏季 NDVI 在 0.2～0.4 的区域内，近 70% 的面积呈植被明显改善；夏季 NDVI 在 0.4～0.6 的区域内，植被轻度、中度和明显改善的面积大致均占总面积的 30% 以上；夏季 NDVI 大于 0.6 的区域内，植被覆盖以轻微改善或基本不变为主，分别占总面积的近 40% 和近 30%。

总体上，不同 NDVI 等级区域的年均和夏季植被覆盖均有不同程度的增加趋势，尤以 NDVI 在 0.2～0.4 的区域，植被覆盖增加最为明显。年均 NDVI 在 0.4～0.6 和大于 0.6 的区域都处于南温带，水热条件较好，其中，NDVI 大于 0.6 的区域其植被覆盖原本良好，改善空间不大，故植被覆盖增加最不明显；NDVI 在 0.4～0.6 的区域则具有较大的植被改善空间，但是该区地处黄土高原东南部，退耕还林力度相对较小，故植被覆盖增加也不突出；NDVI 在 0～0.2 的区域大多分布于黄土高原西北部，处于干旱中温带，水热条件较差，植被恢复相对困难；因此，NDVI 在 0.2～0.4 的区域在各分区间，植被覆盖恢复最为明显。

5.1.4 不同坡度带 NDVI 时空变化

按照国家退耕还林（草）政策规定，大于25°的陡坡耕地须无条件退耕后恢复植被，15°~25°的陡坡耕地有选择地退耕后恢复植被（封志明等，2003）。此外，针对黄土高原坡耕地面积广，退耕还林需逐步实施的现状，李锐（2000）建议在区内分不同坡度、不同时段逐渐、有序地开展退耕还林（草）工程。因此，过去 10 余年来，以退耕还林（草）工程为主要驱动下的植被变化，必然呈现出不同坡度带的空间分异。为此，本书通过分析不同坡度带的 NDVI 时空变化，以期揭示该区植被恢复程度随坡度变化的特征。按照通常的分级标准，黄土高原区分为 5 个坡度等级，即 0°~6°、6°~15°、15°~25°、25°~35°和大于35°（李登科等，2008）。据此在 ArcGIS 软件平台中采用空间分析模块，基于 DEM 获取了黄土高原坡度分级图（图 5-6）。结果显示，该区 0°~6°、6°~15°、15°~25°、25°~35°和大于 35°的 5 个坡度等级的面积分别占全区总面积的 22%、36%、26%、12%和4%。

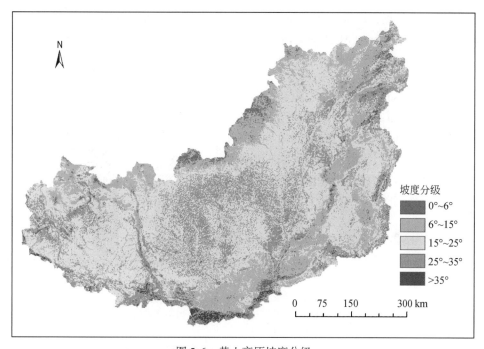

坡度分级
- 0°~6°
- 6°~15°
- 15°~25°
- 25°~35°
- >35°

0 75 150 300 km

图 5-6 黄土高原坡度分级

Fig. 5-6 Grading of the Loess Plateau gradient

在 ArcGIS 软件平台中，采用叠加分析模块将年均和夏季 NDVI 分级图与坡度分级图叠加，统计分析不同坡度等级下年均和夏季的 NDVI 变化（图 5-7 和图 5-8）。

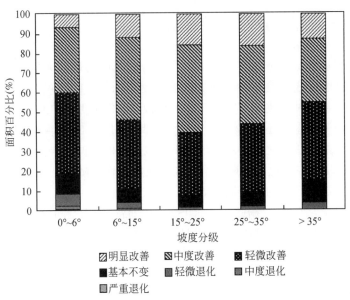

图 5-7　黄土高原不同坡度年均 NDVI 变化程度的面积比例

Fig. 5-7　The annual average NDVI variation area proportions with different gradients in the Loess Plateau

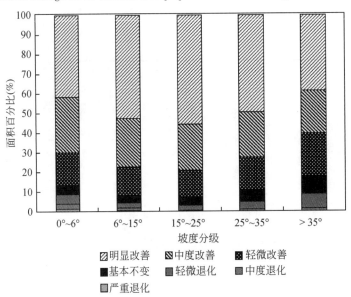

图 5-8　黄土高原不同坡度夏季 NDVI 变化程度的面积比例

Fig. 5-8　The summer NDVI variation area proportions with different gradients in the Loess Plateau

由不同坡度带的 NDVI 变化可知，各坡度等级年均和夏季植被覆盖改善区域的面积占对应坡度带总面积的比例均超过 80%，其中，年均植被覆盖以中度和轻微改善为主，夏季植被覆盖以明显改善和中度改善为主。不同坡度带间，0°~6°坡度带的年均植被覆盖基本不变及不同程度退化的面积比例近 20%，夏季植被覆盖基本不变及不同程度退化的面积比例也超过 10%，这可能与该坡度带分布有荒漠、荒漠草地、河流有关，沙地、荒漠和河流，其 NDVI 大部分呈现基本不变甚至退化的趋势；6°~15°坡度带年均和夏季植被覆盖改善的面积比例分别达 89% 和 92%，退化面积比例分别占 4% 和 5%；15°~25°坡度带年均和夏季植被覆盖改善的面积比例最大，均达 90% 以上，退化面积比例最小，分别为 2% 和 3%；25°~35°坡度带年均和夏季植被覆盖改善的面积比例也都达 90% 左右；大于 35°坡度带年均植被覆盖以轻微改善为主，夏季植被覆盖以明显改善为主，且夏季植被覆盖基本不变和不同程度退化的面积比例近 20%。总体上，各坡度带间，15°~25°的植被恢复效果最为明显，植被改善程度和面积比例最大，说明退耕还林（草）工程在近 10 余年植被改善中发挥了重要作用。

5.2 植被重建驱动下的流域土地利用/覆被变化

土地利用/覆被变化（land use/cover change，LUCC）是生态环境变化的主要内容和原因，是人与自然相互作用的直接表现。20 世纪 50 年代以来，国家在黄土高原地区相继开展了一系列水土保持和林业生态工程，由此造成的 LUCC 及其生态环境响应成为学界广泛关注的焦点。虽然已有报道就该区 LUCC 动态演变及驱动力进行了研究（高照良和穆兴民，2004；李志等，2006；余新晓等，2009；Liu et al.，2011），但多集中于小流域范围内综合因素驱动下的 LUCC 特征，且通常针对演变过程中的单一方面，针对大、中流域尺度的研究通常仅关注植被覆盖的动态变化（黎治华等，2011；张宝庆等，2011），而有关大规模人工植被重建驱动下，大、中流域土地利用/覆被时空演变的系统报道尚不多见。为此，本书以地处黄土高原腹地、开展大规模植被重建的典型中尺度流域——北洛河上游流域为对象，综合景观生态学理论以及 RS、GIS 技术，从土地利用结构组成、转化速率、消长关系、演变趋势、地形分布、景观格局等方面，完整刻画近 20 年黄土高原中尺度流域 LUCC 过程，揭示大规模人工植被重建驱动下的土地利用/覆被时空演变特征，以期为进一步明确当前黄土高原大规模生态治理背景下的 LUCC 环境效应和推动该区生态环境持续改善提供有益参考。

5.2.1 北洛河上游土地利用/覆被时空演变

5.2.1.1 土地利用动态监测方法

遥感技术能提供动态、丰富的数据源，便于进行大、中空间尺度及长时间尺度资源和环境监测，已成为获取土地覆盖信息最高效和最快捷的手段，且随着信息技术的不断发展已具有比较理想的精度。北洛河上游流域总面积为 3424.47 km²，空间尺度较大，因此，选用中等分辨率的卫星遥感数据——陆地资源卫星 Landsat-5 TM 遥感影像用于土地利用/覆盖监测。针对该区土地利用/覆盖的主要变化历史，选取 1986 年（20 世纪 80 年代）、1997 年（20 世纪 90 年代，开展退耕还林工程等大规模生态建设前）和 2004 年（开展退耕还林工程等大规模生态建设后）3 个时相，以求全面、客观地反映该区土地利用/覆盖演变过程。据此，共选取 3 期 TM 遥感影像用于研究流域土地利用/覆盖信息解译（影像信息见表 5-2）。

表 5-2　遥感数据特征参数

Table 5-2　Remote sensing data characteristic parameter

卫星	传感器	条带号	行号	东边界经度	西边界经度	南边界纬度	北边界纬度	中心时间（UTC）	平均云量
Landsat-5	TM	128	34	107.53°E	108.55°E	36.73°N	37.33°N	1986 年 8 月 9 日 02：47：06	0.5
								1997 年 6 月 4 日 02：54：16	0
								2004 年 7 月 12 日 03：03：15	0.6

目前，国内外利用遥感影像进行土地利用/覆盖解译与分类主要包括计算机自动分类、人工目视分类和人机交互综合分类 3 种方法（Miguel-Ayanz and Biging, 1996）。土地利用/覆盖动态监测中，不仅要获得土地利用变化的信息，而且要获得变化的具体类型。在此过程中，分类后比较法（post-classification comparison change detection）被普遍采用，且具有较高的精度（刘慧平和朱启疆，1999）。因此，本书选用该方法解译遥感影像，获取土地利用/覆盖变化信息。

解译前对遥感影像进行预处理操作，在 ERDAS 软件平台中，采用影像几何校正模块，应用二次多项式进行几何校正，使校正残差均小于 1 个像元，且与地形配准良好，满足土地利用/覆盖信息的解译要求；采用立方卷积法按 DEM 分辨率 10 m 进行像元重采样；采用直方图均衡法做增强处理，按 4（近红外，0.76~0.96 μm）、5（中红外，1.55~1.75 μm）、3（红外，0.62~0.69 μm）波段赋红、绿、蓝色合成假彩色图像。用掩膜模块裁切影像，最终获得 1986 年、1997 年和 2004 年北洛河上游流域 4、5、3 假彩色合成影像（图 5-9）。

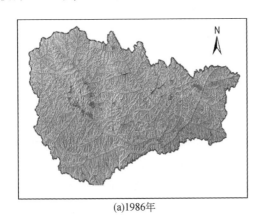 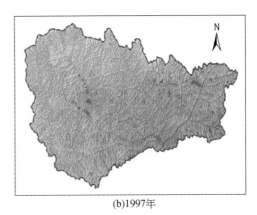

(a)1986年　　　　　　　　　　　　　　(b)1997年

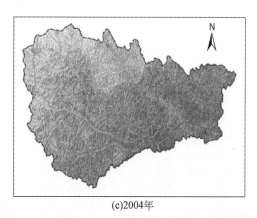

(c)2004年

图 5-9　北洛河上游流域 1986 年、1997 年和 2004 年 30m 分辨率假彩色（4，5，3）TM 影像

Fig. 5-9　30m resolution false color（4，5，3）TM image of the upper reaches of Beiluohe River

basin in 1986，1997 and 2004

5.2.1.2　土地利用类型与结构变化

北洛河上游流域由于长期对土地超载利用，天然植被严重破坏。1999 年，区内涉及的吴起和定边作为全国试点县开始大规模实施退耕还林和封山禁牧。当年累计在流域内完成人工植被重建近 600 km²，此后规模逐年扩大。现存植被主要为退耕还林后恢复的次生植被，以沙棘（*Hippophae rhamnoides* L.）、柠条（*Caragana* spp.）等灌木，河北杨（*Populus hopeiensis* Hu et Chow）、小叶杨（*Populus simonii* Carr.）等阔叶乔木及紫花苜蓿（*Medicago sativa* L.）等人工牧草为主。

根据流域植被建设的特点，依据《土地利用现状分类》国家标准和黄土高原植被建设需要，将土地利用划分为耕地、林地、草地、水域、滩地和建设用地 6 个一级地类。其中，林地又划分为有林地、疏林地和灌木林地 3 个二级地类。针对不同土地类型，结合野外解译标志，采取人工目视进行勾绘分类，并通过实地抽样验证解译精度和调整。统计表明，3 期遥感影像分类总体精度分别达 90%、87% 和 86%，Kappa 系数为 0.83、0.81 和 0.79，解译精度基本都达到高度一致的水平，满足研究需要。解译完成后，在 ArcGIS 软件平台中，统计不同时期的土地利用信息，并通过空间分析获得动态变化，生成专题图（图 5-10）。

统计结果（表 5-3）表明，1986 年流域以耕地和草地为主，面积分别为 1465.30km² 和 1800.67 km²，占流域总面积的 42.79% 和 52.58%，呈农牧占绝对主体的土地利用结构特征。林草覆盖率为 56.74%，其中 52.58% 为草地，森林覆盖率仅 2.49%。1997 年流域仍以耕地和草地为主，面积略有增加，保持农牧占绝对主体的土地利用结构特征。林草植被覆盖率降低为 55.88%，其中森林覆盖率减少为 1.58%。2004 年流域不同土地利用类型的比重趋于平均，草地、耕地、灌木林地、疏林地和有林地依次为面积最大的前 5 种土地利用类型，分别占流域总面积的 22.61%、19.28%、17.53% 和 5.11%，共同构成农、林、牧均等复合的土地利用结构特征。林草植被覆盖率增加为 76.76%，其中森林覆盖率为 24.39%。

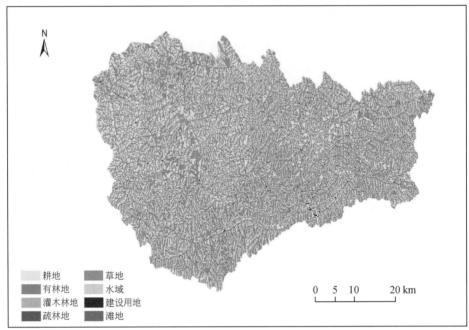

(a) 1986年

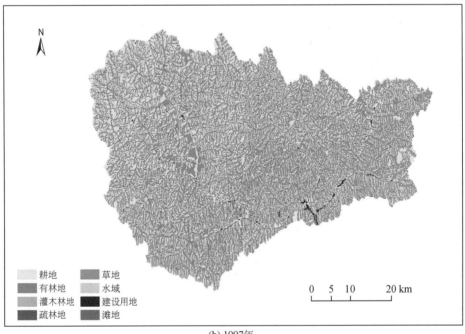

(b) 1997年

(c) 2004年

图 5-10 北洛河上游流域不同时期土地利用图

Fig. 5-10 Land use images of the upper reaches of Beiluohe River basin in 1986, 1997 and 2004

表 5-3 北洛河上游流域 1986～2004 年不同土地利用类型变化

Table 5-3 Different land-use types area from 1986 to 2004 of the upper reaches of Beiluohe River basin

土地利用类型	1986 年		1997 年		2004 年		变化比例（%）		
	面积 （hm²）	比例 （%）	面积 （hm²）	比例 （%）	面积 （hm²）	比例 （%）	1986～ 1997 年	1997～ 2004 年	1986～ 2004 年
耕地	146 529.90	42.79	149 347.18	43.61	77 421.48	22.61	1.92	−48.16	−47.16
草地	180 066.57	52.58	180 487.26	52.71	119 322.72	34.84	0.23	−33.89	−33.73
有林地	197.41	0.06	96.30	0.03	17 508.33	5.11	−51.22	18 081.0	8 769.02
疏林地	5 713.27	1.67	5 453.14	1.59	60 041.07	17.53	−4.55	1 001.04	950.91
灌木林地	8 340.82	2.43	5 307.74	1.55	66 006.72	19.28	−36.36	1 143.59	691.37
水域	682.87	0.20	312.88	0.09	411.39	0.12	−54.18	31.48	−39.76
滩地	717.91	0.21	724.72	0.21	635.04	0.19	0.95	−12.37	−11.54
建设用地	198.25	0.06	717.78	0.21	1 100.25	0.32	262.06	52.29	454.98

　　土地利用结构变化显示，1986～2004 年，流域内耕地和草地减幅明显，林地和建设用地大幅增加，总体呈耕地减少、植被增加、建设用地扩张的变化态势，表现出与退耕还林等人工植被重建工程的密切关系。除此以外，建设用地和水域的增、减面积仅 9.02km² 和

2.71 km²，但变化率达 454.98% 和 39.76%，变化也相对活跃和剧烈。

以 1997 年为界，前后两个时期流域土地利用类型与结构变化情况分别如下：

1）1986~1997 年，水域、有林地和灌木林地明显减少，建设用地大幅扩张，其他地类小幅增加。但总体上，各土地利用类型的绝对增减面积均较小，除灌木林和耕地的减少量在 30 km² 左右外，其余类型的变化量均不超过 6 km²。此间，流域土地利用结构变化总体表现为一定程度的植被退化以及人为开发力度的增强。除此以外，水域较大的相对减少可能与同期降水减少或地表水资源利用程度加强等因素有关。

2）1997~2004 年，草地和耕地显著减少，有林地、灌木林地和疏林地显著增加，其余类型小幅变化。其中，耕地和草地分别减少 719.26km² 和 611.65km²，减幅达 92.90% 和 51.26%；有林地、灌木林地和疏林地分别增加 174.10km²、606.99km² 和 607.11 km²，增幅在 90%~100%。此间，流域土地利用结构变化集中呈现农、牧业用地大幅转变为林业用地的态势。除此以外，水域和建设用地的绝对数量略有扩张，而滩地略有缩减，但建设用地的相对增幅近 35%，也属比较活跃的土地利用类型。

3）前后两个时段的土地利用结构变化特征大致相反，整体反映出植被先退化之后显著改善，农、牧业用地先缓慢扩张而后大幅减少，除建设用地和水域在前期的变化较后期更为剧烈外，其他土地利用类型的后期变化面积和幅度均明显较前期更为剧烈。因此，1997~2004 年为流域土地利用结构特征变化的关键时期。

5.2.1.3 土地利用变化速率

土地利用变化速率是土地利用变化的重要特征。单纯的土地利用类型面积和比例仅能简单体现土地利用变化的总体规模，无法反映其变化过程。土地利用动态度可定量描述一定区域土地利用的变化速率，对于比较土地利用变化的区域差异和预测未来土地利用变化趋势具有重要意义（任志远和张艳芳，2003），并在一定程度上反映了区域土地利用变化程度（王思远等，2001）。

目前，用于评价土地利用变化速率和程度的土地利用类型动态度模型主要包括数量分析模型、一般动态度模型和空间动态度模型（刘盛和和何书金，2002）。其中，一般动态度模型又分为单一土地利用类型层次的动态度模型和区域综合土地利用层次的动态度模型。单一土地利用类型层次的动态度模型主要计算一定区域某种土地利用类型在研究期内的年均数量变化幅度（王秀兰和包玉海，1999）；区域综合土地利用层次的动态模型同时考虑某种土地利用类型转变为其他土地利用类型的数量及空间属性，测算结果反映区域土地利用变化的综合活跃程度（朱会义等，2001）；空间动态度模型在测算某种土地利用类型变化速度的同时，考虑了该土地利用类型在研究期内的净新增面积，综合反映该土地利用类型转变为其他土地利用类型，以及其他土地利用类型转变为该种土地利用类型的双向变化速率，可更全面地刻画土地利用动态变化过程（刘盛和和何书金，2002）。4 种测度模型均能从不同角度反映土地利用变化速率，在针对不同区域土地利用变化的研究中得到了广泛应用（朱会义和李秀彬，2003；李志等，2006）。本书利用这 4 种模型，计算不同土地利用类型及区域总土地利用动态度，用以分析北洛河上游流域土地利用变化速率。

　　数量分析模型反映区域某种土地利用类型在研究期内的年均数量变化速率：

$$K_i = (SB_i - SA_i)/SA_i/T \times 100\% \tag{5-1}$$

式中，K_i 为第 i 种土地利用类型年均变化速率；SA_i 为第 i 种土地利用类型研究期初的面积；SB_i 为第 i 种土地利用类型研究期末的面积；T 为研究时段。

　　单一土地利用类型层次的动态度模型反映区域某种土地利用类型在研究期内转变为其他土地利用类型的年均速率：

$$S_i = (SA_i - SO_i)/SA_i/T \times 100\% \tag{5-2}$$

式中，S_i 为第 i 种土地利用类型动态度；SA_i 为第 i 种土地利用类型研究期初的面积；SO_i 为第 i 种土地利用类型未变化部分面积；$(SA_i - SO_i)$ 为第 i 种土地利用类型研究期内变化部分面积。

　　综合土地利用动态度模型反映区域土地利用变化的总体或综合活跃程度：

$$B = \frac{\sum_{i=1}^{n}(SA_i - SO_i)}{\sum_{i=1}^{n} SA_i}/T \times 100\% \tag{5-3}$$

式中，B 为区域综合土地利用动态度；n 为研究区土地利用类型种类数。

　　空间动态度模型反映区域内某种土地利用类型转变为其他土地利用类型与其他土地利用类型转变为该种土地利用类型的年均总变化速率：

$$CCL_i = TRL_i + IRL_i \tag{5-4}$$

$$TRL_i = (SA_i - SO_i)/SA_i/T \times 100\% \tag{5-5}$$

$$IRL_i = (SB_i - SO_i)/SA_i/T \times 100\% \tag{5-6}$$

式中，TRL_i 为第 i 种土地利用类型研究期转移速率；IRL_i 为第 i 种土地利用类型研究时新增速率；CCL_i 为第 i 种土地利用类型研究期变化速率。

　　动态模型计算结果（表 5-4）表明，1986～2004 年，有林地年均增速最高，疏林地和灌木林地次之。相对 20 世纪 80 年代末期而言，近 20 年来流域内林地快速增加，耕地、草地、水域和滩地则较缓减少。除滩地外，其他土地利用类型的单一动态度均在 3.5%～4.7%，说明流域土地利用空间格局变化显著，不同土地利用类型相互转变频繁。其中，有林地空间动态度最大，表明其数量和分布均明显变化，成为最活跃的土地利用类型。除此以外，疏林地、灌木林地和建设用地的空间动态度也相对较高，对流域土地利用整体特征和结构的变化具有重要贡献。

表 5-4　北洛河上游流域 1986～2004 年不同土地利用变化动态度

Table 5-4　Land-use change dynamic degree of the upper reaches of Beiluohe River basin from 1986 to 2004

（单位:%）

时段	指标	耕地	草地	有林地	疏林地	灌木林地	水域	滩地	建设用地	B
1986～1997 年	K	0.17	0.02	-4.66	-0.41	-3.31	-4.93	0.09	23.82	
	S	0.93	1.06	9.09	8.64	8.62	6.55	0.02	2.16	1.33
	CCL	2.03	2.13	13.53	16.86	13.94	8.18	0.12	28.14	

时段	指标	耕地	草地	有林地	疏林地	灌木林地	水域	滩地	建设用地	B
1997~2004 年	K	−13.27	−7.32	14.21	12.99	13.14	3.42	−2.02	4.97	9.71
	S	10.39	9.07	11.30	12.09	11.37	10.39	3.22	5.81	
	CCL	13.91	13.29	2605.60	167.18	186.12	24.92	4.68	19.23	
1986~2004 年	K	−2.62	−1.87	487.17	52.83	38.41	−2.21	−0.64	25.28	3.80
	S	4.06	3.53	4.64	4.58	4.55	4.60	1.21	3.58	
	CCL	5.51	5.20	496.44	61.99	47.51	6.99	1.78	32.43	

注：K 为年均变化速率；S 为单一动态度；B 为综合动态度；CCL 为空间动态度。

以 1997 年为界，前后两个时期流域土地利用变化速率分别如下：

1）1986~1997 年，建设用地年均变化速率和空间动态度最高，是该期变化最迅速、剧烈的土地利用类型。但其单一动态度较低，说明主要呈在原有斑块保持稳定的同时，大量其他地类转入的变化过程。相反，林地年均变化速率均为负值，而单一动态度和空间动态度均相对较高，表明林地因一定速度的转出而减少。从综合单一动态度来看，流域土地利用变化速率较低，整体较稳定。

2）1997~2004 年，林地年均增速最快，而耕地和草地的年均减速最高。农、林、牧用地的单一动态度均在 9.1%~12.1%，说明通过快速转入、转出，不仅其数量迅速增减，且原有斑块也显著改变。其余地类面积均不同程度的增加，空间分布也发生较大变化。与 1986~1997 年相比，这一时期流域不同土地利用类型间转移快速、剧烈，整体结构不稳定，综合单一动态度较高，表现为较短时间内的较大变化，最终决定近 20 年流域土地利用变化总体特征。

5.2.1.4 土地利用变化趋势

一定时期的土地利用/覆盖变化是一个动态过程。对某种土地利用类型而言，其变化过程不仅包括该土地利用类型转变为其他土地利用类型的转出过程，也包含其他土地利用类型转变为该土地利用类型的转入过程，双向过程综合表现为该土地利用数量和分布的变化。为更好地刻画土地利用动态变化过程和趋势，本书基于不同时期土地利用转移矩阵，计算对应时段不同地利用类型的转出和转入速率，用以描述土地利用变化过程，再引入归一化处理的变化状态指数（仙巍等，2005），参照不同状态指数的含义（表 5-5），确定不同土地利用类型变化趋势：

$$D_i = (\text{TRL}_i - \text{IRL}_i)/(\text{TRL}_i + \text{IRL}_i) \tag{5-7}$$

式中，D_i 为变化状态指数，在 −1~1。

表5-5 土地利用状态指数取值含义表

Table 5-5 Meaning of land-use status index

D_i取值范围	含义	对应土地利用变化趋势
$D_i \to -1+$	转入速率远大于转出速率	规模大幅增加，属极不平衡状态
$-1 \leqslant D_i \leqslant 0$	转入速率大于转出速率	规模增大趋势，属扩张状态
$D_i \to 0-$	转入速率略大于转出速率，转入速率和转出速率都很小； 转入速率略大于转出速率，转入速率和转出速率都很大	规模小幅增加，变化不明显，属平衡态势； 规模小幅增加，双向转换明显，属高转出和高转入时的面积平衡状态
$D_i \to 0+$	转出速率略大于转入速率，转入速率和转出速率都很小； 转出速率略大于转入速率，转入速率和转出速率都很大	规模小幅减少，变化不明显，属平衡态势； 规模小幅减少，双向转换明显，属高转出和高转入时的面积平衡状态
$0 \leqslant D_i \leqslant 1$	转入速率小于转出速率	规模减小趋势，属缩减状态
$D_i \to 1-$	转入速率远小于转出速率	规模大幅增加，属极不平衡状态

在 ArcGIS 软件平台中，采用空间分析模块将 3 期土地利用专题图叠加获得转移矩阵，计算土地利用转变速率和状态指数（表5-6）。

表5-6 北洛河上游流域 1986～2004 年土地利用状态指数

Table 5-6 Land-use status index of the upper reaches of Beiluohe River basin from 1986 to 2004

土地利用类型	1986～1997 年			1997～2004 年			1986～2004 年		
	转入速率	转出速率	状态指数	转入速率	转出速率	状态指数	转入速率	转出速率	状态指数
耕地	1.10	0.93	-0.09	3.51	10.39	0.49	1.44	4.06	0.48
草地	1.08	1.06	-0.01	4.23	9.07	0.36	1.66	3.53	0.36
有林地	4.43	9.09	0.34	2594.3	11.30	-0.99	491.81	4.64	-0.98
疏林地	8.23	8.64	0.02	155.09	12.09	-0.86	57.41	4.58	-0.85
灌木林地	5.32	8.62	0.24	174.75	11.37	-0.88	42.96	4.55	-0.81
水域	1.63	6.55	0.60	14.52	10.39	-0.17	2.39	4.60	0.32
滩地	0.10	0.02	-0.73	1.46	3.22	0.38	0.57	1.21	0.36
建设用地	25.98	2.16	-0.85	13.42	5.81	-0.40	28.85	3.58	-0.78

各时段土地利用变化过程显示：

1）1986～1997 年，除滩地和建设用地基本未向其他地类转变，林地未向滩地和建设用地转变外，其他地类间均存在相互转变。其中，耕地和草地转出量最大，多为相互转变；林地和水域虽转出量不大，但转出幅度均在 70% 以上。此间，建设用地和疏林地转入速率最高，有林地、疏林地和灌木林地转出速率最高。由转出、转入速率共同决定的状态指数来看，建设用地、耕地、草地和滩地的状态指数均在-1~0，处于扩张状态；其他地类的状态指数在0~1，处于缩减状态。其中，建设用地呈大幅增加趋势，属极不平衡状态。

2）1997~2004年，除林地基本未向水域、滩地和建设用地转变外，其他地类间均存在相互转变。耕地和草地转出量最大。其中，耕地多转为林地和草地，草地多转为耕地和林地，二者转出面积占原有面积的比例分别达72.8%和63.5%。灌木林地和疏林地的转出量次之，主要转为耕地、草地和其他林地类型，变化幅度达79.8%和83.3%。其他地类的转出量较小，但变幅较高。此间，耕地、草地和滩地的状态指数在0~1，处于缩减状态；其他地类状态指数均在-1~0，处于扩张状态。其中，有林地呈大幅增加趋势，属极不平衡状态。

3）1986~2004年，各地类转出量排序为草地>耕地>灌木林地>疏林地>水域>有林地>滩地>建设用地，除滩地外，其他地类转出比例均在60%以上。其中，草地主要转为灌木林地、疏林地、有林地和耕地，耕地主要转为草地、灌木林地、疏林地和有林地，也有部分耕地和草地转为建设用地。总体上，流域近20年的土地利用呈活跃复杂变化，耕地、草地和林地为主要变化地类，其他地类变量不大，但变幅较高。耕地、草地、水域和滩地呈缩减状态，有林地、疏林地、灌木林和建设用地呈扩张状态，其中3类林地增加趋势明显。

5.2.1.5　土地利用程度变化

一定区域土地利用程度变化是不同土地利用类型变化的结果，反映了区域土地利用综合水平变化，集中体现了土地利用的广度和深度，不仅受土地自然属性制约，也受自然环境和人为活动等因素综合影响（陈述彭等，1999）。目前量化区域土地利用程度的常用指标包括土地资源承载力指数（屈波和谢世友，2006），反映土地资源对社会经济发展的承受能力；生态足迹（刘淼和胡远满，2006），反映一个国家或地区生产人口所消费的所有资源和吸纳这些人口所产生的废弃物所需的生物生产的陆地和水域总面积；土地资源地力贡献力（葛向东和张侠，2002），反映不同土地利用类型地力贡献能力之和；土地资源系统稳定性综合指数（吴次芳和鲍海君，2004），反映土地资源系统长时间保持稳定性的状态；除此以外，土地利用程度综合指数（樊玉山和刘纪远，1994）、耕地复种指数（王秀兰，2000）、土地生产率（康慕谊等，2000）和土地利用集约程度（赵杰等，2004）等指标均能在一定程度上反映土地利用程度。然而，以上指标大多涉及较多计算因子，且难以应用于土地利用类型层次。刘纪远等（2005）将土地利用程度按土地自然综合体在社会因素影响下的自然平衡状态分为4级，并赋予相应级值（表5-7），据此提出基于利用程度指数的土地利用程度计算模型，实现了土地利用程度定量刻画，并能用于单一土地利用类型层次和综合土地利用层次的土地利用程度计算，得到了广泛的应用。本书选用该方法确定北洛河上游流域土地利用程度变化。

表 5-7　土地利用程度类型及分级与赋值

Table 5-7　Land-use status types, grading and values

类型	未利用土地级	林地、草地、水域级	农业用地级	城镇聚落用地级
土地利用类型	未利用地难利用地	林地、草地、水域	耕地、园地人工草地	城镇、居民地 工矿用地、交通用地
分级指数	1	2	3	4

在 ArcGIS 软件平台中，采用空间分析模块，对 3 期土地利用栅格数据进行赋值、计算和统计，获得不同时期土地利用程度及其变化（表5-8 和表5-9）。

表 5-8　北洛河上游流域不同时期土地利用程度指数

Table 5-8　Land-use status index of the upper reaches of Beiluohe

River basin at different times

土地利用类型	耕地	草地	有林地	疏林地	灌木林地	水域	滩地	建设用地
1986 年	128.37	46.14	0.12	3.33	4.86	0.40	0.63	0.23
1997 年	130.86	56.91	0.06	3.18	3.09	0.18	0.64	0.84
2004 年	67.82	27.48	10.23	35.07	38.55	0.24	0.56	1.29

表 5-9　1986～2004 年北洛河上游流域土地利用程度变化

Table 5-9　The change of land-use status of the upper reaches of Beiluohe River

basin from 1986 to 2004

时段	土地利用程度综合指数变化量	土地利用程度综合指数变化率
1986～1997 年	1.13	1.13
1997～2004 年	−20.81	−0.09
1986～2004 年	−19.68	−0.08

1986～2004 年，从不同土地利用类型的程度指数来看，耕地和草地均表现出先略有增加后显著减少的变化趋势，两种土地利用类型的利用规模和程度总体上大幅度降低；有林地、疏林地和灌木林地则均表现为先略有减少后显著增加的变化趋势，三种土地利用类型的利用规模和程度总体上大幅增加，耕地、草地和林地成为决定该区土地利用综合指数变化趋势和特征的主要土地利用组分，最终使该区土地利用程度的综合指数总体表现为大幅减少的趋势，尤其是 1997～2004 年，土地利用程度综合指数及其变化率均小于零，说明在这一时期内北洛河上游流域的土地利用程度发生了大幅调整，并最终趋于合理。

5.2.1.6　土地利用重心变化

一定区域内土地利用/覆盖的变化不仅包括种类和数量方面的变化，同时一定类型和数量的土地利用斑块的空间分布与组合变化也将改变土地利用/覆盖结构，表现出不同的生态功能与效应。不同土地利用类型的分布重心能在很大程度上反映不同土地利用类型及其组合的空间分布，通过确定分布重心的变化能量化土地利用空间结构的变化特征。土地利用重心迁移模型可从空间上直观描述不同土地利用类型的时空演变过程（Taylor et al.，2000），在一定程度上反映区域土地利用空间格局变化（朱会义和李秀彬，2003），在土地利用/覆被变化研究中被广泛应用（谢高地，1999；王思远等，2001）。本书选用重心迁移模型分析北洛河上游流域1986~2004年的土地利用空间变化：

$$X_t = \sum_{i=1}^{n} (C_{ti} \cdot X_i) / \sum_{i=1}^{n} C_{ti} \tag{5-8}$$

$$Y_t = \sum_{i=1}^{n} (C_{ti} \cdot Y_i) / \sum_{i=1}^{n} C_{ti} \tag{5-9}$$

$$D_{\Delta t} = \sqrt{\Delta X_{\Delta t}^2 + \Delta Y_{\Delta t}^2} \tag{5-10}$$

式中，X_t、Y_t分别为第t年某种土地利用类型分布重心的经度、纬度坐标；X_i、Y_i分别为研究区内第i个子区的几何中心经度、纬度坐标；C_{ti}为第t年研究区第i个子区某种土地利用类型的面积，km^2；$D_{\Delta t}$为某种土地利用类型研究期内的偏移距离，km；$\Delta X_{\Delta t}$、$\Delta Y_{\Delta t}$分别为某种土地利用类型研究期中心经度、纬度坐标的偏移距离，km。

首先在 ArcGIS 软件平台中，采用数据管理模块的添加坐标功能，获得 3 期土地利用图不同土地利用斑块的经度和纬度坐标，并以 DBF 格式输出；再于 Excel 软件中按土地利用重心迁移模型公式计算获得 3 个时期流域不同土地利用类型的分布重心及各时期间的重心迁移距离。

结果显示（表5-10），近 20 年，建设用地分布重心转移最远，达 11.25 km，方向为北偏西；其次为水域、林地，分别向东南迁移 9.24 km、7.55 km。其余地类分布重心基本不变。土地利用类型重心迁移方向总体反映出林地和水域向东南吴起县域方向转移，而建设用地、耕地和草地向西北定边县域方向转移的特征。这一方面反映出吴起县较定边县更大的植被重建规模；另一方面则受流域降雨由西北向东南递增的分布格局影响。以 1997 年为界，前后时段流域土地利用重心转移趋势存在较大差异，尤其草地和林地两期重心转移方向大致相反，在一定程度上反映出两个时期土地利用变化趋势及主要驱动因素存在较大差异。

表 5-10　北洛河上游流域 1986~2004 年土地利用重心迁移

Table 5-10　Land-use change direction of the upper reaches of Beiluohe River basin from 1986 to 2004

土地利用类型	1986~1997 年		1997~2004 年		1986~2004 年	
	偏移方向	偏移距离（km）	偏移方向	偏移距离（km）	偏移方向	偏移距离（km）
耕地	西北	0.72	西北	4.37	西北	0.72
草地	东南	0.67	西北	6.35	西偏北	0.67
林地	西偏南	3.86	东偏南	10.51	东南	7.55
水域	东偏南	9.24	南偏东	6.44	东南	9.24
滩地	东北	0.30	西偏北	3.18	东偏南	0.30
建设用地	西北	11.25	西北	4.98	北偏西	11.25

5.2.1.7　土地利用地形分布变化

地形是土地利用空间格局的重要影响因素，主要通过形成不同局部水热环境，从而间接决定土地利用类型与分布。因此，分析土地利用地形分布变化，有利于更全面地揭示土地利用变化格局及其外在驱动。退耕还林（草）工程是近 10 余年黄土高原地区植被变化的重要驱动，而地形因素又是影响退耕还林（草）工程规划、实施的基本条件。为此，本书选取坡度为主要研究因子，分析在不同坡度条件下土地利用的分布及变化。考虑到 25° 是退耕还林分界坡度，且通常作为陡、缓坡地划分边界。因此，坡度分级按 25° 上、下处理。同时，针对黄土高原沟缘线上、下地形分异显著，植被生长立地条件差异大的特点，划分沟缘线以上的沟间地和沟缘线以下的沟谷地，对比分析坡、沟土地利用变化差异。鉴于流域内沟缘线上、下以及 25° 上、下单元面积不等，为比较两个地貌单元内各土地利用类型的变化幅度，设定单位面积变化幅度比：即研究期内，单位面积沟间地（或 25° 以下坡地）内某一土地利用类型的变化量与对单位面积沟谷地（或 25° 以上坡地）内对应土地利用类型变化量的比（秦伟等，2014）。根据基于 DEM 的地形统计结果，流域沟间地和沟谷地分别占流域总面积的 68% 和 32%；25° 上、下的坡段面积分别占流域总面积的 41% 和 59%。

（1）坡、沟地土地利用分布变化

沟间地和沟谷地主要土地利用类型变化统计显示（表 5-11），不同地类在坡、沟单元的变幅不同。近 20 年，流域近 80% 的耕地及其减少量分布在沟间地，主要因为沟谷地急陡，不易耕作，坡耕地主要分布在沟间地，排除沟间地与沟谷地面积差异影响，沟间地耕地减幅为沟谷地的 2.1 倍。坡、沟内草地存量比例与坡、沟占流域面积比例相当，说明草地在沟缘线上、下的分布规模始终相当，但其减少主要发生在沟谷地，减幅为沟间地的 1.7 倍。坡、沟单元内的有林地增量相当，但沟间地有林地在有林地总量中所占比例下降，表明沟谷地有林地增幅更大，排除坡、沟面积差异影响，增幅为沟间地的 1.8 倍，这主要因为流域属干旱半干旱过渡气候带，有林地生长较困难，水分优越的平缓沟底是该区有林地分布的主要立地单元。疏林地和灌木林地的分布与变化特征一致，70% 的增量分布在沟间地，增幅略高于沟谷地，使沟间地存量比例有所增加。坡、沟内的建设用地增量相当，但沟谷地增幅为沟间地的 2 倍。土地利用变化后，坡、沟单元林草植被覆盖率分别由 52% 和 68% 提高至 75% 和 81%，森林覆盖率则分别由 2% 和 3% 提高至 23% 和 28%。

表 5-11　北洛河上游流域 1986~2004 年沟间地和沟谷地主要土地利用类型变化统计

Table 5-11　Land-use types change status of slop-up land and gully land of the upper reaches of Beiluohe River basin from 1986 to 2004

土地利用类型	地貌单元	1986 年（hm²）	2004 年（hm²）	1986~2004 年变化量（hm²）	占总变化量比例（%）	单位面积变化幅度比
耕地	沟间地	112 859.96	58 219.45	-54 640.51	79.06	2.1∶1
	沟谷地	33 669.94	19 202.03	-14 467.91	20.94	
草地	沟间地	111 675.53	80 103.43	-31 572.10	51.98	1∶1.7
	沟谷地	68 391.04	39 219.29	-29 171.75	48.02	

续表

土地利用 类型	地貌单元	1986 年 （hm²）	2004 年 （hm²）	1986～2004 年 变化量（hm²）	占总变化量 比例（%）	单位面积 变化幅度比
有林地	沟间地	128.22	8 921.31	8 793.09	50.80	1∶1.8
	沟谷地	69.19	8 587.02	8 517.83	49.20	
疏林地	沟间地	3 436.99	41 447.26	38 010.27	69.96	1.3∶1
	沟谷地	2 276.28	18 593.81	16 317.53	30.04	
灌木林地	沟间地	5 181.96	44 850.33	39 668.37	68.79	1.2∶1
	沟谷地	3 158.86	21 156.39	17 997.53	31.21	
建设用地	沟间地	86.23	514.91	428.68	47.53	1∶2.0
	沟谷地	112.02	585.34	473.32	52.47	

（2）陡、缓坡土地利用分布变化

25°上、下的陡、缓坡主要土地利用类型变化统计显示（表5-12），近20年，流域70%以上的建设用地及其增量均分布在缓坡地，这与流域内建设地主体为分布在沿河川地的城镇有直接关系，排除陡、缓坡面积差异影响，缓坡建设地扩张幅度为陡坡的1.9倍。草地和有林地在陡、缓坡的增幅相当，但缓坡存量略多。耕地、疏林地和灌木林地在陡、缓坡变量相当，但陡坡变幅略高，变化后陡坡耕地占总耕地面积的比例由40%降至30%，而陡坡疏林地和灌木林地占总存量的比例均提高5%左右。

表 5-12 北洛河上游流域 1986～2004 年陡、缓坡主要土地利用类型变化统计

Table 5-12 Land-use types change status of steep and gentle slopes of the upper reaches of Beiluohe River basin from 1986 to 2004

土地利用 类型	坡度等级	1986 年 （hm²）	2004 年 （hm²）	1986～2004 年 变化量（hm²）	占总变化量 比例（%）	单位面积 变化幅度比
耕地	25°以下	88 894.75	53 091.66	-35 803.09	51.81	1∶1.3
	25°以上	57 635.15	24 329.82	-33 305.33	48.19	
草地	25°以下	103 836.39	68 148.15	-35 688.24	58.75	1∶1
	25°以上	76 230.18	51 174.57	-25 055.61	41.25	
有林地	25°以下	121.54	10 326.14	10 204.6	58.95	1∶1
	25°以上	75.87	7 182.19	7 106.32	41.05	
疏林地	25°以下	3 432.58	32 478.09	29 045.51	53.46	1∶1.3
	25°以上	2 280.69	27 562.98	25 282.29	46.54	
灌木林地	25°以下	4 926.62	37 297.46	32 370.84	56.14	1∶1.3
	25°以上	3 414.2	28 709.26	25 295.06	43.86	
建设用地	25°以下	153.35	810.96	657.61	72.91	1.9∶1
	25°以上	44.9	289.29	244.39	27.09	

5.2.2 北洛河上游景观格局特征及其演变

景观格局是一定范围内大小形状不一的景观斑块的空间排列,即存在异质性的景观要素在数量、规模、形状及其空间方面的分布模式和具体表现,是自然和人为等多种因素相互作用下,一定区域生态环境体系的全面反映,景观类型、形状、大小、数量、空间组合均是这种反映的一个方面(傅伯杰等,2001)。研究景观格局变化能够通过分析景观组分空间结构、相互作用及其功能变化,从而为揭示和预测景观生态系统演变提供支撑,这对景观规划、资源利用和环境保护都具有重要意义(肖笃宁,1991)。北洛河上游流域地处黄土高原腹地,随着一系列林业生态建设工程的实施,该区土地利用已发生巨大变化,景观格局所包含的类型、形状、大小、数量、空间组合等要素随之改变,而这些要素对流域包括土壤侵蚀在内的一系列重要生态过程都将产生显著影响。因此,研究流域景观格局动态变化将为土壤侵蚀分析提供重要依据。

5.2.2.1 土地利用景观格局指数

景观格局指数能高度浓缩景观格局信息,是反映结构组成和空间配置特征的定量指标。利用景观指数及其变化描述景观格局特征及变化规律,建立格局与景观过程间的联系,是景观生态学的重要研究方法。在此过程中,选取合理、有效的景观格局特征指数成为决定研究结果有效性与可靠性的重要前提。目前用来分析和解释景观格局的指数多达上百个,但大部分景观结构指针之间有高度的相关性,且许多景观特征指数的生态意义还不明确(陈文波等,2002),因此必须针对区域特点和研究目的,选用相对独立、意义明确,并与研究目标相一致的景观特征指数。本书依据相关研究,主要选取与土壤侵蚀关系密切,且相互具有较强独立性的 6 个景观特征指数用以分析流域景观格局特征及其变化。其中,景观类型水平上选用斑块数、斑块密度和边缘密度,景观水平上选用蔓延度指数、聚集度指数和景观破碎度,从两个尺度确定流域景观格局变化特征。

斑块数(NP)是不同景观类型的组成数量:

$$NP_i = N_i \tag{5-11}$$

式中,NP_i 为景观类型水平上的斑块数;N_i 为第 i 类景观类型的斑块总数。

斑块平均面积(MPS)是景观组分大小的平均度量:

$$MPS_i = \frac{1}{10\,000N_i} \sum_{j=1}^{n} a_{ij} \tag{5-12}$$

式中,MPS_i 为景观类型水平上的斑块平均面积;a_{ij} 为第 i 类景观类型第 j 个斑块的面积,hm^2;N_i 为第 i 类景观类型的斑块总数;10 000 是 m^2 和 hm^2 之间的转换系数。

边缘密度(ED)是景观组分的单位面积边缘长度:

$$ED = \frac{\sum_{j=1}^{n} e_{ij}}{A} \times 10\,000 \tag{5-13}$$

式中，e_{ij} 为第 i 类景观类型第 j 个斑块的边缘长度；A 为景观类型总面积。

蔓延度指数（CONTAG）反映景观体系中不同景观类型的团聚程度和延展趋势：

$$\text{CONTAG} = \left[1 + \sum_{i=1}^{n} \sum_{j=1}^{n} \frac{P_{ij} \ln P_{ij}}{2 \ln m} \right] \times 100\% \qquad (5\text{-}14)$$

式中，P_{ij} 为随机选择的两个相邻栅格单元属于景观类型 i 与 j 的概率，通常用不同景观类型 i 和 j 间相邻的栅格单元数表示。

聚集度指数（COHESION）衡量景观类型的空间连接度和聚散性。

$$\text{COHESION} = \left(1 - \frac{\sum_{j=1}^{n} P_{ij}}{\sum_{j=1}^{n} \left(P_{ij} \sqrt{a_{ij}} \right)} \right) \left(1 - \frac{1}{\sqrt{A}} \right)^{-1} \times 100\% \qquad (5\text{-}15)$$

景观破碎度（LTFI）描述景观体系在给定性质上的破碎化程度：

$$\text{LTFI} = N/A \qquad (5\text{-}16)$$

式中，N 为整个景观中的斑块总数。

5.2.2.2 土地利用景观格局变化

在 ArcGIS 软件平台中，输出 3 期土地利用的栅格数据，为了与地形等其他数据匹配，同时考虑到 TM 影像自身的分辨率大小，将栅格单元定为 10 m×10 m，采用 Fragstats 景观空间格局分析软件获得景观特征指数（表 5-13）。

表 5-13　北洛河上游流域 1986～2004 年景观特征指数

Table 5-13　Landscape characteristic index of the upper reaches of Beiluohe River basin from 1986 to 2004

时段	1986 年			1997 年			2004 年		
土地利用类型	NP	MPS	ED	NP	MPS	ED	NP	MPS	ED
耕地	3252	45.06	54.89	3097	48.22	54.46	7590	10.20	40.98
草地	3403	52.91	57.28	2302	78.40	55.61	2359	50.58	44.61
有林地	35	5.64	0.12	27	3.57	0.07	1277	13.71	9.18
疏林地	1698	3.36	4.36	1856	2.94	4.44	2932	20.48	25.73
灌木林地	2613	3.19	6.21	1461	3.63	4.05	5145	12.83	32.49
水域	53	12.88	0.44	27	11.59	0.26	38	10.83	0.53
滩地	8	89.74	1.40	12	60.39	1.41	7	90.72	1.16
建设用地	40	4.96	0.12	96	7.48	0.38	673	1.63	1.09

研究结果表明，近 20 年，流域景观类型水平的景观指数变化表现如下：

1）1986 年，草地和耕地斑块最多，平均斑块面积仅次于滩地，是数量最多、最大的景观类型，成为流域景观主体。灌木林地和疏林地的斑块次之，但平均斑块面积最小，呈破碎、广布格局。滩地和建设用地的斑块最少，但滩地平均斑块面积最大，而建设用地平均斑块面积较小，表现出滩地沿主河道连片分布，建设用地主要集中在城区且整体开发规模低的特点。对景观类型的边缘密度而言，草地和耕地大于灌木林地和疏林地，远大于其他地类，呈现农牧用地类型的斑块形状远复杂于林地及其他地类的特点，说明流域农牧生产主要依据自然地形条件进行，对耕地、草地斑块形状人为改造程度低。

2）1997 年，各景观类型的斑块数、平均面积及边缘密度均略有增减，但整体特征仍与 1986 年一致，呈现农牧用地作为景观主体大量广布，小块林地破碎分散，其他土地利用类型零星存在，所有斑块形状均较复杂的景观格局。

3）2004 年，除水域、滩地的景观指数基本稳定外，其他景观类型的斑块数均有较大增加，其中耕地、草地的斑块平均面积和边缘密度均有较大减小，而林地、建设用地的平均斑块面积和边缘密度则有较大增加。由此造成流域景观格局显著变化，耕地呈中小斑块广布，形状受人为干扰增强而趋于规整；林地呈较大斑块广布，且灌木林地、疏林地形状较有林地更为规整；草地呈形状较规则的大斑块集中分布；建设用地的斑块数明显增加，平均面积明显缩小，形状更为规整。总体上，这一时期的景观格局变化反映出大规模植被重建造成的耕地、草地数量缩减而分布趋于集中，林地数量增加，且因多为人工恢复而地块规整、面积较大，建设用地随开发规模扩大而数量增加，但多呈小块散布。

从景观水平来看，3 个时段的蔓延度指数分别为 65.29、66.49 和 44.11，聚集度指数分别为 95.53、97.21 和 94.06，景观破碎度分别为 3.23、2.58 和 5.83。由此表明，近 20 年，景观蔓延度和聚集度先增后减，而破碎度相反；整体上，流域景观连通性和聚集程度降低，景观组分分布趋于分散，不同类型斑块的镶嵌程度大幅提高，景观多样性增加，破碎度增大。

5.3 小 结

1）近 10 余年，黄土高原地区 NDVI 均值从东南向西北逐渐递减，明显地呈 3 条带状：<0.2、0.2 ~ 0.4、>0.4，大致对应于中国农业气候分区的干旱中温带、中温带、南温带 3 个气候区。

2）2000 ~ 2013 年，黄土高原地区年均 NDVI 和夏季 NDVI 均呈增加趋势，年均 NDVI 增加区域占全区总面积的 88%，夏季 NDVI 增加区域占全区总面积的 90%。由年均 NDVI 所反映出的年均植被覆盖变化显示，黄土高原大部分地区均呈年均植被覆盖中度或轻微改善，面积比例达 76%，另有 12% 的区域年均植被覆盖呈明显改善，主要分布于陕北地区和山西西部；夏季植被覆盖明显改善区域的面积比例约 50%，呈自东北向西南的长条状分布。总体上，在近 10 余年黄土高原地区植被覆盖呈现显著的增加趋势，且夏季增加较年均更为明显。

3）2000 ~ 2013 年，黄土高原地区 NDVI 均值范围在 0.2 ~ 0.4（大致相当于中温带）的区域内，年均植被覆盖以中度改善为主，夏季则呈明显改善；NDVI 均值在 0 ~ 0.2（大致相当于干旱中温带）、0.4 ~ 0.6 和大于 0.6（大致相当于南温带）的区域内，年均植被覆盖以轻微改善为主，夏季植被覆盖则以中度和轻微改善为主。由此表明，近 10 余年，NDVI 均值在 0.2~0.4 的中温带地区退耕还林（草）工程取得的植被恢复效果明显。

4）黄土高原地区各坡度等级年均和夏季植被覆盖改善区域的面积比例均超过对应总面积的 80%，年均植被覆盖以中度改善和轻微改善为主，夏季以明显改善和中度改善为主；15°~25°坡度等级的区域内，植被覆盖改善的面积比例最高，25°~35°坡度等级的区域次之，由此充分说明坡耕地退耕还林（草）工程是该区近 10 余年植被覆盖改善的主要驱动，并取得了显著成效。

5）近 20 年，受大规模植被重建驱动，北洛河上游流域由农牧占绝对主体的土地利用结构转变为农、林、牧均等复合的土地利用结构，植被覆盖率和森林覆盖率分别由 57% 和 2% 提高至 77% 和 24%，变化集中于 1997~2004 年。变化过程中，耕地、草地大幅减少，呈缩减状态，林地大幅增加，呈扩张状态。建设用地虽增量不大，但增幅突出，呈扩张状态，与农、林、牧用地共同成为区内变化速率较快、程度较剧烈的土地利用类型。

6）北洛河上游流域近 20 年的土地利用变化过程中，受植被重建规模和降水分布的区域差异，土地利用类型分布重心迁移方向总体呈林地和水域向东南吴起县域方向转移，建设用地、耕地和草地向西北定边县域方向转移。近 80% 的耕地及其减少量分布在沟间地，减幅为沟谷地的 2.1 倍；有林地、草地和建设用地在坡、沟单元分布规模相当，但变化多在沟谷地，增、减幅度约为沟间地的 2 倍；70% 的疏林地和灌木林地增量在沟间地，增幅高于沟谷地；植被重建后，坡、沟单元植被覆盖率由 52% 和 68% 提高至 75% 和 81%，森林覆盖率由 2% 和 3% 提高至 23% 和 28%。70% 以上的建设用地及其增量在 25° 以下缓坡，增幅为陡坡的 1.9 倍；60% 的草地和有林地分布在缓坡，但与陡坡增幅相当。耕地、疏林地和灌木林地在陡、缓坡的变量相当，但陡坡变幅略高于缓坡，变化后陡坡耕地占总耕地面积的比例由 40% 降至 30%，疏林地和灌木林地占总存量的比例约提高 5%。

7）植被重建后，北洛河上游流域景观斑块显著增加、斑块平均面积明显下降，形状自然化程度受人为选择和修正影响较大，最终造成流域整体景观连通性和聚集程度降低，景观组分分布趋于分散，不同类型斑块的镶嵌程度大幅提高，景观多样性增加，破碎度增大。

参 考 文 献

陈述彭，童庆禧，郭华东 . 1999. 遥感信息机理研究 . 北京：科学出版社 .

陈文波，肖笃宁，李秀珍 . 2002. 景观指数分类、应用及构建研究 . 应用生态学报，13（1）：121-125.

樊玉山，刘纪远 . 1994. 西藏自治区土地利用 . 北京：科学出版社 .

封志明，张蓬涛，杨艳昭 . 2003. 西北地区的退耕规模、粮食响应及政策建议 . 地理研究，22（1）：105-113.

傅伯杰，陈利顶，马克明，等 . 2001. 景观生态学原理及应用 . 北京：科学出版社 .

高照良，穆兴民 . 2004. 黄土水蚀风蚀交错区土地利用/覆被时空变化研究——以陕西省神木县六道沟流域为例 . 水土保持学报，18（5）：146-150.

葛向东，张侠 . 2002. 耕地存量临界警戒和耕地非农占用成本的警度修正方法初探 . 地理科学，2002，22（2）：166-170.

康慕谊, 江源, 石瑞香. 2000. NECT 样带 1984—1996 土地利用变化分析. 地理科学, 20 (2): 115-120.

黎治华, 高志强, 高炜, 等. 2011. 中国 1999–2009 年土地覆盖动态变化的时空特点. 农业工程学报, 27 (2): 312-322.

李登科. 2009. 陕北黄土高原丘陵沟壑区植被覆盖变化及其对气候的响应. 西北植物学报, 29 (5): 867-873.

李锐. 2000. 中国 21 世纪水土保持工作的思考. 中国水土保持, (7): 3-5.

李志, 刘文兆, 杨勤科, 等. 2006. 黄土沟壑区小流域土地利用变化及驱动力分析. 山地学报, 24 (1): 27-32.

刘慧平, 朱启疆. 1999. 应用高分辨率遥感数据进行土地利用与覆盖变化监测的方法及其研究进展. 资源科学, 21 (3): 23-27.

刘淼, 胡远满. 2006. 生态足迹方法及研究进展. 生态学杂志, 25 (3): 334-339.

刘盛和, 何书金. 2002. 土地利用动态变化的空间分析测算模型. 自然资源学报, 17 (5): 533-540.

刘宪锋, 杨勇, 任志远. 2013. 2000-2009 年黄土高原地区植被覆盖度时空变化. 中国沙漠, 3 (4): 1244-1249.

卢金发, 黄秀华. 2003. 土地覆被对黄河中游流域泥沙产生的影响. 地理研究, 22 (5): 571-578.

牛志春, 倪绍祥. 2003. 青海湖环湖地区草地植被生物量遥感监测模型. 地理学报, 58 (5): 695-702.

秦伟, 朱清科, 左长清, 等. 2014. 大规模植被重建背景下的黄土高原流域土地利用时空演变. 水土保持学报, 28 (5): 43-50, 296.

屈波, 谢世友. 2006. 重庆三峡生态经济区生态安全及对策. 地域研究与开发, 25 (1): 120-124.

任志远, 张艳芳. 2003. 土地利用变化与生态安全评价. 北京: 科学出版社.

王思远, 刘纪远, 张增祥, 等. 2001. 中国土地利用时空特征分析. 地理学报, 56 (6): 631-639.

王秀兰. 2000. 土地利用/土地覆盖变化中的人口因素分析. 资源科学, 22 (3): 39-42.

王秀兰, 包玉海. 1999. 土地利用动态变化研究方法探讨. 地理科学进展, 18 (1): 81-87.

吴次芳, 鲍海君. 2004. 土地资源安全研究的理论与方法. 北京: 气象出版社.

仙巍, 邵怀勇, 周万村. 2005. 嘉陵江中下游地区近 30 年土地利用与覆被变化过程研究. 地理科学进展, 24 (2): 114-121.

肖笃宁. 1991. 景观生态学理论、方法及其应用. 北京: 中国林业出版社.

谢高地. 1999. 人口增长胁迫下的全球土地利用变换研究. 自然资源学报, 14 (3): 233-241.

信忠保, 许炯心. 2007. 黄土高原地区植被覆盖时空演变对气候的响应. 自然科学进展, (6): 770-778.

余新晓, 张晓明, 牛丽丽, 等. 2009. 黄土高原流域土地利用/覆被动态演变及驱动力分析. 农业工程学报, 25 (7): 219-225.

张宝庆, 吴普特, 赵西宁. 2011. 近 30a 黄土高原植被覆盖时空演变监测与分析. 农业工程学报, 27 (4): 287-293.

赵杰, 赵士洞, 郑纯辉. 2004. 奈曼旗 20 世纪 80 年代以来土地覆盖/利用变化研究. 中国沙漠, 24 (3): 317-322.

中华人民共和国气候图集编委会. 2002. 中华人民共和国气候图集. 北京: 气象出版社.

朱会义, 李秀彬. 2003. 关于区域土地利用变化指数模型方法的讨论. 地理学报, 58 (5): 643-650.

朱会义, 李秀彬, 何书金, 等. 2001. 环渤海地区土地利用的时空变化分析. 地理学报, 56 (3): 253-260.

Hansen M C, Defiles R S, Townshend J R G, et al. 2000. Global land lover classification at 1km spatial resolution using a classification troe approach. Znternational Journal of Remote Sensing, 21 (6–7): 1331-1364.

Liu X Z, Liu D L, Li B C, et al. 2011. Monitoring land use change at a small watershed scale on the Loess Plateau, China: applications of landscape metrics, remote sensing and GIS. Environmental Earth Sciences, 64 (8): 2229-2239.

Miguel- Ayanz S, Biging G S. 1996. An interactive classification approach for mapping natural resources from satellite imagery. International Journal of Remote Sensing, 17 (5): 957-981.

Taylor J C, Brewer T R, Bird A C. 2000. Monitoring landscape change in the national parks of England and Wales using aerial photo interpretation and GIS. International Journal of Remote Sensing, 21 (13): 2737-2752.

|第6章| 流域径流输沙变化与驱动因素

　　河流系统是受气候变化和人类活动等因素共同作用的动态系统，而水沙变化则是最为活跃的部分（钱宁和周文浩，1965）。一方面，江河水沙变化存在一定的周期性和阶段性特征，通过建立水文统计分析，可以确定特定江河常态下的水沙变化特征与规律。另一方面，随着人类活动频繁和气候条件变化，特别是修建水利水保工程和加强植被建设，流域产流产沙将发生变化，导致江河水沙条件也发生显著变化（胡春宏等，2010）。植被是陆地生态系统的主要组分，其类型、数量和质量变化深刻影响着陆地生态系统，对流域而言，植被变化必然导致江河水沙变化（秦伟等，2006），且相对于气候变化的长期性特点，以植被变化为主的土地利用/覆被变化通常是短期内流域水沙变化的主要驱动因素（郭军庭等，2014）。黄河是世界上著名的多沙河流，20 世纪 60 年代之前多年平均输沙量达 16亿 t，大部分淤积在下游河道，形成"地上悬河"，加剧了沿岸洪水灾害，严重制约着中原地区生态安全和社会发展，长期以来始终是国家的重要环境问题。黄河泥沙主要来源于中游晋陕峡谷两岸及泾、洛、渭、汾等流域。这一地区集中分布于我国水土流失最严重的黄土高原，区内剧烈的土壤侵蚀是黄河多沙的根本原因。为改善黄土高原生态环境、控制入黄泥沙，70 年代以来，国家在黄土高原开展了一系列水土保持生态建设，区内林草植被显著增加，土壤侵蚀明显降低，被公认为近数十年黄河水沙变化的重要驱动，该区植被重建的生态水文效应也成为广泛关注的研究热点。北洛河上游地处黄土高原腹地，近年来开展了大规模的植被重建，流域径流、输沙发生明显变化，是研究黄土高原植被重建水沙调控效应的典型区域。由于流域径流、输沙同时受气候变化等因素影响，因此要揭示其对植被重建的变化响应，须先分析其长期变化过程，确定其变化成因，从而为回答植被重建在流域水沙变化中的具体贡献比例、植被变化的流域水沙响应机制等问题提供必要的基础。为此，本书基于实测气象水文资料，分析北洛河上游流域近 30 年径流、输沙变化，并结合土地利用变化信息确定水沙变化的特征时段与驱动因素。

　　现有针对流域径流、输沙变化的研究通常采用传统水文统计学方法，用以分析水沙变化趋势、突变节点、变化时段、变化幅度等。例如，刘昌明和成立（2000）采用 Mann-Kendall 和 Spearman 秩次相关检验法及线性回归检验法用以分析黄河干流径流变化趋势；穆兴民等（2007）采用变点分析法、历时曲线法和双累积曲线法用以分析河龙区间水沙变化过程；徐学选等（2012）采用移动平均法、累积距平法和线性回归统计法用以分析延河流域水沙变化及其驱动因素；姚文艺等（2013）采用基于降雨-径流和降雨-输沙关系的水文法等用以分析黄河干流近期的水沙变化及未来趋势。在针对植被水沙调控效应的研究中，定量解析气候变化与人类活动在流域水沙变化中的贡献是重要议题之一，其中所涉及的水沙变化过程划分或者说突变点确定则是后续分析的必要基础，而现有报道多是简单以特征年代节点人为划分，或是单纯采用统计分析结果而不考虑下垫面变化过程，两种方法均不能客观反映流域水沙对植被变化响应的准确节点。同时，在水沙序列统计分析中，大中流域范围如何建立更有效的气象–水文关系等问题也未得到很好的解决，而这些问题则是进一步揭示流域水沙对植被重建变化响应机制的重要支撑。为此，本书以地处黄土高原腹地、开展大规模植被重建的典型中尺度流域——北洛河上游流域为研究区，综合运用双累积曲线法突变点定性判断与 Mann-Kendall 趋势定量检验确定流域水沙变化节点、划分特征时段，并在气象与水文关系分析中，引入侵蚀性降雨与降雨侵蚀力，以提高传统双累积统计分析的可靠性，这与同类研究相比，在方法和尺度上均有所不同。

6.1 流域径流输沙波动与变化特征

6.1.1 径流输沙年际波动与变化

分析中的径流、输沙采用流域卡口水文站（吴旗站，108.17°E，36.92°N）1980 ~ 2009 年逐月观测数据；土地利用/覆被变化信息，首先根据流域所包含的吴起县和定边县林业、水利行业生态建设统计资料确定演变历程，再选择不同阶段典型代表年份的遥感影像解译获取，具体选取 1986 年、1997 和 2004 年 3 期 Landsat TM 数据，按之前所述的解译方法和标准，获取对应年份的土地利用信息，用以反映 1980 ~ 2009 年不同时段的流域土地利用变化。

气象数据采用流域内外 8 个气象站逐日降雨资料（气象站分布见图 3-25），按月、年统计获得各站逐月和逐年降雨。同时，采用基于日降雨的侵蚀力模型（章文波和付金生，2003）计算各站逐年降雨侵蚀力，再采用 ArcGIS 软件平台中的简单克里金（simple Kriging）方法插值获得流域逐年降雨量和降雨侵蚀力：

$$M_i = \alpha \sum_{j=1}^{k} (D_j)^{\beta}$$
$$\beta = 0.8363 + 18.144 P_{d12}^{-1} + 24.455 P_{y12}^{-1}$$
$$\alpha = 21.586 \beta^{-7.1891} \tag{6-1}$$

式中，M_i 为第 i 年降雨侵蚀力，MJ·mm/（hm^2·h·a）；k 为一年内的天数，d；d_j 为年内第 j 日侵蚀性降雨量，mm；P_{d12} 为日均侵蚀性降雨量，mm/d；P_{y12} 为年均侵蚀性降雨量，mm/a，日雨量大于 12 mm 侵蚀性降雨标准保留，小于 12 mm 按 0 处理（谢云等，2000）；α 和 β 为参数。

根据流域卡口水文站（吴旗水文站）的实测径流、输沙资料显示（图 6-1），1980 ~ 2009 年，流域径流、输沙均呈多峰波动，且完全同步，多年平均值分别为 9310 万 m^3 和 3258 万 t。除 1994 年出现的水沙最大值大幅偏离外，其余年份的径流、输沙基本分别在 5000 万 ~ 10 000 万 m^3 和 500 万 ~ 8000 万 t 的箱体间波动。流域水沙关系呈现显著水多沙多、水少沙少的特点。

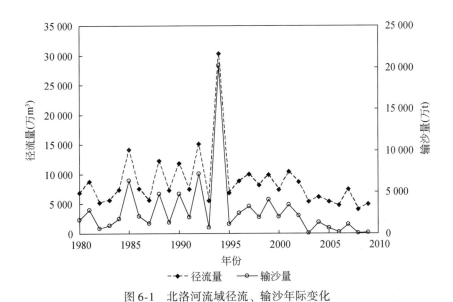

图 6-1　北洛河流域径流、输沙年际变化

Fig. 6-1　Variation of annual runoff and sediment transport in the upper reaches of Beiluohe River basin

与小流域不同，大中流域的年际径流、输沙与降雨难以直接建立良好的相关关系。但径流、输沙与降雨的年际波动仍表现出密切的联系（图 6-2 和图 6-3）。

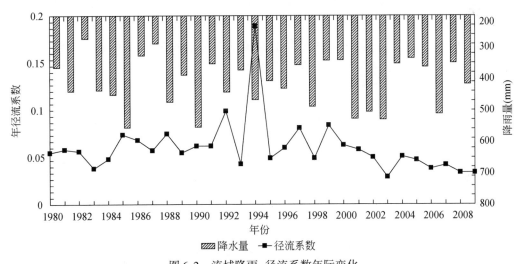

图 6-2　流域降雨–径流系数年际变化

Fig. 6-2　Variation of annual rainfall and runoff coefficient in the upper reaches of Beiluohe River basin

从流域降雨–径流系数和降雨–输沙模数年际变化来看，除 1994 年径流系数和输沙模数出现大幅波动外，其余各年的径流系数和输沙模数大致随降雨同步增减，但 2000 年之后，总体呈减少趋势，说明除降雨量外，大中流域的径流、输沙受降雨强度及其年内分布等因素影响较大。

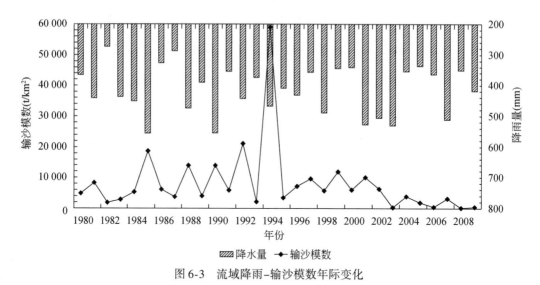

图 6-3　流域降雨–输沙模数年际变化

Fig. 6-3　Variation of annual rainfall and sediment transport modulus in the upper reaches of Beiluohe River basin

6.1.2　径流输沙年内波动与变化

　　月际径流、输沙分布统计结果（图 6-4 和图 6-5）显示，多年平均径流年内呈双峰分布，分别在 3 月和 8 月左右出现两个产流高峰，而输沙则呈单峰分布，峰值在 8 月出现。汛期（5~10 月）径流、输沙分别占全年总径流和总输沙的 74% 和 99%。由此可见，年内水沙关系与年际水沙关系不同，表现为汛期水沙关系紧密、水多沙多，非汛期水沙关系不紧密，有水无沙或少沙的特点。因此，汛期是流域侵蚀产沙的主要时期。

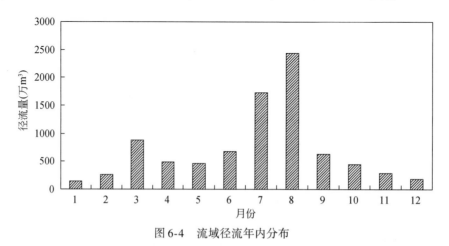

图 6-4　流域径流年内分布

Fig. 6-4　Annually runoff distribution of the upper reaches of Beiluohe River basin

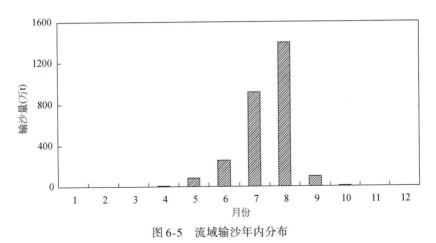

图 6-5　流域输沙年内分布

Fig. 6-5　Annually sediment yield distribution of the upper reaches of Beiluohe River basin

6.2　流域径流输沙变化时段及驱动因素分析

6.2.1　径流输沙变化时段

流域径流、输沙变化是气候与下垫面条件综合作用的结果。本书首先通过水文统计分析确定 1980～2009 年流域水沙变化趋势和特征时段；之后选取降雨量、侵蚀性降雨量和降雨侵蚀力分析不同时段的气候变化特征，结合流域土地利用变化状况，分析流域水沙变化驱动因素。

大、中尺度流域降雨与径流、输沙间的关系较为离散，难以直接建立有效统计关系。双累积曲线将自变量和应变量各自累加再进行分析，能排除多余因素干扰，提高结果的可靠性（徐建华和牛玉国，2000）。因此，累加后相关性越高的统计关系，将获得可靠性越高的模拟结果。基于此，利用累积降雨量、累积侵蚀性降雨量和累积降雨侵蚀力分别与累积输沙量和累积径流量建立双累积回归方程（表6-1）。

表 6-1　不同降雨指标与径流量、输沙量的双累积回归方程

Table 6-1　Regressive equations between cumulative runoff and sediment transport with different rainfall indexes

双累积回归方程	R^2	样本数
$Q'=22.598P'-3660$	0.9887	30
$Q'=40.937R'_e-2608$	0.9862	30
$Q'=6.6581R'+5299$	0.9793	30
$S'=7.9875P'-2878$	0.9399	30
$S'=14.453R'_e-2449$	0.9464	30
$S'=2.3509R'+339$	0.9511	30

注：Q'、S'、P'、R'_e 和 R' 分别表示累积径流量、累积输沙量、累积降雨量、累积侵蚀性降雨量和累积降雨侵蚀力。

由表6-1可知，所有回归方程中，累积降雨量和累积降雨侵蚀力分别与累积径流量和累积输沙量间存在最高的相关系数。这是由于，一方面根据水量平衡原理，降雨是径流的来源，在没有入渗和蒸散的情况下，一定区域的降雨量为相应区域的理论最大径流量，即使不具有侵蚀能力的降雨也能经过一定的水分运动转变为径流；另一方面，侵蚀是产沙的根本原因，一定数量的降雨，在不同雨强等级下，具有不同的侵蚀、产沙能力，降雨侵蚀力直接反映降雨的潜在侵蚀动力。因此，分别选用流域降雨-径流、年降雨侵蚀力-输沙双累积曲线（图6-6和图6-7），分析流域水沙年际变化时段。

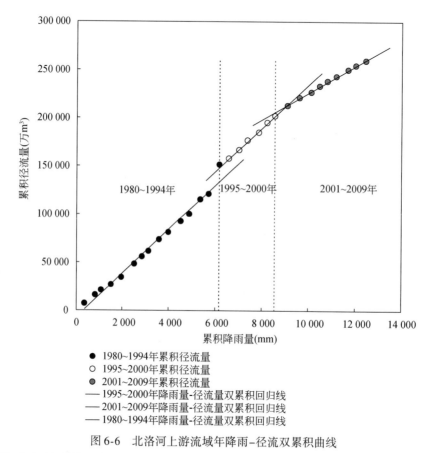

图6-6 北洛河上游流域年降雨-径流双累积曲线

Fig. 6-6 Rainfall and runoff cumulative curves of the upper reaches of Beiluohe River basin

降雨-径流和降雨侵蚀力-输沙双累积曲线的斜率反映单位降雨的流域产流量和单位降雨侵蚀力的流域产沙量。下垫面条件不变时，斜率不变，即径流、输沙仅受降雨影响（极端降雨事件除外）；相反，斜率变化则表明下垫面条件明显改变。图6-6和图6-7显示，两线在1995年和2001年出现较明显拐点，由此可将流域水沙变化初步划分为1980~1994年、1995~2000年以及2001~2009年3个时段。

为进一步判定变化时段，采用Mann-Kendall法检验各时段径流、输沙变化趋势。

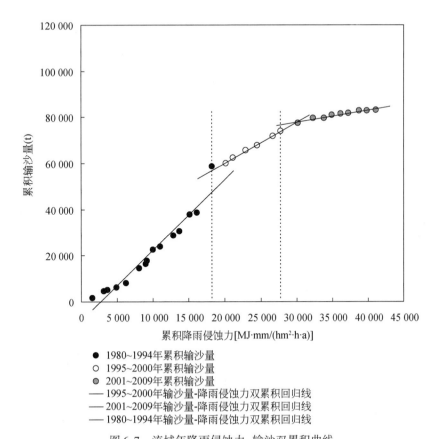

图 6-7　流域年降雨侵蚀力–输沙双累积曲线

Fig. 6-7　Rainfall erosivity and sediment transport cumulative curves of the upper reaches of Beiluohe River basin

$$\tau = \frac{4 \sum B_i}{N(N-1)} - 1$$

$$\mathrm{Var}(\tau) = \frac{2(2N+9)}{9N(N-1)}$$

$$M = \left| \frac{\tau}{\mathrm{Var}(\tau)} \right| \tag{6-2}$$

式中，τ 为统计量；$\mathrm{Var}(\tau)$ 为统计方差；M 为标准化变量；$\sum B_i$ 为输沙或径流序列所有对偶观测值中 $x_i < x_j$ 出现的次数，其中 (i, j) 的子集是 $(i=1, j=2, 3, 4, \cdots, n)$，$(i=2, j=3, 4, 5, \cdots, n)$；$N$ 为统计系列长度。

结果表明（表6-2），1980～1994 年，径流、输沙均呈极显著增加；1995～2000 年，径流不显著增加，输沙则显著增加；2001～2009 年，径流、输沙均呈极显著减少。根据双累积曲线划分的各时段水沙均发生显著变化，并通过统计检验。因此，可确定将流域水沙划分为 1980～1994 年、1995～2000 年和 2001～2009 年 3 个特征变化时段。

表 6-2　流域 1980～2009 年径流和输沙时段变化趋势 Mann-Kendall 迭次相关检验结果

Table 6-2　Variation tendency testing of runoff and sediment transport in the upper reaches of Beiluohe River form 1980 to 2009 by the Mann-Kendall method

指标	时段	τ	Var (τ)	M	显著水平 α	检验临界值	判别	趋势性
径流量	1980～1994 年	0.28	0.04	6.69	0.05/0.01	1.96/2.58	$M>2.58$	极显著增加
	1995～2000 年	0.07	0.16	0.43	0.05/0.01	1.96/2.58	$1.96>M$	不显著增加
	2001～2009 年	−0.56	0.08	7.00	0.05/0.01	1.96/2.58	$M>2.58$	极显著减少
输沙量	1980～1994 年	0.28	0.04	6.69	0.05/0.01	1.96/2.58	$M>2.58$	极显著增加
	1995～2000 年	0.33	0.16	2.14	0.05/0.01	1.96/2.58	$2.58>M>1.96$	显著增加
	2001～2009 年	−0.56	0.08	7.00	0.05/0.01	1.96/2.58	$M>2.58$	极显著减少

6.2.2　径流输沙变化成因

6.2.2.1　气候背景变化

以降雨为主的气候因素是流域水沙变化的主要因素之一。选取与径流、输沙关系密切的降雨量和降雨侵蚀力确定不同时段的气候背景。

由不同时段降雨量和降雨侵蚀力变化（图 6-8 和图 6-9）可以看出，1995～2000 年，年均降雨量较基准期减少 4%、降雨侵蚀力则增加 30%，说明这一时段的气候背景具有减少径流、增加输沙的潜在条件；2001～2009 年，年均降雨量和年均降雨侵蚀力分别较基准期增加 5% 和 21%，说明气候背景存在增加径流、输沙的潜在条件。

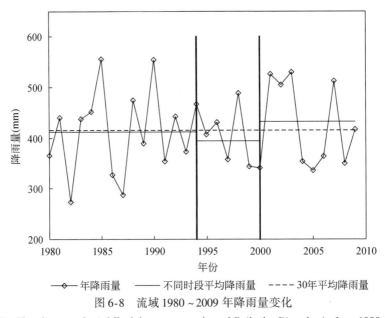

图 6-8　流域 1980～2009 年降雨量变化

Fig. 6-8　The changes of rainfall of the upper reaches of Beiluohe River basin from 1980 to 2009

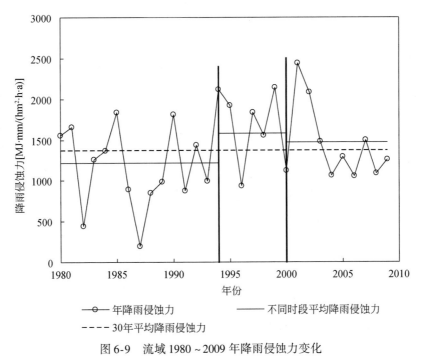

图 6-9 流域 1980 ~ 2009 年降雨侵蚀力变化

Fig. 6-9 The changes of rainfall erosivity in the upper reaches of Beiluohe River basin from 1980 to 2009

6.2.2.2 下垫面变化

在一定气候条件下，下垫面状况及人类活动是决定径流、输沙的主要因素。为此，进一步对比不同时段土地利用/覆被变化（表6-3）。

表 6-3 北洛河上游流域不同时段土地利用类型变化

Table 6-3 Land use change of the upper reaches of Beiluohe River basin in different periods

土地利用类型	1980 ~ 1994 年		1995 ~ 2000 年		2001 ~ 2009 年		变化比例（%）		
	面积（hm²）	比例（%）	面积（hm²）	比例（%）	面积（hm²）	比例（%）	1986 ~ 1997 年	1997 ~ 2004 年	1986 ~ 2004 年
耕地	146 529.90	42.79	149 347.18	43.61	77 421.48	22.61	1.92	-48.16	-47.16
草地	180 066.57	52.58	180 487.26	52.71	119 322.72	34.84	0.23	-33.89	-33.73
有林地	197.41	0.06	96.30	0.03	17 508.33	5.11	-51.22	18 081.0	8 769.02
疏林地	5 713.27	1.67	5 453.14	1.59	60 041.07	17.53	-4.55	1 001.04	950.91
灌木林地	8 340.82	2.43	5 307.74	1.55	66 006.72	19.28	-36.36	1 143.59	691.37
水域	682.87	0.20	312.88	0.09	411.39	0.12	-54.18	31.48	-39.76
滩地	717.91	0.21	724.72	0.21	635.04	0.19	0.95	-12.37	-11.54
建设用地	198.25	0.06	717.78	0.21	1 100.25	0.32	262.06	52.29	454.98

统计结果（表6-3）表明，1980 ~ 1994 年，流域内耕地和草地分别约占43%和53%，

呈农牧占绝对主体的土地利用结构特征。1995~2000 年，流域仍以耕地和草地为主，面积较基准期略有增加，但保持农牧占绝对主体的土地利用结构特征。两个时段间，除有林地、灌木林地、水域和建设用地外，其余地类的变幅均不超过 5%，4 类变幅较大地类的绝对增减面积多不足 10 km²，仅灌木林地减少 30 km²，且所有地类的累计变化面积仅占流域总面积的 2%，植被覆盖率维持在 57% 左右。2001~2009 年，流域不同土地利用类型的比重趋于平均，草地、耕地、灌木林地、疏林地和有林地依次成为面积最大的前 5 种地类，各约占总面积的 35%、23%、19%、18% 和 5%，共同构成农、林、牧均等复合的土地利用结构。与基准期相比，2001~2009 年，除耕地、草地、水域和滩地外的变幅在 10%~50% 外，其余地类均增加 4.5 倍以上，所有地类的累计变化面积占流域总面积的 76%，植被覆盖率增至 77%（秦伟等，2014）。

总体上，与基准期 1980~1994 年相比，1995~2000 年的流域土地利用结构未发生明显变化，不同地类的面积比例大致稳定，植被覆盖率维持在 57% 左右，整体保持农牧占绝对主体的土地利用结构；2001~2009 年，流域形成农、林、牧均等复合的土地利用结构，与基准期相比，总体呈耕地减少、林地增加及建设用地扩张的变化态势，表现出与退耕还林（草）等植被重建生态工程的密切关系，植被覆盖率增至 77%。

6.2.2.3 水沙变化成因

气候背景与下垫面条件的综合作用，导致流域水沙变化。与基准期相比，1995~2000 年的流域下垫面条件及人类活动未发生明显改变，但时段年均降雨量减少为 395 mm，分别是基准期年均降雨量和 30 年平均降雨量的 96% 和 95%，且 6 年中有 4 年的降雨量小于基准期平均降雨量，属降雨枯水期，因此，降雨减少导致降雨-径流双累积曲线斜率降低。同期，降雨总量虽有减少，但日次降雨大于 12 mm 的侵蚀性降雨却较基准期增加 30%，在下垫面未发生变化时，输沙量本应增加。然而，降雨-输沙双累积曲线较前期略有下偏，统计检验也表明该时段输沙变化与基准期明显不同。究其原因，认为可能由高强暴雨之后的流域输沙削减效应导致（秦伟等，2010）。具体而言，黄土高原坡面侵蚀物质通常在次降雨过程中不会完全进入河道，部分滞留在坡脚、沟底、陷穴等地貌部位，需多次冲刷、搬运才最终进入河道（刘纪根等，2007），进入河道的侵蚀物质也需多次转运才最终通过测流断面，成为实测输沙（陈永宗，1988）。通常降雨条件下，泥沙侵蚀-搬运-沉积-输移的过程处于平衡状态，即保持相对恒定的流域泥沙输移比。特大暴雨事件中，处于中间状态的侵蚀物质被全部送入河道，并通过测流断面，导致输沙量急剧增大。此后一段时期内，输沙量则会因侵蚀物质更多地沉积和滞留而低于通常水平，出现相同下垫面条件下，降雨不变或增加，而输沙量减少的现象。1994 年北洛河上游流域面降雨量为 467 mm、卡口站点降雨量达 508 mm，分别较 30 年平均降雨量增加 12% 和 22%，尤其当年 8 月 31 日流域内出现 50 年不遇特大暴雨，4h 累计降雨超过 80 mm。特大暴雨不仅使当年输沙量急剧增加，也对之后数年的输沙产生削减，类似国外一些流域在洪水事件后的泥沙耗空现象（Gomez et al.，1997；Hudson，2003）。因此，1994 年暴雨极端天气成为 1995~2000 年流域输沙量相对减少的根本原因。

2001～2009 年，气候背景具有增加径流、输沙的潜在条件，而径流、输沙较基准期明显减少，降雨–径流、降雨–输沙双累积曲线出现大幅下偏，初步认为下垫面条件变化是水沙减少的主要驱动。土地利用/覆被变化分析证实，这一时期，流域耕地明显减少、林地大幅增加，植被覆盖率由基准期的 57% 增至 77%。因此，2001～2009 年成为植被重建的水沙调控效应期。同时，研究区生态建设统计资料显示，区内以退耕还林（草）为主的人工植被重建主要在 1999 年实施完成，但径流、输沙则在 2001 年后方出现明显变化，也说明人工植被建设对流域水沙的调控存在一定滞后，这主要由于植被需经一定生长周期后才能发挥显著的水土保持功能所致（秦伟等，2014）。

6.3 小　　结

本章基于流域实测气象、水文资料分析了径流、输沙波动特征，确定了水沙变化时段及驱动因素，主要获得如下结论：

1）1980～2009 年，流域多年平均径流、输沙量分别为 9310 万 m^3 和 3258 万 t，年际间呈多峰同步波动，表现为水多沙多、水少沙少，除 1994 年出现的水沙最大值大幅偏离外，其余年份水沙基本各在 5000 万～10 000 万 m^3 和 500 万～8000 万 t 的箱体间波动，且随大致随降雨同步增加，并在 2000 年之后总体呈减少趋势。月际间，径流、输沙分别呈双峰和单峰分布，其中，产流高峰出现在 3 月、8 月左右，产沙峰值仅在 8 月出现。5～10 月的汛期径流、输沙分别占全年水沙总量的 74% 和 99%。与年际水沙关系不同，年内表现为汛期水沙关系紧密、水多沙多，非汛期水沙关系不紧密，有水无沙或少沙的特点。由此可见，汛期是该流域侵蚀产沙的主要时期。

2）驱动因素分析可知，1995～2000 年属降水枯水期，降水减少造成径流有所减少。同期降雨强度明显增加，气候背景具有增加输沙的潜在条件。但 1994 年 8 月 31 日的特大暴雨使当年输沙量急剧增加的同时，对此后数年的输沙产生了削减效应，造成这一时期输沙量较基准期明显减少。2001～2009 年，是植被重建的水沙调控效应期，流域年均降雨量和年均降雨侵蚀力分别较基准期增加 5% 和 21%，气候背景具有增加径流和输沙的作用，但由于植被重建的水沙调控效应，径流量和输沙量均较基准期明显减少。

3）在气候和下垫面变化双重驱动下，北洛河上游流域近 30 年径流、输沙分为 1980～1994 年、1995～2000 年和 2001～2009 年 3 个特征阶段。其中，1980～2004 年为基准期，1995～2000 年为气候变化引起的波动期，2001～2009 年为植被重建导致水沙减少的效应期。

参 考 文 献

陈永宗．1988．黄河泥沙来源及侵蚀产沙的时间变化．中国水土保持，9（1）：23-29.
郭军庭，张志强，王盛萍，等．2014．应用 SWAT 模型研究潮河流域土地利用和气候变化对径流的影响．生态学报，34（6）：1559-1567.
胡春宏，王延贵，张燕菁，等．2010．中国江河水沙变化趋势与主要影响因素．水科学进展，21（4）：524-532.

刘昌明, 成立. 2000. 黄河干流下游断流的径流序列分析. 地理学报, 55 (32): 57-265.

刘纪根, 蔡强国, 张平仓. 2007. 岔巴沟流域泥沙输移比时空分异特征及影响因素. 水土保持通报, 27 (5): 6-10.

穆兴民, 巴桑赤烈, Zhang L, 等. 2007. 黄河河口镇至龙门区间来水来沙变化及其对水利水保措施的响应. 泥沙研究, (2): 36-41.

钱宁, 周文浩. 1965. 黄河下游河床演变. 北京: 科学出版社.

秦伟, 朱清科, 张学霞, 等. 2006. 植被覆盖度及其测算方法研究进展. 西北农林科技大学学报 (自然科学版), 34 (9): 163-170.

秦伟, 朱清科, 刘广全, 等. 2010. 北洛河上游生态建设的水沙调控效应. 水利学报, 41 (11): 1325-1332.

秦伟, 朱清科, 左长清, 等. 2014a. 大规模植被重建背景下的黄土高原流域土地利用时空演变. 水土保持学报, 28 (5): 43-50, 296.

秦伟, 曹文洪, 左长清, 等. 2014b. 黄土区大中流域径流输沙对植被重建变化响应//浙江省水利河口研究院, 浙江省海洋规划设计研究院. 第九届全国泥沙基本理论研究学术讨论会论文集. 北京: 中国水利水电出版社: 720-727.

谢云, 刘宝元, 章文波. 2000. 侵蚀性降雨标准研究. 水土保持学报, 14 (4): 6-11.

徐建华, 牛玉国. 2000. 水利水保工程对黄河中游多沙粗沙区径流泥沙影响研究. 郑州: 黄河水利出版社.

徐学选, 高朝侠, 赵娇娜. 2012. 1956–2009 年延河水沙变化特征及其驱动力研究. 泥沙研究, (2): 12-18.

姚文艺, 冉大川, 陈江南. 2013. 黄河流域近期水沙变化及其趋势预测. 水科学进展, 24 (5): 607-615.

章文波, 付金生. 2003. 不同类型雨量资料估算降雨侵蚀力. 资源科学, 25 (1): 35-41.

Gomez B, Phillips J D, Magilligan F J, et al. 1997. Floodplain sedimentation and sensivity: summer 1993 flood, upper Mississippi River valley. Earth Surface Processes and Landforms, 22 (10): 923-936.

Hudson P F. 2003. Event sequence and sediment exhaustion in the lower Panuco Basin. México. Catena, 52 (1): 57-76.

第7章 流域坡面浅沟侵蚀发育地形特征

在国内，浅沟被认为是由暴雨径流冲刷，而在坡耕地槽形部位形成的侵蚀沟槽，横断面因再侵蚀和再耕作呈弧形扩展，无明显沟缘、多呈瓦背状排列（张科利等，1991）。国外侵蚀分类中，浅沟被称作临时性切沟（ephemeral gully）或特大细沟（lateral rill），其宽度和深度介于细沟与切沟之间，可能随继续耕作和持续侵蚀而发展为切沟，虽不妨碍一般耕作，甚至会因耕种而消失，但却常在相同位置年复一年地重现（Foster，2005）。总之，浅沟是坡面内的常见地貌类型，通常在自然侵蚀和人为耕作的共同作用下，由细沟（主细沟）进一步侵蚀演变形成，并可能在耕作和侵蚀作用下发展为切沟的中间侵蚀地貌状态，所对应的浅沟侵蚀属细沟侵蚀向切沟侵蚀演化的过渡侵蚀类型。与其他侵蚀类型相比，浅沟侵蚀在地貌形态上并不突出，但侵蚀量却在坡面或流域范围的总侵蚀、产沙中占重要比重。研究表明，美国东南部和欧洲中部的浅沟侵蚀平均占坡面总侵蚀量的 40% 以上（Casali et al.，2003），地中海西北部的浅沟侵蚀量占当地总产沙量的比例甚至超过 80%（Nachtergaele et al.，2001）；在我国黄土高原，浅沟侵蚀是十分常见和重要的侵蚀类型，侵蚀量通常占坡面总侵蚀量的 26.6% ~ 59.2%（郑粉莉等，2006）。

浅沟侵蚀不仅是坡面的主要侵蚀产沙源（Poesena et al.，2003），且会降低农业产出，导致土地退化（Foster，2005），得到国内外的广泛关注。已有报道分别对浅沟分布特征及其与上坡汇水面积、坡度等地形因子的关系（程宏等，2006）、浅沟发育及其演变过程（郑粉莉等，2006）、浅沟水流动力机制（雷廷武和 Nearing，2000）、浅沟侵蚀发生的临界地形条件（Vandekerckhove et al.，2000）、浅沟侵蚀的产沙特征及其预报（Liu et al.，2003）等问题进行了研究。然而，浅沟侵蚀在坡面普遍存在，形成的浅沟分布广泛，要准确掌握一定区域浅沟侵蚀的地形特征，势必要进行大面积野外调查，工作量大、效率低。因此，已有研究多采用径流小区观测或人工降雨模拟的方式获取浅沟侵蚀分析数据，样本数量相对有限，对研究结论在实际应用中的可靠性造成较大影响。同时，小区观测和室内模拟在尺度上均与实际坡面存在较大差距，小尺度条件下获得的结论是否能符合大尺度条件，也有待进一步证实。为此，针对黄土丘陵沟壑区，本书以高分辨率遥感影像和大比例尺数字高程模型为数据源，基于 RS 和 GIS 技术快速提取大量浅沟及其地形参数，据此分析浅沟侵蚀地形特征，以期探索浅沟侵蚀研究的新方法，为高效开展黄土高原坡面水土流失治理提供技术参考。

7.1 浅沟及其地形特征监测方法

7.1.1 遥感数据信息及处理

选用 2007 年 6 月 30 日 15∶54∶53 拍摄的研究区 Quickbird 遥感影像（详细参数见表 7-1）。在 ERDAS 软件中，将 0.61 m 分辨率全色波段数据和 2.4 m 分辨率多光谱数据（0.45~0.90 μm）按主成分分析法融合，并以三次卷积法重采样，再进行正射校正和边界锐化处理，最后按研究区范围进行掩模裁切，形成 0.61 m 分辨率真彩图像，用于确定浅沟位置和数量（图 7-1）。在 ArcGIS 软件中，利用 1∶1 万地形图生成 5 m 分辨率数字高程模型，用于提取和确定浅沟地形参数（图 7-2）。所有图层均采用横轴墨卡托（transverse Mercator）投影和 WGS–84 坐标。

表 7-1 遥感数据特征参数

Table 7-1 Characteristic parameters of remote sensing data

卫星	传感器	编号	中心时间（UTC）	平均云量		
Quickbird	全色波段、多光谱	005659677010	2007 年 6 月 30 日 15∶54∶53	5%		
	入射角	东边界经度	西边界经度	南边界纬度	北边界纬度	
	98°（太阳同步）	108°11′12″E	108°14′30″E	36°55′21″N	36°48′56″N	

7.1.2 数据覆盖区概况

影像覆盖区位于北洛河上游流域内的吴起县吴起镇（东经 108°11′12″~108°14′30″，北纬 36°55′21″~36°48′56″），主要包括合沟、漱沟、柴沟、坑沟、刘沟、榆树沟、庄口沟、程大沟、羊路沟、崖窑沟、杨圳山沟、宋半沟、老牛沟、红崖沟、土河院沟等 15 个小流域。海拔为 1245~1585 m，面积为 53.37 km²，属黄土梁状丘陵沟壑区。区内年均气温为 7.8 ℃，无霜期为 96~146 天，年均降水量为 478.3 mm，64% 以上集中在 7~9 月，年际波动较大，年均陆地蒸发量为 400~450 mm，为暖温带大陆性干旱季风气候。土壤类型为黄绵土，质地为轻壤。

根据实地调查，该区自 1999 年开始实施退耕还林、封山育林，区内的坡耕地几乎全部退耕。一部分退耕后栽植小叶杨（*Populus simonii*）、河北杨（*Populus hopeiensis*）、山杏（*Prunus sibirica*）、杜梨（*Pyrus betulaefolia*）、沙棘（*Hippophae rhamnoides*）、柠条（*Caragana mocrophylla*）、紫花苜蓿（*Medicago sativa*）等人工植被，其余部分通过封育保持植被自然恢复。其中，合沟小流域面积为 4.3 km²，全部退耕封育，加上其他随机分布在区内不同坡向和坡位的退耕封育地块，共约 27.33 km²，占全区总面积的 51.2%。退耕封育坡面未受到人工林草种植和整地的破坏，均为天然草本覆盖，以铁杆蒿（*Artemisa vestita*）和茭蒿（*Artemisia giraldii*）为建群种，原来耕作中形成的浅沟保存完整。同时，浅沟低凹地形内水分条件通常优于原状坡面，使浅沟内的草本覆盖度高于相邻原状坡面。通过实地测算，区内退耕封育原状坡面的草本覆盖度为 40% ~ 50%，而浅沟内的草本覆盖度为 50% ~ 60%。正因如此，在高分辨率遥感影像中，浅沟与原状坡面存在明显色差，清晰可见。除此以外，分布在不同地貌部位的浅沟为研究浅沟侵蚀地形特征提供了良好条件。

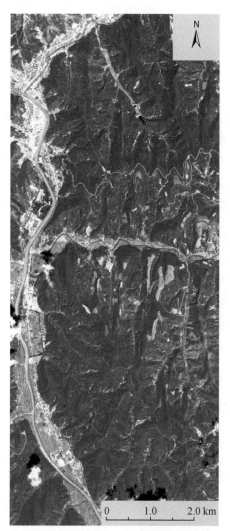

图 7-1　研究区 0.61m 分辨率真彩色 Quickbird
遥感影像

Fig. 7-1　Quickbird remote sensing image of 0.61 m
resolution in study area

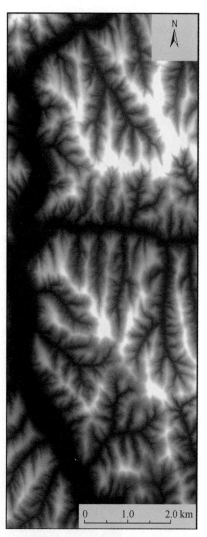

图 7-2　研究区 5m 分辨率数字高程模型（DEM）

Fig. 7-2　DEM of 5 m resolution
in study area

7.1.3 浅沟采集及其地形特征参数提取

7.1.3.1 浅沟采集

在 ArcGIS 软件中，利用空间分析工具的水文模块，基于 DEM 提取分水线、山脊线和沟谷线，并将山脊线和沟谷线沿流向反向延长与分水线相交，形成独立坡面单元。将独立坡面单元线状图层与遥感影像叠加，在每个独立坡面单元内目视确定浅沟位置和数量。鉴于道路、农田和人工植被对坡面产流影响显著，并可能破坏或消除原有坡面浅沟，故选取土地利用类型为封育后的天然草地，且在封育前因耕作或侵蚀形成明显浅沟的独立坡面单元为数据采集区（图 7-3）。土地利用类型结合实地调查和遥感判读确定。在数据采集区内，根据野外调查经验和影像内容目视勾绘浅沟。勾绘时，将影像放大至可识别单个像元。由于浅沟发育在坡面中上部，沿坡面向下，延伸至沟缘线与较大切沟相连，因此所有浅沟均由上部沟头开始勾绘，沿沟身至出现较大切沟终止（图 7-4）。

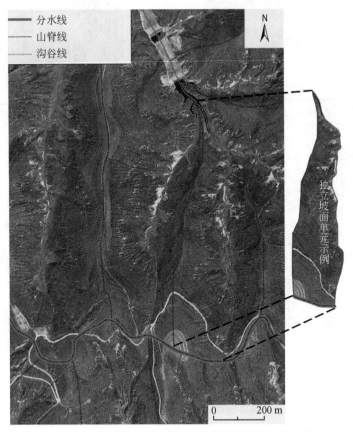

图 7-3 利用分水线、山脊线和沟谷线划分的独立坡面单元

Fig. 7-3 The unattached slope units divided by watershed line, ridge line and valley

(a)独立坡面单元内的浅沟　　　　　　　　(b)勾绘的独立坡面单元内的浅沟

图 7-4　独立坡面单元内的浅沟勾绘示意图

Fig. 7-4　Drawing of ephemeral gullies in the unattached slope unit

7.1.3.2　地形参数提取

勾绘获取浅沟图层后，在 ArcGIS 软件中，采用下述方法确定其地形参数。

（1）上坡汇流面积

在 ArcGIS 中，采用空间分析工具的水文模块，基于 DEM 提取累积汇流量，再与栅格代表的实际面积（25 m²）相乘，得到栅格上坡汇流面积。将汇流面积图层与浅沟图层叠加，运用查询功能，通过点击浅沟沟头位置的像元获得相应浅沟的上坡汇流面积。因为勾绘浅沟的独立坡面单元内主要为退耕封育形成的天然荒草地，不会显著影响汇流方向，因此基于 DEM 计算的汇流面积可近似反映浅沟上坡汇流面积（图 7-5）。

（2）坡面坡向

在 ArcGIS 中，采用 3D 分析的表面分析功能，提取坡向，并划分为阴坡（337.5°～360°和 0°～67.5°）、半阴坡（67.5°～112.5°和 292.5°～337.5°）、阳坡（157.5°～247.5°）和半阳坡（112.5°～157.5°和 247.5°～292.5°）4 个坡向类别，依次记为 1、2、3、4，以便分析。每个坡面单元的坡向按其内部多数单元格的坡向类别计，从而消除局部地形的影响（图 7-6）。

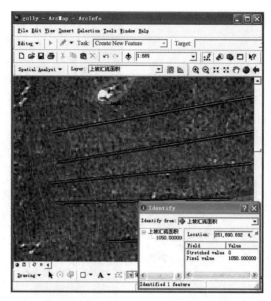

图 7-5　浅沟上坡汇流面积确定示意图

Fig. 7-5　Sketch map of runoff contributing area of ephemeral gullies

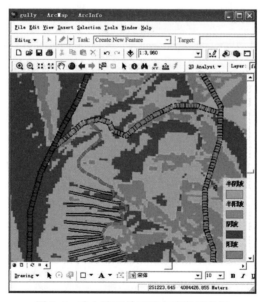

图 7-6　独立坡面单元坡向确定示意图

Fig. 7-6　Sketch map of slop aspect of the unattached slope unit

（3）坡面坡度

在 ArcGIS 中，由 DEM 直接提取的坡度是中心栅格与周围 8 个栅格间的最大坡降，属局部坡度，非坡面坡度，不能作为坡面或浅沟的坡度进行分析。同时，在黄土丘陵沟壑区，坡面沟缘线上下坡度差异明显，而浅沟分布在沟缘线以上，主要受沟缘线以上坡段，即沟间地的地形特征影响。因此，以沟间地坡度为坡面坡度进行分析。采用 3D 分析的剖面线，基于 DEM 在采集浅沟的坡面单元内以分水线为起点、沟缘线为终点，沿顺坡方向创建带高程信息的直线，并利用创建剖面图功能生成直线对应的剖面图；然后，根据剖面图所含直线长度和两端高程差计算坡面坡度（秦伟等，2010）。每个坡面单元依其大小，均匀间隔创建 5~10 条直线，取平均值为坡面坡度（图 7-7）。

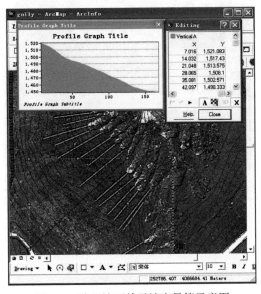

图 7-7　独立坡面单元坡度量算示意图

Fig. 7-7　Sketch map of slop gradient measuring of the unattached slope unit

（4）浅沟坡度

在 ArcGIS 中，采用 3D 分析的剖面线功能，基于 DEM 以浅沟两端为起点和终点创建带高程信息的直线，并利用创建剖面图功能生成直线对应的剖面图；然后，根据剖面图中所包含的直线长度和直线两端的高程差计算对应浅沟的坡度（图 7-8）。

（5）浅沟长度

在 ArcGIS 中，采用属性计算功能自动获取浅沟投影长度，并除以对应浅沟坡度的余弦值，获得浅沟实际长度。

（6）坡面长度

在采集浅沟的坡面单元内，采用 ArcGIS 中的距离测量功能量算分水线与沟缘线间沿垂直等高线方向的距离，并除以所在坡面坡度的余弦值，得到坡面实际长度。每个坡面单元根据其大小，创建 5~10 条直线，将所有结果的平均值作为对应坡面的长度（图 7-9）。

（7）上坡坡长

在采集浅沟的坡面单元内，采用 ArcGIS 中的距离测量功能量算浅沟的沟头与分水线间沿垂直等高线方向的距离，并除以所在坡面坡度的余弦值，得到浅沟的实际上坡坡长。

每个坡面单元根据其大小，创建5~10条直线，将所有结果的平均值作为对应坡面的上坡长度（图7-10）。

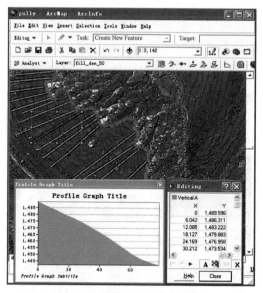

图 7-8　浅沟坡度量算示意图

Fig. 7-8　Sketch map of slop gradient measuring of ephemeral gullies

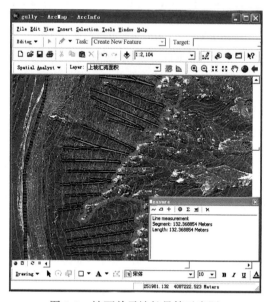

图 7-9　坡面单元坡长量算示意图

Fig. 7-9　Sketch map of slop length measuring

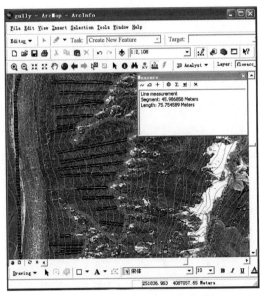

图 7-10　浅沟上坡坡长量算示意图

Fig. 7-10　Sketch map of upslope length measuring of ephemeral gullies

（8）坡面单元面积和浅沟频度

将独立坡面单元线状图层转为面状图层，采用属性计算获得各单元面积；对采集到浅沟的坡面单元，根据浅沟条数和单元面积获得浅沟频度。

在浅沟图层属性表中，添加坡面单元编号、浅沟长度、坡面坡度、坡面长度、坡面坡向、上坡坡长、上坡汇流面积等字段及量测结果，建立浅沟地形特征数据库，并导出为Excel 文件。在 SPSS 软件中，采用 Pearson 积差相关系数进行相关分析，采用回归分析进行关系拟合和统计检验。

7.2　浅沟及其地形参数分析

7.2.1　浅沟分布规律

按上述方法，最终将研究区划分为 178 个独立坡面单元。其中，满足数据采集条件，并采集到有效浅沟数据的独立坡面单元为 51 个，总面积为 15.7 km^2，累计获得浅沟为 938 条，总长达 84.1 km。若按采集到浅沟的总坡面单元面积计算，浅沟密度达 5.4 km/km^2，属于极强度侵蚀等级（中华人民共和国水利部，1997）。由于采集到浅沟的坡面单元主要为退耕封育形成的荒草地，退耕前为坡耕地，因此按采集到浅沟的总坡面单元面积计算的浅沟密度较大，说明退耕前该区坡耕地的浅沟侵蚀十分剧烈，达到极强度等级。若按研究区总面积计算，浅沟密度为 1.6 km/km^2，属轻度侵蚀等级（中华人民共和国水利部，

1997）。由于未采集到浅沟的坡面单元大多已进行人工植被恢复，不存在明显的浅沟，因此按研究区总面积计算的浅沟密度较小，说明目前退耕封育后该区的坡面浅沟侵蚀也不再严重，仅为轻度等级。样本坡面单元中，浅沟最多的坡面单元内有 53 条，最少的有 4 条，平均为 15 条，分别有 66% 和 86% 的坡面单元内存在 10~20 条和 5~25 条浅沟。坡面浅沟频度最高为 118 条/km²，最低为 20 条/km²，平均为 68 条/km²，30~90 条/km² 的坡面最多，占 73%。浅沟及其地形参数统计结果见表 7-2。

表 7-2   浅沟要素统计值

Table 7-2   The statistics of ephemeral gully elements

指标	浅沟长度 （m）	浅沟坡度 （°）	上坡长度 （m）	汇流面积 （m²）	坡面坡度 （°）	坡面浅沟 条数（条）	坡面浅沟频度 （条/km²）
样本数	938	938	938	938	51	51	51
平均值	89.7	28.5	65.3	645.5	25.2	15	68
中值	74.5	24.8	58.9	550.0	25.5	17	45
最大值	236.5	41.2	137.2	2250.0	41.5	53	118
最小值	21.2	10.6	19.8	175.0	9.5	4	20
极差	215.3	30.6	117.4	2075.0	32.0	49	98
标准差	36.6	5.5	32.8	480.5	7.7	12	36
K–S 值	0.73	1.09	0.58	1.35	0.58	0.96	1.05
显著性水平（α）	0.67	0.19	0.89	0.06	0.89	0.32	0.23

统计结果（表 7-2）显示，该区浅沟最长为 236.5 m，最短为 21.2 m，平均为 89.7 m，其中，20~90 m 最多，占 73%，20~120 m 和 20~140 m 的分别占 87% 和 93%。浅沟坡度最大为 41.2°，最小为 10.6°，平均为 28.5°，其中，20°~30° 和 15°~35° 的分别占 64% 和 91%。浅沟上坡长度平均为 65.3 m，最短为 19.8 m，最长为 137.2 m，其中，50~80 m 最多，占 79%，40~90 m 和 30~100 m 的分别占 93% 和 95%。浅沟上坡汇流面积最大为 2250.0 m²，最小为 175.0 m²，平均为 645.5 m²，其中 400~800 m² 和 200~1000 m² 的分别占 75% 和 93%。存在浅沟的坡面坡度最大为 41.5°，最小为 9.5°，平均为 25.2°，其中，20°~30° 和 15°~35° 的分别占 65% 和占 82%。

7.2.2   浅沟地形参数特征

对浅沟及其地形特征参数进行相关分析，鉴于大样本相关系数显著性检验的临界值偏小，故采用固定标准值判断相关系数的显著程度（表 7-3）。结果表明，坡面坡度、长度和坡向与坡面浅沟条数和频度间具有显著的相关性，是影响坡面浅沟数量的主要地形因素。同时，浅沟长度与所在坡面的长度、上坡长度及汇流面积间、浅沟坡度与所在坡面的坡度及其上坡长度间均存在显著相关性，可认为坡面长度和坡度，上坡长度和汇流面积共同决定了浅沟发育的地形特征。

表 7-3　浅沟及其地形特征参数相关系数（R）

Table 7-3　The correlation coefficients of ephemeral gully and its topographic characteristics parameters（R）

指标	坡面浅沟条数（条）	坡面浅沟频度（条/km²）	浅沟长度（m）	浅沟坡度（°）	坡面长度（m）	坡面坡向（°）	坡面坡度（°）	浅沟上坡长度（m）	浅沟汇流面积（m²）
坡面浅沟条数	1								
坡面浅沟频度	0.69*	1							
浅沟长度	-0.35	-0.6*	1						
浅沟坡度	-0.28	-0.24	0.1	1					
坡面长度	0.65*	0.58*	0.74**	-0.1	1				
坡面坡向	0.64*	0.69*	0.26	0.14	-0.39	1			
坡面坡度	0.67*	0.75**	0.44	0.69*	-0.33	0.35	1		
浅沟上坡长度	-0.41	-0.46	-0.66*	0.64*	0.6*	-0.4	0.51*	1	
浅沟汇流面积	-0.36	-0.3	0.58*	-0.42	0.54*	0.39	-0.35	-0.39	1

*表示 $0.5 \leqslant |R| < 0.7$，**表示 $0.7 \leqslant |R| < 1$

7.2.3　浅沟侵蚀坡长特征

浅沟沟头的溯源侵蚀微弱，通常保持稳定，故其上坡坡长可近似作为浅沟侵蚀的临界坡长（张科利等，1991）。统计结果显示，79% 的上坡长度在 50~80 m，表明该区发生浅沟侵蚀的临界坡长为 50~80 m。

各地形因素中，坡面坡长与浅沟长度关系最显著，可用于进行基于地形参数的浅沟长度预测。考虑到同一坡面内各条浅沟的长度存在差异，采用坡面长度（L_s）与对应坡面内的浅沟平均长度（L_g）进行回归分析（图 7-11），得到二者关系式：

$$L_g = 0.47 L_s + 35.4 \ (R^2 = 0.61) \tag{7-1}$$

结果表明，在发生浅沟侵蚀的坡面内，浅沟长度与坡面长度呈极显著的线性正相关关系（$P < 0.01$），坡面越长，浅沟越长，浅沟侵蚀强度越大。

7.2.4　浅沟侵蚀坡度特征

由相关性分析可知，坡面坡度对浅沟条数、浅沟频度和浅沟坡度均有显著影响。临界坡度是坡度对侵蚀影响的特殊表现。对浅沟侵蚀而言，临界坡度应包括两个方面：一方面，坡面侵蚀强度随坡度增大而增加，当坡度超过一定界限时，又随坡度增大而减少（靳长兴，1995），这个坡度界限可认为是对应侵蚀类型的上限临界坡度，即通常所说的临界坡度；另一方面，在黄土区的坡面上，不同强度范围的侵蚀通常表现为不同侵蚀类型，大致随侵蚀强度的增加依次表现为细沟侵蚀、浅沟侵蚀和切沟侵蚀等。在其他因素一定的条

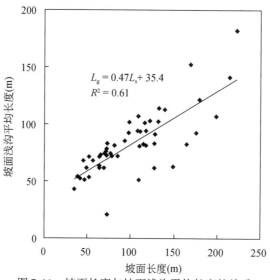

图 7-11　坡面长度与坡面浅沟平均长度的关系

Fig. 7-11　Relationship between slope length and average length of ephemeral gully

件下，侵蚀强度随坡度增大而增加，当坡度增大到一定界限时，主要侵蚀类型显著变化（张科利等，1991），这个坡度界限可认为是一种侵蚀类型的下限临界坡度，即一种侵蚀类型在坡面侵蚀中成为主要类型，并明显表现出自有特征的临界坡度。

　　由不同坡度等级的浅沟数量统计结果（表 7-4）可知，样本坡面单元中，坡度小于15°的坡面单元 4 个，存在浅沟 32 条，仅约占浅沟总条数的 3%；坡度小于 20°的坡面单元7 个，存在浅沟 95 条，仅占浅沟总条数的 10%。由此可认为，浅沟存在，即浅沟侵蚀成为坡面主要侵蚀类型的下限临界坡度在 15°~20°。这与通过野外调查获得的统计结果18.2°（张科利等，1991）及根据室内放水冲刷试验获得的分析结果 18°左右（龚家国等，2008）接近，说明通过 RS 和 GIS 技术获取坡面坡度和浅沟数量，从而分析获得的浅沟侵蚀下限临界坡度具有可靠性。

表 7-4　不同坡度等级的浅沟数量统计值

Table 7-4　The quantity statistics of ephemeral gully with different gradients

坡度	浅沟条数（条）	占浅沟总条数比例（%）	坡面单元数（个）	占样本坡面单元总数比例（%）	平均浅沟频度（条/km²）
<10°	4	0.35	1	1.96	20
10°~15°	28	3.03	3	5.88	28
15°~20°	63	6.74	3	5.88	57
20°~25°	318	33.88	14	27.45	99
25°~30°	387	41.31	19	37.26	104
30°~35°	86	9.16	6	11.77	77
35°~40°	39	4.15	3	5.88	36
>40°	13	1.38	2	3.92	30

坡面坡度对浅沟频度有显著影响，可用于进行基于地形参数的浅沟频度预测。考虑到坡面水流的侵蚀能力与坡面坡度的正弦值存在理论意义上的线性关系（曹文洪，1993），故将坡面坡度正弦值（$\sin S_s$）与对应坡面的浅沟频度（F_g）进行回归分析（图7-12）：

$$D_g = -815.33 \sin^2 S_s + 731.12 \sin S_s - 71.79 \qquad (R^2 = 0.58) \qquad (7\text{-}2)$$

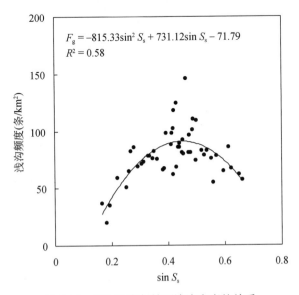

图 7-12　坡面坡度与坡面浅沟密度的关系

Fig. 7-12　Relationship between slope gradient and density of ephemeral gully

结果表明，坡面坡度正弦值与坡面浅沟频度间呈极显著的二次曲线关系（$P<0.01$）。由此关系可确定浅沟侵蚀的上限临界坡度，即当坡度为 26.9° 时，坡面浅沟频度达到最大值，说明浅沟侵蚀的上限临界坡度为 27° 左右。这与利用野外调查数据建立的坡度与浅沟临界坡长、临界汇水面积、分布间距的统计关系所推算的结果 26°（张科利等，1991）、根据发生浅沟侵蚀临界坡长和临界坡度统计关系所推算的结果 26.5°（郑粉莉，1989）、通过放水冲刷试验获得的分析结果 26° 左右（龚家国等，2008）以及基于坡面径流能量理论公式的推导结果 24°~29°（靳长兴，1995）均十分接近，说明基于 RS 和 GIS 技术的浅沟侵蚀上限临界坡度研究结果具有可靠性。

坡面自然地形存在局部起伏，同一坡面内各处坡度与坡面坡度不尽相同，甚至存在较大差异，是影响浅沟侵蚀的重要地形因素。对浅沟坡度（S_g）与浅沟的上坡坡长（L_c）进行回归分析（图7-13）：

$$L_c = 0.13 S_g^2 - 6.68 S_g + 140.27 \qquad (R^2 = 0.41) \qquad (7\text{-}3)$$

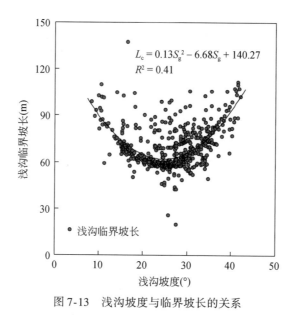

图 7-13　浅沟坡度与临界坡长的关系

Fig. 7-13　Relationship between slope gradient of ephemeral gully and its critical slope length

结果表明，浅沟坡度与浅沟上坡坡长呈显著的二次曲线关系（$P<0.05$）。这是由于，发生浅沟侵蚀需具有一定冲刷能量的水流作用，而具有一定冲刷能量的水流则需由坡面薄层片流经一定坡长的汇集后形成，从而表现为浅沟侵蚀的临界坡长。同时，一定流量的坡面水流在不同坡降的坡面上通过相同距离后，将形成不同的冲刷能量，相同范围内，坡度越大形成的冲刷能量越大，达到产生浅沟侵蚀能量要求的距离越短；超过一定范围后，则相反。浅沟坡度与浅沟临界坡长间的统计方程正好反映出坡度与坡长共同影响浅沟侵蚀发生、发展的耦合关系。由此关系可确定，浅沟坡度为 25.7° 时，临界坡长达到最小值 54.5 m，结合由 $\sin S_s - F_g$ 关系式得到的最大坡面浅沟频度对应的坡面坡度 26.9°，可将浅沟侵蚀的上限临界坡度确定为 26°~27°。此时，所对应的临界坡长最小值 54.5 m 也在通过浅沟上坡坡长频率统计获得的临界坡长范围 50~80 m 内，可认为该区浅沟侵蚀的临界坡长为 50~80 m。

7.2.5　浅沟侵蚀汇流面积特征

汇水面积决定了相同坡降的坡面内，流动相同距离后汇集的径流总量。不同径流总量具有的不同冲刷能力直接影响浅沟侵蚀强度。因此，在相关性分析中（表 7-3），汇流面积与浅沟长度、浅沟坡度及其临界坡长间均存在显著关系。但是，本书中用于分析的汇流面积是浅沟沟头所在单元格的 DEM 汇流累积量，而 DEM 与遥感影像间的配准误差、DEM 的栅格分辨率及派生 DEM 的地形图比例尺都会对该结果造成较大影响。虽然采用 1:1 万地形图生成的 5 m 分辨率的 DEM 在精度上能满足有关长度和坡度的量算要求，却不能完全准确地获取每条浅沟的汇流面积，与其真实值存在较大误差。因此，汇流面积与其他浅沟特征值的相关系数较低，不宜直接进行回归分析。

汇流面积对浅沟侵蚀的影响，直观表现为不同的沟头位置。因此，许多研究通常利用汇流面积和坡度共同确定浅沟侵蚀的发生区域（Cheng et al.，2006）。将浅沟坡度的正弦值（$\sin S_g$）与对应浅沟的汇流面积（A_g）落在二维坐标中，获得点集分布区下限的切线，即浅沟侵蚀发生区临界线（图 7-14）及其关系式：

$$\sin S_g = 0.076 A_g^{-0.303} \tag{7-4}$$

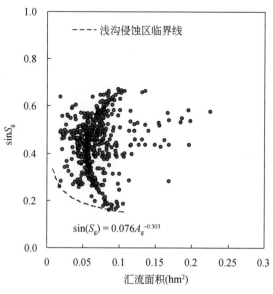

图 7-14　汇流面积与浅沟坡度的临界关系

Fig. 7-14　Critical relationship between runoff contributing area of ephemeral gully and its slope gradient

该界线右上为样本分布区域，即可能发生浅沟侵蚀的区域；界线左下无样本点分布，即不易发生浅沟侵蚀的区域。关系式中，−0.303 称为相对面积指数，与区域的降水、土壤、土地利用、植被有关。本书的相对面积指数与在绥德通过实测数据获得的结果（0.3）（Cheng et al.，2006）十分接近，两个研究区同属黄土高原丘陵沟壑区，降水、土壤、土地利用、植被等条件均十分近似，说明基于 RS 和 GIS 技术确定的浅沟侵蚀发生区域结果具有可靠性。

7.2.6　浅沟侵蚀坡向特征

阴坡和半阴坡的浅沟频度小于阳坡和半阳坡。首先，阳坡和半阳坡本身在研究区占有较大比例，两项面积总和占研究区总面积的55%；其次，阴坡和半阴坡水分条件较好，故大部分坡面已开展人工造林，退耕前形成的浅沟被破坏或消除而无法识别。以上原因使得采集到浅沟数据的坡面中有63%属阳坡和半阳坡。总体上，不同坡向间的浅沟频度差异与研究区固有的地形特征及不同坡向的样本数据量有密切关系。与浅沟频度相反，不同坡向的平均浅沟长度表现为半阴坡>阴坡>半阳坡>阳坡。浅沟长度受坡面长度、坡面坡度影响，在黄土丘陵沟壑区，阳坡和半阳坡的水养条件较阴坡和半阴坡差、植被生长难，侵蚀更为严重，从而使地形更破碎，坡面通常比阴坡和半阴坡更陡短，成为不同坡向间浅沟长度差异的主要原因。

表 7-5 不同坡向的浅沟数量统计值

Table 7-5 The quantity statistics of ephemeral gully with different slop aspects

坡向类型	面积（km²）	占研究区总面积比例（%）	坡面单元个数（个）	占样本坡面单元总数比例（%）	平均浅沟长度（m）	平均浅沟频度（条/km²）
阴坡	10.69	20.03	8	15.7	104.5	46
半阴坡	13.38	25.07	11	21.6	120.7	62
阳坡	12.96	24.28	15	29.4	84.6	84
半阳坡	16.34	30.62	17	33.3	98.3	101

7.3 小 结

1）采用 GIS 和 RS 技术，北洛河上游流域内的吴起镇 53.37 km² 典型研究区范围内，采集到浅沟 938 条，分布于总面积 15.65 km² 的 51 个独立坡面单元内。浅沟总长为 84.14 km，按存在浅沟的坡面单元总面积计算，浅沟密度为 5.4 km/km²，说明退耕前该区坡耕地的浅沟侵蚀十分剧烈，达极强度侵蚀等级；按研究区总面积计算，浅沟密度为 1.6 km/km²，说明目前该区的坡面浅沟侵蚀也不再严重，仅为轻度等级。

2）黄土丘陵沟壑区，坡面坡度、长度、坡向以及上坡长度是影响坡面浅沟数量的主要地形要素，而浅沟长度和浅沟坡度等浅沟侵蚀发展的地形特征主要由坡面坡度、坡面长度、上坡长度和汇流面积共同决定。

3）在分水线、沟谷线和沟缘线共同构成的坡面单元内，坡面长度与浅沟平均长度呈显著线性关系，坡面越长、浅沟越长；坡面坡度与浅沟频度、浅沟坡度与其临界坡长均满足二次曲线关系，随坡面坡度增加，浅沟频度先增后减，以 26.9° 为界；随浅沟坡度增加，浅沟临界坡长先减后增，以 54.5 m 为下限。

4）根据坡面坡度与浅沟频度、浅沟坡度与浅沟上坡坡长的统计关系，以及浅沟上坡坡长与不同坡度等级下浅沟数量的分布特征可确定，黄土丘陵沟壑区坡面浅沟侵蚀上限临界坡度为 27° 左右，浅沟侵蚀成为坡面主要侵蚀类型的下限临界坡度为 15°~20°；浅沟侵蚀的临界坡长为 50~80 m。

5）根据浅沟坡度与浅沟上坡汇流面积建立了陕北黄土区浅沟侵蚀发生区临界线，其相对面积指数为 -0.303。据此，可确定浅沟侵蚀的潜在发生位置，为防治浅沟侵蚀提供依据。

6）黄土丘陵沟壑区，阳坡和半阳坡更为陡短的地形特点致使阳向坡面的平均浅沟长度通常小于阴向坡面，在研究和治理浅沟侵蚀时，须考虑不同坡向的浅沟侵蚀特征分异。

7）浅沟侵蚀属黄土区坡面主要侵蚀类型之一，侵蚀量在坡面总侵蚀量中占相当比重，是黄土高原水土流失治理的重点。本书基于 RS 和 GIS 技术快速、准确获得浅沟分布及其地形参数，并通过统计分析确定浅沟侵蚀地形特征，将为黄土区坡面水土流失治理提供有力技术支撑。根据有关结论，黄土丘陵沟壑区浅沟侵蚀防治的重点区域应为 15°以上、25°以下的坡面；针对浅沟侵蚀的临界坡长，可按 50 ~ 80 m 为间距，布设植被或工程措施以缩短坡长，在最小的工程投入下有效防控浅沟侵蚀；在不同坡向的坡面开展水土保持，须考虑不同地形特征对应的浅沟侵蚀特征差异。

8）土壤侵蚀强度预报是水土流失防治中的基础，也是水土保持领域的研究热点和技术难点。利用本书所建立的坡面长度–浅沟平均长度、坡面坡度–浅沟频度关系式可预测不同地形特征坡面内的浅沟数量和浅沟总长。同时，浅沟长度与浅沟体积间存在显著关系，可进而预测体积，且具有较高精度（Nachtergaele and Poesen，1999；Capra et al.，2005）。因此，若进一步建立研究区浅沟长度与体积的关系，将实现基于坡面地形特征的浅沟侵蚀强度预测。

参 考 文 献

曹文洪.1993. 土壤侵蚀的坡度界限研究. 水土保持通报，13（4）：1-5.

程宏，王升堂，伍永秋，等.2006. 坑状浅沟侵蚀研究. 水土保持学报，20（2）：39-41，58.

龚家国，王文龙，郭军权.2008. 黄土丘陵沟壑区浅沟水流水动力学参数实验研究. 中国水土保持科学，6（1）：93-100.

靳长兴.1995. 论坡面侵蚀的临界坡度. 地理学报，50（3）：234-239.

雷廷武，Nearing M A.2000. 侵蚀细沟水力学特性及细沟侵蚀与形态特征的试验研究. 水利学报，31（11）：49-54.

秦伟，朱清科，赵磊磊，等.2010. 基于 RS 和 GIS 的黄土丘陵沟壑区浅沟侵蚀地形特征研究. 农业工程学报，26（6）：58-64.

唐克丽.2004. 中国水土保持. 北京：科学出版社.

张科利，唐克丽，王斌科.1991. 黄土高原坡面浅沟侵蚀特征值的研究. 水土保持学报，5（2）：8-13.

郑粉莉.1989. 发生细沟侵蚀的临界坡长与坡度. 中国水土保持，10（8）：23-24.

郑粉莉，武敏，张玉斌，等.2006. 黄土陡坡裸露坡耕地浅沟发育过程研究. 地理科学，26（4）：438-442.

中华人民共和国水利部.1997. 土壤侵蚀分类分级标准（SL19–96）. 北京：中国水利水电出版社.

朱显谟.1956. 黄土区土壤侵蚀分类. 土壤学报，4（2）：99-115.

Capra A，Mazzara L M，Scicolone B. 2005. Application of the EGEM model to predict ephemeral gully erosion in Sicily, Italy. Catena, 59（2）：133-146.

Casalí J，Lópeza J J，Giráldezb J V. 2003. A process–based model for channel degradation：application to ephemeral gully erosion. Catena, 50（2–4）：435-447.

Cheng H，Wu Y Q，Zou X Y，et al. 2006. Study of ephemeral gully erosion in a small upland catchment on the Inner–Mongolian Plateau. Soil and Tillage Research, 90（1–2）：184-193.

Foster G R. 2005. Modeling ephemeral gully erosion for conservation planning. International Journal of Sediment Research, 20（3）：157-175.

Karel V, Jean P, Gerard G, et al. 1996. Geomorphic threshold conditions for ephemeral gully incision. Geomorphology, 6 (2): 161-173.

Liu S, Bliss N, Sundquist E, et al. 2003. Modeling carbon dynamics in vegetation and soil under the impact of soil erosion and deposition. Global Biogeochem Cycles, 17 (2): 1074-1078.

Nachtergaele J, Poesen J, Steegen A, et al. 2001. The value of a physically based model versus an empirical approach in the prediction of ephemeral gully erosion for loess-derived soils. Geomorphology, 40 (3-4): 237-252.

Nachtergaele J, Poesen J. 1999. Assessment of soil losses by ephemeral gully erosion using high-altitude (steroe) aerial photographs. Earth Surface Processes and Landforms, 24 (8): 693-706.

Poesena J, Nachtergaele J, Verstraeten G, et al. 2003. Gully erosion and environmental change: importance and research needs. Catena, 50 (2): 91-133.

United States Department of Agriculture. 1997. Agriculture Handbook: No. 703. Washington: United States Department of Agriculture.

Vandekerckhove L, Poesen J, OostwoudWijdenes, et al. 2000. Thresholds for gully initiation and sedimentation in Mediterranean Europe. Earth Surface Processes and Landforms, 25 (11): 1201-1220.

第8章　黄土区土质道路土壤侵蚀特征

道路是物资转运和信息传送的纽带，尤其是在山丘区，更是一切社会与经济活动的生命网络。我国是多山国家，山丘区占陆地总面积的2/3，道路在经济社会发展中的作用尤为突出。截至2013年年底，全国公路总里程已达435.6万km，基本实现城镇全覆盖。同时，全国农村公路总里程已达378.5万km，99%以上的乡镇和建制村实现公路通行。随着里程的不断增加，道路作为一种特殊土地利用类型对区域生态环境的影响得到越来越广泛的关注。其中，道路侵蚀不仅造成剧烈的水土流失，且威胁其运行安全，影响所在坡面和流域的生态水文过程，成为当前水土保持和交通建设等多个领域的研究热点。

20世纪70年代以来，以欧美国家为代表，相继对道路侵蚀的影响因素（Megahan et al.，2001）、产沙部位（Wemple et al.，2001），以及不同部位的侵蚀特征（Jones and Swanson，2000）和产沙强度（Sidle et al.，2004）进行了研究。近年来，又出现一系列有关土质道路产流过程与机制、降雨与产流产沙关系、侵蚀防治等方面的报道（Arnaez et al.，2004；Jordan and Martinez-Zavala，2008；Kolka and Smidt，2004）。可以说，道路侵蚀在国外已成为土壤侵蚀研究领域中的一个独立分支，基本形成了相对完整的理论和技术体系。在国内，中国科学院在20世纪50年代开展的黄土高原水土保持科学考察中，指出了道路侵蚀的巨大危害，但专项的研究在此后很长一段时期却鲜有报道。直至2000年左右，随着山丘区水土流失综合治理的不断深入以及生产建设项目人为水土流失防治力度的持续加强，道路侵蚀的危害越来越突出、治理需求越来越迫切，相应出现了一些专门针对道路侵蚀的研究报道。已有研究主要包括针对等级道路和等级外道路两大类。其中，针对等级道路的研究主要集中于高速公路与铁路路堑边坡的侵蚀防治效果，以及道路修建过程中不同工程部位和施工区域的水土流失量测算（段喜明和王治国，1999；杨喜田等，2001；李忠武等，2001；叶翠玲等，2001）；针对等级外道路的研究则主要围绕简易土质道路的产流、产沙特征（史志华等，2009；刘小勇和吴普特，2000；张强等，2010），植被覆盖对土质路面水土流失防治效应等方面（曹世雄等，2006；郑世清等，2009）。总体上，道路侵蚀研究在国内尚处于起步阶段：一方面，我国地域广阔、道路类型众多，尤其是等级外道路在不同地区的差异十分显著，许多道路类型的水土流失还未见报道；另一方面，由于受到剧烈人为扰动，道路侵蚀的特征与规律显著区别于原状下垫面，侵蚀机制和过程尚不明晰，也缺乏有效的侵蚀测算与预报方法。

机修土质道路是黄土高原地区常见的一种典型等级外道路，由工程挖掘机械在黄土坡面上直接开挖、填压形成。与简易土质道路相比，机修土质道路的路面更宽，可行驶运输车辆，开挖边坡面积较大，修建时对原地貌扰动强，水土流失更为严重。近年来，伴随西部大开发战略的实施，尤其是石油、煤炭和天然气等资源的大规模开采，西北地区的黄土机修土质道路里程急速增加，由此造成的道路侵蚀量在当地侵蚀产沙总量中的比例不断攀升，严重威胁区域生态建设成果和人居环境。然而，有关黄土区机修土质道路的侵蚀特征还少有报道。为此，本书在北洛河上游流域内选择不同修建年份、不同地形条件的典型机修土质道路，通过野外抽样勘测和统计分析，定量研究黄土区机修土质道路的侵蚀特征，以期为道路侵蚀防治和预报提供科学依据。

8.1　机修土质道路概化分区与抽样调查

8.1.1　机修土质道路侵蚀特征概述

从成因与形态的角度来看，道路侵蚀并非独立的侵蚀类型和侵蚀方式，而应是一个独立、特殊的侵蚀地貌单元，内部包含多种侵蚀过程和侵蚀方式（张科利等，2008）。内部各种侵蚀方式的成因与原状下垫面条件下的侵蚀成因基本一致，但由于受人为扰动与自然因素的耦合影响，不同部位的侵蚀表现形式和发展过程与原状下垫面条件下的侵蚀形式和过程存在较大差别。

从道路的功能和特征分析，道路侵蚀至少可分为两个大类型：自然道路型和公路型。自然道路型是指在不改变自然地形条件下的道路内发生的侵蚀产沙过程，而公路型是指在改变自然地形条件下的道路内发生的侵蚀产沙过程。其中，自然道路型的侵蚀过程主要表现为路面内的产流产沙；公路型的侵蚀过程则更为复杂，既包括路面产流产沙，又涉及填方路基边坡和开挖凌空面的产流产沙。由于公路型对原地形改变较大，从而对自然坡面侵蚀过程的影响也远大于自然道路型。

从内涵与内容的角度而言，道路侵蚀是指发生在道路路域内的各种侵蚀过程以及由于路网存在对流域自然水沙过程改变所引起的侵蚀变化量。与传统的坡面侵蚀相比，道路侵蚀主要具有4个特点：①道路系统在空间上呈线状或网状分布；②道路系统内产流和产沙来源存在差异；③道路系统内径流的泥沙搬运能力较强；④道域系统内不同部位的侵蚀差异显著。

在侵蚀强度方面，道路的路面通常比较紧实，等级公路的路面还会铺装，因此路面地表的入渗减弱产流强度增加，但同时其可蚀性显著减小；路面产生的径流多集中下泻，冲刷道路下端或路基边坡。总体上，通常路面侵蚀强度增大并不突出，但边坡侵蚀强度常出现数量级增大。同时，由于路面光滑，在相同流量和坡度条件下，径流速度会远远大于农地，径流挟沙力明显增大（张科利等，2008）。道路本身呈线状，但在区域尺度上一系列的道路又呈网状分布。路网与自然水网叠加，不仅对自然汇流产沙具有显著影响，也常是沟蚀发生的重要诱因。由于道路对自然地形条件改变较大，道路系统内以不同道路部位为主体形成不同的侵蚀产沙单元，各单元间以地形为主的下垫面条件存在较大差异，导致道路系统不同部位的侵蚀特征差异显著。

机修土质道路是典型的等级外道路，其侵蚀过程兼具自然道路型与公路型侵蚀的特点，除上述4点外，由于具有一定的开挖和堆填工程量，对自然下垫面条件改变较大，形成了开挖边坡、堆弃边坡和压实路面三大侵蚀单元，且通常均未布设防治措施，不同单元间的侵蚀类型和强度均存在明显差异，共同组成道路侵蚀，最终表现出与原始坡面不同的侵蚀特征。

8.1.2 机修土质道路侵蚀单元概化

黄土高原机修土质道路由于地处山丘区，通常按半挖半填形式修建，即直接在原始坡地开挖，然后将挖方沿道路外侧顺坡堆弃，最终形成路面。按照其修筑方式和结构组成，大致可将其划分为道路内边坡、道路路面和道路外边坡 3 个基本单元。其中，开挖形成的开挖面位于道路内侧，坡度多大于 45°，但一般未达垂直，称之为内边坡；顺坡堆填的土方位于道路外侧，坡度多接近土体自然休止角，约为 35°，一般大于所在坡面的自然坡度，称之为外边坡；内、外边坡间为相对平整的路面，通常经过一定压实。

道路新建后，内边坡、路面和外边坡 3 个单元间的界线明显，尤其内边坡与路面间、路面与外边坡间多呈略大于 90°的转折。由于机修土质道路未经浇筑或铺装，随着不断使用，在自然侵蚀以及人工堆、铲维护作用下，内、外边坡和路面持续遭受侵蚀，3 个单元间的界线逐渐发生较大变化。总体表现为：内边坡整体呈面状蚀退，坡度由趋于垂直而略有减小，局部由于上部来水冲刷而形成悬挂于坡面，类似黄土崖壁上侵蚀发育的柱状冲沟，称之为悬沟；外边坡因土体流失而坡度减缓；路面表土流失，并因汇流冲刷而出现浅沟，但因其影响通行，故每年雨季后一般会进行人工整修，造成路面整体标高下降，同时由于路面整修铲除的余土均沿外边坡顶部堆放，故在路面与外边坡交界处形成类似于防护性路肩的平台，宽度多在 0.4~0.6 m。各单元侵蚀造成的界线变化如图 8-1 所示。

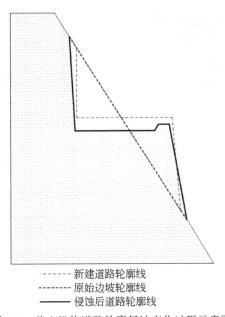

-------- 新建道路轮廓线
-------- 原始边坡轮廓线
———— 侵蚀后道路轮廓线

图 8-1　黄土机修道路轮廓侵蚀变化过程示意图

Fig. 8-1　The contour erosion process diagram of machine built loess roads

按照道路各部位的侵蚀特点，可按内边坡、路面和外边坡 3 个单元分别分析其侵蚀状况（图 8-2）。其中，内边坡主要受自然侵蚀，侵蚀过程呈多年连续累加，可通过实地勘测分析整体面蚀和局部沟蚀；路面除遭受自然侵蚀外，每年雨季后会经人为整修，侵蚀过程呈单年往复；外边坡除遭受自然侵蚀外，侵蚀过程总体呈多年连续累加，但由于每年随路面整修受人为堆土影响。

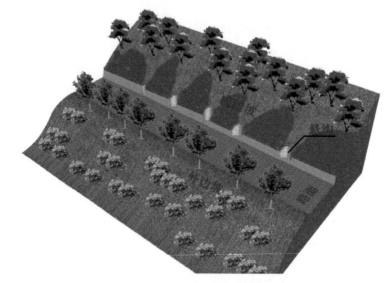

(a)黄土机修道路侵蚀单元

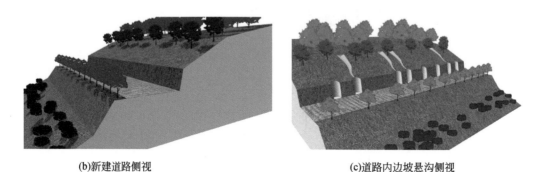

(b)新建道路侧视   (c)道路内边坡悬沟侧视

图 8-2   黄土机修道路侵蚀单元与侵蚀过程概化示意图

Fig. 8-2   The machine built loess road erosion unit and erosion process schematic diagram

根据机修黄土道路各单元及其侵蚀过程的概化。本书针对各单元分别确定侵蚀状况勘测方法。其中，内边坡侵蚀过程呈多年连续累加，其侵蚀量通过选取典型路段，勘测计算整体面蚀量和局部沟蚀量确定，并与对应的建成年份联系，确定年均侵蚀强度；路面由于每年雨季后会经人为整修，侵蚀过程呈单年往复，故选择典型路段，于不同年份的雨季前（遭受当年侵蚀前）、后（完成当年人为整修前）分别勘测沟蚀量，计算当年路面侵蚀强度，再与对应的建成年份联系分析不同年份的侵蚀状况；外边坡由于侵蚀形态变化不明显，且每年随路面整修受人为堆土影响，故选择典型路段，通过勘测断面长、宽、坡度等相关规格指标，计算堆土体积净变化以确定侵蚀量，并与建成年份联系分析不同年份的侵蚀状况。

8.1.3 机修土质道路侵蚀抽样调查

根据道路修建形成的路面、外边坡和内边坡等不同部位所具有的侵蚀特征，以北洛河上游流域内的吴起县域为典型研究区，通过收集、分析区内主要用于石油运输的现存机修土质道路相关资料，以相对集中为原则，随机选取建成运行 1 年、3 年、6 年、10 年、15年、20 年、25 年的机修土质道路各 1 条。在每条道路内随机选取 1km 典型路段，按 50 m分为 20 段；然后，分别选择在各条道路内，沿低海拔端向高海拔端方向的 0m、25m、50m 处测量道路断面信息，主要测量道路路面、外边坡和内边坡 3 个主要侵蚀部位的规格及侵蚀状况。基于实地勘测数据，采用统计分析方法，计算道路土壤流失量、土壤侵蚀模数，并分析不同修建年限、不同侵蚀单元的侵蚀特征。

8.1.3.1 内边坡侵蚀勘测与计算

黄土高原土壤垂直节理发育，道路开挖形成的内边坡坡度基本在 45°以上，有的甚至近乎垂直。内边坡除遭受降雨雨滴击溅而发生轻度片蚀外，局部地方由于存在上部坡面汇水冲刷，而发生严重沟蚀。因此，内边坡侵蚀量（Q_n）主要计算整体面蚀量（Q_m）和局部沟蚀量（Q_g），并结合建成年份分析其侵蚀强度（按内边坡开挖坡面投影面积计）：

$$Q_n = Q_m + Q_g \tag{8-1}$$

$$E_n = \frac{Q_n}{h \cdot \cos\theta \cdot l \cdot n} \times 10^4 \tag{8-2}$$

式中，Q_n 为道路修建后的内边坡总侵蚀量，t；Q_m 为道路修建后的内边坡总面蚀量，t；Q_g 为道路修建后的内边坡总沟蚀量，t；E_n 为内边坡年均侵蚀强度，t/（hm²·a）；h 为内边坡坡长，m；θ 为内边坡坡脚坡度，（°）；l 为道路长度，m；n 为道路修建年限。

（1）内边坡面蚀量计算

由于开挖坡面的凹凸不平以及抗蚀性的差异，面蚀发生呈不规则分布。遭受降雨击溅强、土壤抗蚀性差的地方，面蚀较深，反之面蚀较浅，局部地方甚至建成多年后还能看出修建时机械开挖的齿痕。因此，道路内边坡面面蚀强度和年均侵蚀模数计算方法为

$$Q_m = d \cdot q \cdot h \cdot l \cdot \rho_n \tag{8-3}$$

式中，d 为道路建成后至勘测年份的面蚀平均厚度，m；q 为面蚀发生面积占内边坡总面积的比例；ρ_n 为内边坡土壤容重，g/cm³（按实测自然坡面平均土壤容重 1.4 g/cm³ 计）。

（2）内边坡沟蚀量计算

通常情况下，当降雨强度大于土壤入渗速度或土体饱和后，坡面出现产流。因为开挖形成的内边坡坡度急陡，多近乎垂直，因此在内边坡面内由降雨直接形成产流的情况十分少见，但局部内边坡由于遭受上部坡面汇流来水冲刷，加之重力作用，往往发生沟蚀，

出现由上至下自浅沟向切沟逐步发育扩展的侵蚀形态，最终形成"U"形侵蚀沟，即内边坡悬沟。

调查发现，内边坡悬沟的形状主要有3种，分别为上下均一的矩形柱体悬沟、上下均一的半圆柱体悬沟和上大下小的倒三角柱体形悬沟。因此，在测量和计算内边坡悬沟时，按不同形状采用不同方法。

1）矩形柱体悬沟：

$$Q_{g1} = a_{g1} \cdot b_{g1} \cdot h_{g1} \cdot \rho_n \qquad (8-4)$$

式中，Q_{g1} 为矩形柱体悬沟侵蚀量，t；a_{g1} 为矩形柱体宽，m；b_{g1} 为矩形柱体深，m；h_{g1} 为柱体高，m。

2）半圆柱体悬沟：

$$Q_{g2} = \pi \cdot d^3 \cdot h_{g2} \cdot \rho_n / 8 \qquad (8-5)$$

式中，Q_{g2} 为半圆柱体悬沟侵蚀量，t；d 为半圆柱体截面直径，m；h_{g2} 为半圆柱体高，m。

3）倒三角柱体悬沟：

$$Q_{g3} = a_{g3} \cdot b_{g3} \cdot h_{g3} \cdot \rho_n / 2 \qquad (8-6)$$

式中，Q_{g3} 为倒三角柱体悬沟侵蚀量，t；a_{g3} 为倒三角柱体上底宽，m；b_{g3} 为倒三角柱体深，m；h_{g3} 为倒三角柱体高，m。

勘测计算各条悬沟后，累加获得典型路段的内边坡沟蚀总量：

$$Q_g = \sum_{k=1}^{n} Q_{gk} \qquad (8-7)$$

式中，k 为勘测路段内边坡悬沟总条数。

8.1.3.2 路面和外边坡侵蚀勘测与计算

山区土质道路多按半挖半填形式修建，其中，内边坡坡度大于45°，但一般未达垂直；外边坡堆填形成，坡度多接近土体自然休止角，约为35°，一般大于所在坡面的自然坡度。由于机修土质道路未经浇筑或铺装，在自然水力侵蚀以及人工堆、铲维护作用下，经过几年之后，内、外边坡和路面将较新修时发生较大变化（图8-1）。

根据路面和外边坡的侵蚀变化过程，对于路面，主要通过勘测雨季前后的沟蚀状况，确定路面侵蚀强度；对于外边坡则通过勘测断面规格，计算堆土体积净变化以确定外边坡侵蚀强度。按照第3章的统计，北洛河上游流域年内降雨主要分布在4～10月，该时段降雨量约占年均总降雨量的93%，其中6～9月降雨量约占全年降雨量的72%；另据实地调查，该区机修土质道路每年也多在次年开春后的4月、5月左右对前一年的路面沟蚀进行挖、铲整修。因此，本书在所选的典型路段，于2008年和2009年5月底，即上年已整修，而次年雨季前未遭遇侵蚀基本无浅沟形成时各进行1次勘测，再于2008年和2009年10月底，即当年雨季结束遭遇侵蚀浅沟已趋于稳定后各进行1次勘测。由于路面侵蚀受人为扰动较大，故只勘测路面浅沟侵蚀量，对于整修挖、铲后堆放于外边坡而造成的人为侵蚀，在外边坡堆土体积变化中一并考虑。

对于外边坡，根据断面规格参数，确定修建时的堆土体积和勘测时的堆土体积，将两者差值，即堆土体积净变化，作为对应时段的侵蚀量，结合建成年份分析外边坡年均侵蚀状况。具体断面勘测如图 8-3 所示，图中 S_1 部分为新建道路的内边坡和路面挖方量，假设道路初建时，所有挖方均堆放于外边坡；图中 S_2 部分为勘测时经自然侵蚀和逐年路面整修挖、铲新堆后形成的外边坡填方量，而 S_3 部分为经逐年路面整修挖、铲新堆后形成的堆土平台填方量。与初建时相比，截止勘测年份的外边坡自然侵蚀及路面整修人为侵蚀总量即 S_3 和 S_2 填方总量与 S_1 挖方总量的差值。

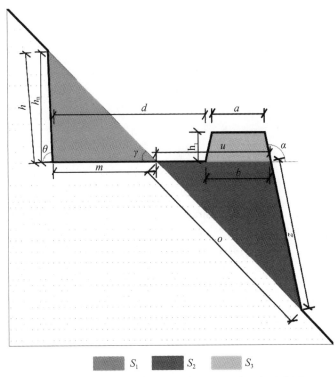

图 8-3　机修土质道路断面规格与挖、填土方示意图

Fig. 8-3　Section standard and excavation, fill work of machine built loess road schematic diagram

（1）路面侵蚀勘测与计算

根据路面侵蚀特征分析，主要勘测雨季路面浅沟侵蚀，测量的参数包括：路面平均宽度（d），路面内各条浅沟的沟长（l_g）、上部平均宽度（D_u）、底宽平均宽度（D_d）与平均深度（h_g），由此确定浅沟体积，进而计算路面侵蚀量，并结合建成年份分析其侵蚀强度（按路面实际面积计）：

$$Q_z = \sum_{j=1}^{m} (D_{uj} + D_{dj}) \cdot h_{gj} \cdot l_{gj} \cdot \rho_z / 2 \qquad (8\text{-}8)$$

$$E_z = \frac{Q_z}{d \cdot l \cdot n} \times 10^4 \qquad (8\text{-}9)$$

式中，Q_z 为道路路面浅沟侵蚀量，t；D_{uj} 为勘测路段内第 j 条浅沟上部平均宽度，m；D_{dj} 为勘测路段内第 j 条浅沟底部平均宽度，m；h_{gj} 为勘测路段内第 j 条浅沟平均深度，m；l_{gj} 为勘测路段内第 j 条浅沟长度，m；ρ_z 为路面土壤容重，g/cm³（按实际取样测量结果 1.7 g/cm³ 计）；m 为勘测路段内浅沟总条数；E_z 为路面沟蚀年均侵蚀模数，t/（hm² · a）。

（2）外边坡侵蚀勘测与计算

根据外边坡侵蚀勘测方法，选择典型路段断面，主要测量的参数包括：原坡面坡度（γ）、内边坡坡长（h）、路面宽（d）、外侧梯形堆土平台顶宽（a）、底宽（b）、高（h_1）和斜边与水平面外夹角（α）（图 8-3）。根据上述参数，即可按如下过程获得对应断面的堆土面积净减少量，即单位长度侵蚀量：

$$Q_{wx} = (S_{2x} + S_{3x} - S_{1x}) \cdot \rho_w \tag{8-10}$$

$$S_{1x} = m \cdot h_n / 2 \tag{8-11}$$

$$S_{2x} = u \cdot o \cdot \sin\gamma / 2 \tag{8-12}$$

$$S_{3x} = (a + b) \cdot h_1 / 2 \tag{8-13}$$

$$h_n \approx h \tag{8-14}$$

$$m = h_n \cdot \cot\gamma \tag{8-15}$$

$$u = d - m + b \tag{8-16}$$

$$o = u \cdot \sin\alpha / \sin(180° - \gamma - \alpha) \tag{8-17}$$

式中，Q_{wx} 为第 x 个勘测断面外边坡单位长度侵蚀量，t/m；S_{1x} 为第 x 个勘测断面单位长度原始挖方面积，m²；S_{2x} 为第 x 个勘测断面单位长度现存填方面积，m²；S_{3x} 为第 x 个勘测断面单位长度平台堆土面积，m²；ρ_w 为外边坡土壤容重，g/cm³（按实测自然坡面平均土壤容重 1.4 g/cm³ 计）；h_n 为内边坡高，m；a 为外侧梯形堆土平台顶宽，m；b 为外侧梯形堆土平台底宽 b，m；h_1 为外侧梯形堆土平台高，m；α 为外侧梯形堆土平台斜边倾角，（°）；γ 为原坡面坡度，（°）；m、u、o 均为计算过程参数，分别对应开挖宽度、堆土宽度和堆土覆盖坡面长度，m。

计算出断面单位长度原始挖方、现存填方和平台堆土面积 S_{1x}、S_{2x}、S_{3x} 后，通过断面 1 到断面 2，直至 1 km 典型路段结束，采用积分思想获得总体积，进而确定外边坡侵蚀量，并结合建成年份分析其侵蚀强度（按外边坡堆土外侧面投影面积计）：

$$Q_w = \int_1^n (S_{2x} + S_{3x} - S_{1x}) \cdot \rho_w \tag{8-18}$$

$$E_w = \frac{Q_w}{z \cdot \cos(180 - \alpha) \cdot l \cdot n} \times 10^4 \tag{8-19}$$

$$z = u \cdot \sin(\gamma) / \sin(180 - \gamma - \alpha) \tag{8-20}$$

式中，Q_w 为道路外边坡侵蚀量，t；E_w 为外边坡年均侵蚀模数，t/（hm² · a）；z 为计算过程参数，对应外边坡堆土外侧坡长，m。

8.1.3.3 道路总侵蚀计算

道路总侵蚀强度，根据 3 个侵蚀单元勘测计算的侵蚀量及对应的测算面积，按面积加权平均确定：

$$E_r = \frac{E_n \cdot A_n + E_z \cdot A_z + E_w \cdot A_w}{A_n + A_z + A_w} \tag{8-21}$$

式中，E_r 为道路年均侵蚀模数，t／（hm²·a）；A_n、A_z、A_w 分别为道路内边坡、路面和外边坡的侵蚀测算面积，其中 A_n 按内边坡开挖坡面投影面积计、A_z 按路面实际面积计、A_w 按外边坡堆土外侧面投影面积计，m²。

8.2　机修土质道路侵蚀特征

8.2.1　机修土质道路内边坡侵蚀特征

8.2.1.1　内边坡面蚀特征

在降雨击溅和重力作用下，内边坡出现面状侵蚀，尤其边坡上部偶尔出现层状剥落。典型路段勘测计算结果显示（图 8-4），随道路修建年限延长，内边坡年均面蚀模数呈先增加后降低逐渐趋于平稳的变化趋势，建成 6 年左右道路的内边坡面蚀模数最高，达 845 t／（hm²·a），之后维持在 500 t／（hm²·a）左右。

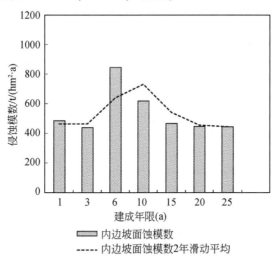

图 8-4　不同建成年限道路内边坡面蚀模数变化

Fig. 8-4　Surface erosion modulus change diagram of inner-side slope of roads buildup in different years

为进一步分析不同建成年份道路的面蚀变化，以各条道路建成后的内边坡单位面积面蚀量、面蚀发生面积占内边坡总面积比例，以及面蚀平均厚度进行分析。结果表明（图 8-5），内边坡面蚀平均厚度和面蚀区域比例均随修建年份延长而增加，并以建成后的 10 年内增速较快，之后增速降低，有趋于平稳的态势。其中，25 年间的面蚀平均厚度每 5 年增加 0.2 m、前 10 年间的面蚀平均厚度每 2 年增加 0.1 m，整个过程中由 1 年时的 0.2 m 增加至 25 年时的 1.1 m；25 年间的面蚀区域比例每 5 年增加 11%、前 10 年间每 2 年增加 8%，整个过程中由 1 年时的 31% 增加至 25 年时的 88%。伴随面蚀厚度和面蚀区域比例的增大，单位面蚀量不断增大，前 10 年间增速较快，平均每 2 年增加 0.16 t/m²，后 15 年增速趋缓，平均每 2 年增加 0.07 t/m²，整个 25 年间，平均每 5 年增加 0.26 t/m²（图 8-6）。

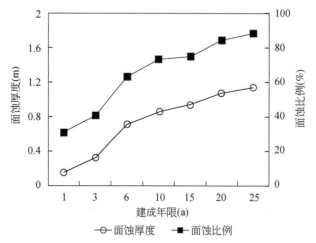

图 8-5　不同建成年限道路内边坡面蚀厚度和比例变化

Fig. 8-5　Surface erosion thickness and ratio change diagram of inner-side slope of roads buildup in different years

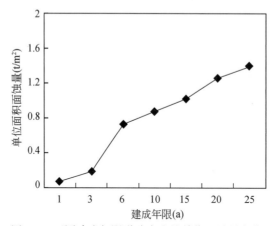

图 8-6　不同建成年限道路内边坡单位面蚀量变化

Fig. 8-6　Surface erosion per unit amount change line graph of inner-side slope of roads buildup in different years

8.2.1.2　内边坡沟蚀特征

原状坡地内的悬沟多发育于陡坡或沟间地向沟谷地过渡的沟缘线附近，呈近乎直立状的深凹型，多是主要的汇流通道。机修土质道路的内边坡，由于坡度急陡，且无防护措施，在遭遇上部来水集中冲刷后易形成悬沟。典型路段勘测计算结果显示（表 8-1），建成 3 年和 6 年的机修土质道路，内边坡内的沟蚀模数达 408 t/（hm²·a）和 685 t/（hm²·a），而建成 10 年的道路则下降至 28 t/（hm²·a）。悬沟数量与沟蚀模数的变化一致，建成 6 年的道路悬沟密度为 85 条/km，而建成 10 年的道路悬沟密度仅 30 条/km。

表 8-1　内边坡悬沟侵蚀状况

Table 8-1　Erosion status of inner-side slope hanging gully

建成年限 （a）	边坡长 （m）	上坡坡度 （°）	内边坡长 （m）	所在原坡面部位	悬沟数量 （条）	年均沟蚀模数 $[t/(hm^2 \cdot a)]$
1	1000	28	3.4	中部	8	4
3	1000	20	4.9	底部	46	408
6	1000	31	6.2	底部	85	685
10	1000	23	2.8	顶部	30	28
15	1000	17	2.7	中部	77	73
20	1000	30	6.1	中部	55	85
25	1000	25	5.3	中部	75	79

　　从不同建成年限的道路内边坡沟蚀变化来看（图 8-7 和图 8-8），总体上，随道路修建年限延长，内边坡悬沟密度呈前 10 年内快速增大，而后略有减小并趋于稳定；沟蚀模数与悬沟密度的变化大体一致，只是 10 年后的减少幅度大于悬沟密度，并逐渐趋于稳定。

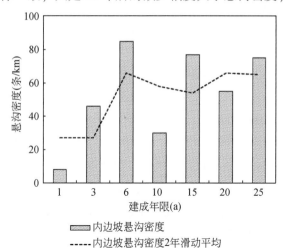

图 8-7　不同建成年限道路内边坡悬沟密度变化

Fig. 8-7　Hanging gully density change diagram of inner-side slope of roads buildup in different years

　　除与建成时间有关外，内边坡悬沟密度与沟蚀模数还受上坡坡度和边坡长度的影响。例如，建成 6 年的道路，其上坡坡度和边坡长度在各典型道路中最陡挖方边坡为最大，分别达 31° 和 6.2 m，因此其悬沟密度和沟蚀模数也最大，分别达 85 条 1km 和 685 t/（hm² · a）。而对于修建 15 年、20 年和 25 年的 3 条均位于坡面中部的道路，其内边坡沟蚀模数与上坡坡度和边坡长度总体呈正比，即上坡越陡、边坡越长，年均沟蚀强度越大。除此以外，道路所处的坡面位置也对沟蚀存在影响，如建成 3 年的道路位于原坡面的底部，上坡总汇流面积较大，遭受上坡大流量汇流冲刷的概率较高，因此内边坡沟蚀较严重，其悬沟密度和沟蚀模数分别为 46 条/km 和 408 t/（hm² · a）；相反，建成 10 年的道路，由于位

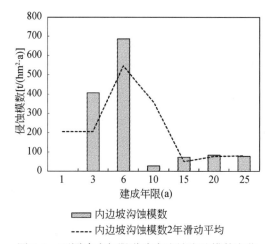

图 8-8　不同建成年限道路内边坡沟蚀模数变化

Fig. 8-8　Gully erosion modulus change diagram of inner-side slope of roads buildup in different years

于原坡面的顶部，上坡总汇流面积较小，遭受上坡大流量汇流冲刷的概率较低，内边坡沟蚀模数仅 28 t/（hm² · a）。

8.2.1.3　内边坡总侵蚀特征

通过勘测计算可以看出（表 8-2），内边坡包括面蚀、沟蚀在内的总侵蚀极为严重。其中，建成 6 年的道路，内边坡年均侵蚀模数高达 1530 t/（hm² · a），其他年限的道路内边坡总侵蚀模数基本在 500~600 t/（hm² · a）（表 8-2），多年平均侵蚀模数达 731 t/（hm² · a）。按照水利部土壤侵蚀分级标准（中华人民共和国水利部，2008），北洛河上游流域内的机修土质道路内边坡各年侵蚀强度均达剧烈等级。

表 8-2　内边坡总侵蚀状况

Table 8-2　Erosion statue of inner-side slope

建成年限（a）	边坡长（m）	内边坡年均总侵蚀模数 ［t/（hm² · a）］
1	1000	492
3	1000	848
6	1000	1530
10	1000	647
15	1000	541
20	1000	532
25	1000	524
多年平均	1000	731

8.2.2 机修土质道路路面侵蚀特征

根据对机修土质道路雨季前后路面浅沟的勘测计算结果可知（表8-3），新修道路经过一个雨季后，路面浅沟侵蚀模数最高，达 572 t/（hm² · a），之后随建成年限延长，路面浅沟侵蚀模数逐渐减小，建至 25 年时路面浅沟侵蚀模数仅 138 t/（hm² · a），多年平均路面浅沟侵蚀模数为 277 t/（hm² · a）。总体上，建成年限 10 年内的道路，路面雨季过后形成的浅沟宽而深，平均宽度为 0.5 m 左右、平均深度为 0.4 m 左右，而建成 10 年以上的道路，其路面雨季过后形成的浅沟则相对宽而浅，平均宽度为 0.5 m 左右、平均深度为 0.2 m 左右。尤其是修建 3 年内的道路，其路面雨季后形成的浅沟宽度和深度基本均大于建成 3 年以上道路。究其原因，可能是新修道路路面较为疏松，遭遇暴雨径流冲刷后，沟蚀严重，容易发育形成规格较大的侵蚀沟，随着建成年限延迟，经过不断地通行碾压，路面趋于紧实，抗蚀和抗冲能力增强，因此侵蚀形成的浅沟规格有所减小。若在路面内，仅考虑浅沟侵蚀，则按照水利部土壤侵蚀分级标准（中华人民共和国水利部，2008），北洛河上游流域内的机修土质道路路面多年平均侵蚀强度达剧烈等级，不同建成年限的道路中，建成年限 10 年内的道路路面侵蚀强度均达剧烈等级，而建成 10 年以上道路的路面侵蚀强度多属极强度。

表8-3 路面浅沟侵蚀状况
Table 8-3 Road surface shallow gully erosion status

建成年限	浅沟条数	平均上宽（m）	平均底宽（m）	平均深度（m）	平均坡度（°）	平均长度（m）	平均路宽（m）	侵蚀模数 [t/（hm²·a）]
1	18	0.7	0.4	0.4	8	42.5	5.1	572
3	23	0.4	0.3	0.4	11	45.7	4.4	500
6	15	0.4	0.4	0.3	9	39.6	6.1	242
10	18	0.3	0.2	0.2	6	44.3	6.1	136
15	23	0.3	0.2	0.2	8	35.1	4.2	137
20	19	0.4	0.3	0.2	11	47.5	4.0	215
25	18	0.8	0.7	0.1	5	30.1	5.5	138
平均	19	0.5	0.4	0.3	8	40.7	5.1	277

除此以外，由表8-3还可看出，建成 3 年以上的各条道路，其路面浅沟侵蚀模数均呈随建成年限总体减少的变化趋势，但其中建成 20 年道路的路面浅沟侵蚀模数波动较大，明显大于所调查的建成 15 年和 25 年的道路路面浅沟侵蚀模数。对比各条抽样道路地形特征不难发现，该条道路的路面平均坡度最大，达 11°，对应的浅沟平均长度最长，达 47.5 m。由此，初步认为路面坡度越大，也就是路面比降越大时，其侵蚀越剧烈。为进一步确认，再选取各项调查因子最为接近所有抽样道路平均值的 1 条道路，即建成 6 年的道路，对其各段详查数据做具体分析（表8-4）。

表 8-4　建成 6 年道路的路面浅沟侵蚀分段勘测结果

Table 8-4　The road surface shallow gully segments erosion investigation results of roads
which has been built for 6 years

浅沟序号	路段（m）	浅沟平均上宽（m）	浅沟平均底宽（m）	浅沟平均深（m）	浅沟长度（m）	路段坡度（°）	路面宽（m）	侵蚀模数 [t/(hm²·a)]
1	0~50	0.5	0.4	0.3	50	9	6.1	376
2	50~100	0.4	0.3	0.3	50	8	6.4	279
3	100~150	0.4	0.3	0.5	50	10	6.1	488
4		0.2	0.2	0.3	15	10	6.1	20
5	150~200	0.5	0.4	0.3	50	8	6.1	376
6	200~250	0.5	0.4	0.3	50	3	6.2	370
7	250~300	0.5	0.4	0.2	50	3	6.1	251
8	300~350	0.8	0.7	0.1	10	2	6.3	40
9	350~400	0.4	0.3	0.2	30	10	6.5	110
10		0.4	0.4	0.1	25	10	6.5	52
11	400~450	0.5	0.5	0.4	50	13	6.2	548
12	450~500	0.5	0.4	0.4	50	12	6.2	494
13	500~550	0.3	0.3	0.5	20	10	6.3	162
14		0.2	0.1	0.5	30	10	6.3	109
15	550~600	0.8	0.6	0.2	30	12	5.9	242
16	600~650	0.3	0.2	0.5	50	8	6.2	343
17	650~700	0.3	0.3	0.3	40	10	5.8	211
18	700~750	0.4	0.3	0.2	50	9	6.8	175
19	750~800	0.4	0.5	0.1	50	6	5.1	167
20	800~850	0.4	0.4	0.2	50	9	5.9	231
21	850~900	0.3	0.3	0.3	30	7	5.9	156
22	900~950	0.3	0.4	0.4	50	12	6.1	390
23	950~1000	0.6	0.5	0.4	30	9	6.2	362
平均	0~1000	0.4	0.4	0.3	910	9	6.1	301

　　调查结果显示，对于随机选取的建成 6 年的道路，所勘测的 1 km 路段内，共存在 23 条浅沟，除 100~150 m 和 500~550 m 路段的路面内各存在 2 条浅沟外，其余 50 m 长的路段内均存在 1 条浅沟。各条浅沟的上宽在 0.2~0.8 m、底宽在 0.2~0.7 m、深度在 0.1~0.5 m、长度在 10~50 m，60% 的浅沟长度等于所在路段长度，即贯通所在路段。整个 1 km 的道路平均坡度为 9°，现存浅沟平均上宽为 0.4 m、平均底宽为 0.4 m、平均深度为 0.3 m，路面沟蚀模数为 301 t/（hm²·a）。

各路段建成年限和单位面积相同，路面沟蚀模数总体随坡度增大而增大，同时也影响其在整个路段汇流路径中的位置。例如，坡度为 2° 的 300 ~ 350 m 路段，路面浅沟侵蚀模数仅有 40 t/（hm² · a），而坡度为 13° 的 400 ~ 450 m 路段，其路面浅沟侵蚀模数则达 548 t/（hm² · a），其余坡度在 2° ~ 13° 的路段，其浅沟侵蚀模数基本随路面比降同步增大。为进一步分析路面浅沟侵蚀与路面坡度的关系，分坡段统计不同坡段路面对应的浅沟侵蚀模数（表 8-5）。统计结果表明，随着坡段的坡度增大，对应坡段的平均浅沟侵蚀模数不断增大。

表 8-5　坡度与道路坡面浅沟侵蚀的关系表

Table 8-5　Relationship between gradient and road surface shallow gully erosion

坡段	坡段数	平均浅沟侵蚀模数 [t/（hm² · a）]
5°	3	220
(5° ~ 8°]	3	222
(8° ~ 10°]	6	235
>10°	4	419

8.2.3　机修土质道路外边坡侵蚀特征

机修道路外边坡为填方边坡，由道路内边坡和路面开挖形成的土方顺坡堆弃形成，并在建成后每年路面整修时将路面铲土持续堆弃于外边坡，因此其土壤较为松散，面状侵蚀较为严重，偶尔伴有泻溜、滑塌。勘测计算结果显示（图 8-9），抽选的典型道路外边坡

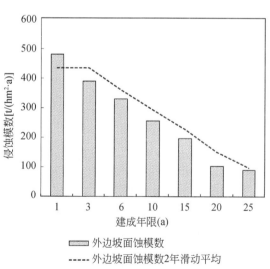

图 8-9　不同建成年限道路外边坡沟蚀模数变化

Fig. 8-9　Gully erosion modulus change diagram of outer-side slope of roads buildup in different years

多年平均侵蚀模数为 289 t/（hm²·a），达剧烈等级。不同建成年限的道路间，建成当年道路的外边坡侵蚀模数最大，为 481t/（hm²·a），建成 25 年道路的外边坡侵蚀模数最小，为 97 t/（hm²·a），随道路建成年限延长，外边坡侵蚀模数持续减小，但建成 20 年以内的道路外边坡侵蚀强度均达剧烈，而建成 20 年以上的道路外边坡侵蚀强度下降为极强度（中华人民共和国水利部，2008）。究其原因，一方面，由于外边坡为填方边坡，堆弃土壤松散，故不同建成年限的外边坡侵蚀均十分严重；另一方面，随着建成年限延长，堆弃土方的紧实度增大，松散的侵蚀物源减少，因此外边坡侵蚀模数不断减小。

8.2.4 机修土质道路侵蚀总体分析

根据各条道路内边坡、路面和外边坡的侵蚀模数勘测计算结果，按照面积加权平均方式，综合计算确定对应道路的总侵蚀状况，并进行统计、对比分析。

统计结果显示（图 8-10），各单元间，除建成当年的路面侵蚀强度最高外，其余年限均以内边坡侵蚀强度最高，内边坡侵蚀强度在 25 年间大致呈单峰变化，而路面和外边坡侵蚀强度总体逐年减少，由此导致道路建成的前 5 年和 20 年后，路面侵蚀强度高于内边坡，而 5~20 年路面侵蚀强度小于内边坡；道路总侵蚀量大致呈逐步减少且趋于稳定的年际波动，建成前 10 年侵蚀强度极高，各年均超过 250 t/（hm²·a），平均达 440 t/（hm²·a），属剧烈等级；10 年后道路侵蚀强度趋于稳定，基本在 150~200 t/（hm²·a），但仍属剧烈等级，多年平均侵蚀强度为 344 t/（hm²·a）。

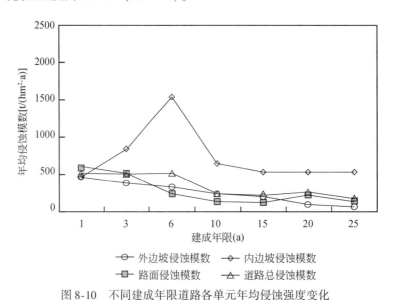

图 8-10 不同建成年限道路各单元年均侵蚀强度变化

Fig. 8-10 Annual erosion intensity per unit change diagram of roads buildup in different years

由于各侵蚀单元的面积存在差异，侵蚀强度不能直接反映不同单元在道路侵蚀产沙中的贡献比例。为此，根据各单元勘测计算的侵蚀量计算其在道路总侵蚀量中的贡献比例。

统计结果显示（图 8-11），内边坡、路面和外边坡的侵蚀量平均占道路侵蚀总量的 34%、22% 和 44%，虽然各年间有所波动，但外边坡总体是道路的主要侵蚀产沙区，其次为内边坡，路面侵蚀产沙量的贡献比例最小。究其原因，路面地形平缓，通行过程中被不断碾压，主要受雨季浅沟侵蚀以及每年人为整修挖、铲影响，因此其侵蚀强度和侵蚀比例在各单元间均为最小。外边坡侵蚀强度略高于路面而低于内边坡，但由于其在道路侵蚀面积中的比例较高，因此最终其侵蚀比例最大。内边坡的侵蚀强度最大，但由于其侵蚀面积小于外边坡，最终侵蚀比例小于外边坡。整个 25 年间，外边坡和路面的侵蚀比例大致呈减少趋势，而内边坡的侵蚀比例则大致呈增加趋势。这可能是由于道路建成的前几年，路面和填方外边坡土质相对疏松，侵蚀强度较高，随着修建年限增加，路面趋于硬化而外边坡堆土稳定性不断增大，侵蚀强度减小，因此造成这两个单元的侵蚀比例有随修建年限减少的趋势；内边坡在道路建成初期，主要发生面蚀，随着局部悬沟的形成，在上部来水冲刷下发生崩塌等重力侵蚀的概率增大，侵蚀强度有所增大，因此其侵蚀比例有随修建年限增加的趋势。

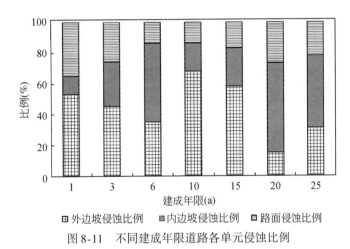

图 8-11　不同建成年限道路各单元侵蚀比例

Fig. 8-11　Erosion ratio per unit change diagram of roads buildup in different years

8.3　小　　结

近年来，机修土质道路在黄土高原地区呈快速增长，逐渐成为该区重要的侵蚀产沙源地。通过在北洛河上游流域内选取不同修建年限的机修土质道路，开展实地抽样勘测计算，确定了该区机修土质道路侵蚀特征：

1）黄土区机修土质道路通常按半挖半填形式修建，依据修筑方式和结构组成，大致可划分为内边坡、路面和外边坡 3 个侵蚀单元；其中，内边坡为开挖坡面，位于道路内侧，坡度多大于 45°；外边坡为堆积坡面，位于道路外侧，坡度多大于所在坡面自然坡度而接近土体自然休止角，约为 35°；路面为内、外边坡间相对平整的压实部位。各单元的侵蚀过程大致表现为：内边坡整体呈面状蚀退，坡度由趋于垂直而略有减小，局部因上部来水冲刷形成柱状冲沟；外边坡因土体流失而坡度减缓；路面表土流失，汇流冲刷出现浅沟，由于影响通行故每年雨季后通常进行人工整修，导致路面整体标高下降，且路面整修铲除的余土均沿外边坡顶部堆放，故而在路面与外边坡交界处形成类似于防护性路肩的平台。

2）黄土区机修土质道路内边坡主要包括整体面蚀和局部沟蚀，多年平均总侵蚀强度约 730 t/（hm²·a），除建成 6 年的道路内边坡侵蚀模数高达 1530 t/（hm²·a）外，其他年限基本在 500~600 t/（hm²·a），各年均属剧烈等级；其中，面蚀强度随修建年限增加呈先增后降逐渐趋稳的变化趋势，大致以 10 年为界，之前面蚀厚度和面蚀区域比例均随修建年限同步增加，之后增速降低逐渐趋稳；沟蚀强度总体随修建年限增加呈先快速增大后略有减小并趋于稳定的变化趋势，大致以 10 年为界；除随建成年限变化外，内边坡沟蚀强度和悬沟密度还受上坡坡度、边坡长度和路段位置影响，总体表现为上坡坡度和边坡长度越大、路段越靠近坡面下部，沟蚀强度和悬沟密度越大。

3）黄土区机修土质道路路面受人为整修影响，表现为每年雨季以浅沟侵蚀为主，雨季过后经挖、铲恢复平整，但标高整体下降；仅考虑降雨径流冲刷导致的浅沟侵蚀，路面多年平均侵蚀强度约 280 t/（hm²·a），属剧烈等级；各年间，新修道路的路面侵蚀强度最高，随建成年限延长侵蚀强度降低，大致以 10 年为界，之前均达剧烈等级，之后多属极强等级；除与修建年限有关外，相同年限和降雨条件下，路面坡度越大，对应路段内的路面浅沟侵蚀强度越高。

4）黄土区机修土质道路外边坡多年平均侵蚀强度约 290 t/（hm²·a），属剧烈等级；各年间，新修道路的外边坡侵蚀强度最高，随建成年限延长侵蚀强度降低，但建成 20 年以内的外边坡侵蚀强度均达剧烈等级，建成 20 年以上的外边坡侵蚀强度下降为极强等级。

5）黄土区机修土质道路总侵蚀强度随建成年限延长大致呈逐步减少趋稳的变化趋势，建成 10 年内的侵蚀强度均超过 250 t/（hm²·a），建成 10 年后的侵蚀强度基本在 150~200 t/（hm²·a），但各年均属剧烈等级，多年平均侵蚀强度约 340 t/（hm²·a）。3 个侵蚀单元间，除建成当年路面的侵蚀强度最高外，其余年限均以内边坡的侵蚀强度最高，其侵蚀强度在 25 年内大致呈单峰变化，而路面和外边坡的侵蚀强度总体逐年减少，由此导致道路建成的前 5 年内和 20 年后，路面的侵蚀强度高于内边坡，而 5~20 年路面的侵蚀强度小于内边坡；内边坡、路面和外边坡的侵蚀量平均占道路侵蚀总量的 34%、22% 和 44%，各年间虽有波动，但外边坡总体是道路的主要侵蚀产沙区，其次为内边坡，路面侵蚀产沙量的贡献比例最小。

6）内、外边坡侵蚀量之和占道路侵蚀总量的 78%，因此开挖和堆积边坡防护是道路水土流失防治的重点；在道路选线时应尽量选择挖、填方和上坡坡度较小的路线，无法回避上部汇水面较大的坡段时，应布设截、排水沟，减少上坡来水对内边坡的冲刷；道路路面尽量压实硬化，必要时布设排水沟，对于坡度较大的路段，可采用"之"字形布线以降低路段坡降；雨季后路面整修的挖、铲土方应尽量在路面内铺填压实，减少向外边坡堆积；外边坡应布设拦挡措施，堆积后坡度较缓的应种植林草，防治填方边坡新建初期水土流失。

参 考 文 献

曹世雄, 陈莉, 高旺盛. 2006. 黄土丘陵区路面种草对水土保持的影响及成本效益分析. 农业工程学报, 22 (8): 73-76.

段喜明, 王治国. 1999. 朔黄铁路山西段水土流失预测及治理研究. 土壤侵蚀与水土保持学报, 5 (6): 71-75.

李忠武, 蔡强国, 吴淑安, 等. 2001. 内昆铁路施工期不同下垫面土壤侵蚀模拟研究. 水土保持学报, 15 (2): 5-8.

刘小勇, 吴普特. 2000. 硬地面侵蚀产沙模拟试验研究. 水土保持学报, 14 (1): 33-37.

史志华, 陈利顶, 杨长春, 等. 2009. 三峡库区土质道路侵蚀产沙过程的模拟降雨试验. 生态学报, 29 (12): 6785-6792.

杨喜田, 茧惠英, 黄玉荣, 等. 2001. 黄土地区高速公路边坡稳定性的研究. 水土保持学报, 4 (1): 77-81.

叶翠玲, 许兆义, 杨成永. 2001. 秦沈客运专线建设过程中的水土流失实验研究. 水土保持学报, 15 (2): 9-13.

张科利, 徐宪利, 罗丽芳. 2008. 国内外道路侵蚀研究回顾与展望. 地理科学, 28 (1): 119-123.

张强, 郑世清, 田凤霞, 等. 2010. 黄土区土质道路人工降雨及放水试验条件下产流产沙特征. 农业工程学报, 26 (5): 83-87.

郑世清, 田凤霞, 王占礼, 等. 2009. 植物路与土质路产流产沙过程的比较试验. 泥沙研究, (4): 1-6.

中华人民共和国水利部. 2008. 土壤侵蚀分类分级标准 (SL 190–2007). 北京: 中国水利水电出版社.

Arnaez J, Larrea V, Ortigosa L. 2004. Surface runoff and soil erosion on unpaved forest road from rainfall simulation tests in northeastern Spain. Catena, 57 (1): 1-14.

Jones J A, Swanson F J. 2000. Effects of roads on hydrology, geomorphology, and disturbance patches in stream networks. Conservation Biology, 14 (1): 76-85.

Jordan A, Martinez- Zavala L. 2008. Soil loss and runoff rates on unpaved forest road in southern Spain after simulated rainfall. Forest Ecology and Management, 255 (3-4): 913-919.

Kolka R K, Smidt M F. 2004. Effects of forest road amelioration techniques on soil bulk density, surface runoff, sediment transport, soil moisture and seedling growth. Forest Ecology and Management, 202 (1-3): 313-323.

Megahan W F, Wilson M, Monsen S B. 2001. Sediment production from granitic cut slopes on forest reads in Idaho, USA. Earth Surface Processes and Landforms, 26 (2): 153-163.

Sidle R C, Sasaki S, Otsuki M, et al. 2004. Sediment pathways in a tropical forest: effects of logging roads and skid trails. Hydrological Processes, 18 (4): 703-720.

Wemple B C, Swanson F J, Jones J A. 2001. Forest roads and geomorphic process interactions, Cascade range, Oregon. Earth Surface Processes and Landforms, 26 (2): 191-204.

下篇　侵蚀产沙预报及其植被
重建变化响应

第 9 章　黄土高原县域土壤侵蚀强度评估

土壤侵蚀直接导致人类赖以生存的土地资源不断退化、减少，并同时引发和加剧洪水灾害等其他环境问题。目前，全球范围内，土壤侵蚀导致的土地退化与损失正逐步加剧，而中国已然成为遭受其危害最大的国家之一。土壤侵蚀强度评估是土壤侵蚀防治的重要基础，长期被世界各国所重视。早在 1934 年，美国土壤保持局就进行了全美范围的土壤侵蚀普查（Bennett，1939），澳大利亚随后于 1949 年进行澳大利亚大部分区域的土壤侵蚀普查（Blackburn and Leslie，1949）。除此以外，从 1977 年开始，美国将土壤侵蚀普查作为国家资源清查（natural resources inventory）的专题内容之一，每 5 年开展一次包括土壤侵蚀普查的清查工作，相继采用了分层抽样统计（Nusser et al.，1998）、通用土壤流失方程式（universal soil loss equation，USLE）（Wischmeier and Smith，1978）和土壤风蚀方程（wind erosion equation，WEQ）（USDA Agricultural Research Service，1961），主要对农地的土壤侵蚀强度进行了调查、分级，并评估了全国土地资源退化状况（USDA，2009）。我国于 20 世纪 50 年代开展了黄土高原考察，完成了黄土高原土壤侵蚀强度与分布图，开启了区域土壤侵蚀评估工作（杨勤科等，2008）。之后，分别于 60 年代和 90 年代先后编制出版了全国土壤侵蚀类型分布图（朱显谟等，1999）、1997 年颁布了土壤侵蚀分类分级的行业标准（中华人民共和国水利部，1997），并于 2007 年进行了再版修订（中华人民共和国水利部，2008）。同时，50 年代至今，基于不同的技术手段，我国相继开展了 4 次全国性的土壤侵蚀调查：第 1 次是 50 年代，采用人工调查方法，初步查清了全国水蚀面积、强度及分布，为后来将黄河中游、长江中上游等确定为重点治理区提供了基本依据；第 2 次是 80 年代，利用遥感技术，结合地面监测，查清了水土流失主要类型及分布，对全国乃至不同地区水土流失状况有了更为全面、准确的把握；第 3 次是 1999 年，利用更高分辨率遥感影像，开展了全国水土流失调查，并划分出水蚀风蚀交错区，从宏观上掌握了水土流失动态情况（李智广等，2012）；第 4 次是 2010～2012 年，随着第一次全国水利普查中的水土保持情况普查，采用抽样调查的方法大致按 1% 的比例在全国选定了 33 966 个野外调查单元，在对野外调查抽样土壤侵蚀因子详查的基础上，运用中国土壤侵蚀模型（Chinese soil loss equation，CSLE）计算全国土壤侵蚀量再进行等级划分，首次实现了全国土壤侵蚀强度定量评估（刘震，2013）。

我国已有的前 3 次全国土壤侵蚀调查，仅依据利用土地利用（耕地和非耕地）、植被覆盖度和坡度等因子，主要按照土壤侵蚀分级标准进行评估，直接获得不同土壤侵蚀强度等级的分布，无法完整反映所有土壤侵蚀影响因子的作用以及水土保持治理效果（杨勤科等，2008）。同时，直接分类分级的方法在对大区域土壤侵蚀评估制图时主要基于解译人员的主观判断对斑块土壤侵蚀定性分级分类，其结果具有较大的随意性，精度较难保证。

与第一次全国水利普查一同开展的第 4 次土壤侵蚀普查，充分应用地面系统抽样、遥感解译、模型计算等技术方法和手段，在计算分析降雨侵蚀力因子、土壤可蚀性因子、地形因子和生物、工程及耕作等水土保持措施因子的基础上，利用土壤侵蚀模型定量计算土壤流失量，分析侵蚀分布的面积和强度（国务院第一次全国水利普查领导小组办公室，2011），定量化程度大幅提升，理论上也具有更好的精度。然而，对于特定区域，两种方法的应用效果具体有何不同，适用性如何，仍不尽明确。同时，县（市）是我国的基本行政单元，也是各类政策落实的基本层次。水土保持生态建设工程也无例外的必然以县（市）为单元具体开展。因此，县域尺度的土壤侵蚀评估技术研究具有十分广泛的现实需求和重要的科技意义。为此，本书选择大部分面积位于北洛河上游流域内的陕西吴起县为典型区，按照均匀抽样方法选定 39 个小流域单元进行土壤侵蚀因子野外详调，再运用中国土壤侵蚀模型（Liu et al.，2002）定量评估土壤侵蚀模数，进行强度分级，将其结果与基于 SPOT5 遥感影像采用土壤侵蚀分类分级标准（中华人民共和国水利部，2007）的评估结果对比，分析两种方法在效果与精度方面的差异，以期为我国县域尺度土壤侵蚀评估提供有益的技术参考。

9.1 县域土壤侵蚀评估数据与方法

9.1.1 抽样单元与 CSLE 模型

（1）抽样单元

吴起县境内主要有洛河、无定河两大水系，集水面积在 1 km² 以上的河流、沟溪 636 条，河网密度为 0.86 km/km²。本书采用的均匀抽样方法是以 10 km 为边长，把全县划分为正方形网格，每个正方形中心抽取一个抽样单元，即面积 1 km² 左右的小流域或小流域的一部分，共计 39 个抽样单元（分布见图 9-1），总面积为 42.1 km²，抽样比例为 1.1%。抽样单元面积最小为 0.81 km²，最大为 1.88 km²，平均为 1.08 km²。

（2）CSLE 模型

中国土壤侵蚀模型（Chinese soil loss equation，CSLE）（Liu et al.，2002）是在美国通用土壤流失方程式（universal soil loss equation，USLE）（Wischmeier and Smith，1978）的基础上，根据中国水土流失情况和防治措施改进建立，基本算式如下：

$$A = 100 \cdot R \cdot K \cdot L \cdot S \cdot B \cdot E \cdot T \tag{9-1}$$

式中，A 为单位面积年均侵蚀量，t/（km²·a）；R 为降雨侵蚀力因子，MJ·mm/（hm²·h·a）；K 为土壤可蚀性因子，t·hm²·h/（hm²·MJ·mm）；L 为坡长因子（无量纲）；S 为坡度因子（无量纲）；B 为生物措施因子（无量纲）；E 为工程措施因子（无量纲）；T 为耕作措施因子（无量纲）。

本书中，降雨侵蚀力因子（R）基于吴起气象站 1957 年 1 月至 2009 年 10 月的逐月雨量资料，按照章文波和付金生（2003）提出的方法计算逐年降雨侵蚀力。土壤可蚀性因子

图 9-1　39 个抽样小流域位置图

Fig. 9-1　Locations of 39 sampling small watersheds

（K）采用张科利等（2007）提出的修正方法计算，即

$$K_{\text{nomo}} = \left[2.1 \times 10^{-4} \times M^{1.14}(12 - \text{OM}) + 3.25(\text{ssc} - 2) + 2.5(p - 3) \right]/100 \qquad (9\text{-}2)$$

$$K = 0.744\,88K_{\text{nomo}} - 0.033\,36 \qquad (9\text{-}3)$$

$$M = 0.002 \sim 0.1\text{mm} \text{ 质量分数} \cdot (0.002 \sim 0.05\text{mm} \text{ 质量分数} + 0.05 \sim 2\text{mm} \text{ 质量分数})$$
$$\qquad (9\text{-}4)$$

式中，K_{nomo} 为根据 Wischmeier 等所提算式（Wischmeier and Smith，1978）计算的土壤可蚀性因子值；OM 为土壤有机质含量，g/kg；ssc 为结构系数；p 为渗透性等级。

式（9-3）中所需的土壤有机质含量和机械组成通过在吴起县 39 个小流域 102 个土地利用斑块野外采集土壤样本，并使用沉降法测定。

汤国安等（2003）提出在陕北黄土高原地区，5m 分辨率的 DEM 对于提取坡面坡度具有较理想的结果，因此本书中使用 ArcGIS 软件，基于 1：1 万矢量化地形图，建立分辨率为 5m×5 m 的 DEM，利用 ArcGIS 空间分析功能由 DEM 生成坡度图，提取单元格边长 10 m 的坡度图层用于计算坡度因子。已有计算坡度因子的经验公式多是基于 30°以下的试验数据（Wischmeier and Smith，1978；Nearing，1997），无法准确估计 30°以上坡度对土壤侵蚀的影响，另外，从理论分析及实测结果来看，黄土高原土壤侵蚀的临界坡度在 21.4°~45°，黄绵土约为 28°（赵晓光等，1999），坡度超过该临界坡度时，随坡度增大土壤侵蚀量趋于稳定或减少。因此，在本书中当坡度大于 30°时，令坡度等于 30°。然后利用 Liu 等于1994年提出的算式（Liu et al.，1994）计算：

$$S = 21.9\sin\theta - 0.96$$

式中，S 为坡度因子（无量纲）；θ 为坡度（°）。

坡长因子（L）则采用北京师范大学修正的坡长因子计算模块（ArcGIS 插件 ls_cal）计算，其基本算式为

$$L = \left(\frac{\lambda}{22.13}\right)^{0.5}$$

式中，L 为坡长因子（无量纲）；λ 为坡长，m。

由于黄土沟壑区浅沟密度较大，能截断坡面水流为集中水流，而这些浅沟在万分之一地形图上无法表现出来。因此，根据万分之一地形图计算的坡长明显长于实际坡长。据野外目测估计，吴起县实际坡长很少超过90 m，同时，目前使用的坡长因子计算公式多是基于60 m 以下的坡长试验数据（Liu et al.，2000），不能准确估计60 m 以上坡长对侵蚀的影响。因此，当坡长因子大于2（即坡长大于90 m）时，令坡长因子为2，以避免沟谷区侵蚀估计过大的问题。

对于水土保持的生物措施因子（B），首先根据实地调查获得各土地利用斑块的植被类型、覆盖度、耕作措施和工程措施的类型；然后，根据美国通用土壤流失方程式提供的参数（Wischmeier and Smith，1978）确定不同土地利用、植被类型和覆盖度的因子取值。其中，在确定各种林地、灌木林地和草地的因子值时，按照表9-1，先依据地上植被高度确定植被类型，再依据相应的地上植被覆盖度和贴附在土壤表面的植被覆盖度选择因子取值。

表 9-1 草地、灌木林和人工林 B 因子
Table 9-1 *B* factor of grassland, shrubland and woodland

地上植被		土壤表面植被覆盖度（%）					
植被类型和高度	覆盖度（%）	0	20	40	60	80	>95
无地上植被高秆杂草或矮灌丛（50cm）	0	0.45	0.22	0.13	0.067	0.028	0.007
	25	0.36	0.20	0.13	0.083	0.041	0.011
	50	0.26	0.16	0.11	0.076	0.039	0.011
	75	0.17	0.12	0.09	0.068	0.038	0.011
灌木（200cm）	25	0.4	0.22	0.14	0.087	0.042	0.011
	50	0.34	0.19	0.13	0.082	0.041	0.011
	75	0.28	0.17	0.12	0.078	0.04	0.011
乔木（400cm）	25	0.42	0.23	0.14	0.089	0.042	0.011
	50	0.39	0.21	0.14	0.087	0.042	0.011
	75	0.36	0.2	0.13	0.084	0.041	0.011

对于工程和耕作措施因子（E、T），则根据陕西、山西等地的径流小区试验数据计算确定出鱼鳞坑、水平条和坡改梯3种主要措施的因子取值。

9.1.2 遥感解译与侵蚀强度分级标准

依据《土壤侵蚀分类分级标准》（SL190-2007）（中华人民共和国水利部，2008）中的面蚀分级指标（表9-2），估计土壤侵蚀强度需地形和植被覆盖度数据。基于万分之一地形图建立全县范围的 DEM 并生成坡度图层。根据 2009 年 5 月 25 日的 SPOT5 多光谱数据计算全县 NDVI 和植被覆盖度，生成植被覆盖图层，再将坡度图和植被图相乘后进行分类，即获得非耕地各单元格的土壤侵蚀强度级别；耕地的侵蚀强度，根据坡度判断，并使用各级强度侵蚀的均值（剧烈侵蚀按均值 2 万 t/（km²·a）计）计算全县平均土壤侵蚀强度。

表 9-2　面蚀（片蚀）分级指标

Table 9-2　Classification indicatorsof surface erosion（sheet erosion）

地类 ＼ 地类坡度		5°～8°	8°～15°	15°～25°	25°～35°	>35°
非耕地林草盖度（%）	60～75					
	45～60	轻度				强烈
	30～45		中度		强烈	极强烈
	<30			强烈	极强烈	剧烈
坡耕地		轻度	中度			

注：根据《土壤侵蚀分级分类标准》（SL190-2007）（中华人民共和国水利部，2008），土壤侵蚀强度分为微度（<1000 t/（km²·a））、轻度（1000～2500 t/（km²·a））、中度（2500～5000 t/（km²·a））、强烈（5000～8000 t/（km²·a））、极强烈（8000～15 000 t/（km²·a））和剧烈（>15 000 t/（km²·a））。

9.2　县域土壤侵蚀强度评估分析

9.2.1　基于抽样单元校核的 CSLE 土壤侵蚀评估

根据 1957～2009 年吴起县逐年降雨量和降雨侵蚀力变化可见（图9-2），研究期内降雨侵蚀力无显著变化趋势，为此使用 1957～2009 年的多年平均降雨侵蚀力 1458 MJ·mm/（hm²·h·a），用于计算土壤侵蚀模数。

土壤可蚀性测算结果表明（图9-3），102 个样本的土壤有机质含量在 8.7～23.7 g/kg，均值为 14 g/kg；黏粒质量分数在 0～13%，均值为 6%；粉粒质量分数在 22%～58%，均值为 47%；砂粒质量分数在 29%～78%，均值为 47%。根据吴起县土壤物理性质，结构系数取值为 1，渗透性等级取值为 2，并将所得数值换算成标准单位。依据以上参数，最终计算得到全县抽样单元的土壤可蚀性因子在 0.017～0.037 t·hm²·h/（hm²·MJ·mm），均值为 0.028 t·hm²·h/（hm²·MJ·mm）。在计算抽样小流域土壤侵蚀量时，分别采用各小流域沟间地和沟谷地采样计算的土壤可蚀性因子值。

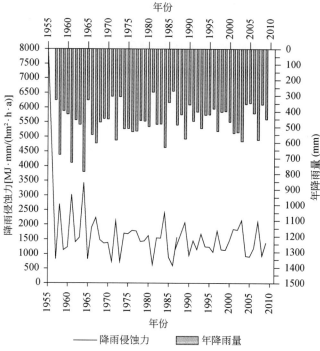

图 9-2　吴起县降雨侵蚀力的年际变化

Fig. 9-2　Yearly fluctuation of rainfall erosivity in Wuqi County

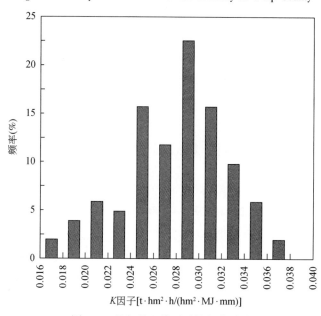

图 9-3　吴起县土壤可蚀性频率分布

Fig. 9-3　Frequency distribution of soil erodibility in Wuqi County

吴起县未经修正的坡度因子大致呈正态分布 [图9-4 (a)]，坡度大于30°的坡度因子算法进行调整以后，抽样流域的坡度因子在0~10，60%的地块单元其坡度因子在8~10。未经修正的坡长因子在0~4，调整后坡长因子小于1的地块单元面积占44%，坡长因子在1~2的地块单元面积占56% [图9-4 (b)]。

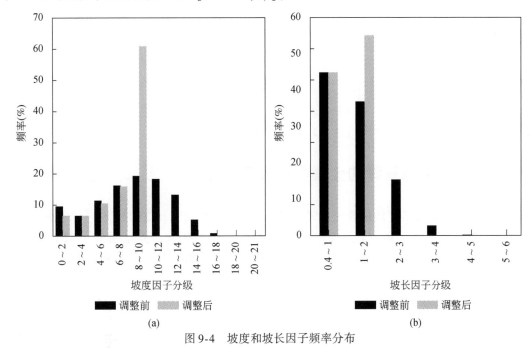

(a)   (b)

图9-4　坡度和坡长因子频率分布

Fig. 9-4　Frequency distribution of slope gradient and slope lenth factor

调查中统计的水土保持植被措施主要包括水土保持林、人工牧草和封禁治理等；工程措施主要包括梯田、淤地坝及水平阶与鱼鳞坑等整地措施。其中，水土保持林造林面积共约822 hm²，主要树种为沙棘、刺槐和柠条；草地为294 hm²；经果林为274 hm²，主要树种为山杏，另有少量苹果、梨、山桃等，主要种植方式为经济林和水保林混交，单纯的经济林面积很小。水土保持林和草地的水土保持效果通过生物措施因子（B）来反映，工程措施的水土保持效果则通过工程措施因子（E）反映（表9-3）。具体的工程措施主要包括坡改梯、水平阶整地和鱼鳞坑整地。抽样调查中的所有坡耕地均实施了坡改梯，近10年所有新造林地均采用了整地措施。调查发现淤地坝共214座，但由于淤地坝不直接影响坡面侵蚀，本书未予考虑。

表9-3　水土保持措施因子取值

Table 9-3　Values of soil conservation practice factors

生物措施因子 B	面积比例（%）	工程措施 E	E 取值	面积比例（%）
0~0.2	74.81	鱼鳞坑	0.219	5.19
0.2~0.4	9.58	水平条	0.294	5.77

生物措施因子 B	面积比例（%）	工程措施 E	E 取值	面积比例（%）
0.4~0.6	13.78	坡改梯	0.090	10.05
0.6~0.8	0.20			
0.8~1.0	1.63	无工程措施	1	78.99

注：E 因子依据径流小区试验资料估计，包括山西离石羊道沟小流域径流小区试验资料，小区长 20m，宽 10m，试验年限 1957~1965。安塞县径流小区试验资料[20]，试验采用人工模拟降雨，小区面积为 1m×3m。

使用抽样调查数据和 CSLE 模型估算的吴起县年均土壤侵蚀模数为 4571 t/（km²·a），最大土壤侵蚀模数达 88 259 t/（km²·a）。轻度及以下土壤侵蚀面积、中度土壤侵蚀面积和强烈及以上土壤侵蚀面积分别占全县总面积的 48%、23% 和 30%。

9.2.2 基于遥感解译的土壤侵蚀强度分级

土壤侵蚀分级分类方法估算侵蚀强度只取决于植被覆盖度和地面坡度。2009 年，根据 SPOT5 影像数据解译计算，全县植被覆盖度多在 30%~60%，覆盖度低于 15% 和高于 60% 的面积比例均很小，而抽样流域的地面坡度和植被覆盖度与全县差别很小，说明本书采用的均匀抽样方法及对应的 1% 抽样比例对于吴起县的地形与地表覆盖状况具有良好代表性；全县坡面坡度以大于 15° 为主，其中大于 25° 的陡坡占 58%（表 9-4）。

表 9-4　吴起县地面坡度和 2009 年植被覆盖度统计

Table 9-4　Statistics of slope gradients and vegetation coverage in Wuqi County，2009

坡度范围	面积比例（%）			植被覆盖度（%）	2009 年面积比例（%）		
	全县	抽样流域	相对误差		全县	抽样流域	相对误差
0°~5°	4.36	4.50	3.21	0~15	0.01	0.01	0.00
5°~8°	2.28	2.08	−8.77	15~30	8.03	8.68	8.09
8°~15°	9.37	8.85	−5.55	30~45	48.01	50.00	4.14
15°~25°	25.96	25.61	−1.35	45~60	39.95	38.43	−3.80
25°~35°	34.84	36.08	3.56	>60	3.99	2.89	−27.57
>35°	23.20	22.88	−1.38				

依据分级分类方法估计的土壤侵蚀强度以中度和强烈土壤侵蚀为主，共占全县总面积的 76%，平均土壤侵蚀模数约 5500 t/（km²·a）。

9.2.3 模型评估与遥感分级对比

由不同方法确定的全县不同土壤侵蚀强度面积比例来看（表 9-5），两种方法确定全县平均土壤侵蚀模数比较接近，但不同土壤侵蚀强度的面积和分布存在较大差异。遥感分级方法与模型评估方法相比，微度和轻度土壤侵蚀面积分别少20%和21%；中度和轻度土壤侵蚀面积分别多9%和7%；极强烈土壤侵蚀面积基本接近，但剧烈侵蚀面积少5%。

表9-5　基于抽样+CSLE和遥感+分类分级方法估算的吴起土壤各级侵蚀强度面积比较

Table 9-5　Comparison of soil erosion intensity of different levels in Wuqi based on two methods（sampling+CSLE & remote sensing+classification）

侵蚀强度（t/（km²·a））	抽样数据CSLE模型（%）	遥感数据分类分级（%）	遥感计算较模型计算的百分比偏差（%）
微度（<1 000）	22.74	4.53	−19.60
轻度（1 000~2 500）	24.81	5.13	−21.25
中度（2 500~5 000）	22.82	46.27	9.30
强烈（5 000~8 000）	14.05	30.13	6.87
极强烈（8 000~15 000）	9.74	12.84	−0.83
剧烈（>15 000）	5.83	1.11	−5.06
最大侵蚀模数	88 258.6	—	—
平均侵蚀模数	4 571.0	5 503.5	932.5

以9号抽样小流域为例，由图9-5可以看出，两种方法得到的土壤侵蚀强度分级结果在空间上存在差异。按照遥感分级方法，9号流域土壤侵蚀强度以中度和强烈为主，只有峁顶等地形平缓的区域出现微度或轻度土壤侵蚀，陡峭的沟谷分布少量极强烈土壤侵蚀；按照模型评估方法，9号流域土壤侵蚀强度则以微度和轻度为主，极强烈和剧烈土壤侵蚀稍多于遥感分级的结果。

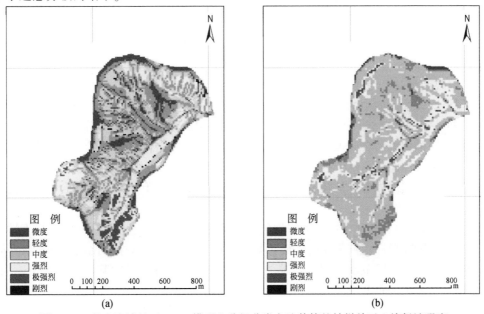

图9-5　9号小流域基于CSLE模型和分级分类方法估算的抽样单元土壤侵蚀强度

Fig. 9-5　Soil erosion intensity of sampling units in watershed No. 9 based on CSLE and "Standards for Classification and Gradation of Soil Erosion"

两种方法获得的土壤侵蚀强度存在差异主要有两方面原因：

首先，模型评估及其所结合的抽样调查在土壤、土地利用、水土保持措施等方面获得的信息量和精度远远大于遥感解译。抽样调查在实地勾绘地块边界的基础上，比较全面地记录了植被类型、植被覆盖度、水土保持措施数量、水土保持措施质量等信息，并在空间上对整个县域具有良好代表性。

其次，遥感分级仅在考虑了林地、农地等主要土地利用方式的基础上，结合坡度、覆盖度定性划分土壤侵蚀强度等级，而未能直接定量计算土壤侵蚀模数。遥感分级通常依据TM、SPOT 等中低分辨率遥感数据获取土地利用类型和植被覆盖度，其精度远低于实地调查结果。而与此对应，模型评估则充分考虑了土壤、坡长、植被类型及水土保持措施等影响土壤侵蚀的主要因子，尤其根据不同植被类型而不仅是植被覆盖度来估算生物措施因子，以此反映植被的水土保持效果，并考虑了土壤可蚀性因子的空间分异以及水土保持措施的影响，若降雨站点丰富，还可反映降雨侵蚀力的空间变化影响。同时，通过模型定量计算能避免遥感分级中依靠人工判读所带来的不确定性，为实现长期、连续的土壤侵蚀普查提供保证。因此，结合抽样调查的模型评估能获得更为准确的土壤侵蚀模数和强度分布。

当然，模型评估方法也存在一些不足：一是所采用的 CSLE 模型是以通用土壤流失方程式为基础通过修正而建立，虽然相关模型在我国不同地区土壤侵蚀评估中的适用性已得到验证（秦伟等，2009；陆建忠等，2011），但这类模型仅考虑坡面土壤侵蚀，在极陡坡和沟谷地的土壤侵蚀评估中还需改进，且切沟侵蚀也很难实现（Whitford et al.，2011）；二是土壤可蚀性、水土保持措施等因子是模型计算的必要参数，而这类参数的确定均需基于大量野外实验观测，在资料缺乏时的估算结果也将影响模型评估精度。

9.3　小　　结

1）以陕西吴起县为典型区，比较了抽样调查结合 CSLE 模型方法与传统遥感分级方法在县域土壤侵蚀评估中的差异。两种方法估算的吴起县多年平均土壤侵蚀模数分别为 4571t/（$km^2 \cdot a$）和 5504 t/（$km^2 \cdot a$），不同土壤侵蚀强度的面积与分布存在较大差异。其中，按照抽样调查结合 CSLE 模型的评估结果，吴起县以中度及以下土壤侵蚀为主，强烈及以上土壤侵蚀面积不足全县总面积的 1/3；而按照遥感分级方法的评估结果，吴起县以中度和强烈土壤侵蚀为主，轻度和微度土壤侵蚀面积远小于抽样调查结合 CSLE 模型的评估结果。

2）抽样调查时，按照 1% 比例的均匀抽样方法在陕北黄土高原具有良好代表性，能较好地反映坡度地形和植被覆盖的县域空间分异特点。然而，这样的比例和方法所需野外工作量较大，若在全国范围应用，则需一大批具有一定调查技术的基层技术人员。因此，针对全国土壤侵蚀普查的抽样方法和比例还有待进一步研究。

参 考 文 献

国务院第一次全国水利普查领导小组办公室．2011. 第一次全国水利普查培训教材之六——水土保持情况普查. 北京：中国水利水电出版社.

李智广，符素华，刘宝元. 2012. 我国水力侵蚀抽样调查方法. 中国水土保持科学，10（1）：77-81.

刘震. 2013. 全国水土保持情况普查及成果运用. 中国水利，（7）：25-28.

陆建忠，陈晓玲，李辉，等. 2011. 基于 GIS/RS 和 USLE 鄱阳湖流域土壤侵蚀变化. 农业工程学报，27（2）：337-344.

秦伟，朱清科，张岩. 2009. 基于 GIS 和 RUSLE 的黄土高原小流域土壤侵蚀评估. 农业工程学报，25（8）：157-163.

汤国安，赵牡丹，李天文，等. 2003. DEM 提取黄土高原地面坡度的不确定性. 地理学报，58（6）：824-830.

杨勤科，李锐，刘咏梅. 2008. 区域土壤侵蚀普查方法的初步讨论. 中国水土保持科学，2008，6（3）：1-7.

张科利，彭文英，杨红丽. 2007. 中国土壤可蚀性值及其估算. 土壤学报，44（1）：7-130.

章文波，付金生. 2003. 不同类型雨量资料估算降雨侵蚀力. 资源科学，25（1）：35-41.

赵晓光，吴发启，刘秉正，等. 1999. 再论土壤侵蚀的坡度界限. 水土保持研究，6（2）：43-46.

中华人民共和国水利部. 1997. 土壤侵蚀分类分级标准（SL 190—1996）. 北京：中国水利水电出版社.

中华人民共和国水利部. 2008. 土壤侵蚀分类分级标准（SL 190—2007）. 北京：中国水利水电出版社.

朱显谟，陈代中，杨勤科，等. 1999. 1∶1500 万中国土壤侵蚀图//中华人民共和国自然地图集编辑委员会. 中华人民共和国国家自然地图集（第 2 版）. 北京：中国地图出版社.

Bennett H H. 1939. Soil conservation. New York：McGraw-Hill.

Blackburn G，Leslie T I. 1949. Survey of soils，land-use and soil erosion in the Coleraine District. Commonwealth Scientific and Industrial Research Organization，Australia，Division of Soils. Soil and Landuse Series. No. 3.

Liu B Y，Nearing M A，Risse L M. 1994. Slope gradient effects on soil loss for steep slopes. Trans. ASAE，37（6）：1835-1840.

Liu B Y，Nearing M A，Shi P J. 2000. Slope length effects on soil loss for steep slopes. Soil Science Society of America Journal，64（5）：1759-1763.

Liu B Y，Zhang K L，Xie Y. 2002. An empirical soil loss equation. Proceedings 12th International Soil Conservation Organization Conference Vol. Ⅲ. Beijing：Tsinghua University Press.

Neaing M A. 1997. A single continuous function for slope steepness influence on soil loss. Soil Science Society of America Journal，61（3）：917-919.

Nusser S M，Breidt F J，Fuller W A. 1998. Design and estimation for investigating the dynamics of natural resources. Ecological Applications，8（2）：234-245.

USDA Agricultural research service. 1961. A universal equation for measuring wind erosion. USDA Agricultural Research Service.

USDA. 2009. Summary report：2007 national resources inventory，natural resources conservation service and center for survey statistics and methodology. Iowa state：Iowa State University.

Whitford J A，Newham L T H，Vigiak O，et al. 2010. Rapid assessment of gully sidewall erosion rates in data-poor catchments：a case study in Australia. Geomorphology，118（3-4）：330-338.

Wischmeier W H，Smith D D. 1978. Predicting rainfall erosion losses. a guide to conservation planning. USDA，Agriculture Handbook.

第10章 黄土高原大中流域 SWAT 模型适用性评价

模型模拟是流域土地利用变化生态水文效应研究的重要手段。SWAT（soil and water assessment）模型是美国农业部于1994年研究发布的针对流域尺度的分布式水文模型。由于模型考虑了产汇流和产输沙过程，并能与 ArcView 和 ArcGIS 等地理信息系统软件良好集成，因此得到了广泛应用。SWAT 模型对径流的模拟主要包括坡面产汇流和沟道、河网汇流两大过程，包含地表径流、蒸发散、地下水和土壤水四大部分。其中，地表径流模拟基于径流曲线数法（SCS）或 Green-Ampt 模型，潜在蒸散发计算基于 Penman-Monteith、Hargreaves-Samani 和 Priestley-Taylor 三种方法；侵蚀产沙计算基于修正的通用土壤流失方程（modified universal soil loss equation，MUSLE）和地表粗糙系数（Williams and Berndt，1977）。

黄土高原地区近数十年来受大规模生态建设驱动，土地利用变化剧烈，林草植被显著增加，由此对流域水沙过程带来重要影响，十分有必要通过模型模拟等手段揭示径流、输沙对植被变化的响应机制，为科学规划与推动区域生态建设提供支撑。然而，国内外不同地区虽已有大量关于 SWAT 模型在生态水文响应中的适用性评价研究，并通过不同情境下的模拟分析，提出了特定区域诸如流域最优土地利用模式、森林植被水沙调控效应等成果，但多围绕小流域尺度，针对我国黄土高原地区大中流域尺度的模型应用则报道较少。鉴于此，本书以地处黄土高原腹地、开展大规模植被重建的典型中尺度流域——北洛河上游流域为对象，进行 SWAT 模型参数率定和敏感性分析，尝试流域年、月尺度的径流、输沙模拟，评价模型在黄土区大中流域的适用性，为进一步形成黄土高原不同时空尺度水沙过程模拟预报技术，进而开展基于模型模拟的植被重建水沙响应研究提供有益参考。

10.1 基础数据处理与数据库构建

10.1.1 水文数据处理

采用北洛河上游流域卡口水文站（吴起站，108.17°E，36.92°N）1980~2009年逐月径流输沙观测资料，并统计获得逐年径流、输沙数据。

10.1.2 地形数据处理

采用第4章所建立的北洛河上游流域水文关系正确的数字高程模型，即通过对陕西省测绘局1981年调绘、1982年出版的1∶5万、25 m等高距地形图进行数字化，然后在ArcGIS软件平台中，利用3D分析生成10 m分辨率的规则网格DEM，并采用ANUDEM算法生成水文关系正确的数字高程模型（hydrologically correct DEM，Hc-DEM）（杨勤科等，2007），转化为横轴墨卡托（transverse Mercator）投影坐标系统，作为地形分析的基础数据。

10.1.3 气象数据处理与数据库构建

与第3章一样，在此选择北洛河上游流域内外的吴起、定边、靖边、志丹、盐池、安塞、华池、环县共8个气象站点的日气象资料，并统计获得对应气象指标的逐月数据。

SWAT模型所需的气象参数可直接输入或通过自带的天气发生器生成。天气发生器需输入多年逐月气象资料，约160个参数，主要包括月平均最高气温、月平均最低气温、最高气温标准偏差、月平均降雨量、降雨量标准偏差、月内干日日数、露点温度、月平均太阳辐射量等。当部分参数资料无法获取时，可由天气发生器根据内部预存的数据和输入的其他资料模拟生成。这里通过输入所选取的各站基本月气象资料和站点位置，SWAT模型自带的天气发生器模拟形成气象数据库。

10.1.4 土壤数据处理与数据库构建

土壤类型数据采用中国科学院南京土壤研究所提供的第2次全国土壤普查1∶100万土壤数据，grid栅格格式、WGS84投影、FAO-90土壤分类系统标准。按流域边界裁切，获得土壤分布图（图10-1）。

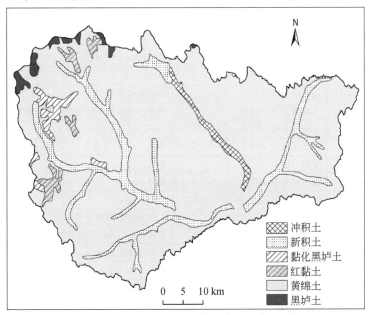

图 10-1 北洛河上游流域土壤类型分布图

Fig. 10-1 Soil type distribution map of the upper reaches of Beiluohe River basin

由于所采用的土壤数据分类标准与 SWAT 模型中的土壤分类系统存在差异，故根据第 2 次全国土壤普查 1:100 万土壤数据的属性信息，参照 SWAT 模型的土壤分类标准调整确定相应编码（表 10-1）。

表 10-1　北洛河上游流域不同类型土壤面积和代码

Table 10-1　Area and code of different soil types in the upper reaches of Beiluohe River basin

编号	土壤名称	面积（km²）	比例（%）	代码
1	黑垆土	35.15	1.03	HLT
2	黏化黑垆土	57.66	1.68	NHHLT
3	黄绵土	2890.77	84.41	HMT
4	红黏土	55.74	1.63	HNT
5	新积土	335.64	9.80	XJT
6	冲积土	49.51	1.45	CJT

重新编码后，根据 1:100 万土壤数据的属性信息，结合实地取样测定，确定模型所需的土壤密度、土壤结构组成、有效田间持水量、土壤饱和导水率等土壤水文与化学参数值（表 10-2），建立土壤数据库。

表 10-2　SWAT 模型土壤数据库主要参数

Table 10-2　Key parameters of soil database of SWAT model

序号	变量名称	模型定义	注释
1	SNAM	土壤名称	—
2	NLAYERS	土壤分层数	—
3	HYDGRP	土壤水文学分组	按最小下渗率确定，0~1.27mm/h 属 D 类、1.27~3.81mm/h 属 C 类、3.81~7.26mm/h 属 B 类、7.26~11.34mm/h 属 A 类
4	SOL_ZMX	土壤剖面最大根系深度	单位：mm
5	ANION_EXCL	阴离子交换孔隙度	模型默认值为 0.5
6	SOL_CRK	土壤最大可压缩量	以所占总土壤体积的分数表示，模型默认值为 0.5
7	TEXTURE	土壤层结构	—
8	SOL_Z	各土壤层底层到土壤表层的深度	单位：mm；注意最后一层是前几层深度的加和
9	SOL_BD	土壤湿密度	单位：mg/m³ 或 g/cm³
10	SOL_AWC	土壤层有效持水量	单位：mm
11	SOL_K	饱和导水率/饱和水力传导系数	单位：mm/h
12	SOL_CBN	土壤层中有机碳含量	一般由有机质含量乘 0.58
13	CLAY	黏土含量	直径<0.002mm 的土壤颗粒组成
14	SILT	壤土含量	直径 0.002~0.05mm 的土壤颗粒组成
15	SAND	砂土含量	直径 0.05~2.0mm 的土壤颗粒组成
16	ROCK	砾石含量	直径>2.0mm 的土壤颗粒组成
17	SOL_ALB	地表反射率	无实测资料时，取 0.01
18	USLE_K	USLE 方程中土壤侵蚀力因子	—
19	SOL_EC	土壤电导率	单位：dS/m；默认为 0

10.1.5 土地利用数据处理与数据库构建

采用第 5 章中基于 TM 遥感影像解译的北洛河上游流域 1986 年、1997 年和 2004 年土地利用数据，并按照 SWAT 模型的土地利用分类系统调整确定对应分类编码（表 10-3）。

表 10-3 北洛河上游流域土地利用分类和 SWAT 模型分类对照表
Table 10-3 Land-use classification and SWAT model classification codes of the upper reaches of Beiluohe River basin

序号	流域土地利用分类	SWAT 模型分类	代码
1	耕地	农地	AGRR
2	有林地	阔叶林	FRSD
3	灌木林地	灌木林	RNGB
4	疏林地	其他林地	FRST
5	草地	荒草地	RNGE
6	建设用地	居民地	URLD
7	水域	水域	WATR
8	滩地	滩地	TAND

获得 SWAT 模型对应的土地利用分类数据后，按照模型推荐取值以及研究区域相关成果确定土地利用和植被覆盖数据库中的对应参数取值（表 10-4），用于计算植被生长、耗水和地表产汇流。

表 10-4 SWAT 模型土地利用和植被覆盖数据库主要参数
Table 10-4 Key parameters of land-use and vegetation cover in SWAT model

序号	变量名称	模型定义	注释
1	IDC	土地覆盖/植被分级	—
2	DESCRIPTION	土地覆盖/植被全程	不用于模型运算，仅帮助使用者区分植物种类
3	BIO_E	辐射利用效率或生物能比	单位：kg/hm^2 或 kJ/m^2
4	HVSTI	最佳生长条件的收获指数	—
5	BLAI	最大可能叶面积指数	—
6	FRGRW1	植物生长季节的比例 1	可以叶面积发展曲线上与第一点对应的潜在总热代替
7	FRGRW2	植物生长季节的比例 2	可以叶面积发展曲线上与第二点对应的潜在总热代替
8	LAIMX1	在最佳叶面积发展曲线上与第一点对应的最大叶面积指数	—

序号	变量名称	模型定义	注释
9	LAIMX2	在最佳叶面积发展曲线上与第二点对应的最大叶面积指数	—
10	DLAI	当叶面积减少时，植物生长季节的比例	—
11	CHTMX	最大树冠高度	测量获得，是植株生长不受限制的树冠高度
12	RDMX	最大根深	—
13	T_OPT	植物生长的最佳温度	对具体物种而言，其生长最佳基温稳定
14	T_BASE	植物生长的最低温度	—
15	CNYLD	产量中氮的正常比例	—
16	CPYLD	产量中磷的正常比例	—
17	BN1	氮吸收系数1	—
18	BN1	氮吸收系数2	—
19	BN2	氮吸收系数3	—
20	WSYE	收获指标的较低限度	单位：kg/hm^2；介于0和HVSTI之间
21	USLE_C	USLE方程中的土地覆盖因子C的最小值	—
22	GSI	在高太阳辐射和低水汽压差下最大的气孔导率	
23	FRGMAX	在气孔导率曲线上对应于第二点的部分的水汽压差	
24	WAVP	在增加水汽压差时平均辐射使用效率的降低率	
25	CO_2HI	对应于辐射使用效率曲线的第二点，已提高的大气二氧化碳浓度	
26	BIOEHI	对应于辐射使用效率曲线的第二点单位体积内生物能量的比率	
27	RSDCO_PL	植物残渣分解系数	—

10.2 水文响应单元确定

SWAT模型运算时，需根据河网将研究区域划分为若干个子流域，再根据不同土地利用、土壤类型和坡度等下垫面信息将子流域划分为若干水文响应单元（hydrological response units，HRUs），最后在每个水文响应单元完成汇流和产输沙计算，并通过河网水系按流向累加，完成区域水文过程模拟。河网越密集，划分的子流域和水文响应单元数量越多，反之越少。由于本书中没有北洛河上游流域内的子流域出口水文资料，仅分析流域卡口径流、输沙，因此子流域的划分不宜过多，主要遵循河网水系符合实际，并能满足模型运算的原则。最终，基于流域水文关系正确的数字高程模型（hydrologically correct DEM，Hc-DEM），在 ArcGIS 软件平台中，采用空间分析水文模块划分出 28 个子流域。

SWAT 模型中，提供了两种水文响应单元划分方法：一种是优势土地利用和土壤法，即将每个子流域作为一个 HRU，再选择子流域内面积最大的土地利用类型和土壤类型代表对应子流域的土地利用和土壤；二是将每个子流域划分为多个不同土地利用、土壤和坡度组合的水文响应单元（庞靖鹏等，2007）。将一个子流域划分为多个水文响应单元时，需确定 3 个阈值，即土地利用面积比例阈值、土壤类型面积比例阈值、坡段面积比例阈值。若一个子流域内某种土地利用、土壤类型或坡段面积比例小于对应阈值，则在水文响应单元划分和后期模型运算忽略。在此采用将每个子流域划分为多个水文响应单元的方法，通过反复试算将划分原则确定为：土地利用面积比例大于子流域面积的 5%、土壤类型面积比例和坡段面积比例均大于土地利用类型面积的 10%。最终，将北洛河上游流域划分为 408 个水文响应单元（划分后的 1 号和 2 号子流域的水文响应单元面积比例、土地利用、土壤类型、坡度分级等信息见表 10-5）。

表 10-5　北洛河上游流域 1 号和 2 号子流域水文响应单元属性信息表

Table 10-5　Attribute information of HRUs in the No. 1 and No. 2 sub-watersheds of the upper reaches of Beiluohe River basin

子流域编号	水文响应单元编号	土地利用类型	土壤类型	坡段（%）	面积（hm²）	占流域面积比例（%）	占子流域面积比例（%）
1	1	农地	黄绵土	26.79~46.63	1970.16	0.58	19.76
	2	农地	黄绵土	46.63~70.02	1189.33	0.35	11.93
	3	农地	黄绵土	0~14.05	771.97	0.23	7.74
	4	农地	黄绵土	14.05~26.79	1215.04	0.36	12.19
	5	荒草地	黄绵土	46.63~70.02	1108.21	0.32	11.12
	6	荒草地	黄绵土	26.79~46.63	1554.57	0.46	15.59
	7	荒草地	黄绵土	14.05~26.79	816.29	0.24	8.19
	8	荒草地	黄绵土	0~14.05	594.45	0.17	5.96
	9	荒草地	黄绵土	0~14.05	101.46	0.03	1.02
	10	荒草地	黄绵土	14.05~26.79	142.21	0.04	1.43
	11	荒草地	黄绵土	26.79~46.63	297.60	0.09	2.98
	12	荒草地	黄绵土	46.63~70.02	222.50	0.07	2.23
2	13	农地	黄绵土	46.63~70.02	701.77	0.21	8.22
	14	农地	黄绵土	26.79~46.63	1161.87	0.34	13.62
	15	农地	黄绵土	0~14.05	481.32	0.14	5.64
	16	农地	黄绵土	14.05~26.79	694.05	0.20	8.13
	17	农地	黄绵土	14.05~26.79	175.27	0.05	2.05

子流域 编号	水文响应 单元编号	土地利用类型	土壤类型	坡段 （%）	面积 （hm²）	占流域面积 比例（%）	占子流域面积 比例（%）
2	18	农地	黄绵土	0～14.05	171.16	0.05	2.01
	19	农地	黄绵土	26.79～46.63	215.47	0.06	2.53
	20	农地	黄绵土	46.63～70.02	137.62	0.04	1.61
	21	荒草地	黄绵土	14.05～26.79	782.57	0.23	9.17
	22	荒草地	黄绵土	26.79～46.63	1561.18	0.46	18.3
	23	荒草地	黄绵土	0～14.05	675.95	0.20	7.92
	24	荒草地	黄绵土	46.63～70.02	1143.06	0.33	13.4
	25	荒草地	黄绵土	26.79～46.63	200.91	0.06	2.35
	26	荒草地	黄绵土	14.05～26.79	94.67	0.03	1.11
	27	荒草地	黄绵土	46.63～70.02	175.29	0.05	2.05
	28	荒草地	黄绵土	70.02～9999	71.85	0.02	0.84
	29	荒草地	黄绵土	0～14.05	85.45	0.03	1.00
……	……	……	……	……	……	……	……

10.3 参数敏感性分析

10.3.1 参数敏感性分析方法

由于流域水文过程的复杂性，往往需要大量参数对其进行描述。然而，在众多参数中，哪些对模型的模拟输出结果更为重要，则需通过参数敏感性分析判定。分析输入参数敏感性，可辨识、筛选流域产汇流和产输沙过程的主要影响因素，并在模型校准和应用时予以重点关注。因此，参数敏感性分析是 SWAT 模型应用的基本步骤。

目前，SWAT 模型的参数敏感性分析主要有两种方式：一是采用 SWAT 模型自带的敏感性分析模块，该模块采用 LH-OTA 灵敏度分析法，即结合了 LH（latin hypercube）抽样法和 OAT（one-factor-at-a-time）敏感度分析的方法，兼具了 LH 抽样法和 OAT 敏感度分析法的优点；二是 SWAT-CUP 程序中提供的敏感度分析功能，即分别提供了全局敏感性分析和 OAT 敏感性分析两种方法。有研究（杨军军等，2013）对比发现，SWAT 模型的敏感性分析模块（LH-OTA 灵敏度分析法）和 SWAT-CUP 程序的敏感性分析功能在判断结果上虽存在较大差异，但所给出的敏感性排序中的前 15 位参数则基本一致，同时 SWAT-CUP 程序的运行效率更高。因此，在此选用 SWAT-CUP 程序中的全局敏感性分析功能。该算法中，参数敏感性通过对拉丁超立方生成参数与目标函数值进行多元回归的方式确定：

$$g = \alpha + \sum_{i=1}^{m} \beta_i \cdot b_i \qquad (10\text{-}1)$$

式中，g 为模型计算的目标函数值；m 为参数个数；b_i 为第 i 个进行敏感性分析的参数。

该方法最终给出的敏感性是对各参数改变引起目标函数平均变化的估计。某一参数变化时，其他参数均协同变化，基于线性近似给出相对敏感性。最终，按照统计结果给出的 T–Stat 值和 P–Value 值判断参数敏感性程度。其中，T–Stat 绝对值越大，对应参数越敏感；P–Value 值决定敏感性分析结果的显著性，越接近于 0，结果越显著。

10.3.2 参数敏感性分析结果

按照上述方法，对北洛河上游流域水文分析中可能涉及的 SWAT 模型主要参数进行敏感性分析（主要参数及其含义见表 10-6）。

表 10-6 SWAT 模型主要敏感性分析参数定义

Table 10-6 Definition of key sensitive parameters in SWAT model

SWAT 模型参数	取值范围	单位	变量意义	影响对象
PRECIPITATION	—	mm	降雨量	径流、输沙
CN2	38 ~ 98	—	径流曲线数	地表径流
OV_N	0 ~ 0.5	—	坡面流曼宁系数	地表汇流
SURLAG	1 ~ 24	—	地表径流滞后系数	地表径流
ALPHA_BF	0 ~ 1	d	基流 α 系数	地下水
GWQMN	0 ~ 5000	mm	浅层地下水径流系数	土壤水分
SOL_AWC1	−0.2 ~ 0.4	—	土壤有效含水量	土壤水分
SOL_Z1	0 ~ 1000	—	第一层土壤深	土壤水分
SOL_K1	−0.5 ~ 0.5	mm/h	土壤饱和导水率	土壤水分
BIOMIX	0 ~ 1	—	生物混合效率	—
CANMX	0 ~ 100	mm	最大林冠层蓄水量	植被蒸散发
CH_N2	0 ~ 0.3	—	主河道曼宁系数	河道汇流
CH_K2	−0.01 ~ 500	mm/h	主河道水力传导率	河道汇流
ESCO	0.01 ~ 1	—	土壤蒸发补偿系数	土壤蒸发
GW_REVAP	0.02 ~ 0.2	—	地下水再蒸发系数	地下水过程
GW_DELAY	0 ~ 500	d	地下水滞后时间	地下水过程
REVAPMN	0 ~ 500	mm	浅层地下水再蒸发系数	地下水过程
SLSUBBSN	−0.5 ~ 0.5	m	平均坡长	地貌特征
HRU_SLP	−0.5 ~ 0.5	m/m	平均坡度	地貌特征
SMFMX	0 ~ 10	mm/(d·℃)	6 月 21 日融雪系数	降雪和融雪
SMFMN	0 ~ 10	mm/(d·℃)	12 月 21 日融雪系数	降雪和融雪

续表

SWAT 模型参数	取值范围	单位	变量意义	影响对象
SFTMP	-5 ~ 5	℃	降雪气温	降雪和融雪
SMTMP	-5 ~ 5	℃	雪融最低气温	降雪和融雪
USLE_P	0 ~ 1	—	USLE 模型水土保持措施因子	—
USLE_C	0.001 ~ 0.05	—	USLE 模型植被覆盖度因子	—
SPCON	0.0001 ~ 0.01	—	泥沙输移线性系数	—
SPEXP	1 ~ 1.5	—	泥沙输移指数系数	—
RSDCO	0.02 ~ 0.1	—	残渣分解系数	—
CH_COV1	-0.05 ~ 0.6	—	沟道侵蚀因子	—
CH_COV2	-0.001 ~ 1	—	沟道覆盖因子	—

运行 SWAT-CUP 程序全局敏感性分析功能时发现，多次分析获得的敏感性排序结果不同，但各次分析间敏感性排序前 10 位的参数基本不变，之后则呈无规律变化。为此，采用多次连续分析法，即按 3 次连续敏感性分析的 T-Stat 绝对值均值用于参数排序。最终选出对径流、输沙变化影响最敏感的前 20 个参数（表 10-7）。

表 10-7　径流和输沙敏感性排序前 20 位参数表

Table 10-7　Sensitivity order of the first 20 important parameters for runoff and sediment

径流			输沙		
敏感性排序	参数名称	T-Stat 绝对值均值	敏感性排序	参数名称	T-Stat 绝对值均值
1	SOL_K1	5.28	1	CN2	30.35
2	CANMX	5.24	2	PRECIPITATION	11.10
3	CN2	4.23	3	USLE_C	6.77
4	SOL_AWC1	4.21	4	USLE_P	3.05
5	ESCO	1.73	5	CANMX	2.45
6	CH_N2	1.59	6	SOL_AWC1	2.39
7	SMFMN	1.58	7	SOL_K1	1.46
8	SOL_Z1	1.51	8	SLSUBBSN	1.34
9	HRU_SLP	1.39	9	CH_K2	1.30
10	GW_DELAY	1.15	10	CH_COV1	1.26
11	SURLAG	1.07	11	RSDCO	1.25
12	ALPHA_BF	0.98	12	GW_REVAP	1.24
13	SMTMP	0.95	13	BIOMIX	1.16
14	GW_REVAP	0.94	14	GW_DELAY	0.91
15	SMFMX	0.90	15	REVAPMN	0.86
16	SLSUBBSN	0.87	16	CH_N2	0.85
17	REVAPMN	0.86	17	SPCON	0.79
18	OV_N	0.82	18	SPEXP	0.74
19	CH_K2	0.80	19	ESCO	0.65
20	GWQMN	0.79	20	CH_COV2	0.65

敏感性分析结果显示（表 10-7），北洛河上游流域内，影响径流的主要参数包括土壤饱和水导水率（SOL_K）、最大林冠层蓄水量（CANMX）、径流曲线数（CN2）、土壤有效含水量（SOL_AWC1）、土壤蒸发补偿系数（ESCO）等；影响输沙的主要参数包括径流曲线数（CN2）、降雨（PRECIPITATION）、USLE 模型植被覆盖度因子（USLE_C）、USLE 模型水土保持措施因子（USLE_P）、最大林冠层蓄水量（CANMX）、土壤有效含水量（SOL_AWC1）、土壤饱和导水率（SOL_K1）、平均坡长（SLSUBBSN）、主河道曼宁系数（CH_K2）、沟道侵蚀因子（CH_COV1）等。

10.4　参数率定与模拟评价

10.4.1　参数率定与模拟评价方法

SWAT 模型输入参数众多，且大部分具有物理意义。当模型结构建立、主要参数基本确定后，则需通过对一些具有取值区间经验性参数进行调整，以获得与实测结果更为吻合的输出结果。为此，在此选用 SWAT-CUP 程序中的 SUFI2（sequential uncertainty fitting version 2）进行参数率定。SUFI2 可将最优化和不确定分析结合，快速处理大量参数率定（Abbaspour et al.，2004），目前在 SWAT 模型模拟研究中被广泛采用（Cho et al.，2012；Singh et al.，2014）。

采用 SUFI2 进行参数率定时，模型输出结果同时包含了参数的不确定性分析。参数不确定性通过 P-factor 和 R-factor 判定。其中，P-factor 表示包括在 95% 预测不确定性内的模拟值百分比（95PPU），R-factor 表示 95PPU 带的平均厚度与实测值比的标准偏差。当 P-factor 为 1、R-factor 为 0 时，模拟值与实测值完全符合，其余状态下，通常选择两者共同更趋于准确的相对平衡值，之后再选用相对误差（MRE）、Nash-Sutcliffe 效率系数（E_{ns}）和决定系数（R^2）对模拟结果进行定量评价：

$$MRE = \frac{1}{n} \sum_{i=1}^{n} \left| \frac{O_i - P_i}{O_i} \right| \tag{10-2}$$

$$E_{ns} = 1 - \frac{\sum_{i=1}^{n} (P_i - O_i)^2}{\sum_{i=1}^{n} (O_i - \bar{O})^2} \tag{10-3}$$

$$R^2 = \frac{\left(\sum_{i=1}^{n} (O_i - \bar{O})(P_i - \bar{P}) \right)^2}{\sum_{i=1}^{n} (O_i - \bar{O})^2 \sum_{i=1}^{n} (P_i - \bar{P})^2} \tag{10-4}$$

式中，P_i 为模拟值；O_i 为实测值；$\bar{O}$ 为实测值的平均值；$\bar{P}$ 为模拟值的平均值；n 为数据个数。

当模拟值与实测值完全相等时，MRE、E_{ns} 和 R^2 分别为 0、1、1，率定或模拟效果最佳；MRE 越大、E_{ns} 与 R^2 越小，则率定或模拟效果越差，反之越高。一般以 MRE 小于 12%，E_{ns} 和 R^2 分别大于 0.6 和 0.5 为结果满意的基本判别标准。SWAT 模型应用时，也有研究（姚允龙和王蕾，2008）提出 $E_{ns}>0.75$ 的率定或模拟效果很好，$0.36 \leqslant E_{ns} \leqslant 0.75$ 的率定或模拟效果满意，$E_{ns}<0.36$ 的率定或模拟效果不满意。

实际进行参数率定和模拟评价时，由于模型运行初期一般需设置预热期，以初步确定参数取值，然后选择校准期进行参数率定，最后基于率定的参数取值在验证期进行模拟，评价应用精度。为此，针对北洛河上游流域的水文气象资料，在此将 1980~1982 年设置为预热期，1983~1992 年设置为校准期，1993~2002 年设置为验证期，同时开展年、月尺度的径流、输沙模拟。

10.4.2 模拟结果评价

采用上述方法，通过预热期初步运行，并采用SWAT-CUP 程序中的 SUFI2 在校准期进行多次调试，获得了模型参数率定结果。之后按照率定的参数在检验期应用，进行精度检验，并对参数再次进行校准，使模型中的重要参数取值更加准确，以提高后期模拟应用精度。

10.4.2.1 径流模拟评价

（1）年径流模拟结果评价

结果显示（图 10-2），在年际尺度上，校准期（1983~1992 年）和验证期（1993~

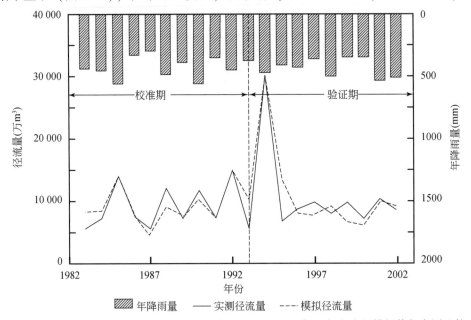

图 10-2 校准期（1983~1992 年）与验证期（1993~2002 年）年径流量模拟值与实测比较

Fig. 10-2 Comparison of simulated and observed annual runoff amount in the periods of calibration (from 1983 to 1992) and verification (from 1993 to 2002) in the upper reaches of Beiluohe River basin

2002 年）的模拟年径流量与实测年径流量均具有相对一致的变化过程，并与年降雨的波动存在一定的协同性，相比之下校准期模拟径流量与实测径流量的吻合程度更高。SUFI2 的不确定性分析结果表明，在校准期，年径流模拟的 P-factor 为 0.7，R-factor 为 1.02，两者的平均相对误差为 -1.4%，模拟值略小于实测值，多年模拟结果的 E_{ns} 和 R^2 均为 0.82，精度良好；在验证期，年径流模拟的 P-factor 为 0.8，R-factor 为 0.69，两者的平均相对误差为 3.3%，模拟值略大于实测值，多年模拟结果的 E_{ns} 为 0.81，R^2 为 0.82，也具有良好的精度（图 10-3）。

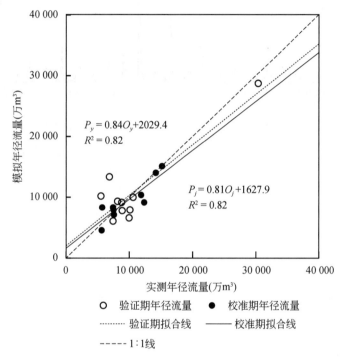

图 10-3　校准期（1983～1992 年）与验证期（1993～2002 年）年径流量模拟值与实测值回归检验

Fig. 10-3　Comparison of simulated and measured values of annual runoff amount in the periods of calibration (from 1983 to 1992) and verification (from 1993 to 2002) in the upper reaches of Beiluohe River basin

（2）月径流模拟结果评价

结果显示（图 10-4），在月际尺度上，校准期（1983～1992 年）和验证期（1993～2002 年）的模拟月径流量与实测月径流量均具有相对一致的变化过程，并与月降雨的波动存在一定的协同性，相比之下校准期模拟径流量与实测径流量的吻合程度更高。SUFI2 的不确定性分析结果表明，在校准期，月径流模拟的 P-factor 为 0.7，R-factor 为 0.95，两者的平均相对误差为 -23.6%，模拟值小于实测值，逐月模拟结果的 E_{ns} 为 0.68，R^2 为 0.71，精度较好；在验证期，月径流模拟的 P-factor 为 0.2，R-factor 为 0.16，两者的平均相对误差为 11.1%，模拟值大于实测值，多年模拟结果的 E_{ns} 为 0.44，R^2 为 0.5，精度不理想（图 10-5）。

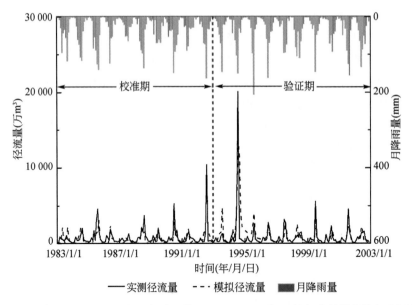

图 10-4　校准期（1983～1992 年）与验证期（1993～2002 年）月径流量模拟值与实测值比较

Fig. 10-4　Comparison between simulated and observed month runoff amount in the periods of calibration (from 1983 to 1992) and verification (from 1993 to 2002) in the upper reaches of Beiluohe River basin

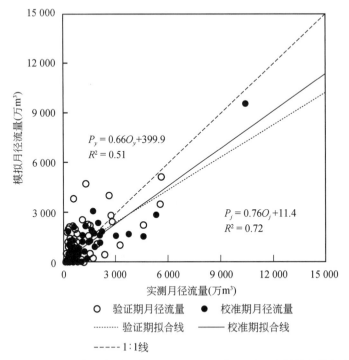

图 10-5　校准期（1983～1992 年）与验证期（1993～2002 年）月径流量模拟值与实测值回归检验

Fig. 10-5　Comparison of simulated and measured values of month runoff amount in the periods of calibration (from 1983 to 1992) and verification (from 1993 to 2002) in the upper reaches of Beiluohe River basin

10.4.2.2　输沙模拟结果评价

(1)　年输沙模拟结果评价

年输沙模拟中发现 1994 年的模拟输沙量较实测输沙量小 43.8%，结合第 6 章的实测气象水文资料分析可知，1994 年北洛河上游流域面降雨量为 467 mm、卡口站点降雨量达 508 mm，分别较 30 年平均降雨量增加 12% 和 22%，尤其当年 8 月 31 日流域内出现 50 年不遇特大暴雨，4h 累计降雨超过 80 mm，特大暴雨不仅使当年输沙量急剧增加，也对之后数年的输沙产生削减，类似国外一些流域在洪水事件后的泥沙耗空现象（Gomez et al.，1997；Hudson，2003），由此导致当年输沙量远大于多年平均或同等雨量年份。这正是该年模拟输沙量远低于实测输沙量的根本原因，也说明 SWAT 模型难以适用于这种极端暴雨条件的输沙模拟。鉴于此，在对模型模拟结果评价时，去掉了验证期内的 1994 年，主要评价模型在正常降雨、产沙条件下的年际模拟效果。

结果显示（图 10-6），在年际尺度上，校准期（1983～1992 年）和验证期（1993 年、1995～2002 年）的模拟年输沙量与实测年输沙量均具有相对一致的变化过程，并与年降雨的波动存在一定的协同性，相比之下校准期模拟径流量与实测径流量的吻合程度更高。SUFI2 的不确定性分析结果表明，在校准期，年输沙模拟的 P-factor 为 0.6，R-factor 为 0.38，两者的平均相对误差为 −0.3%，模拟值略小于实测值，多年模拟结果的 E_{ns} 为 0.74，R^2 为 0.77，精度良好；在验证期，年输沙模拟的 P-factor 为 0.4，R-factor 为 0.65，两者的平均相对误差为 −7.8%，模拟值略小于实测值，多年模拟结果的 E_{ns} 为 0.55，R^2 为 0.61，精度较好（图 10-7）。

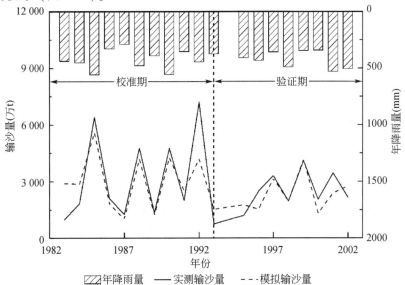

图 10-6　校准期（1983～1992 年）与验证期（1993 年、1995～2002 年）年输沙量模拟值与实测值比较

Fig. 10-6　Comparison of simulated and observed annual sediment discharge in the periods of calibration (from 1983 to 1992) and verification (1993, from 1995 to 2002) in the upper reaches of Beiluohe River basin

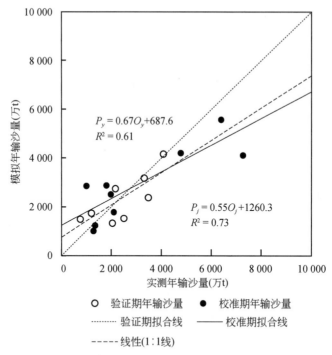

图 10-7 校准期（1983～1992 年）与验证期（1993 年、1995～2002 年）年输沙量模拟值
与实测值回归检验

Fig. 10-7 Comparison of simulated and measured values ofannual sediment discharge in the periods of calibration
（from 1983 to 1992）and verification （from 1993 and 1995 to 2002）in the upper reaches of Beiluohe River basin

（2）月输沙模拟结果评价

根据年输沙量的模拟评价，月输沙量模拟时，同样去掉了验证期内的 1994 年，主要评价模型在正常降雨、产沙条件下的月际模拟效果。

结果显示（图10-8），在月际尺度上，校准期（1983～1992 年）和验证期（1993 年、1995～2002 年）的模拟月输沙量与实测月输沙量均具有相对一致的变化过程，并与月降雨的波动存在一定的协同性，相比之下检验期模拟输沙量与实测输沙量的吻合程度更高。SUFI2 的不确定性分析结果表明，在校准期，月输沙模拟的 P-factor 为 0.2，R-factor 为 0.25，两者的平均相对误差为-18.4%，模拟值小于实测值，逐月模拟结果的 E_{ns} 为 0.52，R^2 为 0.54，精度较好；在验证期，月输沙模拟的 P-factor 为 0.4，R-factor 为 0.28，两者的平均相对误差为 11.6%，模拟值大于实测值，多年模拟结果的 E_{ns} 和 R^2 均为 0.62，精度较好（图 10-9）。

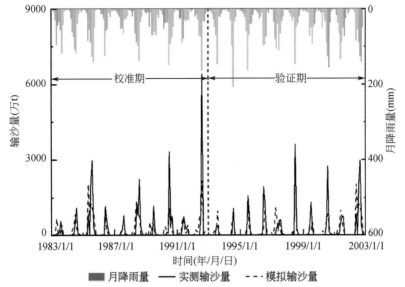

图 10-8　校准期（1983～1992 年）与验证期（1993 年、1995～2002 年）月输沙量模拟值与实测值比较

Fig. 10-8　Comparison of simulated and observed month sediment discharge in the periods of calibration
（from 1983 to 1992）and verification（from 1993 and 1995 to 2002）in the upper Beiluohe river basin

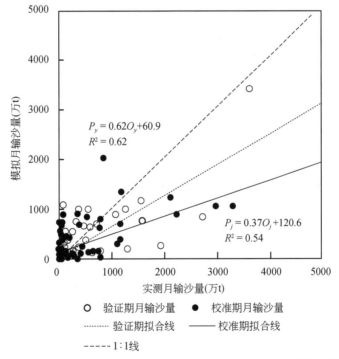

图 10-9　校准期（1983～1992 年）与验证期（1993 年、1995～2002 年）月输沙量模拟值与实测值回归检验

Fig. 10-9　Comparison of calculated and measured values of month sediment discharge in the periods of calibration
（from 1983 to 1992）and verification（from 1993 and 1995 to 2002）in the upper reaches of Beiluohe River basin

10.4.3 模型参数率定

通过在预热期、校准期模型运行的基础上进行参数率定，并通过验证期模型运行的进一步调整，最终分别确定了 SWAT 模型用于北洛河上游流域径流和输沙模拟时的参数取值（主要参数取值见表 10-8）。

表 10-8 北洛河上游流域 SWAT 模型径流和输沙模拟主要参数率定结果

Table 10-8 Calibration results of key parameters for runoff and sediment simulated by SWAT model

模拟对象	序号	参数名称	参数取值	值域变化范围
径流	1	CN2	69. 303	68. 06 ~ 78. 71
	2	ALPHA_BF	0. 570	0. 469 ~ 0. 653
	3	GW_DELAY	329. 319	294. 86 ~ 403. 677
	4	GWQMN	1. 779	1. 384 ~ 1. 8
	5	BIOMIX	0. 081	0 ~ 0. 148
	6	CANMX	0. 271	0 ~ 5. 414
	7	CH_N2	0. 051	0. 018 ~ 0. 097
	8	CH_K2	6. 832	5. 268 ~ 15. 692
	9	ESCO	0. 301	0. 228 ~ 0. 36
	10	GW_REVAP	0. 150	0. 091 ~ 0. 151
	11	REVAPMN	6. 363	5. 973 ~ 8. 574
	12	SLSUBBSN	0. 046	0. 025 ~ 0. 076
	13	HRU_SLP	0. 030	0. 013 ~ 0. 036
	14	SOL_AWC1	0. 023	0. 018 ~ 0. 063
	15	SOL_K1	−0. 537	−0. 631 ~ −0. 406
	16	SURLAG	5. 905	4. 731 ~ 7. 004
	17	PRECIPITATIO	0. 447	0. 261 ~ 0. 517
输沙	1	USLE_P	0. 963	0. 962 ~ 0. 979
	2	RSDCO	0. 054	0. 054 ~ 0. 061
	3	SPCON	0. 002	0. 002 ~ 0. 003
	4	SPEXP	1. 049	1. 048 ~ 1. 077
	5	CN2	97. 895	97. 175 ~ 98. 11
	6	ALPHA_BF	0. 340	0. 285 ~ 0. 354
	7	GW_DELAY	199. 734	184. 094 ~ 200. 911
	8	GWQMN	1. 681	1. 578 ~ 1. 78
	9	BIOMIX	0. 919	0. 914 ~ 1. 005

续表

模拟对象	序号	参数名称	参数取值	值域变化范围
	10	CANMX	6.316	5.923~7.634
	11	CH_N2	0.193	0.182~0.198
	12	CH_K2	96.262	88.686~101.105
	13	ESCO	0.046	0.023~0.048
	14	GW_REVAP	0.139	0.137~0.149
	15	REVAPMN	4.861	4.623~5.343
	16	SLSUBBSN	0.113	0.11~0.127
输沙	17	HRU_SLP	0.065	0.062~0.067
	18	SOL_AWC1	−0.005	−0.008~0.002
	19	SOL_K1	0.186	0.157~0.258
	20	SURLAG	5.333	5.195~5.796
	21	USLE_C	0.477	0.424~0.48
	22	CH_COV1	0.484	0.441~0.485
	23	CH_COV2	0.350	0.332~0.38
	24	PRECIPITATION	0.447	0.261~0.517

10.5 小 结

1）采用 SWAT-CUP 中的 SUFI2 方法对 SWAT 模型在北洛河上游流域应用的参数敏感性进行分析，结果显示影响流域径流的主要参数包括土壤饱和水导水率、最大林冠层蓄水量、径流曲线数、土壤有效含水量、土壤蒸发补偿系数等；影响流域输沙的主要参数包括径流曲线数、降雨、USLE 模型植被覆盖度因子、USLE 模型水土保持措施因子、最大林冠层蓄水量、土壤有效含水量、土壤饱和导水率、平均坡长、主河道曼宁系数、沟道侵蚀因子等。

2）通过在预热期、校准期模型运行的基础上进行参数率定，并经验证期运行调整，最终确定了 SWAT 模型在北洛河上游流域径流和输沙模拟时的参数取值。

3）按照率定参数，模型在检验期的径流模拟结果评价表明，模拟径流量与实测径流量在年际和年内均具有相对一致的变化过程，并与对应时段的降雨波动存在一定的协同性，其中，逐年模拟的平均相对误差 3.3%，E_{ns} 为 0.81，R^2 为 0.82，精度良好；逐月模拟平均相对误差为 11.1%，E_{ns} 为 0.44，R^2 为 0.5，精度不够理想。

4）按照率定参数，模型在检验期的输沙模拟结果评价表明，模型对于极端暴雨导致的高强度输沙难以模拟，而一般降雨产沙条件下，模拟输沙量与实测输沙量在年际和年内均具有相对一致的变化过程，并与对应时段的降雨波动存在一定的协同性，其中，逐年模拟的平均相对误差−7.8%，E_{ns} 为 0.55，R^2 为 0.61，精度较好；逐月模拟平均相对误差为

11.6%，E_{ns}为 0.62，R^2为 0.62，精度较好。

5）总体上，模拟结果表明，在黄土区大中流域，较大范围的空间尺度内，由于地形等下垫面因素复杂多变、降雨空间分异，加之极端暴雨可能导致的水沙关系短期剧变，SWAT 模型并不能满足所有条件下的径流、输沙模拟，但对于通常状况下的降雨–产流和降雨–产沙过程则能够取得较为可靠的模拟效果，尤其是对年际尺度而言，SWAT 模型的模拟精度良好，可作为植被重建水沙调控效应等研究的基本途径。

参 考 文 献

庞靖鹏，刘昌明，徐宗学 . 2007. 基于 SWAT 模型的径流与土壤侵蚀过程模拟 . 水土保持研究，14（6）：89-95.

杨军军，高小红，李其江，等 . 2013. 湟水流域 SWAT 模型构建及参数不确定性分析 . 水土保持研究，20（1）：82-88.

杨勤科，师维娟，McVicar T R，等 . 2007. 水文地貌关系正确 DEM 的建立方法 . 中国水土保持科学，5（4）：1-6.

姚允龙，王蕾 . 2008. 基于 SWAT 的典型沼泽性河流径流演变的气候变化响应研究——以三江平原挠力河为例 . 湿地科学，6（2）：198-203.

Abbaspour K C，Johnson C A，Van Genuchten M T. 2004. Estimating uncertain flow and transport parameters using a sequential uncertainty fitting procedure. Vadose Zone Journal，3（4）：1340-1352.

Cho H J，Jeong D K，Choi Y J. 2012. Parameterization Analysis of SWAT Model Considering the Uncertainty. Journal of Korean Society of Hazard Mitigation，12（2）：173-180.

Gomez B，Phillips J D，Magilligan F J，et al. 1997. Floodplain sedimentation and sensivity：summer 1993 flood，upper Mississippi River valley. Earth Surface Processes and Landforms，22（10）：923-936.

Hudson P F. 2003. Event sequence and sediment exhaustion in the lower Panuco Basin，México. Catena，52（1）：57-76.

Singh A，Imtiyaz M，Isaac R K，et al. 2014. Assessing the performance and uncertainty analysis of the SWAT and RBNN models for simulation of sediment yield in the Nagwa watershed，India. Hydrological Sciences Journal，59（2）：351-364.

Williams J R，Berndt H D. 1977. Sediment yield prediction based on watershed hydrology. Trans of the ASAE，20（6）：1100-1104.

第11章 黄土高原大中流域侵蚀产沙分布式统计模型

黄土高原是世界上水土流失最严重的地区之一，水土流失面积为45.4万km²，占全区总面积的73%。多数地区年均土壤侵蚀强度在5000t以上，部分地区超过2万t，年均产沙占黄河多年平均输沙的90%，严重威胁着下游水利工程与人居安全。20世纪50年代以来，国家在黄土高原实施了一系列大规模生态治理，区内林草植被大幅增加，土地利用明显改善，对黄河及主要支流的侵蚀产沙带来了显著影响。在此背景下，生态治理调控流域侵蚀产沙能力如何，侵蚀产沙变化总量在流域内呈何分布等问题，逐渐被广泛关注。预报模型能量化不同因素对侵蚀产沙变化的贡献，确定侵蚀产沙时空分布，是生态工程效应评价和水土流失防治规划的有效工具。目前，国际上比较成熟的模型主要包括 USLE（Wischmeier and Smith，1965）、RUSLE（Renard et al.，1997）等统计模型；WEPP（Laflen et al.，1991）、LISEM（De Roo，1996）、EPIC（Williams et al.，1984）、EROSEM（Morgan et al.，1998）和 GUEST（Misra and Rose，1996）等物理模型。为满足国家生态建设宏观决策的需要，国内学者围绕黄土高原流域侵蚀产沙预报开展了一系列研究，建立了许多具有不同结构的模型（汤立群等，1990；陈国祥等，1996；蔡强国等，1996；郑粉莉等，2008；叶爱中等，2008），以及区域侵蚀强度等级评估方法（李秀霞等，2008）和模拟流域植被与侵蚀过程演变的植被生态动力学模型（王兆印等，2003）。其中，CSLE（Liu et al.，2002）为以通用土壤流失方程为结构、针对中国土壤侵蚀背景确定因子取值和算法的统计模型代表，被用于全国第一次水利普查的土壤侵蚀评估；王光谦院士在研究坡面侵蚀产沙（王光谦等，2005a）、沟坡重力侵蚀（王光谦等，2005b）以及沟道水沙运动（王光谦等，2008）等子模型的基础上，集合其他模型研究成果，集成构建了用于模拟任意空间点上水沙量、水沙过程以及非点源污染物扩散过程的黄河数字流域模型框架（王光谦等，2005c）。然而，除黄河数字流域模型外，现有模型仍主要适用于坡面地块和小流域尺度，在大中流域往往难以获得理想结果。究其原因，主要是物理模型为更清晰地反映侵蚀产沙动力机制与过程一般需要比较繁复的模型参数，这些参数在大中流域或区域尺度应用过程中通常难以准确、便捷地获取，限制了最终计算结果（Perrin et al.，2001）。统计模型存在的问题主要包括：①大部分统计模型的侵蚀产沙关系针对坡面地块建立，若未经修正直接用于流域尺度，将存在较大误差；②基于流域出口产沙与流域内的气候、地形及下垫面信息所建立的统计模型，很难向研究区域以外的流域推广应用；③由于缺乏对流域水沙输移、汇集和传递过程的有效描述，一般的统计模型无法获得流域侵蚀产沙空间分布；④多数统计模型未能有效考虑黄土高原沟、坡侵蚀地带分异，通常将针对沟间地的侵蚀统计关系应用于包括沟谷地在内的整个坡面，从而低估了沟谷地侵蚀强度，使流域计算结果存在较大偏差；⑤大中流域泥沙输移特征对产沙的影响不容忽略，多数统计模型未对此进行定量刻画，无法直接获得流域产沙。

总体上，大中流域和区域尺度的侵蚀产沙预报依然是土壤侵蚀领域亟待突破的技术瓶颈。为满足黄土高原水土保持决策管理的技术需求，本书针对黄土高原沟缘线上、下侵蚀产沙分异显著的特点，综合采用 GIS、RS 和编程技术，尝试在坡、沟地貌单元划分的基础上，针对不同单元分别选用侵蚀模型，并与泥沙输移比分布模型（sediment delivery distributed model，SEDD）（Ferro and Porto，2000）集成，形成较完整的流域侵蚀产沙模型体系，为检验模型的有效性，选定北洛河上游为典型研究流域，1980~2004 年为典型研究期，模拟逐年和不同水沙变化时段的侵蚀产沙，以期为最终建立黄土高原大中流域侵蚀产沙预报模拟技术提供有益参考。

11.1　建模思路

黄土高原坡面分水线至沟底的地貌形态存在垂向地带分异，依次包括梁峁顶部、梁峁坡、沟坡和沟底。其中，梁峁顶部和梁峁坡构成沟间地，沟坡和沟底构成沟谷地。沟间地与沟谷地之间以沟缘线为界，其上、下的土壤、地形和植被差异显著，导致不同的侵蚀产沙特点。

不同地貌单元存在不同的侵蚀产沙统计关系，适用不同模型。在此重点考虑沟、坡侵蚀分异，为此，综合 GIS、RS 和编程技术，获取降雨空间分布、土地利用变化及地形特征信息，基于数字高程模型自动提取沟缘线，划分沟间地和沟谷地地貌单元，再改进与集成现有模型，尝试建立沟间地以通用土壤流失方程（Wischmeier and Smith，1965）为模型框架评估面蚀为主的坡地侵蚀，沟谷地运用改造沟坡侵蚀统计模型（蔡强国等，1996）评估冲蚀为主的沟谷侵蚀，并与 SEDD 模型耦合构建流域侵蚀产沙模型体系，最后结合流域卡口实测水文数据检验精度（图 11-1）。其中，数字高程模型采用 ArcGIS 中的 ANUDEM 算

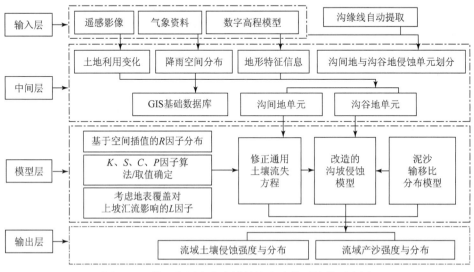

图 11-1　黄土高原大中流域侵蚀产沙模型结构示意图

Fig. 11-1　Structure of erosion and sediment yield model of large and middle scale watershed in Loess Plateau

法，基于数字等高线生成水文关系正确的数字高程模型（Hc-DEM），即符合水文地貌学基本原理，能正确反映水流方向、水流路径、水系网络、流域界线等水文要素与地貌特征发生和位置关系的 DEM（杨勤科等，2007）。

11.2　模型结构

11.2.1　输入层与中间层

以流域内及邻近气象站降雨观测资料为数据源，在 GIS 平台上采用空间插值获得降雨和降雨侵蚀力分布；结合植被调查数据和遥感影像，在 RS 平台上通过人机交互解析土地利用变化；基于 Hc-DEM，在 GIS 平台上提取坡度、坡长、沟壑密度等地形指标。

采用流域地貌特征分析中的沟缘线提取方法，以 txt 文本格式 Hc-DEM 为数据源，编程提取沟缘线，并将其上、下单元标记为沟间地单元和沟谷地单元（秦伟等，2012）。

11.2.2　沟间地单元侵蚀子模型

沟间地单元主要发生面蚀，选用通用土壤流失方程模型结构：

$$M = 100R \cdot K \cdot L \cdot S \cdot C \cdot P \tag{11-1}$$

式中，M 为年均土壤侵蚀模数，$t/(km^2 \cdot a)$；R 为降雨侵蚀力因子，$MJ \cdot mm/(hm^2 \cdot h \cdot a)$；$K$ 为土壤可蚀性因子，$t \cdot hm^2 \cdot h/(hm^2 \cdot MJ \cdot mm)$；$L$ 为坡长因子（无量纲）；S 为坡度因子（无量纲）；C 为覆盖与管理因子（无量纲）；P 为水土保持措施因子（无量纲）。

11.2.2.1　降雨侵蚀力因子

降雨侵蚀力因子（rainfall erosivity factor，R）是评价降雨引起的土壤分离和搬运的动力指标，反映了降雨对土壤侵蚀的潜在能力。经典算法将降雨动能和最大 30min 雨强的乘积作为度量降雨侵蚀力的指标，计算须以次降雨过程资料为基础。我国在分析土壤侵蚀影响因素及应用通用土壤流失方程等国外侵蚀模型的实践中，对降雨侵蚀力因子也进行了广泛研究。王万忠（1987）建立了适用于黄土高原地区的基于 30min 雨强的次降雨侵蚀力算式；黄炎和等（1993）建立了适用于南方红壤区的基于 30min 雨强的次降雨侵蚀力算式。以上次降雨侵蚀力算式都基于通用土壤流失方程对降雨侵蚀力的经典定义和算法获得，但在许多地区长时间序列降雨过程资料难以获得，且降雨动能计算过程相对繁琐，因此很多学者建立了适用于不同地区的降雨侵蚀力简易算法，主要包括马志尊（1989）建立的太行山区基于月降雨量的年降雨侵蚀力算式；孙保平和齐实（1990）建立的宁南地区基于 5~10 月降雨量的年降雨侵蚀力算式；刘秉正（1993）建立的渭北地区基于 6~9 月降雨量的年降雨侵蚀力算式；吴素业（1994）建立的安徽大别山区基于月降雨量的年降雨侵蚀力算式；周伏建等（1995）建立的福建省基于月降雨量的年降雨侵蚀力算式；秦伟等（2013）建立的赣北红壤区基于年降雨量的年侵蚀力算式；王万忠等（1996）建立的全国基于最大 30min 雨强和次降雨量的次降雨侵蚀力算式；卜兆宏和唐万龙（1999）建立的基于汛期雨量和年内 30min 降雨总动能的年降雨侵蚀力算式。以上这些算式通常采用月降雨量或年降雨为基础数据，计算过程相对简便，但仅在各自建立的地区有较强适用性。章文波和付金生（2003）利用全国 66 个主要气象站的日雨量和日 10min 最大雨强资料，对不同类型降雨侵蚀力简易算式进行了对比，建立了具有较强通用性的基于逐日雨量、逐月雨量、逐年雨量、月平均雨量和年平均雨量等不同详细程度降雨资料的降雨侵蚀力算式。

为便于应用，又尽量保证模型精度，在可获取日降雨资料的前提下，选用基于日降雨量的年降雨侵蚀力算法（章文波和付金生，2003）：

$$R_i = \alpha \sum_{j=1}^{T} (D_j)^\beta$$
$$\beta = 0.8363 + 18.144 P_{d12}^{-1} + 24.455 P_{y12}^{-1} \tag{11-2}$$
$$\alpha = 21.586 \beta^{-0.71891}$$

式中，R_i 为第 i 年降雨侵蚀力，MJ·mm/（hm²·h·a）；T 为年内降雨天数；D_j 为年内第 j 日侵蚀降雨量，mm（按 12 mm 为侵蚀降雨标准，小于 12 mm 以 0 计）；P_{d12} 为日雨量≥12 mm 的日均降雨量，mm；P_{y12} 为日雨量≥12 mm 的年均降雨量，mm；α 和 β 为参数。

11.2.2.2 土壤可蚀性因子

土壤可蚀性因子（soil erodibility factor, K）定义为标准小区上单位降雨侵蚀力引起的土壤流失率。目前通常应用诺谟图确定土壤可蚀性因子，但由于需进行较繁琐的单位转换，且与我国不同地区的实际情况存在一定差异，因此限制了该方法的广泛应用。除此以外，利用小区观测资料确定土壤可蚀性因子值的研究也多有报道：马志尊（1989）选用诺谟图计算了黄土、红土、褐土等我国不同土壤的土壤可蚀性因子值；吕喜玺和沈荣明（1992）用通用土壤流失方程中的土壤可蚀性因子计算公式，通过 2 次样条函数插值法转换土壤质地，获取了南方主要侵蚀土壤类型的表层土壤可蚀性因子值；张宪奎等（1992）根据野外实测计算了黑土、白浆土和暗棕壤 3 种土类的土壤可蚀性因子值，并发现用诺谟图求出的土壤可蚀性因子值普遍较实测值偏小 30%；张科利等（2001）通过野外观测资料确定了陕北和晋西北一带不同黄土的土壤可蚀性因子值。除此以外，20 世纪 90 年代初以来，在辽宁（林素兰等，1997）、河北（卜兆宏和李金英，1994）、内蒙古（金争平等，1992）、江西（史学正等，1995）、福建（陈明华等，1995）、广东（陈法扬和王志明，1992）、云南（杨子生，1999）等地，还进行了一系列针对不同土壤类型的土壤可蚀性因子取值研究。

总体上已有研究所采用的方法和观测标准不尽相同，多未与通用土壤流失方程中其他因子的换算标准统一，其他因子算法或取值一旦变化，将无法直接应用。同时，已有研究通常获得的仅仅是一个区域土壤可蚀性因子的具体取值或取值范围，缺少易于应用的算法。鉴于此，这里选用 RUSLE 模型中缺少资料时基于土壤颗粒的几何平均直径计算土壤可侵蚀性因子算法（Shiriza and Boersma，1984）：

$$K = 7.594\left(0.0034 + 0.0405\exp\left\{-\frac{1}{2}\left[\left(\log D_g + 1.659\right)/0.7101\right]^2\right\}\right) \quad (11\text{-}3)$$

$$D_g = \exp\left(0.01\sum f_i \ln m_i\right)$$

式中，D_g 为土壤颗粒平均几何直径，mm；f_i 为第 i 级粒级组分的重量百分比，%；m_i 为第 i 级粒级下组分限值的平均值，mm。

11.2.2.3　坡度因子

坡度因子（slope gradient factor，S）表示在其他因子相同的情况下，一定坡度的坡面土壤流失量与标准径流小区典型坡面土壤流失量的比值，是侵蚀动力的加速因子，与坡长因子一起反映地形地貌特征对土壤侵蚀的影响。我国有关坡度因子的研究较多，归结起来总体分为两类：第 1 类建立的均是坡度因子与坡度间的幂函数，报道数量最多。其中，江忠善等（1996）建立了黄土丘陵区坡度因子与坡度间的 0.88 次幂函数算法、杨子生（1999）建立了滇北地区 1.32 次幂函数算法、黄炎和等（1993）建立了闽东南地区 0.66 次幂函数算法、张宪奎等（1992）建立了东北黑土地区 1.3 次幂函数算法、牟金泽和孟庆枚（1983）建立了黄土丘陵区 1.3 次幂函数算法。第 2 类为幂函数以外的算法，如杨艳生（1988）建立的南方红壤地区坡度因子与坡度正、余弦间的一次函数算法，林素兰等（1997）建立的辽北低山丘陵区坡度因子与坡度间的二次函数算法。然而，不同地区间的研究往往难以通用，而现在黄土高原的研究多采用与通用土壤流失方程标准小区坡度和坡长不同的观测小区，在其他因子不一致时也无法直接应用。考虑到黄土高原地区坡度变化较大，选用适合较陡坡度的连续函数算式（Nearing，1997）：

$$S = -1.5 + 17/\left(1 + e^{2.3 - 6.1\sin\theta}\right) \quad (11\text{-}4)$$

式中，θ 为单元坡度，（°）。

11.2.2.4　坡长因子

坡长因子（slope length factor，L）是表示在其他条件相同的情况下，一定坡长坡面上土壤流失量与标准径流小区典型坡面土壤流失量的比值。坡长因子算法实质上是侵蚀与坡长关系的数学表达。不同的是，坡长因子将不同坡长转换为标准小区坡长的倍数，并以标准小区为参照反映不同坡长所对应的侵蚀强度。伴随坡长算法改进及通用土壤流失方程由坡面向流域尺度的扩展应用，其内涵逐步丰富，发展过程大致经历 3 个阶段：

第 1 阶段以 20 世纪 40 年代 Zingg（1940）建立土壤侵蚀强度与坡长的指数关系为起点，之后的研究主要围绕坡长指数取值的确定。

第 2 阶段以 Wischmeier 和 Smith（1978）提出将坡长指数按不同坡度分级取值开始，之后主要出现了 Foster 和 Wischmeier（1974）建立的坡长指数同细沟、细沟间侵蚀量比值的关系，McCool 等（1989）建立的坡长指数同坡度、不同类型侵蚀量比值的关系等。其中，Foster 等通过将非直型坡分割成若干均一坡段，提出的不规则坡面坡段坡长因子算法成为重要突破。该算法在实际应用时，通常以分水线到坡段单元的汇流距离为坡长（刘耀林和罗志军，2006），考虑了上坡汇流对土壤侵蚀的作用，反映了坡面不同坡段的土壤侵蚀强度差异。然而，由于坡面坡段单元的土壤侵蚀强度主要取决于上坡单宽汇流面积（Desmet and Govers，1996），而非上坡汇流距离，因此基于该算法的土壤侵蚀预报仍不能获得十分理想的结果。除此以外，Moore 和 Burch（1986）通过推导坡面水蚀动力公式，提出与传统形式一致但增加汇水区形态指数的坡长因子算法。该算法较全面地反映了坡长影响坡面水力侵蚀的动力机制，并对依据统计分析建立的传统坡长因子进行了理论验证，但在后来的实际应用中鲜有报道。总体上，这一阶段的研究虽未完全脱离坡长因子与坡长的指数关系结构，但已考虑到坡度、坡型和侵蚀类型等因素对坡长因子的影响。

第 3 阶段始于 20 世纪 80 年代，随着通用土壤流失方程与 GIS 集成应用于流域或区域尺度的土壤侵蚀预报，对模型因子算法提出了新的要求，开启了坡长因子发展的新阶段。此间，以 Mitasova 和 Mitas（1999）提出的用上坡单宽汇流面积代替坡长的规则坡面坡长因子算法，及 Desmet 和 Govers（1996）建立的用坡段上部总汇流面积代替坡段长度的不规则坡面坡段坡长因子算法最具代表性。这些针对规则坡段单元、以汇流面积取代汇流长度的算法，突破了坡长因子与坡长的传统关系，使坡长因子不再局限于一维空间的物理长度，转而刻画二维空间中，汇流面积增大使地表径流增加、输沙能力增强，进而加剧坡面水蚀强度的动力内涵。可以说，这一阶段研究中的地形在整个坡面产、汇流过程中对坡段侵蚀强度的影响在坡长因子中已得到较完整的反映。

当通用土壤流失方程应用到区域尺度土壤侵蚀研究时，通常以 GIS 技术为支撑，将整个区域划分成规则的栅格单元，每个栅格单元对应通用土壤流失方程的标准小区，以单个栅格单元为研究对象分别计算其土壤侵蚀量，再统计汇总得到区域土壤侵蚀。在此过程中，除选择合适的因子算法外，如何针对空间位置各异的栅格单元实现相应算法、提取因子取值是基于 GIS 平台应用通用土壤流失方程的关键技术。就坡长因子而言，现有基于 DEM 提取坡长因子的方法主要包括以下 5 种：

1）以 DEM 栅格边长（Jain et al.，2001）、对角线长（万晔等，2004）、边长与坡度余弦比，以及 DEM 栅格所代表的实际坡面长度等表示坡长（蔡崇法等，2000），并采用规则坡面坡长因子算法计算。这类方法的主要问题在于忽略了坡面单元格间的汇流过程，将 DEM 栅格作为封闭的理想径流小区，即水文孤岛，与实际相比，严重减小了坡长因子，从而低估了土壤侵蚀强度（Desmet and Govers，1996）。

2）以分水线到 DEM 栅格的实际汇流路径长度（朱蕾等，2005）或以 DEM 栅格到分水岭的垂直距离为坡长（梁伟，2003），再根据规则坡面的坡长因子算法计算。这类方法虽然在一定程度上考虑到了上坡汇流对侵蚀的影响，但计算的实际是以 DEM 栅格的边长为宽，以既定坡长为长的范围内所有栅格的平均土壤侵蚀模数，而并非待求栅格本身的侵蚀模数。由于坡面上方汇流使坡面下部的径流量和流速增大，从而导致坡面径流侵蚀能力加剧（肖培青和郑粉莉，2003），因此，坡面下部的侵蚀强度通常大于坡面上部，而这类方法无法反映侵蚀强度在不同坡位的差异，从而将低估坡面土壤侵蚀。

3）根据坡长与海拔的关系确定坡长（游松财和李文卿，1999）、在一个区域采用一个平均坡长（王宁等，2002）或以地形的起伏大小替代坡长反映地形对土壤侵蚀的影响

（王效科等，2001）。虽然坡长与海拔间确实存在一定的相关关系，且平均坡长或地形起伏等指标也能在一定程度上反映区域地形特征；但是以这些指标代替坡长，再按常规坡长因子算法用于计算土壤侵蚀强度，不符合通用土壤流失方程的有关基本定义，且难以反映坡长空间差异对土壤侵蚀空间分布的影响，因此所获得的结果往往存在较大的不确定性。

4）以分水线到栅格的实际汇流路径长度为坡长，并采用不规则坡面每一坡段的坡长因子算法确定坡长因子（刘耀林和罗志军，2006）。这种方法在一定程度上考虑了上坡汇流对土壤侵蚀的影响，且区别了同一坡面内不同坡段间的土壤侵蚀差异，避免了以一条汇流路径上的平均土壤侵蚀强度代替单元格土壤侵蚀强度的问题；但是，在 GIS 平台上将实际坡面划分为均匀单元格，实际上是将三维地形简化成二维地形。在二维空间中，单元格土壤侵蚀强度并非依赖于分水岭到该单元格的距离，而主要由该栅格上坡单位等高线宽度的汇流面积决定，因此应以上坡单位等高线宽度的汇流面积代替坡长来计算坡长因子。

5）采用 Desmet 和 Govers（1996）提出的算法，根据上坡单位等高线宽度的汇流面积计算单元格坡长因子（史志华等，2002）或以上坡汇流单元总数与单元格边长的乘积为近似值（Kinnell，2000）。这类方法综合考虑了上坡汇流对土壤侵蚀的影响以及不同坡段的土壤侵蚀差异，且由于一般 GIS 软件都能简便地计算单元格上坡汇流面积，因此具有较高的准确性和较好的适用性。然而，GIS 软件直接计算的上坡汇流面积由 DEM 确定的汇流方向简单累加形成，未考虑汇流路径上不同土地利用类型的产流特点，尤其是植被对降雨再分配所形成的减流效应。虽然在通用土壤流失方程中，覆盖与管理因子反映了地表覆盖对土壤侵蚀的影响，但基于栅格单元评估土壤侵蚀时，各因子仅能反映栅格单元内的土壤侵蚀影响因素，上坡土地利用对产流的作用无法由植被覆盖与管理因子体现，因此这类方法仍需改进。

坡面坡段是开放水文单元。除降水外，其土壤侵蚀强度不仅取决于坡段单元内的下垫面条件，还受上坡汇流的显著影响。因此，上坡植被和地形耦合作用导致的上坡汇流变化，必然在下坡土壤侵蚀中有所响应。然而现有算法在实际应用时，一般以基于数字高程模型流向确定的理论上坡汇流面积进行计算，未考虑汇流路径内植被覆盖等因素造成的汇流（流量、流速等）变化及其对下坡土壤侵蚀的影响，即未考虑上坡植被和地形对下坡侵蚀产沙的耦合影响，成为提升模型精度的主要瓶颈（秦伟等，2010a）。为此，本书首先根据研究区植被覆盖坡地的产流研究成果，确定不同地类年均产流系数；鉴于通用土壤流失方程各因子均以休闲摞荒地耕地为换算基础，故将不同地类产流系数与裸地产流系数的比值作为单元的汇流面积贡献率，即实际汇流面积与单元面积的比例；最后将各单元实际汇流面积按流向累加，确定上坡实际汇流面积，以此计算坡长因子（秦伟等，2009）：

$$L_{i,j} = \frac{(A_{i,j} + w_n \cdot D^2)^{m+1} - A_{i,j}^{m+1}}{D^{m+2} \cdot x_{i,j}^m \times (22.13)^m}$$

$$x_{i,j} = \cos\gamma_{i,j} + \sin\gamma_{i,j} \tag{11-5}$$

式中，$L_{i,j}$ 为第 i 行、第 j 列单元的坡长因子；$A_{i,j}$ 为第 i 行、第 j 列单元考虑地表覆盖的上坡实际汇流面积，m^2；w_n 为不同地类的汇流面积贡献率（n 为土地利用种类数）；D 为单元边长，m；$x_{i,j}$ 为第 i 行、第 j 列单元等高线长度系数；$\gamma_{i,j}$ 为第 i 行、第 j 列单元坡向，

（°）；22.13 为标准小区坡长，m；m 为坡长指数，当 $\theta \leqslant 1\%$ 时取 0.2，$1\% < \theta \leqslant 3\%$ 时取 0.3，$3\% < \theta \leqslant 5\%$ 时取 0.4，$\theta > 5\%$ 时取 0.5。

通用土壤流失方程将坡度降低出现沉积或漫流汇集形成水道的地方定义为坡长截止位置。Hc-DEM 经填洼处理一般没有局部漫流沉积区，故以河网作为坡长因子计算终点。具体位置基于 Hc-DEM 按一定临界支撑面积提取，并以研究区河网平均宽度为限作缓冲区，形成长、宽确定的河网分布。最后，根据流向、汇流面积贡献率、河网和土地利用通过 C 语言编程获得坡长因子。

11.2.2.5　覆盖与管理因子

覆盖与管理因子（cover and management factor，C）受植被类型、盖度、高度、叶面积指数和生长时期等影响，在 0~1。可参考研究区域相同植被覆盖类型研究成果确定。

11.2.2.6　水土保持措施因子

水土保持措施因子（soil and water conservation practice factor，P）为实施水土保持工程措施后的土壤流失量与顺坡种植土壤流失量的比值，在 0~1。可参考研究区域相同措施研究成果确定。

11.2.3　沟谷地单元侵蚀子模型

地形条件不仅直接决定土壤侵蚀发生、发展，同时由地形条件形成的不同土地利用/覆盖状况也是影响土壤侵蚀的重要因素。黄土高原地区，坡顶分水线至沟底的完整坡面上，地形、土壤和植被条件均存在差异，尤其是沟缘线以下的沟谷地，其坡度迅速增加，且受到上坡汇水剧烈冲刷，使该地貌部位的土壤侵蚀特征与沟缘线以上的沟间地明显不同。一般认为，沟间地主要存在溅蚀、细沟侵蚀和浅沟侵蚀，而沟谷地则主要存在切沟侵蚀和重力侵蚀。不同的侵蚀类型具有不同的动力学特征，表现出不同的土壤侵蚀强度，并在流域产沙中占有不同比例。研究证实（唐克丽，2004），沟缘线以下的土壤侵蚀强度明显高于沟缘线以上。其中，沟缘线以上属坡面侵蚀，通常占总侵蚀产沙量的 17.8%~47.6%；沟缘线以上属沟坡及沟道侵蚀，通常占总侵蚀产沙量的 52.4%~82.2%。虽然沟缘线上、下的土壤侵蚀特征和强度已得到普遍认识，但迄今为止，由于国内外对沟缘线以下陡坡侵蚀产沙模型的研究少有报道，还没有很好地适用于陡坡侵蚀产沙预报的可靠方案。因此，在进行流域侵蚀、产沙评估和模拟时都未对不同侵蚀类型进行有区别地针对性处理，通常将适用于坡面侵蚀的预报模型直接应用于陡坡，获得的结果与黄土丘陵沟壑区的复杂情况相比，自然差之甚远（蔡强国等，1996）。

纵观已有报道，虽然早在 20 世纪 50 年代开始，就相继出现了一系列有关沟、坡水热特征（黄奕龙等，2004）、植被特征（张晓艳等，2008）、土壤特征（谢云等，2002）、地形特征及其与土壤侵蚀关系（李勉等，2005）等方面的研究，并通过径流小区观测分析、室内降雨模拟试验等方法试图揭示坡沟侵蚀产沙关系（蒋德麟等，1966）、沟坡占流域产沙比例（焦菊英等，1992）、沟坡侵蚀动力学机制（丁文峰等，2008）等问题，但始终未能建立起具有较高实用性，并能广泛应用的沟坡侵蚀预报模型。在少数相关研究中，蔡强国等（1996）通过对野外观测资料的统计分析，建立的沟坡侵蚀模型虽属统计模型，但所需参数较少，相对易于获取，具有相对较好的实用性：

$$S_d = 511.07 Q_d^{0.865} \cdot S_c^{0.114} \tag{11-6}$$

式中，S_d 为次降雨沟坡侵蚀产沙模数，t/km^2；Q_d 为沟坡径流深，mm；S_c 为上部坡面来沙量，t/km^2。

鉴于目前在土壤侵蚀评估和模拟中普遍存在的，将适用于坡面侵蚀的预报模型直接应用于沟坡，结果与实际情况相差甚远的问题。本书选用蔡强国等（1996）建立的次降雨沟坡侵蚀统计模型，通过对模型形式的转化、改造，并基于 GIS 提取有关参数，应用于流域尺度年均沟坡土壤侵蚀强度预报，为开展黄土区面向沟谷地单元的土壤侵蚀强度评估进行了有益尝试。

11.2.3.1 沟坡侵蚀模型改造

原沟坡侵蚀统计模型需以次降雨条件下的上坡侵蚀产沙作为计算参数。然而，在黄土高原地区，气象站点数量和密度有限，次降雨过程的沟坡上坡来水、来沙观测记录更为稀缺，仅在少数科研基础条件较好的重点示范小流域内具有少量观测资料，且多针对小区尺度。这对在流域尺度直接应用该模型造成困难。

黄土高原地区，土层深厚、土壤含水量较低，降雨总量相对不足，因此在坡面降雨过程中，很少出现蓄满产流，几乎所有降雨产流过程都属超渗产流。要形成超渗产流，次降雨强度和雨量须满足一定等级要求。也就是说，年内能形成产流的降雨场次比较有限，往往年内坡面总侵蚀产流仅由几场或十几场大雨形成，而其他小雨则几乎对产流没有贡献。同时，从动力学角度分析，坡面土壤侵蚀主要由雨滴对地表土壤的击溅作用力和产流后的冲刷力导致，且又以径流冲刷力为主。也就是说，能形成坡面产流的降雨是造成土壤侵蚀的主要降雨形式，而不能形成坡面产流的降雨则对侵蚀贡献较小。结合坡面产流和坡面侵蚀的形成过程可以确定，年内坡面产流和坡面侵蚀、产沙均主要由几场或十几场大雨所致。基于此，本书试图将次降雨沟坡侵蚀模型转变为平均次降雨沟坡侵蚀模型，在 GIS 软件平台上，以上坡不同土地利用类型年均产流系数、流域产流降雨量和降雨场次确定次降雨上坡平均来水量，以上坡年均坡面侵蚀产沙和区域产流降雨场次确定次降雨上坡平均来沙量，从而获得沟坡多年平均次降雨沟坡土壤侵蚀强度，然后根据研究时段和对应的产流降雨场次确定多年平均沟坡土壤侵蚀强度。

同时，改造模型需应用于大中流域尺度，多数参数需借助 DEM 获取。例如，改造模型所需的上坡次降雨来水量要根据 DEM 提取的流向来确定，而一般研究中的流向算法多采用主流 GIS 软件最常用的 8 向流（D8）算法。虽然 D8 算法易实现、效率高，且对凹地和平坦区域有较强的处理能力，但由于将中心单元格流向限定指向周围 8 个单元格中唯一一个单元格，使得计算汇流时，中心单元格的径流量也只流向周围 8 个单元格中唯一一个单元格，而这不符合坡面汇流的实际情况，从而对上坡来水量计算造成影响。此外，在黄土高原，尤其黄土丘陵沟壑区，由于长期侵蚀和冲刷，不仅总体地形破碎，且在坡面形成许多洞穴和跌水。这些洞穴和跌水被持续冲刷后，往往在坡面表层以下与沟坡或沟道连通，形成特殊的输水、输沙通道，使相当数量的暴雨产流、产沙由这些特殊通道直接进入沟坡或沟道。洞穴和跌水等特殊水、沙路径无论采用何种算法都无法基于 DEM 确定的流向准确获得，因此根据 DEM 提取的流向所确定的上坡来水、来沙量通常略大于实际上坡来水、来沙量。对于上述由流向算法和特殊地貌造成的上坡来水计算误差，本书以沟谷地单元上坡来水、来沙量变化率一致为假设前提，通过改造模型中的增加上坡来水量修正系数和上坡来沙量修正参数进行消除。考虑到洞穴和跌水等特殊地貌主要改变上坡汇水路径和数量，直接影响上坡来水，而侵蚀、产沙则因通过汇流输移而受间接影响。因此，可按研究流域径流平均含沙量近似作为上坡来水量修正系数与上坡来沙量修正系数间的数量关系。综上所述，可将单元格沟坡侵蚀计算公式修改为

$$S_{gi,j} = \frac{I \cdot S'_{gi,j}}{N}$$

$$S'_{gi,j} = 511.07 \, (\varphi \cdot Q'_{ui,j})^{0.865} \cdot (\omega \cdot S'_{ui,j})^{0.114}$$

$$Q'_{ui,j} = \frac{A_{i,j} \cdot p_{ct}}{I \cdot D^2} \qquad (11\text{-}7)$$

$$S'_{ui,j} = \frac{S_{ui,j} \cdot N}{I}$$

$$S_{ui,j} = \sum_{x=1}^{y} M_{inx} \cdot SDR_x$$

$$\omega = d\varphi$$

式中：$S_{gi,j}$ 为第 i 行、第 j 列沟谷地单元年均土壤侵蚀模数，$t/$（$km^2 \cdot a$）；$S'_{gi,j}$ 为第 i 行、第 j 列沟谷地单元年均次降雨土壤侵蚀模数，t/km^2；$Q'_{ui,j}$ 为第 i 行、第 j 列沟谷地单元年均次降雨上坡径流深，mm；$S'_{ui,j}$ 为第 i 行、第 j 列沟谷地单元年均次降雨上坡来沙模数，t/km^2；$S_{ui,j}$ 为第 i 行、第 j 列沟谷地单元年均上坡来沙模数，$t/$（$km^2 \cdot a$）；I 为评价期产流、产沙降雨日次；N 为评价期年数；$A_{i,j}$ 为第 i 行、第 j 列单元考虑地表覆盖的上坡实际汇流面积，m^2；p_{ct} 为评价期产流、产沙降雨总量，mm；D 为单元边长，m；M_{inx} 第 x 个流入单元的年均土壤侵蚀模数，$t/$（$km^2 \cdot a$）；SDR_x 为第 x 个流入单元的年均土壤侵蚀输移比；y 为流入第 i 行、第 j 列沟谷地单元的单元总数；φ 为上坡径流深修正系数；ω 为上坡来沙模数修正系数；d 为用流域年均径流含沙量反映的上坡径流深和上坡来沙模数修正系数的比例关系。

根据在流域尺度基于 GIS 技术应用改造模型的特点，相关参数可通过如下方式获取：

1）$A_{i,j}$：首先确定流域不同地类的年均产流系数，将其与裸地产流系数的比值作为对应地类单元的汇流面积贡献率；然后，在 GIS 平台上，按基于 Hc-DEM 确定的流向累加所有流入某一单元的实际汇流面积，即流入单元汇流面积贡献率与单元面积的乘积，获得其上坡实际汇流面积。

2）p_{ct}：以流域年径流总量与对应年内不同等级的降雨总量进行相关分析，选取相关

性最高的降雨作为产流、产沙降雨等级；然后，按产流、产沙降雨等级，统计评价期产流、产沙降雨总量。

3）I：按既定产流、产沙临界降雨标准，统计评价期侵蚀、产沙降雨日次。

4）N：评价时段所含年份数。

5）M_{inx}：首先在所划分的沟间地单元采用通用土壤流失方程确定侵蚀强度；然后，在 GIS 平台上，按基于 Hc-DEM 确定的流向将所有流入某一沟谷单元的侵蚀量累加，累加前乘以对应单元的泥沙输移比。累加中分两种情况：一种为流入单元均为沟间地单元，则乘以泥沙输移比后直接累加，作为该沟谷地单元的上坡来沙，这类单元在实际地貌中属与沟缘线相邻的沟谷单元，是模型运算的起始单元；另一种为流入单元中一部分或全部是沟谷地单元，则需先按改造沟坡侵蚀模型计算沟谷地单元的土壤侵蚀强度并乘以对应泥沙输移比后再累加，这类单元在实际地貌中属没有或部分与沟缘线相邻的沟谷地单元，不作为运算起始单元。

6）SDR_x：采用 SEDD 模型获得流域内各单元平均泥沙输移比。

11.2.3.2　模型改造可行性与误差分析

从模型改造思路及其改造前、后的结构变化来看，改造模型是否可行的关键取决于年内坡面产流、产沙主要由少数日次满足一定强度和数量等级的降雨产生，而多数日次低于该等级的降雨对产流、产沙几乎没有贡献的理论前提在研究区是否成立。同时，在这种理论前提成立时，改造模型所获取的结果是否可靠，则主要取决于所确定的产流、产沙降雨等级标准是否合理以及在模型原有统计系数（系数 551.07，幂指数 0.865 和 0.114）不变时，基于次降雨过程上坡来水、来沙数据，逐次计算后再进行算数平均处理得到的土壤侵蚀强度结果与基于先通过算术平均处理得到的次降雨平均上坡来水、来沙数据计算的土壤侵蚀强度结果是否接近。为此，在此分别从以上 3 个方面对模型改造可行性进行分析。其中，临界产流、产沙降雨量和模型原有系数误差分析均以改造模型拟检验应用的北洛河上游流域为例。

（1）理论前提分析

降雨是产流的物质基础和侵蚀的动力来源，但并非所有降雨都会形成坡面径流，并造成土壤侵蚀。只有当降雨量或降雨强度到达一定等级要求时，才会形成坡面径流，并造成土壤侵蚀，即通常所说的临界产流降雨量和侵蚀性降雨量。由于径流冲刷力是坡面侵蚀的主要动力，因此通常不会形成产流的降雨虽也通过击溅作用产生一定的溅蚀，但并不会造成较大强度的土壤侵蚀。也就是说，理论上，同一地区，降雨特征和下垫面条件一定时，临界产流降雨量应高于侵蚀性降雨量，但通常较为接近。

有关临界产流降雨量和侵蚀性降雨量国内外已有大量报道，通过不同方法最终所确定的临界降雨量和侵蚀性降雨量多在 9 ~ 13 mm（Wischmeier and Smith，1978；王万忠，1984；Renard et al.，1997；谢云等，2000）和 3 ~ 23 mm（Kincaid and Schreiber，1967；Jain and Singh，1980；李小雁等，2001；朱金兆等，2002）。不同地区，由于降雨特征、土地利用、土壤特性等条件差异，临界产流降雨量和侵蚀性降雨量不同。其中，受降雨特征、土地利用和土壤特性等因素共同影响的降雨产流模式是决定临界产流降雨量和侵蚀性降雨量的主要原因。黄土高原地区，由于土层深厚、透水性好，雨后不同土层深度含水量快速下降，地表水蒸发或转化为地下水的速度较快、周期较短，通常为超渗产流模式（夏军等，2007）。该产流模式决定了24h雨量小于10 mm的降雨在黄土高原地区一般不产生径流、全部下渗（张升堂等，2004）。同时，黄土高原地区降雨月际差异显著，汛期降雨通常占年降雨量的60%以上，大部分日次的降雨量较少，不会产流，而少数日次的降雨量较大，是年内产流的主要来源。例如，在黄土高原岔巴沟流域，占年雨量10%左右的单场暴雨，即能产生年总量50%~60%的径流（尹国康，1998）。由于径流冲刷是土壤侵蚀的主要动力，因此少数日次的降雨不仅产生大部分径流，也同时造成大部分侵蚀、产沙，从而形成年内大部分水土流失主要由少数日次暴雨形成的特征。由此看来，本书对次降雨沟坡侵蚀模型进行改造的理论基础，即年内坡面径流、产沙主要由少数日次满足一定强度和数量等级的降雨产生，而多数日次低于该等级要求的降雨对产流、产沙几乎没有贡献的理论前提符合黄土高原地区的产流、产沙特征。

同时，对于该模型拟应用检验的北洛河上游流域而言，按卡口水文站逐日降雨资料分析，评价期1980~2004年，累计发生降雨2146日次，共11 217 mm。其中，单日次降雨量小于10 mm的非侵蚀性降雨1805日次，共3927 mm，分别占总降雨日次和总降雨量的84%和35%；其余属侵蚀性降雨。侵蚀性降雨又以中雨（10 mm ≤ 日降雨量 < 25 mm）和大雨（25 mm ≤ 日降雨量 < 50 mm）为主，两项合计占总降雨量和总降雨日次的56%和15%。可以看出，一半以上的降雨在不到1/5的降雨日次中完成。因此，改造模型拟应用检验的北洛河上游流域也具有大部分侵蚀由少数日次的中雨或大雨造成，而多数日次中的小雨对土壤侵蚀并无贡献的特征。

（2）临界产流、产沙降雨标准检验

受多种因素的综合影响，通常流域径流、输沙与降雨、下垫面等条件中的任何单因素间均难以建立非常良好的数量关系，尤其大中流域降雨与径流、输沙间的关系一般非常离散。决定系数作为反映事物间联系紧密程度的重要指标，至少能用于比较不同因素中哪个与既定事物联系更紧密。据此，基于改造模型拟应用检验的北洛河上游流域卡口水文站1980~2004年逐日降雨资料，按不同雨量等级统计，获得不同等级年降雨量与年径流量的决定系数（图11-2和图11-3）。

结果显示，不同等级降雨中，单日次降雨≥30 mm的降雨量（30≤P）与流域径流、输沙间的决定系数最高，说明所有降雨中，单日次降雨≥30 mm的降雨与该区产流、产沙关系最密切。据此，初步将30 mm作为流域次降雨产流、产沙临界降雨标准。与现有临界产流降雨量和侵蚀性降雨量的研究相比，30 mm作为临界产流，尤其作为临界产沙降雨量偏大，但实际上现有侵蚀性降雨量均针对坡面小区尺度的侵蚀，而非流域尺度的产沙，因此只要造成土壤剥离，即引发溅蚀的降雨即属侵蚀性降雨，而产沙须借助径流搬运和输移能力，因此导致流域产沙的降雨势必大于坡面侵蚀的侵蚀性降雨，且以30 mm作为临界产沙降雨的结论与朱金兆等（2002）在晋西黄土区所获得的严重土壤侵蚀主要由雨量大于30 mm的降雨造成一致。

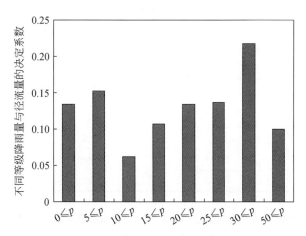

图 11-2　北洛河上游流域不同等级年降雨与年径流决定系数

Fig. 11-2　Determination coefficients of annual runoff and annual precipitation of different grades in the upper reaches of Beiluohe River basin

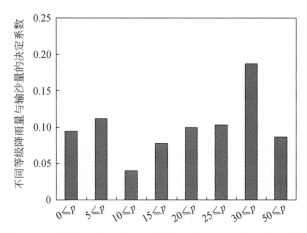

图 11-3　北洛河上游流域不同等级年降雨与年输沙决定系数

Fig. 11-3　Determination coefficients of annual sediment and annual precipitation of different grades in the upper reaches of Beiluohe River basin

　　根据之前对流域水沙变化情势的分析，改造模型拟应用检验的北洛河上游流域 1980～2004 年径流、输沙可划分为 1980～1994 年、1995～2000 年和 2001～2004 年 3 个特征变化时段。为进一步确定临界产流降雨标准的合理性，分别采用根据 ≥30 mm 降雨总量和流域径流总量，以及根据不同土地利用类型平均产流系数和面积比例确定的流域 3 个时段内的流域年均产流系数（表 11-1 和表 11-2）进行对比，相互验证确定不同土地利用类型平均产流系数和临界产流降雨标准的合理性。

表 11-1　北洛河上游流域基于降雨和径流的不同时段年均径流系数

Table 11-1　Perennial average runoff coefficient of different periods obtained form precipitation and runoff in the upper reaches of Beiluohe River basin

时段	大于 30 mm/d 的产流降雨总量（mm）	单位面积总径流深（mm）	多年平均产流系数
1980～1994 年	1424.2	441.2	0.309
1980～1993 年	1233.1	352.8	0.286
1995～2000 年	715.8	149.1	0.208
2001～2004 年	482.3	89.3	0.185

表 11-2　北洛河上游流域基于不同土地利用类型的产流系数及其面积比例的多年平均径流系数

Table 11-2　Perennial average runoff coefficient of different periods obtained from average runoff coefficient and areas proportion of different land-use types in the upper reaches of Beiluohe River basin

土地利用类型	产流系数	1986 年		1997 年		2004 年	
		面积比例（%）	面积加权产流系数	面积比例（%）	面积加权产流系数	面积比例（%）	面积加权产流系数
耕地	0.22	42.79	0.094 14	43.61	0.095 94	22.61	0.049 74
草地	0.26	52.58	0.115 68	52.71	0.137 05	34.84	0.090 58
有林地	0.11	0.06	0.001 32	0.03	0.000 03	5.11	0.005 62
疏林地	0.06	1.67	0.003 67	1.59	0.000 95	17.53	0.010 52
灌木林地	0.07	2.43	0.005 35	1.55	0.001 09	19.28	0.013 50
水域	1.00	0.20	0.000 44	0.09	0.000 90	0.12	0.001 20
滩地	0.67	0.21	0.000 46	0.21	0.001 41	0.19	0.001 27
建设用地	0.67	0.06	0.000 13	0.21	0.001 41	0.32	0.002 14
合计	—	100	0.221	100	0.239	100	0.175

结果表明，根据 ≥30 mm 降雨总量和流域径流总量计算的 3 个时段流域年均产流系数为 0.309、0.208 和 0.185，而根据不同土地利用年均产流系数及其面积比例确定的对应时段流域年均产流系数分别为 0.221、0.239 和 0.175，误差分别为 -29%、15% 和 -5%。其中，1995～2000 年和 2001～2004 年两个时段的径流系数误差均不超过 ±15%。总体来看，3 个时段的产流系数误差均不超过 ±30%，且后两个时段的误差均不超过 ±15%，说明选定的临界产流降雨标准及不同土地利用平均产流系数比较合理，以此进行后续的模型计算具有较高的可靠性。

（3）模型自有统计系数误差分析

由于原沟坡侵蚀统计模型适用于次降雨事件，理论上对一段时期内多次降雨事件下的平均沟坡侵蚀强度，应基于次降雨上坡来水、来沙数据，逐次计算后再进行算术平均获得 [式（11-8）]；但改造模型对于一段时期内多次降雨事件下的平均沟坡侵蚀强度，则是基于算术平均处理后的次降雨平均上坡来水、来沙数据，在不改变模型原有统计系数（551.07、0.865 和 0.114）的情况下计算获得 [式 (11-9)]：

$$S_{gi, j} = \frac{1}{N} \cdot 511.07 \sum_{t=1}^{I} (Q_{dt}^{0.865} S_{dt}^{0.114}) \tag{11-8}$$

$$S_{gi, j} = \frac{I}{N} \cdot 511.07 \left(\frac{\sum_{t=1}^{I} Q_{dt}}{I} \right)^{0.865} \left(\frac{\sum_{t=1}^{I} S_{dt}}{I} \right)^{0.114} \tag{11-9}$$

式中，$S_{gi, j}$ 为第 i 行、第 j 列沟谷地单元年均土壤侵蚀模数，t/（km²·a）；Q_{dt} 为第 t 次降雨的沟坡径流深，mm；S_{dt} 第 t 次降雨的沟坡上坡来沙量，t/km²；I 为评价期产流、产沙降雨日次；N 为评价期年数。

对比改造前、后的模型算式可知，在不改变模型原有统计系数的情况下，两种计算方法的误差主要取决于次降雨产流量 0.865 次方的算术平均值与算术平均次降雨产流量 0.865 次方间的误差，以及次降雨产沙量 0.114 次方的算术平均值与算术平均次降雨产沙量 0.114 次方间的误差。

通常情况下，下垫面条件一定时，次降雨产流、产沙由降雨量、降雨历时和降雨强度决定，且降雨量、降雨历时和降雨强度间紧密关联。例如，降雨量一定时，降雨历时越短、降雨强度越大，而当降雨强度一定时，降雨历时越长、降雨量越多，反之亦然。当降雨量达到一定量级时，次降雨产流、产沙与降雨量的关系将较降雨历时和降雨强度更为密切（穆兴民等，1999）。本书拟在北洛河上游流域不同特征时段运用改造模型，一方面各时段土地利用状况基本一致，保证了产流、产沙主要由降雨因素决定；另一方面，选用对产流、产沙影响最显著的 ≥30 mm 降雨量，在很大程度上降低了降雨历时和降雨强度对产流、产沙的影响。因此，可以认为，本书运用改造模型时，由模型原有统计系数所引起的误差直接且主要由次降雨量乘方的算术平均值与算术平均次降雨量的乘方间的误差决定。

通过模型改造的误差来源分析可知，实际上研究时段内的平均次产流、产沙降雨量对各次产流、产沙降雨量的代表性是误差的根本来源。标准差（standard deviation）是反映特定数据集离散程度的有效指标，能量化数据集内各单值与对应数据集算术平均值的差异程度。因此，基于北洛河上游流域卡口水文站逐日降雨资料，选用标准差和相对标准差确定改造模型拟应用研究期（1980～2004 年）和不同特征时段（1980～1994 年、1995～2000 年和 2001～2004 年）平均次降雨量与各次降雨量的偏差。

统计结果表明（图 11-4～图 11-7），以 30 mm 为临界产流、产沙降雨量，北洛河上游流域 1980～2004 年共出现 57 日次产流、产沙降雨。其中，单次日最多 113 mm（1999 年 7 月 13 日）、最少 30 mm（1983 年 5 月 24 日），多年平均单日次降雨 46 mm，标准差 2.4，相对标准差 5%。若按 1980～1994 年、1995～2000 年和 2001～2004 年 3 个特征变化时段分别统计，则 1980～1994 年共出现 34 日次产流、产沙降雨，其中，单日次最多 87 mm（1994 年 8 月 31 日）、最少 30 mm（1983 年 5 月 24 日），多年平均单日次降雨 42 mm，标准差 2.1，相对标准差 5%；1995～2000 年共出现 13 日次产流、产沙降雨，其中，单日次最多 113 mm（1999 年 7 月 13 日）、最少 30 mm（1998 年 5 月 9 日），多年平均单日次降雨 55 mm，标准差 6.8，相对标准差 12%；2001～2004 年共出现 13 日次产流、产沙降雨，其中，单日次最多 92 mm（2001 年 8 月 18 日）、最少 30 mm（2003 年 8 月 26 日），多年平均单日次降雨 48 mm，标准差 5.8，相对标准差 12%。可以看出，1980～2004 年，北洛河上游流域≥30 mm 的降雨 57 日次，离散程度不高，标准差和相对标准差仅为 2.4 和 5%，平均单日次降雨对各日次降雨具有很好的代表性。3 个时段内，1980～1994 年，≥30 mm 的降雨 34 日次，标准差和相对标准差仅为 2.1 和 5%，各日次降雨与平均单日次降雨十分接近；1995～2000 年和 2001～2004 年，虽然各日次降雨的离散程度有所增加，但标准差和相对标准差均不超过 7.0 和 13%，平均单日次降雨对各日次降雨仍具有较好的

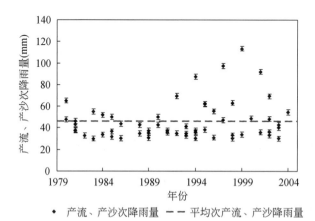

图 11-4　北洛河上游流域 1980～2004 年≥30 mm 次降雨量及其平均次降雨量

Fig. 11-4　≥30 mm single precipitation and average single precipitation from 1980 to 2004 in the upper reaches of Beiluohe River basin

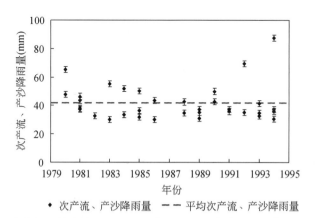

图 11-5　北洛河上游流域 1980～1994 年≥30 mm 次降雨量及其平均次降雨量

Fig. 11-5　≥30 mm single precipitation and average single precipitation from 1980 to 1994 in the upper reaches of Beiluohe River basin

代表性。因此，通过对 ≥30 mm 日次降雨量的离散程度统计分析，可初步确定基于平均产流、产沙次降雨量计算沟坡各日次降雨的平均侵蚀强度误差较小，具有可行性。为进一步量化由于模型改造可能带来的误差范围，分别用不同时段内的日次降雨量和平均单日次降雨量按模型系数（0.865 和 0.114）进行运算，并对比基于日次降雨量乘方的算术平均值与算术平均单日次降雨量乘方结果间的误差，以此衡量对应次降雨产流量和产沙量因模型改后而可能产生的运算误差范围。

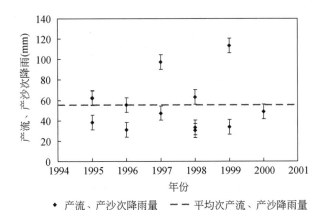

图 11-6　北洛河上游流域 1995～2000 年 ≥30 mm 次降雨量及其平均次降雨量

Fig. 11-6　≥30 mm single precipitation and average single precipitation from 1995 to 2000 in the upper reaches of Beiluohe River basin

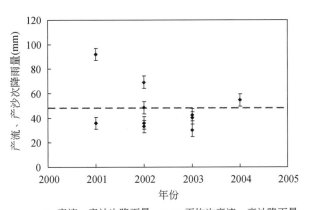

图 11-7　北洛河上游流域 2001～2004 年 ≥30 mm 次降雨量及其平均次降雨量

Fig. 11-7　≥30 mm single precipitation and average single precipitation from 2001 to 2004 in the upper reaches of Beiluohe River basin

误差分析可知（表 11-3），模型原有参数不变时，次降雨量乘方的算术平均值与算术平均次降雨量的乘方之间相对误差多不超过 1%，最大相对误差不足 1.5%。虽然次降雨并不等于次产流、产沙，但在各统计时段内，下垫面条件一致，次降雨与产流、产沙的关系基本保持一致，且≥30 mm 次降雨量是影响次降雨产流、产沙的最主要因素，因此不同时段内各次降雨量相对平均次降雨量的波动和离散关系在很大程度上能代表各次降雨产流、产沙相对于平均次降雨产流、产沙量的波动和离散关系，而这正是改造模型运算误差的根本来源。

表 11-3　不同统计时段基于≥30 mm 次降雨和基于≥30 mm 平均次降雨的运算结果误差统计

Table 11-3　Error statistic of calculated results obtained from ≥30 mm single precipitation and ≥30 mm average single precipitation respectively in different periods

统计时段	1986~1994 年	1995~2000 年	2001~2004 年
$\overline{P_{dt}^{0.865}}$	25.190	31.713	28.367
$\overline{P_{dt}}^{0.865}$	25.306	32.070	28.565
绝对误差	0.116	0.357	0.198
相对误差（%）	0.46	1.13	0.70
$\overline{P_{dt}^{0.114}}$	1.525	1.565	1.546
$\overline{P_{dt}}^{0.114}$	1.531	1.581	1.555
绝对误差	0.006	0.160	0.009
相对误差（%）	0.39	1.02	0.58
$\overline{P_{dt}^{0.865} \cdot P_{dt}^{0.114}}$	38.699	50.522	44.401
$\overline{P_{dt}}^{0.865} \cdot \overline{P_{dt}}^{0.114}$	38.739	50.712	44.433
绝对误差	0.040	0.190	0.032
相对误差（%）	0.10	0.38	0.07

注：$\overline{P_{dt}^{0.865}}$ 为评价期内各次≥30 mm 降雨量 0.865 次方的算术平均值；$\overline{P_{dt}}^{0.865}$ 为评价期内各次≥30 mm 降雨算术平均值的 0.865 次；$\overline{P_{dt}^{0.114}}$ 评价期内各次≥30 mm 降雨量 0.114 次方的算术平均值；$\overline{P_{dt}}^{0.114}$ 为评价期内各次≥30 mm 降雨算术平均值的 0.114 次；$\overline{P_{dt}^{0.865} \cdot P_{dt}^{0.114}}$ 为评价期内各次≥30 mm 降雨量 0.865 次方和 0.114 次方乘积的算术平均值；$\overline{P_{dt}}^{0.865} \cdot \overline{P_{dt}}^{0.114}$ 为评价期内各次≥30 mm 降雨算术平均值的 0.865 次方和 0.114 次方的乘积。

综合不同角度的误差分析可确定，1980~2004 年，北洛河上游流域内对产流、产沙影响最显著的≥30 mm 次降雨离散程度较小，平均次降雨量与各次降雨量的标准差和相对标准差均不超过 7 和 13%。同时，模型改造后，若保持原模型统计系数不变，在不同特征时段内，基于平均次降雨产流量和产沙量获得的多年平均沟坡侵蚀强度与基于逐次降雨产流量和产沙量所获得的多年平均沟坡侵蚀强度间的相对误差应不超过 1.5%，改造模型满足应用要求。

11.2.4 泥沙输移比分布子模型

由改造后的沟谷地单元侵蚀子模型结构来看，其运用须确定单元泥沙输移比，以便利用研究时段内的上坡侵蚀总量和上坡产流、产沙降雨日次推算次降雨的上坡平均来沙量。同时，沟间地产沙分布也需以泥沙输移比分布为基础。因此，研究时段内的流域泥沙输移比分布是流域侵蚀产沙预报的必要参数。

泥沙输移比（sediment delivery ratio，SDR）的概念最早由 Brown（1950）在估计美国入河、入海泥沙量的研究中提出。虽然之后出现了一些不同的理解，但多数情况下都被定义为一定流域范围内，出口断面泥沙量占流域侵蚀总量的比例。泥沙输移比是反映流域侵蚀泥沙运移能力的重要指标，是连接土壤侵蚀与河道输沙的关系纽带。通过研究泥沙输移比能量化、模拟流域侵蚀、产沙，并有助于解决土壤侵蚀空间尺度转换等问题。同时，利用泥沙输移比能连接流域侵蚀与输沙，从而使土壤侵蚀研究能够为河道、水库设计和淤积治理提供依据。由于泥沙输移比受流域大小、形态及沟道特征等地貌条件，粒径、质地等侵蚀物质的物理条件，植被覆盖率等土地利用条件以及降雨等气象水文条件的综合影响，使得现有研究多是选取影响因素中的一个或多个，建立不同因素与泥沙输移比的统计关系，并试图分析其影响机理。国外，分别建立了泥沙输移比与流域面积（Renfro，1975）、河道（沟道）比降（Williams and Berndt，1972）、地形长度比（Williams and Berndt，1977）等地貌条件，与植被覆盖度（Ebisemiju，1990）等下垫面条件，以及与泥沙粒径（Walling，1983）等泥沙物理条件的统计关系。其中，以泥沙输移比与流域面积的关系最为普遍，多数研究认为流域泥沙输移比与流域面积呈反比关系，并据此颁布了美国不同流域输移比与其面积的关系手册（USDA，1972）。除此以外，Ferro 和 Porto（2000）提出了基于传输时间的流域不同部位泥沙输移比算式，并通过结合泥沙输移速度（McCuen，1998）、时间（Jain and Kothyari，2000）和路径（SCS-TR-55，1975）的有关公式，形成了模拟流域泥沙输移比分布的泥沙输移分布模型（sediment delivery distributed model，SEDD）。

国内对泥沙输移比的研究始于 20 世纪 70 年代后期，相继出现了一系列有关泥沙输移比与不同影响因素关系的定性报道，建立起一些定量确定泥沙输移比的统计模型，主要包括：牟金泽和孟庆枚（1982）依据河流动力学基本理论，在分析黄土丘陵区大理河流域水沙资料的基础上，建立了泥沙输移比与流域面积和沟壑密度的统计模型；陈浩（2000）通过对大理河流域径流、输沙观测资料进行回归分析，建立了泥沙输移比与流域面积、沟壑密度和平均径流深的统计模型；蔡强国等（1996）根据陕北黄土区羊道沟小流域观测资料，通过对泥沙输移比与各种影响因素的多元回归拟合，建立了泥沙输移比与降雨量、降雨历时、平均雨强和雨型因子的统计模型；赵晓光和石辉（2002）基于标准小区观测数据，将黄土区坡面集水区的泥沙输移比确定为 0.27~0.97，并建立了相应的统计公式。除了以上用于确定年均或多年平均泥沙输移比的统计模型，曹文洪等（1993）和刘纪根等（2007）通过次降雨产流和输沙观测数据，分别建立了次暴雨泥沙输移比统计公式。总体上，已有统计模型多利用各种流域地形、地貌特征指标与泥沙输移比间的相关关系，所需参数相对简单，对量化特定区域的泥沙输移比具有应用价值。然而，泥沙输移比受多因素的综合影响，通过某一个或几个因素统计关系确定泥沙输移比的方法缺乏足够的机理依据。

泥沙输移比虽是十分复杂的问题，泥沙输移比量化研究还相对滞后，相关模型公式的应用受区域和环境条件限制明显；但不容否认的是，一定区域的泥沙输移比作为各类环境要素相互作用最终达到平衡状态的特殊表现，具有相对稳定性和确定性。研究表明（刘纪根等，2007），黄土高原小流域次降雨泥沙输移比一般在 0.3~1.6，而多年平均泥沙输移比通常更为稳定。例如，陕北大理河流域内 0.18~3900 km² 的不同面积子流域的多年平均泥沙输移比在 0.8~1.1（牟金泽和孟庆枚，1982）。同时，大量研究证实（龚时旸和熊贵枢，1979；陈永宗，1983；景可，1999；焦菊英等，2007），黄土高原，尤其是多沙粗沙区，大、中、小流域多年平均泥沙输移比均近似等于 1。

综合泥沙输移比特征及其现有量化方法，本书首先根据研究流域实测资料或相关泥沙输移比统计关系模型研究成果，确定流域多年平均泥沙输移比；再以此作为 SEDD 模型的参数率定依据，确定相关参数取值，最终获得流域不同单元泥沙输移比分布：

$$SDR_i = \exp(-\mu \cdot t_i)$$

$$t_i = \sum_{i=1}^{N_p} \frac{l_i}{v_i} \qquad (11\text{-}10)$$

$$v_i = k s_i^{0.5}$$

式中，SDR_i 为第 i 个单元的泥沙输移比；μ 为流域形态参数（通常某一流域具有确定形态参数，可按一定步长逐一取值，检验流域平均泥沙输移比对不同取值的敏感性，选择敏感性最低值作为形态参数取值）（Ferro and Porto，2000）；t_i 为第 i 个单元的泥沙输送到最近沟道或河道单元 N_p 的耗时，h；l_i 为泥沙在第 i 个单元的输移距离，m（水平流向时取单元边长，否则取单元对角线长）；v_i 为水流途经第 i 个单元的流速，m/s；s_i 为第 i 个单元的坡降，m/m（为保证流域汇水路径完整，将最小坡降赋为 0.003）（Fernandez et al.，2003）；k 为与土地利用类型有关的摩擦系数，m/s。

11.2.5　输出层与模型参数体系

完成模型运算后，在 GIS 平台上将两个地貌单元的模拟结果集成合并，获得流域侵蚀产沙分布；结合土地利用和地形分区，获得不同土地利用侵蚀产沙，沟、坡侵蚀产沙关系等信息。

模型体系共涉及气象、土壤、地形、地表覆盖、水文和修正 6 类输入参数，分别包含 6 个、3 个、7 个、2 个、2 个、3 个参数，共计 23 个输入参数（秦伟等，2015；各参数含义及时空变化特征见表 11-4）。

表 11-4 黄土高原大中流域侵蚀产沙模型输入参数汇总

Table 11-4 Input parameters of erosion and sediment yield model of large and middle scale watersheds in Loess Plateau

序号	类型	参数	单位	含义	时空变化特征
1	气象参数	D_j	mm	日侵蚀性降雨量	按气象站点日降雨资料统计，随评价期变化；存在多个站点时，先分别计算，再插值获得空间分布
2		P_{d12}	mm	日雨量≥12 mm 的日均降雨量	
3		P_{y12}	mm	日雨量≥12 mm 的年均降雨量	
4		I	次	评价期产流、产沙降雨日次	
5		N	a	评价期年数	
6		p_{ct}	mm	评价期产流、产沙降雨总量	
7	土壤参数	D_g	mm	土壤颗粒平均几何直径	按土壤类型计算，流域存在多种土类时分别赋值，则具有空间变化，不随评价期变化
8		m_i	mm	第 i 级粒级下组分限值的平均值	
9		f_i	%	第 i 级粒级组分重量百分比	
10	地形参数	θ	(°)	单元坡度	基于数字高程模型提取，具有空间变化，不随评价期变化
11		$\gamma_{i,j}$	(°)	单元坡向	
12		$x_{i,j}$	无量纲	单元等高线长度系数	根据单元坡向计算，具有空间变化，不随评价期变化
13		l_i	m	单元内的泥沙输移距离	根据单元流向赋值，水平流向时取单元边长，否则取单元对角线长，具有空间变化，不随评价期变化
14		s_i	m/m	单元坡降	根据单元坡度按正切计算，具有空间变化，不随评价期变化
15		m	无量纲	坡长指数	根据单元坡度赋值，具有空间变化，不随评价期变化
16		μ	无量纲	流域形态参数	通过泥沙输移比分布模型试算率定，不存在时空变化
17	地表覆盖参数	C	无量纲	覆盖与管理因子	根据土地利用类型赋值，具有空间变化，不同评价期土地利用变化时重新赋值
18		P	无量纲	水土保持措施因子	
19	水文参数	k	m/s	不同地类摩擦系数	
20		w_n	无量纲	不同地类汇流面积贡献率	
21	修正参数	φ	无量纲	上坡径流深修正系数	通过侵蚀产沙模型试算率定，不存在空间变化，通常可认为不随评价期变化
22		ω	无量纲	上坡来沙模数修正系数	
23		d	无量纲	上坡径流深和上坡来沙模数修正系数的比例关系	按流域年均径流含沙量取值，不存在空间变化，通常可认为不随评价期变化

11.3 模型应用与检验

11.3.1 基础数据与模拟时段

11.3.1.1 基础数据

降雨数据采用流域内外 8 个雨量站逐日降雨资料。水文数据采用流域卡口水文站（108.17°E，36.92°N）逐月径流、输沙资料。地形数据按照之前北洛河上游地貌特征分析中选用的 1:5 万 25 m 等高距数字地形图，在 ArcGIS 中采用 ANUDEM 算法生成 10 m 分辨率的 Hc-DEM；与实测数据和遥感影像对比，选用以临界支撑面积 1 km² 提取河网、临界支撑面积 0.6 km² 提取含河网与主沟的沟谷系统。土地利用数据按照之前北洛河上游土地利用/覆被时空演变研究中选用的 Landsat-5 卫星 1986 年、1997 年和 2004 年 30 m 分辨率 TM 数据，在 ERDAS 中按 3、4、5 波段，结合解译样地资料，采用人机交互获得土地利用分布。

11.3.1.2 模拟时段

以 1980～2004 年为研究期，模拟逐年侵蚀产沙。基于之前北洛河上游流域水沙变化情势及驱动因素分析，将研究时段划分为 1980～1994 年、1995～2000 年和 2001～2004 年 3 个特征时段，模拟不同时段多年平均侵蚀产沙。其中，1980～1994 年流域内气候与土地利用相对稳定，作为基准期；1995～2000 年为气候变化导致流域水沙减少的波动期；2001～2004 年为大规模植被重建调控流域水沙的效应期（秦伟等，2010b）。

11.3.2 因子计算与参数率定

11.3.2.1 沟间地单元侵蚀子模型因子计算

（1）降雨侵蚀力因子

在 ArcGIS 中，基于降雨资料和因子算法获得各站点逐年降雨侵蚀力，按简单克里金（simple Kriging）插值获得逐年和不同时段流域降雨侵蚀力因子分布（图 11-8～图 11-10）。结果表明，25 年间，流域多年平均降雨侵蚀力为 1394 MJ·mm/（hm²·h·a），其中，1980～1994 年平均为 1218 MJ·mm/（hm²·h·a），1995～2000 年平均为 1585 MJ·mm/（hm²·h·a），2001～2004 年平均为 1766 MJ·mm/（hm²·h·a）。

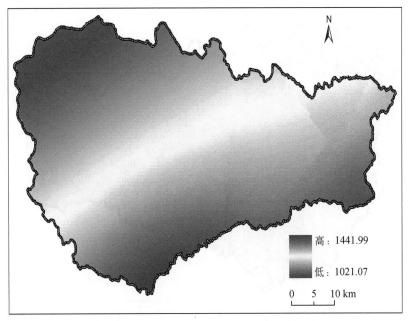

图 11-8　北洛河上游流域 1980～1994 年多年平均降雨侵蚀力分布

Fig. 11-8　The distribution of perennial average rainfall erosivity from 1980 to 1994 in the upper reaches of Beiluohe River basin

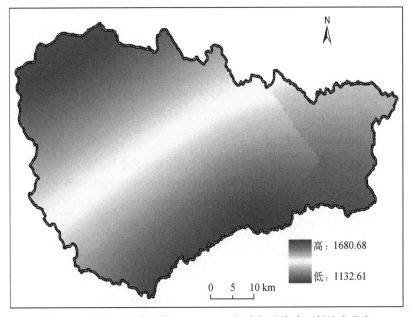

图 11-9　北洛河上游流域 1995～2000 年多年平均降雨侵蚀力分布

Fig. 11-9　The distribution of perennial average rainfall erosivity from 1995 to 2000 in the upper reaches of Beiluohe River basin

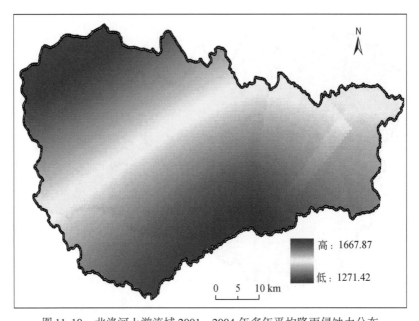

图 11-10　北洛河上游流域 2001~2004 年多年平均降雨侵蚀力分布

Fig. 11-10　The distribution of perennial average rainfall erosivity from 2001 to 2004
in the upper reaches of Beiluohe River basin

（2）土壤可蚀性因子

根据第 2 次全国土地调查南京土壤所所提供的 1：100 万土壤数据，北洛河上游流域内以黄绵土为主，分布面积占流域总面积的 84.4%，其余土壤类型依次为新积土、黏化黑垆土、红黏土、冲积土和黑垆土，分别占流域总面积的 9.8%、1.7%、1.6%、1.5% 和 1%。同时，其他 5 类土壤主要分布在沟底和滩地，沟间地均为黄绵土。因此，针对沟间地单元的侵蚀产沙预报仅按黄绵土计算土壤可蚀性因子。根据黄绵土粒径大小及含量（表 11-5），按所选的基于土壤颗粒几何平均直径的算式获得流域土壤可蚀性因子取值为 0.047 t·hm²·h/（hm²·MJ·mm）。

表 11-5　陕北黄土区黄绵土土壤粒径大小及含量

Table 11-5　Loessal soil particle size and mass fraction of in watershed of loess region
in North Shaanxi Provinc

粒径等级（mm）	0~0.002	0.002~0.01	0.01~0.02	0.02~2
百分含量（%）	21.37	26.12	30.95	21.56

（3）坡度因子

在 ArcGIS 中，基于 Hc-DEM 提取坡度，按所选的坡度因子算式（Nearing，1997）获得流域坡度因子分布（图 11-11）。

（4）坡长因子

根据黄土高原植被影响地表产汇流的有关成果（孙立达和朱金兆，1995；张建，

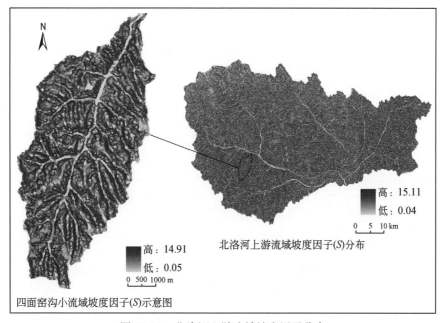

图 11-11　北洛河上游流域坡度因子分布

Fig. 11-11　The distribution of slope gradient factor in the upper reaches of Beiluohe River basin

1995；吴钦孝等，1998；潘成忠和上官周平，2005；王辉等，2007；吴淑芳等，2007），确定不同土地利用类型的年均产流系数，并换算对应汇流面积贡献率（表 11-6）。

表 11-6　不同土地利用类型产流系数

Table 11-6　Runoff coefficient of different land-use types

土地利用类型	耕地	草地	有林地	疏林地	灌木林地	建设用地
产流系数	0.22	0.26	0.11	0.07	0.06	0.67
汇流面积贡献率	0.33	0.34	0.16	0.11	0.09	1
备注	等高耕作	覆盖度 （30%~60%）	油松/小叶杨	山杏/油松	沙棘林	裸地

　　以流域地貌分析中按临界支撑面积 1 km² 提取的流域河网作为坡长因子计算终点。根据实地调查，河网缓冲区宽度为 6 m。由于汇流面积贡献率与土地利用对应，因此在 ArcGIS 中，基于1986 年、1997 年和2004 年土地利用借助 C 语言编程获得 3 个时段对应的流域坡长因子分布（图 11-12 ~ 图 11-14）。

（5）覆盖与管理因子

　　据实地调查，北洛河上游流域耕地多种植谷子（*Setaria italica*）、玉米（*Zea mays*）、大豆（*Glycine max*）、马铃薯（*Solanum tuberosum*），种植面积比例约 1∶2∶1∶6，4 种作物的覆盖与管理因子因子分别为 0.53、0.28、0.51、0.4（张岩等，2001），则按种植面积比例加权平均确定耕地 C 因子为 0.44。现存林地多为人工乔木林，树种为小叶杨

（*Populus simonii*）、刺槐（*Robinia pseudoacacia*）、山杏（*Armeniaca sibirica*）等，灌木林主

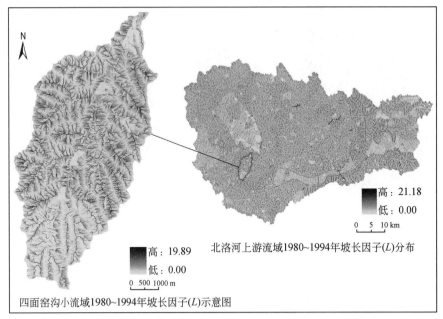

图 11-12　北洛河上游流域 1980～1994 年坡长因子分布

Fig. 11-12　The distribution of average slope length factor from 1980 to 1994 in the upper reaches of Beiluohe River basin

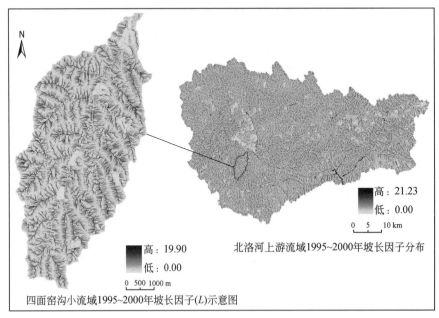

图 11-13　北洛河上游流域 1995～2000 年坡长因子分布

Fig. 11-13　The distribution of average slope length factor from 1995 to 2000 in the upper reaches of Beiluohe River basin

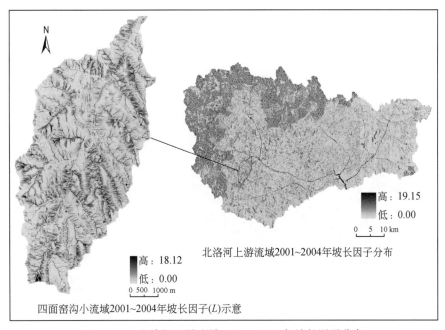

图 11-14　北洛河上游流域 2001～2004 年坡长因子分布

Fig. 11-14　The distribution of average slope length factor from 2001 to 2004 in the upper

reaches of Beiluohe River basin

要为沙棘（*Hippophae rhamnoides*），故有林地、灌木林地、疏林地的覆盖与管理因子分别取 0.004、0.083、0.144（Zhang et al.，2003）。草地包括人工和天然两类。天然荒草地主要生长蒿类、菊科、豆科和禾本科一年或多年生草本植物，平均覆盖度为 30%～60%，根据草本盖度同覆盖与管理因子的关系曲线确定取值（江忠善等，1996）。建设用地主要为油井、道路等裸地，覆盖与管理因子取 1。在 ArcGIS 中，基于 1986 年、1997 年和 2004 年土地利用赋值获得 3 个时段对应的覆盖与管理因子分布（图 11-15～图 11-17）。

（6）水土保持措施因子

流域水土保持措施主要为鱼鳞坑整地和水平梯田，平均减少侵蚀为 91.6% 和 81.3%（水建国等，1989；石生新，1992；吴发启等，2004），因此将 P 因子分别确定为 0.084 和 0.187，未采取措施的地类 P 因子为 1。在 ArcGIS 中，基于不同时期土地利用图赋值获得流域水土保持措施因子分布（图 11-18）。

11.3.2.2　流域泥沙输移比分布

针对泥沙输移比特征及现有量化方法存在的不足，首先根据研究区观测结果，并选用一定的统计模型法，确定北洛河上游流域多年平均泥沙输移比。然后，运用 SEDD 模型，以既定的流域平均泥沙输移比的合理范围作为参数率定依据，最终确定流域内不同单元的泥沙输移比。

图 11-15　北洛河上游流域 1980～1994 年覆盖与管理因子分布

Fig. 11-15　The distribution of cover and management factor from 1980 to 1994 in the upper reaches of Beiluohe River basin

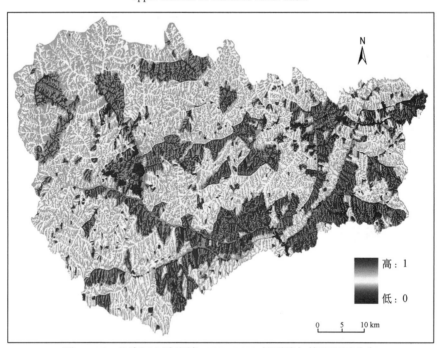

图 11-16　北洛河上游流域 1995～2000 年覆盖与管理因子分布

Fig. 11-16　The distribution of cover and management factor from 1995 to 2000 in the upper reaches of Beiluohe River basin

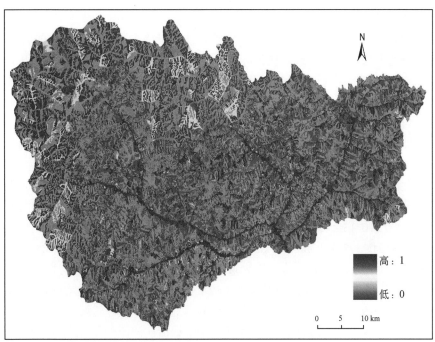

图 11-17　北洛河上游流域 2001~2004 年覆盖与管理因子分布

Fig. 11-17　The distribution of cover and management factor form 2001 to 2004 in the upper reaches of Beiluohe River basin

图 11-18　北洛河上游流域 2001~2004 年水土保持措施因子分布

Fig. 11-18　The distribution of soil and water conservation measure factor from 2001 to 2004 in the upper reaches of Beiluohe River basin

（1）流域平均泥沙输移比范围确定

景可（1999）认为，北洛河地处黄河多沙粗沙区，除少数淤地坝以上的沟谷有泥沙堆积外，其余沟道多是基岩河床或砾质河床，且支流与沟谷内外没有大型的洪积扇或冲积锥之类的堆积地貌形态，因此区内侵蚀泥沙绝大部分输出区外；同时，通过将北洛河流域划分成若干个侵蚀形态类型区，利用侵蚀模型计算各侵蚀形态类型区侵蚀量，并加总获得流域总侵蚀量与流域实测输沙量进行对比分析，获得了不同流域范围的泥沙输移比，其中，吴起县金佛坪水文站（即本书北洛河上游流域的卡口水文站，吴起水文站）以上的流域泥沙输移比为 0.908。

大理河发源于陕西靖边县南部白于山东侧，自西向东流经靖边、横山、子洲 3 县，至绥德县城附近注入无定河，是无定河最大的一级支流，干流全长为 170 km。大理河流域地处东经 109°14′~110°13′，北纬 37°30′~37°56′，面积为 3906 km²，包括陕西榆林和延安两市，面积分别为 3377 km² 和 523 km²。流域内青阳岔以上为河源梁涧区，面积为 662 km²，占全流域面积的 16.9%，其余均为黄土丘陵沟壑区，年均径流量为 1.82 亿 m³，年均输沙量为 6540 万 t，年均侵蚀模数为 1.68 万 t/km²。区内多年平均降雨量为 478 mm，年内分布不均，7~9 月降雨量占年降雨量的 60% 以上，年平均气温为 7.8~9.6℃，属典型大陆性季风气候区。由大理河流域自然概况可以看出，该流域不仅与北洛河上游流域毗邻，且地形、气候、水文等特征极为相似。因此，选用牟金泽和孟庆枚（1982）在大理河流域建立的泥沙输移比统计模型，确定北洛河上游流域平均泥沙输移比：

$$SDR = 1.29 + 1.37\ln R_c - 0.025\ln A \tag{11-11}$$

式中，SDR 为流域平均泥沙输移比；R_c 为沟壑密度，km/km²；A 为流域面积，km²。

该统计模型建立时，沟壑密度是基于 1:10 万地形图测量的沟道密度，而 1:10 万地形图精度有限，由其获取的沟道不包括冲沟和切沟，仅含河道及主沟道。鉴于此，本书采用之前流域地貌特征分析时获取的包括永久河道和输沙通道在内的一级沟谷系统的沟谷密度用于推算泥沙输移比。北洛河流域面积为 3424.47 km²，一级沟谷密度为 0.91 km/km²，由此获得流域多年平均泥沙输移比为 0.957。

结合两种方法，将流域多年平均总泥沙输移比的取值范围确定为 0.90~0.96，作为 SEDD 模型参数率定的控制依据。

（2）流域泥沙输移比分布确定

在确定流域平均泥沙输移比取值范围的基础上，选用 SEDD 模型进一步确定流域不同单元的泥沙输移比。

由于在国内，尤其在黄土高原地区有关 SEDD 模型参数率定及其应用尚未见报道，因此模型中的 k 系数取值参考 McCuen（1998）的研究成果（表 11-7）。

表 11-7　不同土地利用类型的 k 系数取值

Table 11-7　Friction values (k) of different land-use types

土地利用类型	农地	水域	滩地	建设用地	有林地	疏林地	灌木林地	低覆盖度草地	中覆盖度草地	高覆盖度草地
k	12	0	27	13	3	4	5	9	10	11

模型所需的坡降（S_i）在 ArcGIS 软件中采用空间分析模块基于 Hc-DEM 提取，设定以比率为单元。需要注意的是，为保证流域汇水路径完整，须消除局部坡度过于平坦而造成流速为零，避免汇流路径中断，因此在 ArcGIS 中将坡度最小值赋值为 0.3%（Fernandez et al.，2003）。

SEDD 模型将 t_i 定义为第 i 个单元格的泥沙输送到最近沟道或河道单元格的耗时。在黄土高原，尤其在黄土丘陵沟壑区，之所以多年平均流域泥沙输移比近似于 1，是因为侵蚀产沙主要由能够带来蓄满产流的暴雨形成。在这种情况下，坡面侵蚀泥沙只要被地表径流冲刷、携带进入切沟、冲沟或沟道等总沟谷系统中的任何一级沟谷内，大部分将随沟谷系统中的暴雨产流最终进入河道，这正是沟间地和沟谷地产沙在流域总产沙中占主要比例的重要原因。因此，本书将 t_i 确定为第 i 个单元格泥沙输送到最近沟道的耗时，这里的沟道采用之前流域地貌特征分析时按临界支撑面积 0.6 km² 提取的包括冲沟、切沟、沟道和永久河道在内的总沟谷系统，以期作为确定 t_i 的截止位置。

SEDD 模型将 β 定义为由流域地形、地貌特征决定的形态参数，一定流域在不同时期具有确定的形态参数取值。已有研究均按一定步长逐一取值，检验流域平均泥沙输移比对不同形态参数取值的敏感性，最终选择敏感性较低的值域区间取值（Ferro and Porto，2000；Fernandez et al.，2003；Fu et al.，2006；杨孟等，2007）。同时，由于不同流域的地形、地貌特征不同，因此这些对不同地区的研究所确定的形态参数取值范围各不相同。本书以 0.1 为步长，对 β 在 0.1~4 范围率定。结果表明，β 在此区间以 0.1 为步长递增时，计算的流域平均泥沙输移比呈良好的指数关系递减，整个区间内形态系数变化引起的流域平均泥沙输移比变化率始终在 0%~3.33%，说明该区间内流域泥沙平均输移比对流域形态系数（μ）不敏感，可作为其取值区间。最终，参照流域平均泥沙输移比合理取值范围（0.90~0.96），以流域形态系数（μ）0.2 时的计算结果确定出 3 个特征时段的流域泥沙输移比分布（图 11-19），对应的流域平均泥沙输移比为 0.94、0.94 和 0.92。

11.3.2.3 沟谷地单元侵蚀子模型参数率定

对于流域内外 8 个气象站点 1980~2004 年逐日降雨资料按单日次降雨 ≥ 30 mm 为标准筛选、统计，获得各站逐日产流、产沙降雨量，并在 ArcGIS 中采用简单克里金插值统计确定流域评价期内产流、产沙降雨总量（p_{ct}）；评价期流域平均径流含沙量为 0.29 t/m³，故上坡径流深和上坡来沙模数修正系数的比例关系（d）取 0.29。

以 1980~1994 年为基准期，采用通用土壤流失方程及其因子算法和取值获得沟间地单元年均土壤侵蚀强度分布，再与 SEDD 模型确定的同期泥沙输移比分布叠加，获得沟间地单元产沙分布，作为沟谷地单元改造模型的输入参数之一。然后，以 0.0001 为步长，结合上坡径流深修正系数（φ）和上坡来沙模数修正系数（ω）的定量关系（0.29），采用改造沟坡侵蚀模型和所含参数取值，获得不同修正参数对应的沟谷地单元土壤侵蚀强度分布，并利用 SEDD 模型确定的同期泥沙输移比分布叠加，获得沟谷地单元产沙分布。最后，将沟间地单元和沟谷地单元的产沙分布集成获得流域年均产沙强度分布，再用按面积计算的流域总产沙与同期流域卡口站实测输沙对比，选取精度最佳时对应的修正参数取值作为率定结果（φ、

ω 分别取 0.0054 和 0.0015）。按照所确定的相关参数取值，计算 1980～2004 年逐年沟谷地单元侵蚀产沙量，并统计其各特征时段平均侵蚀产沙量。

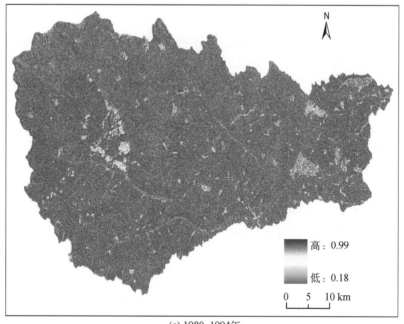

(a) 1980~1994年

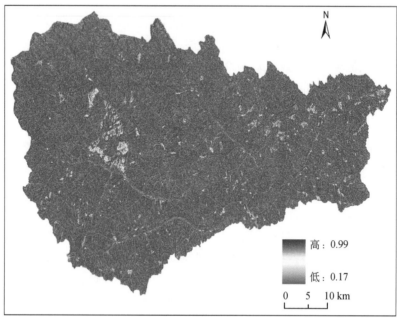

(b) 1995~2000年

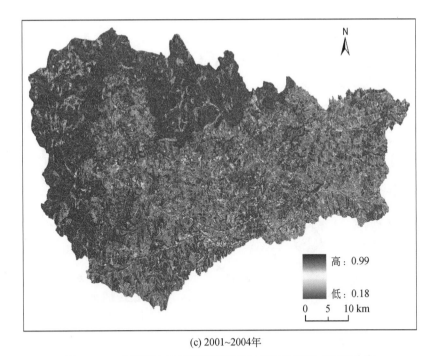

(c) 2001~2004年

图 11-19 北洛河上游流域不同特征时段泥沙输移比空间分布

Fig. 11-19 Spacial distribution of sediment delivery ratio in different periods in the upper reaches of Beiluohe River basin

11.3.3 模拟结果检验与分析

流域尺度的侵蚀产沙预报模拟检验应关注出口总产沙量和流域内的侵蚀产沙分布。由于对于大中流域而言，侵蚀产沙预报模拟结果检验更需重视流域面上侵蚀产沙分布的合理性，使用该流域及其内部嵌套子流域的出口输沙资料进行双重检验应是最佳方法。限于北洛河上游流域内的子流域均无可用的水文观测资料，本书一方面将流域产沙计算结果和出口输沙实测资料对比，检验产沙预报结果在总量上的准确性；另一方面，将流域面上的产沙按沟间地和沟谷地两个地貌单元分别统计，获得沟、坡产沙比例，与黄土高原地区合理沟、坡产沙比例对比，在一定程度上验证流域面上产沙空间分布预报的可靠性。同时，在流域内均匀选取 15 个尺度相当的嵌套子流域，分别根据产沙预报结果统计其沟、坡产沙比例，确认是否满足合理比例范围，更进一步地验证模型预报结果在空间上的可靠性。对于流域出口产沙或流域面上产沙的沟–坡比例，通过模型参数调整均不难使其中一项达到较理想的结果，但若要两方面的结果同时理想，则很难仅仅通过参数调整实现。因此，两方面结合应能全面反映模型产沙预报结果在总量和分布上的可靠性。

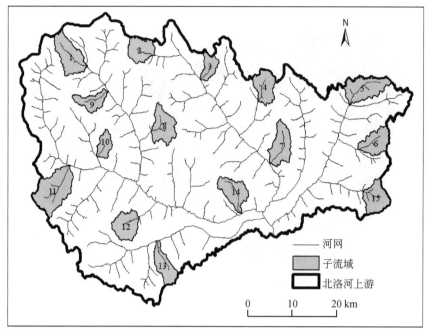

图 11-20 北洛河上游流域沟-坡产沙比例检验子流域分布

Fig. 11-20 The sub-catchments for testing the sediment yield ratio between the upper and lower of the shoulder line of valleys in the upper reaches of Beiluohe River basin

11.3.3.1 流域总产沙模拟精度检验

根据基准期率定的参数，计算 1995～2000 年和 2001～2004 年的多年平均产沙分布，以及 1995～2004 年的逐年产沙分布。选用相对误差（MRE）、Nash-Sutcliffe 效率系数（E_{ns}）和决定系数（R^2）评价模拟效果：

$$\text{MRE} = \frac{1}{n} \sum_{i=1}^{n} \left| \frac{O_i - P_i}{O_i} \right| \tag{11-12}$$

$$E_{ns} = 1 - \frac{\sum_{i=1}^{n} (P_i - O_i)^2}{\sum_{i=1}^{n} (O_i - \bar{O})^2} \tag{11-13}$$

$$R^2 = \frac{\left(\sum_{i=1}^{n} (O_i - \bar{O})(P_i - \bar{P}) \right)^2}{\sum_{i=1}^{n} (O_i - \bar{O})^2 \sum_{i=1}^{n} (P_i - \bar{P})^2} \tag{11-14}$$

式中，P_i 为模拟值；O_i 为实测值；$\bar{O}$ 为实测值的平均值；$\bar{P}$ 为模拟值的平均值；n 为数据个数。

不同时段年均产沙检验（表 11-8）显示，多年平均产沙模拟的相对误差最高不超过

±7%，Nash-Sutcliffe 效率系数和决定系数分别 0.93 和 0.99，表明模型体系能很好地模拟流域多年平均侵蚀产沙分布。

表 11-8　北洛河上游流域不同时期产沙模拟精度

Table 11-8　Simulation accuracy of sediment yield of different periods in the upper reaches of Beiluohe River basin

模拟期	时段	MRE	E_{ns}	R^2
率定期	1980～1994 年	−0.48		
检验期	1995～2000 年	6.24	0.93	0.99
检验期	2001～2004 年	−5.82		

年际产沙模拟检验结果（图 11-21）表明，10 年模拟的 Nash-Sutcliffe 效率系数和决定系数分别为 0.68 和 0.72，除 1998 年、2001 年和 2003 年外，各年相对误差均不超过±25%。总体上，模型体系能较好地模拟流域年际侵蚀、产沙分布。

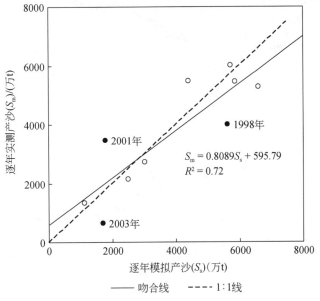

图 11-21　北洛河上游流域逐年模拟产沙与实测产沙对比

Fig. 11-21　Comparison of simulated and measured sediment yield of the upper reaches of Beiluohe River basin

11.3.3.2　流域产沙分布特征分析

(1) 流域沟-坡产沙比例检验

由产沙空间分布来看（图 11-22），不同时期流域产沙分布均与土地利用类型及沟、坡地貌单元分布存在紧密关联，具体表现为各类林、草地产沙强度低，农地、建设用地产沙强度高，沟间地较沟谷地产沙强度低。不同时期间，1995～2000 年较 1980～1994 年整体产沙强度略有增加, 2001~2004 年整体产沙强度明显减少, 该时段年均产沙 1000 万 t 以下的地块单元显著增加, 但水系两侧的沟谷地产沙仍多在 1000 万 t/a 以上, 沟、坡地貌单元的产沙强度差异使主沟网络在产沙分布图上清晰可见。

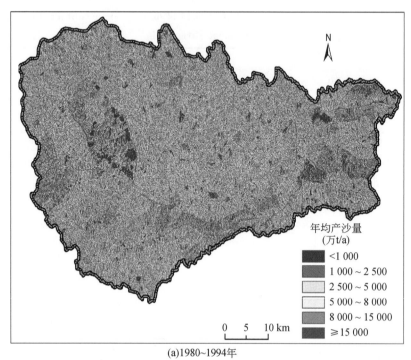

(a)1980~1994年

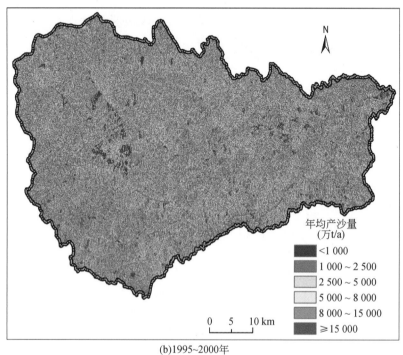

(b)1995~2000年

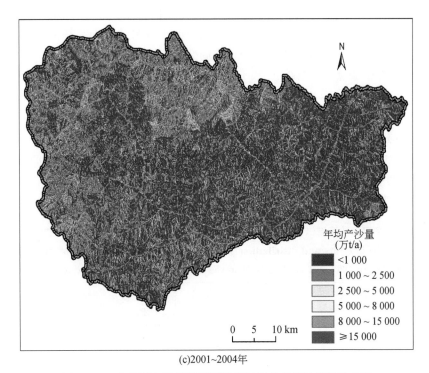

(c)2001~2004年

图 11-22 北洛河上游流域不同特征时段的多年平均产沙分布

Fig. 11-22 Distribution of average annual sediment yield of different periods in the upper reaches of Beiluohe River basin

2001～2004 年流域内大规模植被重建造成土地利用剧烈变化，显著影响流域侵蚀产沙。为此选取植被重建前、后即 1980～1994 年和 2001～2004 年两个时段，对比分析不同地貌单元的产沙变化（表 11-9）。

表 11-9 北洛河上游流域 1980～1994 年和 2001～2004 年沟-坡产沙强度与分布

Table 11-9 The intensity and distribution of gully and slope sediment yield from 1980 to 1994 and 2001 to 2004 in the upper reaches of Beiluohe River basin

时段	坡面产沙量（万 t/a）	坡面产沙比例（%）	沟坡产沙量（万 t/a）	沟坡产沙比例（%）	模拟流域年均产沙量（万 t/a）	实测流域年均产沙量（万 t/a）
1980～1994 年	1308.81	33.59	2588.18	66.41	3896.99	3915.60
2001～2004 年	322.46	17.96	1473.04	82.04	1795.50	1906.50

结果表明，1980～1994 年和 2001～2004 年两个时段流域年均产沙量分别为 3896.99 万 t/a 和 1795.50 万 t/a，坡（沟间地）、沟（沟谷地）产沙比例分别为 1∶2 和 1∶4.6。以 1980～1994 年为基准期，2001～2004 年流域年均产沙减少 54%，其中，沟间地减少 75%，沟谷地减少 44%。可以看出，一方面由于沟间地侵蚀主要受降雨和坡面产流影响，以溅蚀、细沟侵蚀和浅沟侵蚀为主，沟谷地侵蚀主要受上坡来水影响，以切沟侵蚀或重力

侵蚀为主，侵蚀产沙强度通常明显高于沟间地，因此两个时段内，沟谷地均是流域主要产沙地貌单元。另一方面，大规模植被重建使流域侵蚀产沙明显减少，并由于沟间地植被覆盖增加强于沟谷地，而导致坡、沟产沙分布格局变化。同时，两个时期沟、坡产沙占流域总产沙的比例均介于唐克丽（2004）基于多年实测资料确定的比例范围，即沟间地侵蚀产沙占总侵蚀产沙的 17.8% ~ 47.6%、沟谷地占总侵蚀产沙的 52.4% ~ 82.2%，在一定程度上反映出模型模拟结果空间分布的合理性。

（2）子流域沟-坡产沙比例检验

按照所选取的子流域和不同时段流域侵蚀产沙分布模拟结果，选取 1980 ~ 1994 年和 2001 ~ 2004 年两个特征时段，在 ArcGIS 软件中裁切统计各子流域沟间地和沟谷地产沙量，并计算坡-沟产沙比例（表 11-10）。

表 11-10　北洛河上游流域嵌套子流域 1980 ~ 1994 年和 2001 ~ 2004 年沟-坡产沙强度与分布

Table 11-10　The intensity and distribution of gully and slope sediment yield of sub-catchments from 1980 to 1994 and 2001 to 2004 in the upper reaches of Beiluohe River basin

时段	子流域编号	沟间地产沙量（万 t/a）	沟间地产沙比例（%）	沟谷地产沙量（万 t/a）	沟谷地产沙比例（%）	坡-沟产沙比例
1980 ~ 1994 年	1	18.8	45.6	22.4	54.4	1 : 1.2
	2	10.5	36.6	18.2	63.4	1 : 1.7
	3	6.2	38.9	9.7	61.1	1 : 1.6
	4	13.1	38.2	21.2	61.8	1 : 1.6
	5	17.4	34.1	33.7	65.9	1 : 1.9
	6	11.1	32.6	22.9	67.4	1 : 2.1
	7	13.3	32.8	27.2	67.2	1 : 2.0
	8	17.3	45.8	20.5	54.2	1 : 1.2
	9	8.3	41.5	11.7	58.5	1 : 1.4
	10	4.3	18.3	19.2	81.7	1 : 4.5
	11	22.2	32.4	46.4	67.6	1 : 2.1
	12	16.1	39.3	24.9	60.7	1 : 1.5
	13	9.9	27.3	26.4	72.7	1 : 2.7
	14	12.6	21.5	45.9	78.5	1 : 3.7
	15	12.9	20.6	49.7	79.4	1 : 3.9
	平均	12.9	32.6	26.7	67.4	1 : 2.2
2001 ~ 2004 年	1	11.3	29.2	27.4	70.8	1 : 2.4
	2	8.0	28.2	20.4	71.8	1 : 2.5
	3	2.6	21.7	9.4	78.3	1 : 3.6
	4	6.1	23.1	20.3	76.9	1 : 3.3
	5	3.7	20.6	14.3	79.4	1 : 3.9

续表

时段	子流域编号	沟间地产沙量（万 t/a）	沟间地产沙比例（%）	沟谷地产沙量（万 t/a）	沟谷地产沙比例（%）	坡-沟产沙比例
	6	2.3	21.3	8.5	78.7	1:3.7
	7	2.7	26.7	7.4	73.3	1:2.7
	8	7.6	27.8	19.7	72.2	1:2.6
	9	4.2	24.1	13.2	75.9	1:3.1
	10	2.1	22.1	7.4	77.9	1:3.5
2001~2004 年	11	17.5	23.1	58.5	76.9	1:3.3
	12	5.0	31.8	10.7	68.2	1:2.1
	13	3.9	36.8	6.7	63.2	1:1.7
	14	3.5	28.5	8.8	71.5	1:2.5
	15	5.0	22.2	17.5	77.8	1:3.5
	平均	5.7	25.8	16.7	74.2	1:2.9

结果显示，所选的 15 个嵌套子流域 1980~1994 年沟间地产沙比例在 18.3%~45.8%，平均为 32.6%；沟谷地产沙比例在 54.2%~81.7%，平均为 67.4%。2001~2004 年沟间地产沙比例在 20.6%~36.8%，平均为 25.8%；沟谷地产沙比例在 63.2%~79.4%，平均为 74.2%。所有嵌套子流域的坡-沟产沙比例均在合理范围（唐克丽，2004），同时由于植被增加，尤其是坡面植被覆盖的改善，2001~2004 年的坡-沟产沙比例较 1980~1994 年有所增加，而后期的坡、沟产沙强度均较前期明显减少。因此，可进一步反映整个流域以及内部均匀分布的嵌套子流域均具有合理的坡-沟产沙比例，加之流域出口产沙量与实测输沙具有较小误差，因此模型预报结果在总量和分布上均应具有较好的可靠性。

11.4 小　结

1) 黄土高原坡面侵蚀产沙垂向分异显著，尚未建立完全适用包含坡、沟在内完整坡面的统计模型，而限于复杂参数获取和海量数据运算等瓶颈，机理模型在大中流域尚较难应用。因此，黄土高原大中流域侵蚀产沙预报模拟具有迫切研究的需求。本书基于 Hc-DEM，利用沟缘线自动提取技术将流域划分为沟间地和沟谷地地貌单元。针对不同地貌单元侵蚀产沙的特点，在对现有相关模型进行结构改造和因子算法改进的基础上，尝试建立了沟间地运用通用土壤流失方程模型结构，评估面蚀为主的坡地侵蚀，沟谷地运用改造沟坡侵蚀统计模型，评估冲蚀为主的沟谷侵蚀，并与 SEDD 集成确定流域侵蚀、产沙分布的模型体系。

2) 在北洛河上游流域应用检验表明，与流域出口实测输沙相比，模型多年平均模拟产沙的相对误差不超过±7%，Nash-Sutcliffe 效率系数和决定系数分别达 0.93 和 0.99，

70%的年际模拟产沙相对误差不超过±25%，Nash-Sutcliffe效率系数和决定系数分别为0.68和0.72，说明模型体系能良好地模拟流域多年平均尺度的侵蚀产沙，在年际尺度也具有较好的可靠性。流域及其内部子流域的坡-沟产沙比例则反映出模型应用结果在空间分布上的合理性。同时，与现有模型相比，模型体系具有如下特点：①考虑了黄土高原沟缘线上、下侵蚀产沙分异显著的特点，利用多模型耦合避免了通常将适用沟间地的模型应用于整个坡面从而使流域侵蚀计算偏差较大的问题。②通过将侵蚀模型与泥沙输移比分布模型耦合，可实现侵蚀与产沙分布模拟，扩展了模型体系的应用范围。③提出了考虑上坡汇流影响的坡长因子算法，在坡面侵蚀计算中合理反映了上坡植被和地形对下坡侵蚀的耦合影响，避免了现有算法单纯考虑上坡地形，导致坡面侵蚀强度评估结果偏高的问题。④模型体系基于统计关系，参数相对简单，获取较为容易，具有较好的实用性。

3）在综合基于研究区实测水文数据的泥沙输移比研究结果和基于流域面积与沟壑密度的泥沙输移比统计模型的基础上，确定出北洛河上游流域多年平均泥沙输移比应在0.90～0.96，并据此率定SEDD模型参数，运用模型确定了流域泥沙输移比分布，1980～1994年、1995～2000年和2001～2004年3个特征时段对应的流域平均泥沙输移比分别为0.94、0.94和0.92。

4）由于黄土高原气候与地形变化复杂，流域侵蚀产沙预报存在诸多技术难点，一直是土壤侵蚀领域的研究前沿。为进一步提高模型应用精度，扩展模型应用范围，还可从以下方面持续研究改进：①所集成的统计模型主要针对年均尺度，尚不满足月际和日次侵蚀产沙模拟，可通过改变不同地貌单元的子模型，扩展适用的时间尺度。例如，将MUSLE（Williams and Berndt，1977）作为沟间地单元侵蚀子模型用于开展日次降雨侵蚀模拟。②沟间地单元所采用的通用土壤流失方程主要预报溅蚀、片蚀，但不能很好地反映浅沟侵蚀。当沟间地内坡耕地和撂荒地面积较大时，浅沟侵蚀占总侵蚀的比例增大，将会出现该地貌单元侵蚀产沙预报结果偏小。可通过在相应地块单元增加修正系数或更换其他模型算法进行完善。③黄土高原沟缘线以下的沟谷地地形破碎、侵蚀类型复杂，除切沟冲蚀外，暴雨条件下常伴随重力侵蚀以及悬沟和洞穴内的掏蚀，且实测数据获取困难，因此国内外针对该地貌单元的预报模型少有报道，是流域侵蚀产沙预报的主要技术难点。本书所选择沟谷地统计模型主要针对切沟冲蚀，参数相对简单，满足大中流域应用要求，但仍未包含其他特殊侵蚀类型。同时，所选择的原模型基于逐次降雨观测资料建立，通过可行性和误差分析，虽满足本书模拟需要，但其统计系数仍是重要误差来源。今后可重点针对沟谷地侵蚀开展专项研究，完善子模型。在满足与其他地貌单元子模型进行集成的条件下，可考虑采用基于模糊理论、概率统计（王光谦等，2005）或有限元法（于国强等，2009）建立的预报模型。④沟道输沙是流域侵蚀产沙的重要过程。本书针对多年平均和年际尺度的侵蚀产沙模拟，故未单独考虑沟道输沙过程。若开展日次时间尺度预报，则需增加沟道输沙子模型，分析汇水输沙过程。

参 考 文 献

卜兆宏，李金英.1994.土壤可蚀性（K）值图编制方法的初步研究.遥感技术与应用，9（4）：22-27.

卜兆宏，唐万龙. 1999. 降雨侵蚀力（R）最佳算法及其应用的研究成果简介. 中国水土保持，（6）：16-17.

蔡崇法，丁树文，史志华，等. 2000. 应用 USLE 模型与地理信息系统 IDRISI 预测小流域土壤侵蚀量的研究. 水土保持学报，14（2）：19-24.

蔡强国，陆兆熊，王贵平. 1996. 黄土丘陵沟壑区典型小流域侵蚀产沙过程模型. 地理学报，51（2）：108-117.

曹文洪，张启舜，姜乃森. 1993. 黄土地区一次暴雨产沙数学模型的研究. 泥沙研究，（1）：1-3.

陈法扬，王志明. 1992. 通用流失方程在小良水土保持试验站的应用. 水土保持通报，12（1）：23-41.

陈国祥，谢树楠，汤立群. 1996. 黄土高原地区流域侵蚀产沙模型研究//孟庆枚. 黄土高原水土保持. 郑州：黄河水利出版社.

陈浩. 2000. 黄土丘陵沟壑区流域系统侵蚀与产沙关系. 地理学报，55（3）：354-363.

陈明华，周伏建，黄炎和，等. 1995. 土壤可蚀性因子的研究. 水土保持学报，9（1）：19-24.

陈永宗. 1983. 黄土高原沟道流域产沙过程的初步分析. 地理研究，2（1）：35-47.

丁文峰，李勉，姚文艺，等. 2008. 坡沟侵蚀产沙关系的模拟试验研究. 土壤学报，45（1）：32-39.

龚时旸，熊贵枢. 1979. 黄河泥沙的来源与和地区分布. 人民黄河，（1）：7-17.

黄炎和，卢程隆，付勤，等. 1993. 闽东南土壤流失预报研究. 水土保持学报，7（4）：13-18.

黄奕龙，陈利顶，傅伯杰，等. 2004. 黄土丘陵小流域沟坡水热条件及其生态修复初探. 自然资源学报，19（2）：183-189.

江忠善，王志强，刘志. 1996. 黄土丘陵区小流域土壤侵蚀空间变化定量研究. 土壤侵蚀与水土保持学报，2（1）：1-9.

蒋德麟，赵诚信，陈章霖. 1966. 黄河中游小流域径流泥沙来源初步分析. 地理学报，32（1）：20-35.

焦菊英，刘元宝，唐克丽. 1992. 小流域沟间与沟谷地径流泥沙来量的探讨. 水土保持学报，6（2）：24-28.

焦菊英，景可，李林育，等. 2007. 应用输沙量推演流域侵蚀量的方法探讨. 泥沙研究，（4）：1-7.

金争平，史培军，侯福昌，等. 1992. 黄河皇甫川流域土壤侵蚀系统模型和治理模式. 北京：海洋出版社.

景可. 1999. 泾河、北洛河泥沙输移规律. 人民黄河，21（12）：18-19.

李勉，姚文艺，陈江南，等. 2005. 坡面草被覆盖对坡沟侵蚀产沙过程的影响. 农业工程学报，60（5）：725-732.

李小雁，龚家栋，高前兆. 2001. 人工集水面临界产流降雨量确定实验研究. 水科学进展，12（4）：516-523.

李秀霞，倪晋仁，李天宏. 2008. 黄河流域土壤侵蚀快速评估. 应用基础与工程科学学报，16（1）：1-11.

梁伟. 2003. 基于 GIS 和 USLE 的土壤侵蚀控制效果研究：以陕西省吴旗县柴沟流域为例. 北京：北京林业大学.

林素兰，黄毅，聂振刚，等. 1997. 辽北低山丘陵区坡耕地水土流失方程的建立. 土壤通报，28（6）：251-253.

刘秉正. 1993. 渭北地区 R 的估算及分布. 西北林学院学报，8（2）：21-29.

刘纪根，蔡强国，张平仓. 2007. 岔巴沟流域泥沙输移比时空分异特征及影响因素. 水土保持通报，27（5）：6-10.

刘耀林，罗志军. 2006. 基于 GIS 的小流域水土流失遥感定量监测研究. 武汉大学学报（信息科学版），31（1）：35-38.

吕喜玺，沈荣明．1992．土壤可蚀性因子 K 值的初步研究．水土保持学报，6（1）：63-70.

马志尊．1989．应用卫星影像估算通用土壤流失方程各因子值方法的探讨．中国水土保持，(3)：24-27.

牟金泽，孟庆枚 1982．论流域产沙量计算中的泥沙输移比．泥沙研究，(2)：223-230.

牟金泽，孟庆枚．1983．降雨侵蚀土壤流失预报方程的研究．中国水土保持，(6)：23-27.

穆兴民，王文龙，徐学选．1999．黄土高原沟壑区水土保持对小流域地表径流的影响．水利学报，30（2）：71-75.

潘成忠，上官周平．2005．黄土区次降雨条件下林地径流和侵蚀产沙形成机制——以人工油松林和次生山杨林为例．应用生态学报，16（9）：1597-1602.

秦伟，朱清科，张岩．2009．基于 GIS 和 RUSLE 的黄土高原小流域土壤侵蚀评估．农业工程学报，25（8）：157-163.

秦伟，朱清科，张岩．2010a．通用土壤流失方程中的坡长因子研究进展．中国水土保持科学，8（2）：117-124.

秦伟，朱清科，刘广全，等．2010b．北洛河上游生态建设的水沙调控效应．水利学报，41（11）：1325-1332.

秦伟，朱清科，左长清，等．2012．黄土丘陵沟壑区地表过程响应单元划分及其地形特征提取．中国水土保持科学，10（1）：53-58.

秦伟，左长清，郑海金，等．2013．赣北红壤坡地土壤流失方程关键因子的确定．农业工程学报，2013，29（21）：115-125.

秦伟，曹文洪，左长清，等．2015．考虑沟–坡分异的黄土高原大中流域侵蚀产沙模型．应用基础与工程科学学报，23（1）：12-29.

石生新．1992．水土保持措施强化降水入渗试验研究．杨凌：中国科学院水利部水土保持研究所．

史学正，于东升，吕喜玺．1995．用人工模拟降雨仪研究我国亚热带土壤的可蚀性．水土保持学报，9（3）：399-405.

史志华，蔡崇法，丁树文，等．2002．基于 GIS 和 RUSLE 的小流域农地水土保持规划研究．农业工程学报，18（4）：172-175.

水建国，孔繁根，郑俊臣．1989．红壤坡地不同耕作影响水土流失的试验．水土保持学报，3（1）：84-90.

孙保平，齐实．1990. USLE 在西吉县黄土丘陵沟壑区的应用．西北水保所集刊物，(12)：50-103.

孙立达，朱金兆．1995．水土保持林体系综合效益研究于评价．北京：中国科学技术出版社．

汤立群，陈国祥，蔡名扬．1990．黄土丘陵区小流域产沙数学模型．河海大学学报，18（6）：10-16.

唐克丽．2004．中国水土保持．北京：科学出版社．

万晔，段昌群，王玉朝，等．2004．基于 3S 技术的小流域水土流失过程数值模拟与定量研究．水科学进展，15（5）：650-654.

王光谦，薛海，刘家宏．2005a．坡面产沙理论模型．应用基础与工程科学学报，13（7）：1-7.

王光谦，薛海，李铁键．2005b．黄土高原沟坡重力侵蚀的理论模型．应用基础与工程科学学报，13（4）：335-344.

王光谦，刘家宏，李铁键．2005c．黄河数字流域模型原理．应用基础与工程科学学报，13（1）：1-8.

王光谦，李铁键，贺莉，等．2008．黄土丘陵沟壑区沟道的水沙运动模拟．泥沙研究，(3)：19-25.

王辉，王全九，邵明安．2007．表层土壤容重对黄土坡面养分随径流迁移的影响．水土保持学报，21（3）：10-13，18.

王宁，朱颜明，徐崇刚．2002. GIS 用于流域径流污染物的量化研究．东北师大学报（自然科学版），

34（2）：92-98.

王万忠.1984.黄土地区降雨特征与土壤流失关系的研究.水土保持通报，3（4）：58-63.

王万忠.1987.黄土地区降雨侵蚀力 R 指标的研究.中国水土保持，（12）：34-38，65.

王万忠，焦菊英，郝小品，等.1996.中国降雨侵蚀 R 值的计算与分布（Ⅱ）.水土保持学报，10（1）：29-39.

王效科，欧阳志云，肖寒，等.2001.中国水土流失敏感性分布规律及其区划研究.生态学报，21（1）：14-19.

王兆印，王光谦，高菁.2003.侵蚀地区植被生态动力学模型.生态学报，23（1）：98-105.

吴发启，张玉斌，王健.2004.黄土高原水平梯田的蓄水保土效益分析.中国水土保持科学，2（1）：34-37.

吴钦孝，赵鸿雁，汪有科.1998.黄土高原油松林地产流产沙及其过程研究.生态学报，18（2）：151-157.

吴淑芳，吴普特，冯浩，等.2007.标准坡面人工草地减流减沙效应及其坡面流水力学机理研究.北京林业大学学报，29（3）：99-104.

吴素业.1994.安徽大别山区降雨侵蚀力简化算法与时空分布规律.中国水土保持，（4）：12-13.

夏军，乔云峰，宋献方，等.2007.岔巴沟流域不同下垫面对降雨径流关系影响规律分析.资源科学，29（1）：70-76.

肖培青，郑粉莉.2003.上方汇水汇沙对坡面侵蚀过程的影响.水土保持学报，17（3）：19-23.

谢云，刘宝元，章文波.2000.侵蚀性降雨标准研究.水土保持学报，14（4）：6-11.

谢云，刘宝元，伍永秋.2002.切沟中土壤水分的空间变化特征.地球科学进展，2002，17（2）：278-282.

杨孟，李秀珍，胡远满，等.2007.利用 SEDD 模型模拟岷江上游小流域的年产沙量.应用生态学报，18（8）：1758-1764.

杨勤科，师维娟，McVicar T R，等.2007.水文地貌关系正确 DEM 的建立方法.中国水土保持科学，5（4）：1-6.

杨艳生.1988.论土壤侵蚀区域性地形因子值得求取.水土保持学报，2（2）：89-96.

杨子生.1999.滇东北山区坡耕地土壤流失方程研究.水土保持通报，19（1）：1-9.

叶爱中，夏军，乔云峰，等.2008.分布式小流域侵蚀模型及应用.应用基础与工程科学学报，16（3）：328-340.

游松财，李文卿.1999.GIS 支持下的土壤侵蚀量估算：以江西省泰和县灌溪乡为例.自然资源学报，14（1）：62-68.

于国强，李占斌，李鹏，等.2009.黄土高原小流域重力侵蚀数值模拟.农业工程学报，25（12）：74-79.

张建.1995.CREAMS 模型在计算黄土坡地径流量及侵蚀量中的应用.土壤侵蚀与水土保持学报，1（1）：54-57.

张科利，蔡永明，刘宝元，等.2001.黄土高原地区土壤可蚀性及其应用研究.生态学报，21（10）：1687-1695.

张升堂，康绍忠，张楷.2004.黄土高原水土保持对流域降雨径流的影响分析.农业工程学报，20（6）：56-59.

张宪奎，许清华，卢秀琴，等.1992.黑龙江省土壤流失方程的研究.水土保持通报，12（4）：1-3.

张晓艳，王百田，魏天兴，等.2008.晋西黄土区侵蚀沟坡面植被群落特征研究.水土保持研究，

15（3）：211-213.

张岩，刘宝元，史培军，等．2001. 黄土高原土壤侵蚀作物覆盖因子计算．生态学报，21（7）：1050-1056.

章文波，付金生．2003. 不同类型雨量资料估算降雨侵蚀力．资源科学，25（1）：35-41.

赵晓光，石辉．2002. 黄土塬区坡面及小集水区泥沙输移比变化特征．山地学报，20（6）：718-722.

郑粉莉，江忠善，高学田，等．2008. 水蚀过程与预报模型．北京：科学出版社．

周伏建，陈明华，林福兴，等．1995. 福建省土壤流失预报研究．水土保持学报，9（1）：25-30，36.

朱金兆，魏天兴，张学培．2002. 基于水分平衡的黄土区小流域防护林体系高效空间配置．北京林业大学学报，24（5-6）：5-13.

朱蕾，黄敬峰，李军．2005. GIS 和 RS 支持下的土壤侵蚀模型应用研究．浙江大学学报（农业与生命科学版），31（4）：413-416.

Brown C B. 1950. Sediment transportation，Rouse H，Engineering Hydraulics. New York：Wiley.

De Roo A P J. 1996. The LISEM project：an introduction. Hydrological Processes，10（8）：1021-1025.

Desmet P J，Govers G. 1996. A GIS procedure for the automated calculation of the USLE LS factor on topographically complex landscape units. Journal of Soil and Water Conservation，51（5）：427-433.

Ebisemiju F S. 1990. Sediment delivery ratio prediction equations for short catchment slopes in a humid tropical environment. Journal of Hydrology，114（1-2）：191-208.

Fernandez C，Wu J Q，McCool D K，et al. 2003. Estimating water erosion and sediment yield with GIS，RUSLE，and SEDD. Journal of Soil and Water Conservation，58（3）：128-136.

Ferro V，Porto P. 2000. Sediment delivery distributed（SEDD）model. Journal of Hydrologic Engineering，5（4）：411-422.

Foster G R，Wischmeier W H. 1974. Evaluating irregular slopes for soil loss prediction. Transactions of American Society of Agricultural Engineers，17（2）：305-309.

Fu G B，Chen S L，McCool D K. 2006. Modeling the impacts of no-till practice on soil erosion and sediment yield with RUSLE，SEDD，and ArcView GIS. Soil & Tillage Research，85（1-2）：38-49.

Jain B L，Singh R P. 1980. Runoff as influenced by rainfall characteristics，slope and surface treatment of micro-catchments. Annals of Arid Zones，19（1-2）：119-125.

Jain M K，Kothyari U C. 2000. Estimation of soil erosion and sediment yield using GIS. Hydrological Sciences Journal，45（5）：771-786.

Jain S K，Kumar S，Varghese J. 2001. Estimation of Soil Erosion for a Himalayan Watershed Using GIS Technique. Water Resources Management，15（1）：41-54.

Kincaid D R，Schreiber H A. 1967. Regression models for predicting on site runoff from short duration convective storms. Water Resources Research，3（2）：389-395.

Kinnell P I A. 2000. AGNPS-UM：applying the USLE-M within the agricultural non-point source pollution model. Environmental Modelling & Software，15（3）：331-341.

Laflen J M，Elliot W J，Simanton J R，et al. 1991. WEPP soil erodibility experiments for rangeland and cropland soils. Journal of Soil and Water Conservation，46（1）：39-44.

Liu B Y，Zhang K L，Xie Y. 2002. An empirical soil loss equation. Proceedings 12th International Soil Conservation Organization Conference（Vol. Ⅲ）. Beijing：Tsinghua University Press.

McCool D K，Foster G R，Mutchler C K，et al. 1989. Revised Slope Length Factor for the Universal Soil Loss Equation. Transactions of American Society of Agricultural Engineers，32（5）：1571-1576.

McCuen R H. 1998. Hydrologic analysis and design. New Jersey: Prentice—Hall.

Misra R K, Rose C W. 1996. Application and sensitivity analysis of proeess based erosion model CUEST. European Journal of Soil Science, 47 (10): 593-604.

Mitasova H, Mitas L. 1999. Modeling soil detachment with RUSLE 3d using GIS. Illinois: Geographic Modeling Systems Laboratory, University of Illinois at Urbana—Champaign.

Moore I D, Burch G J. 1986. Physical basis of the length—slope factor in the universal soil loss equation. Soil Science Society of America Journal, 50: 1294-1298.

Morgan R P C, Quinton J N, Smith R E, et al. 1998. The european soil erosion model (EUROSEM): a dynamic approach for predicting sediment transport from fields and small catchments. Earth Surface Processes and Landforms, 23 (6): 527-544.

Nearing M A. 1997. A single, continuous function for slope steepness influence on soil loss. Soil Science Society of America Journal, 61 (3): 917-919.

Perrin C, Michel C, Andréassian V. 2001. Does a large number of parameters enhance model performance? Comparative assessment of common catchment model structures on 429 catchments. Journal of Hydrology, 242 (3-4): 275-301.

Renard K G, Foster G R, Weesies G A, et al. 1997. Predicting soil erosion by water: a guide to conservation planning with the revised universal//United States Department of Agriculture. Agriculture Handbook: No. 703. Washington: United States Department of Agriculture.

Renfro G W. 1975. Use of erosion equations and sediment delivery ratios for predicting sediment yield. Prospective technology for predicting sediment yield and sources, ARS-S-40. Agricultural Research Service, US Department of Agriculture, Washington DC: 33-45.

SCS-TR-55. 1975. Urban hydrology for small watersheds. Technical Release No. 55 USDA Soil Conservation Service, Washington D C.

Shiriza M A, Boersma L. 1984. A unifying quantitative analysis of soil texture. Soil Science Society of America Journal, 48: 142-147.

USDA. 1972. Sediment sources, yields, and delivery ratios. National Engineering Handbook, Section 3 Sedimentation.

Walling D E. 1983. The sediment delivery problem. Journal of Hydrology, 65 (1): 209-237.

Williams J R, Berndt H D. 1972. Sediment yield computed with universal equation. Journal of Hydraulics Division, 98 (12): 2087-2093.

Williams J R, Berndt H D. 1977. Sediment yield prediction based on watershed hydrology. Transactions of the American Society of Agricultural Engineers, 20 (6): 1100-1104.

Williams J R, Jones C A, Dyke P T. 1984. The EPIC model and its application//Proceedings of the international symposium on minimum data sets for agrotechnology transfer. Patancheru P O, Andhra Pradesh, India: International crops research institute for the semi-arid tropics.

Wischmeier W H, Smith D D. 1965. Predicting rainfall—erosion losses from cropland east of the Rocky Mountains. Washington D C: USDA Agricultural Handbook No. 282.

Wischmeier W H, Smith D D. 1978. Predicting rainfall erosion losses: a guide to conservation planting//United States Department of Agriculture. Agriculture Handbook: No. 537. Washington: United States Department of Agriculture.

Zhang Y，Liu B Y，Zhang Q C，et al. 2003. Effect of different vegetation types on soil erosion by water. Acta Botanica Sinica，45（10）：1204-1209.

Zingg A W. 1940. Degree and length of land slope ad it affects soil loss in runoff. Agricultural Engineering，21（2）：59-64.

第 12 章 黄土高原坡面侵蚀产沙对植被覆盖变化的响应

土壤侵蚀是多因素耦合影响过程，具体影响因素主要包括降雨、地形、土壤、植被覆盖和人类活动等。坡面尺度内，降雨是侵蚀产沙的源动力，主要通过雨滴击溅和汇流冲刷导致侵蚀产沙，并因雨量（Wischmeier and Smith，1978）、雨强（Lal，1976）和历时（Ran et al.，2012）等降雨特征指标不同而具有不同的侵蚀产沙能力；地形主要通过坡度、坡向变化改变受雨面积和汇流特性影响侵蚀产沙（Fujimoto et al.，2011；Nadal-romero et al.，2013）；土壤主要因理化性质不同而形成不同可蚀性状态，并影响水分入渗，从而影响侵蚀产沙（Ekwue and Harrilal，2010；Defersha and Melesse，2012）；植被覆盖主要通过减少有效降雨，降低雨滴动能和径流动能，改善土壤性状，从而控制侵蚀产沙（Martinez-mena et al.，2000；Xiao et al.，2011）。揭示土壤侵蚀与其影响因素的关系，是有效防治水土流失的重要基础，得到了广泛研究。然而，现有针对黄土高原土壤侵蚀与其影响因素关系的研究，多是针对具体下垫面不变状态下的产流产沙过程研究，对植被变化引起的土壤性状变化、进而对侵蚀产沙的影响考虑较少。同时，多数基础研究基于室内人工模拟降雨方法。然而，一方面，近年来，通过实施退耕还林（草）工程，黄土高原地区植被覆盖显著增加，并逐步改变了土壤理化性状，进而对侵蚀产沙造成综合影响；另一方面，相同地区针对同一下垫面的人工模拟降雨和野外天然降雨下，尤其是大雨强条件下的产流产沙通常存在较大差异，因此基于人工模拟降雨方法的研究结果可能明显异于野外实际侵蚀产沙过程。因此，本书基于野外径流小区自然降雨条件下的多年次降雨气象水文数据以及土壤理化指标实测资料，综合采用相关分析、多元回归和通径分析，确定不同植被覆盖条件下的土壤理化性状变化，揭示坡面产流产沙关键影响因素及其对植被覆盖的变化响应，以期为科学设计坡面水土保持措施，高效开展坡面侵蚀防治提供依据。

12.1 坡面径流小区布设与试验方法

12.1.1 坡面径流小区布设

选择北洛河上游流域内的陕西吴起县大吉沟小流域，于 2009 年选择地形条件相对均一的坡面，修建 5 个径流小区，各小区水平长 20 m，宽 5 m，投影面积为 100 m^2（图 12-1）。在各小区分别布设沙棘（*Hippophae rhamnoides*）+油松（*Pinus tabuliformis*）林地（Ⅰ）、沙棘（*Hippophae rhamnoides*）+油松（*Pinus tabuliformis*）林地（Ⅱ）、油松（*Pinus tabulaeformis*）林地、达呼里胡枝子（*Lespedeza davurica*）+赖草（*Leymus secalinus*）草地、沙棘（*Hippophae rhamnoides*）林地（小区详细信息见表12-1）。

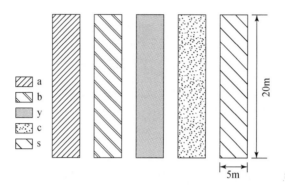

图 12-1　径流小区示意图

Fig. 12-1　Schematic diagram of runoff plots

a 为沙棘（*Hippophae rhamnoides*）+油松（*Pinus tabuliformis*）（Ⅰ）；b 为沙棘（*Hippophae rhamnoides*）+油松（*Pinus tabuliformis*）（Ⅱ）；y 为油松（*Pinus tabuliformis*）；c 为达呼里胡枝子（*Lespedeza davurica*）+赖草（*Leymus secalinus*）；s 为沙棘（*Hippophae rhamnoides*）

表 12-1　径流小区基本概况

Table 12-1　Basic condition of runoff plots

小区代号	植被类型	坡度（°）	坡向（°）	海拔（m）	平均树高（m）	平均胸径（cm）	郁闭度/盖度（%）
a	沙棘（*Hippophae rhamnoides*）+油松（*Pinus tabuliformis*）（Ⅰ）	12	ES37	1396	1.76	2.87	70
b	沙棘（*Hippophae rhamnoides*）+油松（*Pinus tabuliformis*）（Ⅱ）	29	WS35	1380	2.46	3.07	62
y	油松（*Pinus tabuliformis*）	17	WS12	1386	3.47	5.66	61
c	达呼里胡枝子（*Lespedeza davurica*）+赖草（*Leymus secalinus*）	28	WS3	1398	—	—	87
s	沙棘（*Hippophae rhamnoides*）	17	NE34	1406	2.1	2.5	70

12.1.2　测定与分析方法

1）气象数据获取：在径流小区旁的空旷地安装翻斗式自记雨量计，连续观测记录降雨量和降雨过程等气象资料。

2）径流量与产沙量测定：于 2009～2012 年共 4 年的各年 7～9 月降雨产流集中期，采用径流小区下部的集水池搜集场降雨径流量，并取样烘干测定对应的产沙量。

3）土壤物理性质测定：在各径流小区旁的同类植被覆盖坡面内，随机选定取样点，开挖 1 m 深土壤剖面，分 0～20 cm、20～40 cm、40～60 cm、60～80 cm、80～100 cm 共 5

层分别取样，采用环刀法和浸水法测定土壤含水量、土壤容重、孔隙度等物理指标（中国科学院南京土壤研究所物理研究室，1978）。

4）土壤抗冲性测定：采用原状土冲刷法，在采样地除去地上部分枯枝落叶物，用20cm×10cm×6 cm 的特制取样器采集原状土样，将土样置于水中浸泡直至其含水量达到饱和。实验过程中冲刷坡度按照土样对应小区的实际坡度设定，冲刷时间为35 min。

5）土壤入渗率测定：采用土壤入渗过程测定仪，按照在研究区率定经验公式换算下渗深度：

$$H = 0.196\ 35h \cdot \cos\theta \tag{12-1}$$

式中，H 为下渗深度，mm；h 为实验变化水位，mm；θ 为坡度，（°）。

开始测定时前 90 s 每 10 s 记录 1 次，之后每 30 s 记录一次，记录 10 次左右，再以后每 1 min 记录一次，直到出现 5~6 个数值基本相同，即认为达到稳渗状态，停止测定。

6）数据处理方法：采用 SPSS 统计软件做回归分析，采用通径分析确定产流、产沙不同影响因素的贡献比例，采用 Sigma 软件进行图形绘制。

12.2 不同植被覆盖的土壤物理性质差异

12.2.1 土壤水分差异

将不同小区的 0~100cm 土壤含水量进行对比（图 12-2），结果表明，不同植被类型

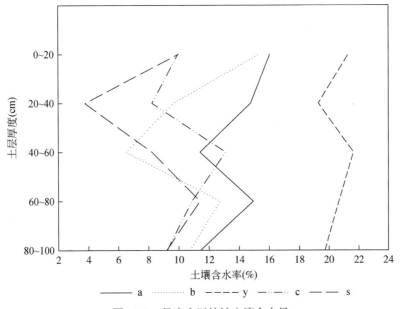

图 12-2 径流小区植被土壤含水量

Fig. 12-2 Soil moisture content with different vegetation types

的土壤含水量存在明显差异。这主要是由于植被类型不同，其土壤中的植被根系分布深度和密度，以及地表植被盖度存在很大差异，导致土壤蒸发和植被蒸腾以及土壤水分入渗不同，由此导致土壤水分分布差异。

不同土壤深度间，0~20 cm 浅层土壤中，土壤含水量呈：油松林地（y 小区）>沙棘+油松林地（Ⅰ）（a 小区）>沙棘+油松林地（Ⅱ）（b 小区）>沙棘林地（s 小区）>达呼里胡枝子+赖草草地（c 小区）。这是由于草本根系主要分布于土壤浅层，对土壤水分的利用主要集中于浅层土壤，因此草地小区 0~20 cm 浅层土壤水分含量最低。20 cm 以下土层中，沙棘+油松林地（Ⅰ）（a 小区）、沙棘+油松林地（Ⅱ）（b 小区）、达呼里胡枝子+赖草草地（c 小区）、沙棘林地（s 小区）的土壤含水量均低于油松林地（y 小区）。这主要可能由于油松林地植被覆盖度较小，根系相对较浅，对深层土壤水分消耗较少，因此深层含水量最高，沙棘林地根系发达、分布较深、地表覆盖度高，生长期内的耗水量较大，因此深层土壤含水量最低（周毅等，2011）。

12.2.2 土壤孔隙度差异

土壤通透性、保水性、透水性以及植物根系伸展，均受孔隙分布影响，因此土壤孔隙度是土壤最重要的物理性状之一。由表 12-2 可知，对于不同植被类型的 0~20 cm 浅层土壤，沙棘+油松林地（Ⅰ）（a 小区）、沙棘+油松林地（Ⅱ）（b 小区）、油松林地（y 小区）、沙棘林地（s 小区）、达呼里胡枝子+赖草草地（c 小区）的土壤总空隙度存在较大差异，沙棘+油松林地（Ⅱ）（b 小区）最大，达 55.7%，油松林地（y 小区）、沙棘林地（s 小区）和沙棘+油松林地（Ⅰ）（a 小区）居中，分别为 52.4%、53.7% 和 54.2%，而达呼里胡枝子+赖草草地（c 小区）最低，为 51.3%。由此可见，与草地相比，由于林地植被根系穿插作用，使土壤孔隙增加，因此林地表层土壤孔隙度均高于草地，由此增加了土壤入渗性能，增强了水土保持功能。

表 12-2 不同植被类型径流小区土壤空隙度和容重

Table 12-2 Soil porosity and bulk density of runoff plots with different vegetation types

小区代号	植被类型	土层深度（cm）	总孔隙度（%）	毛管孔隙度（%）	非毛管空隙度（%）	容重（g/cm³）
a	沙棘+油松（Ⅰ）	0~20	54.2	47.8	6.4	1.29
		20~40	54.7	48.4	6.3	1.33
		40~60	53.8	48.2	5.6	1.35
b	沙棘+油松（Ⅱ）	0~20	55.7	48.1	7.6	1.16
		20~40	55.4	47.9	7.5	1.20
		40~60	55.2	48.4	6.8	1.21
y	油松	0~20	52.4	48.2	4.2	1.30
		20~40	51.8	47.2	4.6	1.39
		40~60	50.7	46.8	3.9	1.34

续表

小区代号	植被类型	土层深度（cm）	总孔隙度（%）	毛管孔隙度（%）	非毛管空隙度（%）	容重（g/cm³）
c	达呼里胡枝子+赖草	0~20	51.3	42.3	9.0	1.26
		20~40	50.8	45.3	5.5	1.14
		40~60	50.2	46.7	5.7	1.16
s	沙棘	0~20	53.7	46.3	7.4	1.24
		20~40	54.2	47.8	6.4	1.18
		40~60	54.9	48.5	6.4	1.12

从非毛管孔隙度含量来看，不同林地均呈表层大于深层，其中，沙棘+油松林地（Ⅰ）（a 小区）、沙棘+油松林地（Ⅱ）（b 小区）的 0~20 cm 表层土壤的非毛管空隙度分别较 20~40 cm 和 40~60 cm 土层高 14% 和 13%，油松林地（y 小区）和沙棘林地（s 小区）则分别高 8% 和 16%。同时，沙棘+油松林地（Ⅰ）（a 小区）、沙棘+油松林地（Ⅱ）（b 小区）、沙棘+油松林地（Ⅱ）（b 小区）、沙棘林地（s 小区）的层间孔隙度变幅较小，而达呼里胡枝子+赖草草地（c 小区）锐减，易形成超渗产流，不利于降雨，尤其是高强度暴雨下的土壤持续入渗。因此，与草地相比，不同林地的层间孔隙度变幅较小，可有效促进土壤入渗，减少地表径流，从而减少水土流失，并促进植被生长（周毅等，2011）。

12.2.3　土壤容重差异

土壤容重与土壤质地、结构、有机质含量及其耕作扰动情况有关。土壤容重越小，土壤结构越疏松，越利于土体内的气体交换和水分渗透，反之，则结构性越差。由表 12-2 可知，对于不同植被类型的小区，油松林地（y 小区）土壤容重最高，沙棘林地（s 小区）土壤容重最低，除沙棘林地（s 小区）、达呼里胡枝子+赖草草地（c 小区）外，其他小区 0~20 cm 浅层土壤容重明显低于 20~40 cm 和 40~60 cm 的深层土壤容重。沙棘+油松林地（Ⅰ）（a 小区）、沙棘+油松林地（Ⅱ）（b 小区）各层土壤容重差异较小，主要是因为造林后，不再进行耕作扰动，加之植被枯枝落叶及根系对土壤物理性状的改善，降低了各层土壤的容重差异。不同植被类型间，0~20 cm 表层土壤容重排序呈：油松林地（y 小区）>沙棘+油松林地（Ⅰ）（a 小区）>达呼里胡枝子+赖草草地（c 小区）>沙棘林地（s 小区）>沙棘+油松林地（Ⅱ）（b 小区）。沙棘林地（s 小区）、达呼里胡枝子+赖草草地（c 小区）的 20~60 cm 土层容重明显低于 0~20 cm 表层土壤容重，主要是由于沙棘林地和达呼里胡枝子+赖草草地根系发达，向下延伸和扩展范围大，加之根系死亡分解，改善了中、下层土壤物理性质（周毅等，2011）。

12.2.4　土壤入渗率差异

不同植被类型土壤初渗率的大小顺序为油松（30.07 mm/min）>草地（24.84 mm/

min）＞沙棘＋油松（Ⅱ）（23.91 mm/min）＞沙棘＋油松（Ⅰ）（6.41 mm/min）＞沙棘（15.32 mm/min）。油松林地为全面整地大苗移植，地表覆盖度极低，蒸发强，土壤含水量低，所以土壤入渗的初渗率最高；而沙棘林地地表覆盖度高，蒸发弱，土壤含水量高，则土壤入渗的初渗率最低。除荒草地的稳渗率最高外，稳渗率和平均入渗率的大小顺序与初渗率的大小顺序一致。原因是荒草地植被为多年生草本，根系发达，土壤孔隙度大。土壤入渗曲线更能直观地反映不同植被类型下土壤的入渗过程，如图 12-3 所示。油松林地的初渗率最高，随着时间的推移稳渗率急剧下降，而荒草地、沙棘＋油松林地、沙棘林地的入渗过程则比较平缓。可见，退耕后不同的植被类型对土壤入渗影响很大（赵健等，2010）。

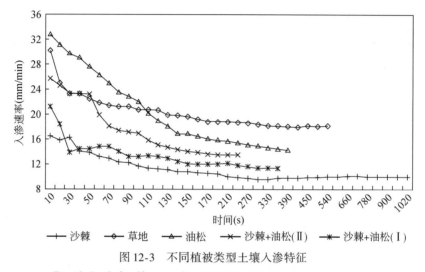

图 12-3　不同植被类型土壤入渗特征

Fig. 12-3　Soil infiltration characteristics of different vegetation types

12.2.5　土壤抗冲性差异

从表 12-3 可以看出，相同放水流量条件下，冲刷水流含沙量差异明显，不同植被类型的含沙量排序呈：油松林地（y 小区）（488.0 g/L）＞达呼里胡枝子＋赖草草地（c 小区）（62.6 g/L）＞沙棘＋油松林地（Ⅱ）（b 小区）（41.1 g/L）＞沙棘＋油松林地（Ⅰ）（a 小区）（1.3 g/L）＞沙棘林地（s 小区）（1.2 g/L）。

表 12-3　不同植被类型土壤抗冲性特征

Table 12-3　Soil erosion resistance of different vegetation types

植被类型	a	b	y	c	s
含沙量（g/L）	1.3	41.1	488.0	62.6	1.2
比例（%）	0.3	8.4	100	12.8	0.3

与油松林地（y 小区）冲刷水流含沙量相比，沙棘＋油松林地（Ⅱ）（b 小区）和达呼里胡枝子＋赖草草地（c 小区）仅是其 8% 和 12%，沙棘＋油松林地（Ⅱ）（b 小区）与沙

棘林地（s 小区）则仅是其约 0.3%。沙棘+油松林地（Ⅰ）（a 小区）和沙棘+油松林地（Ⅱ）（b 小区）2 个混交林地间的冲刷水流含沙量存在显著差异，主要由沙棘+油松林地（Ⅱ）（b 小区）坡度大导致。坡度相近的沙棘林地（s 小区）与沙棘+油松林地（Ⅰ）（a 小区）相比差异不明显，土壤抗冲性能较为接近（赵健等，2010）。

12.3 坡面产流产沙影响因素及其贡献

12.3.1 产流产沙影响因素回归分析

将径流量（Y_1）作为因变量，植被类型（X_1）、植被盖度（X_2）、坡度（X_3）、坡向（X_4）、降雨量（X_5）、降雨历时（X_6）、场均雨强（X_7）、最大 5min 雨强度（I_5）（X_8）、最大 10min 雨强（I_{10}）（X_9）、最大 15min 雨强（I_{15}）（X_{10}）、最大 30min 雨强（I_{30}）（X_{11}）、土壤容重（X_{12}）、土壤稳渗率（X_{13}）共 13 个因子作为自变量，做逐步回归分析，从中选择最优线性组合。最后，选取植被盖度（X_2）（%）、降雨量（X_5）（mm）、降雨历时（X_6）（min）、最大 30min 雨强（I_{30}）（X_{11}）（mm/30min）、土壤稳渗率（X_{13}）（mm/min）共 5 个指标建立最优线性回归方程：

$$Y_1 = 0.057 - 0.268X_2 - 0.535X_5 + 0.608X_6 + 0.535X_{11} + 0.165X_{13} \quad (12\text{-}2)$$

统计结果显示，该线性回归方程的决定系数（R^2）为 0.63，在 $P<0.01$ 水平上显著，说明 5 个因子对坡面径流量有主要影响，且关系密切。

将产沙量（Y_2）作为因变量，植被类型（X_1）、植被盖度（X_2）、坡度（X_3）、坡向（X_4）、降雨量（X_5）、降雨历时（X_6）、场均雨强（X_7）、最大 5min 雨强度（I_5）（X_8）、最大 10min 雨强（I_{10}）（X_9）、最大 15min 雨强（I_{15}）（X_{10}）、最大 30min 雨强（I_{30}）（X_{11}）、土壤容重（X_{12}）、土壤稳渗率（X_{13}）以及径流量（Y_1）共 14 个因子作为自变量，做逐步回归分析，从中选取最优线性组合。最后，选取径流量（Y_1）（m³/hm²）、植被盖度（X_2）（%）、坡度（X_3）（°）、降雨量（X_5）（mm）、场均雨强（X_7）（mm/min）、最大 15min 雨强（I_{15}）（X_{10}）（mm/15min）、土壤容重（X_{12}）（g/cm³）共 7 个指标建立最优线性回归模型：

$$Y_2 = 0.001 + 0.28X_{14} - 0.075X_2 + 0.042X_3 - 0.139X_5 + 0.099X_7 \\ + 0.105X_{10} + 0.162X_{12} \quad (12\text{-}3)$$

统计结果显示，该线性回归方程的决定系数（R^2）为 0.73，在 $P<0.01$ 水平上显著，说明 7 个因子对坡面产沙量有主要影响，且关系密切。

12.3.2 产流产沙影响因素通径分析

根据逐步统计回归分析结果，以最优线性回归模型中所包含的影响因子与对应的因变量做通径分析，获得各因子与径流量、产沙量间的直接通径系数和间接通径系数，并计算每个因子对应的决定系数。

12.3.2.1 产流量影响因素通径分析

径流量影响因素通径分析结果显示（表12-4），径流量与植被盖度、I_{30}呈极显著相关，与降雨量呈显著相关。对直接通径系数显著性检验得出，径流量与植被盖度、降雨历时、I_{30}极显著相关，与降雨量、稳渗率显著相关。

表12-4 径流量影响因素通径分析

Table 12-4 Path analysis of the runoff affecting factors

指标	相关系数	直接通径系数	间接通径系数						系数和
			植被盖度	降雨量	降雨历时	I_{30}	稳渗率	间接总和	
植被盖度	-0.2960**	-0.4790**		-0.0069	0.0104	-0.0429	0.0529	0.0135	-0.4655
降雨量	0.5150*	-0.4920**	-0.0067		0.6943	0.0888	0.0017	0.7781	0.2861
降雨历时	0.3640	0.7450**	-0.0067	-0.4585		-0.0240	0.0015	-0.4877	0.2573
I_{30}	0.4210**	0.5800**	0.0489	-0.1038	-0.0425		-0.0025	-0.0999	0.4801
土壤稳渗率	-0.1680	0.3720*	-0.1509	-0.0049	0.0067	-0.0063		-0.1554	0.2166

**表示在$P<0.01$水平上显著，*表示在$P<0.05$水平上显著。

根据5个径流量主要影响因子的决定系数（表12-5）计算结果，并对其进行显著性检验（明道绪，1986），结果表明，在极显著的3个直接通径系数中，植被盖度直接通径系数绝对值最小，可以大致认为按绝对值由大到小排列决定系数后，大于植被盖度对应决定系数的则在$\alpha=0.01$水平上极显著，小于植被盖度对应决定系数的则在$\alpha=0.01$水平上不显著。据此，获得不同影响因子对径流量影响程度的关系，即$d_{降雨量*降雨历时}>d_{降雨历时*降雨历时}>d_{I_{30}*I_{30}}>d_{降雨量*降雨量}>d_{植被盖度*植被盖度}$，（$d_{降雨量*降雨历时}$表示降雨量通过降雨历时对径流量的决定系数，$d_{降雨历时*降雨历时}$表示降雨历时对径流量的决定系数，其他依此类推）说明降雨量为主、降雨历时为辅对径流量的影响大于降雨历时，大于最大30min雨强，大于降雨量，大于植被盖度。

表12-5 径流量主要影响因子决定系数

Table 12-5 Determination coefficient of affecting runoff key factors

指标	决定系数				
	植被盖度	降雨量	降雨历时	I_{30}	土壤稳渗率
植被盖度	0.2294	0.0066	-0.0100	0.0411	0.0507
降雨量		0.2421	-0.6832	-0.0874	0.0017
降雨历时			0.5550	-0.0358	-0.0023
I_{30}				0.3364	0.0029
土壤稳渗率					0.1384

综合径流量影响因素通径分析结果（表 12-4）和主要影响决定系数（表 12-5）可得到如下结论：

1）径流量与植被盖度、土壤稳渗率的相关系数分别为−0.2960 和−0.1680，呈负相关，其余影响因素与径流量均呈正相关。

2）各影响因素中，降雨历时的决定系数最大，为 0.5550，降雨历时的直接通径系数最大，为 0.7450，且极显著相关，其间接通径系数为−0.4877，说明通过其他因素对径流量具有一定的抑制作用。

3）降雨历时通过降雨量对径流量的决定系数最大，且呈极显著相关，降雨量通过降雨历时对径流量的间接通径系数为 0.6943，降雨历时通过降雨量对径流量的间接通径系数为−0.4585，二者总和为正，说明降雨量与降雨历时共同作用下对径流量具有促进作用。

4）最大 30min 雨强对径流量的决定系数和直接通径系数分别为 0.3364 和 0.5800，在各影响因子中分别居第 3 和第 2 位，而其间接通径系数仅−0.0999，表明最大 30min 雨强对径流量具有一定的直接影响，但通过其他因素则对径流量的影响较小。

5）降雨量对径流量的决定系数极显著，为 0.2421，在各影响因子中居第 4 位，其直接通径系数和间接通径系数分别为−0.4920 和 0.7781，表明其主要通过影响其他因素对径流量产生间接的促进作用。

6）植被盖度对径流量的决定系数为 0.2294，呈极显著相关，直接通径系数为−0.4790，间接通径系数较小，表明其对径流量具有一定的直接抑制作用；但通过其他因素对径流量的影响较小。

7）误差项决定系数为 0.3672，大于 0.2294，达极显著水平，且剩余通径系数为 0.6059，说明尚有部分对径流量的影响不在所选取的主要影响因素中，但也从侧面反映通过逐步回归分析筛选主要影响因素已反映出大部分作用。

12.3.2.2 产沙量影响因素通径分析

产沙量影响因素通径分析结果显示（表 12-6），径流量、植被盖度、场均雨强、I_{15}、土壤容重与产沙量均在 $P<0.01$ 水平上相关。对直接通径系数显著性检验得出，径流量、降雨量、I_{15}、土壤容重在 $P<0.01$ 水平上显著，植被盖度、坡度、场均雨强在 $P<0.05$ 水平上显著。

表 12-6　产沙量影响因素通径分析

Table 12-6　Path analysis of sediment yield affecting factors

指标	相关系数	直接通径系数	间接通径系数								系数和
			径流量	植被盖度	坡度	降雨量	场均雨强	I_{15}	土壤密度	间接总和	
径流量	0.5030**	0.4590**		0.0403	0.0101	−0.1705	0.0210	0.1390	0.0627	0.1027	0.5617
植被盖度	−0.3640**	−0.1360*	−0.1359		0.0100	−0.0046	−0.0287	−0.0458	−0.0800	−0.2850	−0.4210
坡度	0.0240*	0.1050*	0.0441	−0.0129		0.0000	0.0000	0.0000	−0.1026	−0.0714	0.0336

指标	相关系数	直接通径系数	间接通径系数								系数和
			径流量	植被盖度	坡度	降雨量	场均雨强	I_{15}	土壤密度	间接总和	
降雨量	0.2020*	-0.3310**	0.2364	-0.0019	0.0000		0.0725	0.1552	0.0093	0.4715	0.1405
场均雨强	0.3920**	0.1480*	0.0652	0.0264	0.0000	0.0960		0.1760	0.0242	0.3878	0.5358
I_{15}	0.4000**	0.3520**	0.1813	0.0177	0.0000	-0.0136	0.0740		0.0246	0.2840	0.6360
土壤容重	0.4280**	0.3320**	0.0868	0.0328	-0.0324	0.0093	0.0108	0.0260		0.1332	0.4652

根据 7 个产沙量主要影响因子的决定系数（表 12-7）计算结果，并对其进行显著性检验（明道绪，1986），结果表明，降雨量直接通径系数绝对值最小，可以大致认为按绝对值由大到小排列决定系数后，大于降雨量对应决定系数的则在 $\alpha = 0.01$ 水平上极显著，小于植被盖度对应决定系数的则在 $\alpha = 0.01$ 水平上不显著。据此，获得不同影响因子对产沙量影响程度的关系，即 $d_{径流量 * 径流量} > d_{径流量 * 降雨量} > d_{径流量 * I_{15}} > d_{I_{15} * I_{15}} > d_{土壤容重 * 土壤容重} > d_{降雨量 * 降雨量}$，（$d_{径流量 * 径流量}$ 表示径流量对产沙量的决定系数，$d_{径流量 * 降雨量}$ 表示径流量通过降雨量对产沙量的决定系数，其他依此类推）说明径流量对产沙量的影响大于径流量为主、降雨为辅，大于径流量为主、最大 15min 雨强为辅，大于最大 15min 雨强，大于土壤容重，大于降雨量。

表 12-7 产沙量主要影响因子决定系数
Table 12-7 Determination coefficient of sediment yield affecting key factors

指标	决定系数						
	径流量	植被盖度	坡度	降雨量	场均雨强	I_{15}	土壤容重
径流量	0.2107	0.0370	0.0093	-0.1565	0.0193	0.1276	0.0576
植被盖度		0.0185	-0.0027	0.0013	0.0078	0.0124	0.0217
坡度			0.0110	0.0000	0.0000	0.0000	-0.0215
降雨量				0.1096	-0.0480	-0.1028	-0.0062
场均雨强					0.0219	0.0521	0.0072
I_{15}						0.1239	0.0173
土壤容重							0.1102

综合产沙量影响因素通径分析结果（表 12-6）和主要影响决定系数（表 12-7）可得到如下结论：

1）产沙量与径流量、植被盖度、场均雨强、最大 15min 雨强呈极显著相关，其中与植被盖度呈负相关，与其余指标均呈正相关。

2）各影响因素中，径流量对产沙量的决定系数最大，为 0.2107，其直接通径系数为 0.4590，呈极显著相关，间接通径系数为 0.1027，相对较小。

3）径流量通过降雨量对产沙量的决定系数和间接通径系数分别为 -0.1565 和

–0.1705，降雨量通过径流量对产沙量的间接通径系数为 0.2364，两者相加为正，因此降雨量和径流量共同对产沙量起促进作用。

4）径流量通过最大 15min 雨强对产沙量的决定系数和间接通径系数分别为 0.1276 和 0.1390，最大 15min 雨强通过径流量对产沙量的间接通径系数为 0.1813，3 项统计参数均为正值，表明径流量与最大 15min 雨强分别及共同均对产沙量具有促进作用。

5）最大 15min 雨强对产沙量决定系数和直接通径系数分别为 0.1239 和 0.3520，呈极显著相关，而其间接通径系数为 0.2840，表明其通过其他因子对产沙量具有间接的促进作用。

6）土壤容重对产沙量的决定系数和直接通径系数分别为 0.1102 和 0.3320，呈极显著相关，而其间接通径系数为 0.1332，相对较小。

7）降雨量对产沙量的决定系数和直接通径系数分别为 0.1096 和 –0.3310，且均呈极显著相关，其通过其他因素对产沙量的间接通径系数为 0.4715，在各影响因子中最大，表明降雨量主要通过其他因素对产沙量发挥显著的间接作用。

8）植被盖度与产沙量的相关系数为 –0.3640，其直接通径系数和间接通径系数均为负值，表明植被盖度对产沙量具有抑制作用。

9）误差项决定系数为 0.2703，大于 0.1096，达极显著水平，且剩余通径系数为 0.5199，说明尚有部分对产沙量的影响不在所选取的主要影响因素中，但也从侧面反映通过逐步回归分析筛选主要影响因素已反映出大部分作用。

12.4　不同植被覆盖下的坡面侵蚀规律

12.4.1　降雨对坡面产流的影响

在研究期内，选择侵蚀性降雨 9 场，对径流小区内径流量（Q）与降雨量（P）、最大 10min 雨强（I_{10}）、最大 30min 雨强（I_{30}）做回归分析（表 12-8）。

表 12-8　径流小区径流量特性回归分析

Table 12-8　Regression analysis of runoff characteristic in runoff plots

小区代号	植被类型	产流回归方程	R^2	样本数
a	沙棘+油松（Ⅰ）	$Q=-42.81-23.25I_{10}+34.53I_{30}+1.13P$	0.89**	9
b	沙棘+油松（Ⅱ）	$Q=-22.52-39.86I_{10}+53.22I_{30}-0.62P$	0.97**	9
y	油松	$Q=-32.56+5.99I_{10}+26.48I_{30}+0.05P$	0.82*	9
c	达呼里胡枝子+赖草	$Q=-42.08-41.18I_{10}+61.63I_{30}-0.86P$	0.95**	9
s	沙棘	$Q=-12.92-17.29I_{10}+23.15I_{30}+1.14P$	0.83*	9

Q 为径流量，L；P 为降雨量，mm；I_{10} 为最大 10min 雨强，mm/10min；I_{30} 为最大 30min 雨强，mm/30min；* 表示在 0.05 水平上显著；** 表示在 0.01 水平上显著

结果表明（表 12-8），各径流小区内径流量与降雨量（P）、最大 10min 雨强（I_{10}）、最大 30min 雨强（I_{30}）有很好的相关性。林地中，沙棘+油松（Ⅱ）林地的相关性最大，决定系数（R^2）可达 0.97；油松林地相关性最小，但是决定系数（R^2）也达 0.82。从小区的基本资料可以看出，林地的郁闭度都大于 60%，并随林分郁闭度的增加相关性在减少，这与余新晓等（2006）关于油松林地在郁闭度大于 60% 时，径流量与降雨量、雨强的相关性减少的结论相符。草地的径流量与降雨量（P）、最大 10min 雨强（I_{10}）、最大 30min 雨强（I_{30}）相关性也非常大。

12.4.1.1　降雨量与径流量的关系

将各小区场降雨量与径流量对比分析（图 12-4），并按降雨量大小排序分析（图 12-5），结果表明，降雨量与径流量相关性显著，在年际间也表现为随降雨量增大，径流量增大，同一年份内，两者相关性更显著。由图 12-4 可以看出，在前 6 场降雨中，均是油松林地（y 小区）产流量最大，之后是达呼里胡枝子+赖草草地（c 小区），而沙棘林地（s 小区）的产流量最小。2009 年小区建设初期，油松栽植时间不长，处于初育阶段，郁闭度不大，林冠截留作用小，同时，林下几乎没有地被植物和枯落物覆盖，对径流的拦截与固持作用较弱，因此径流量大，经过 3 年生长，油松林地郁闭度达 61%，林冠截留作用显著增强，林下草本种类增多，并出现乡土灌、乔树种更新，如互叶醉鱼草（*Buddleja alternifolia*）、柠条（*Caragana korshinskii*）、河北杨（*Populus hopeiensis*）等，同时还出现少量未分解油松针叶枯落物，对径流的拦截和固持能力明显增强，因此 2012 年径流量明显减少，径流模数由 2009 年的 12.4 m^3/hm^2 减小为 2012 年的 3.2 m^3/hm^2，各径流小区中，

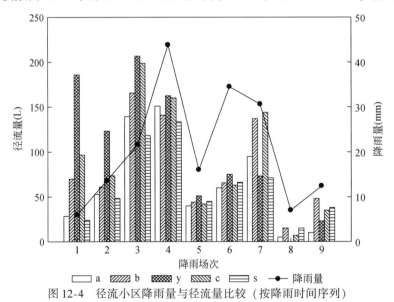

图 12-4　径流小区降雨量与径流量比较（按降雨时间序列）

Fig. 12-4　Comparison of precipitation and runoff in runoff plots（according to rainfall time series）

第 1、2、3 场降雨为 2009 年测定，第 4 场为 2010 年测定，第 5、6 场为 2011 年测定，

第 7、8、9 场为 2012 年测定

径流量最小的小区也由 2009 年的沙棘林地（s 小区）变为沙棘+油松（Ⅰ）混合林地（a 小区），说明乔灌混合林地随着林木生长，林分结构发育，对径流量拦蓄作用显著增大。由图 12-5 可以看出，第 6 场与第 7 场降雨量相比，在降雨量均较小时，各小区第 7 场降雨的径流量远大于第 6 场降雨径流量。分析气象资料发现，第 7 场降雨前 1 天有降雨发生，由于雨量很小，未形成地表径流，之后短时间内再次降雨，林地土壤很快达到饱和含水率，降雨入渗透减少，因此地表径流增加（艾宁等，2013）。

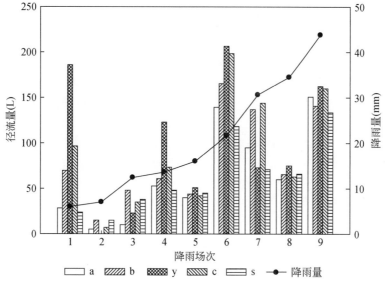

图 12-5　径流小区降雨量与径流量比较（按降雨量大小序列）

Fig. 12-5　Comparison of precipitation and runoff in runoff plots（according to precipitation series）

第 1、2、3 场降雨为 2009 年测定，第 4 场为 2010 年测定，第 5、6 场为 2011 年测定，

第 7、8、9 场为 2012 年测定

12.4.1.2　降雨雨强与径流量的关系

将各小区场降雨雨强与径流量对比分析（图 12-6），结果显示，年际与年内，各小区径流量均随降雨强度增大而增大。由于第 1 场降雨的降雨强度达到 0.4 mm/min，尽管降雨量很小，但大雨强也导致较大的径流量。

综合图 12-4~图 12-6 可以发现，在降雨量基本相同时，随雨强增大，径流量增大。以图 12-5 中的第 3、4 场降雨为例，第 3 场降雨的雨强为第 4 场降雨的 2.2 倍，但是沙棘+油松（Ⅰ）林地（a 小区）的径流量是第 4 场的 38 倍，沙棘+油松（Ⅱ）林地（b 小区）的径流量是第 4 场的 27 倍，油松林地（y 小区）的径流量是第 4 场的 61 倍，达呼里胡枝子+赖草草地（c 小区）的径流量是第 4 场的 22 倍，沙棘林地（s 小区）的径流量是第 4 场的 13 倍，可见雨强对径流量的影响非常显著。同时，在一定雨强条件下，以图 12-6 中的第 4、5 场降雨为例，平均雨强均为 0.06 mm/min 时，第 4 场降雨的雨量为第 5 场的 3 倍，但沙棘+油松（Ⅰ）林地（a 小区）的径流量为第 5 场的 11 倍，沙棘+油松（Ⅱ）林

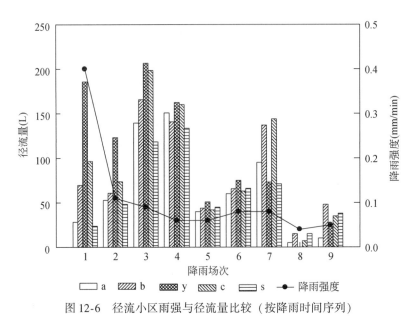

图 12-6 径流小区雨强与径流量比较（按降雨时间序列）

Fig. 12-6 Comparison of rainfall intensity and runoff in runoff plots（according to rainfall time series）

第 1、2、3 场降雨为 2009 年测定，第 4 场为 2010 年测定，第 5、6 场为 2011 年测定，

第 7、8、9 场为 2012 年测定

地（b 小区）的径流量为第 5 场的 8 倍，油松林地（y 小区）的径流量为第 5 场的 7 倍，达呼里胡枝子+赖草草地（c 小区）的径流量为第 5 场的 14 倍。

通过以上研究可知，降雨量与雨强均对径流量具有显著影响。在径流小区建设初期，油松林地（y 小区）减少径流的作用最小，甚至不及达呼里胡枝子+赖草草地（c 小区），经过 3 年生长发育，油松林地郁闭度由 40% 增至 61%，林下草本、灌木、乔木陆续更新出现，地表覆盖增加，拦蓄和固持径流能力增强，地表径流显著减少，因而 2012 年各降雨场次的径流量均小于达呼里胡枝子+赖草草地（c 小区），在前期没有降雨、单次降雨量 7 mm、雨强 0.05 mm/min 的降雨下，甚至没有形成地表径流。在径流小区建设初期，沙棘林地（s 小区）减少地表径流的效果最好，主要是由于沙棘林地造林初期冠幅较大，根系较发达，拦截降雨能力较强，随着进一步生长发育，各小区间，减少地表径流作用最好的植被覆盖类型变为沙棘+油松（Ⅰ）混合林地（a 小区），主要由于混合林地的乔、灌、草复合结构形成了良好林冠层和地表覆盖层，其中油松乔木冠层持续增大，林下沙棘灌木层生长良好，林下草本种类和数量也相对增加，对降雨拦截和径流拦蓄的综合作用最好。因此，在小区建成初期，各小区径流量排序呈：油松林地（y 小区）>达呼里胡枝子+赖草草地（c 小区）>沙棘+油松林地（Ⅱ）（b 小区）>沙棘+油松林地（Ⅰ）（a 小区）>沙棘林地（s 小区），3 年后，各小区径流量排序变化为：达呼里胡枝子+赖草草地（c 小区）沙棘+油松林地（Ⅱ）（b 小区）>沙棘林地（s 小区）>油松林地（y 小区）>沙棘+油松林地（Ⅰ）（a 小区）。可见不同植被类型减少地表径流的作用不同，林地总体强于草地（艾宁等，2013）。

12.4.2 降雨对坡面产沙的影响

在研究期内，选择侵蚀性降雨 9 场，对径流小区内产沙量（S）与径流量（Q）、最大 10min 雨强（I_{10}）、最大 30min 雨强（I_{30}）做回归分析（表 12-9）。

表 12-9 径流小区产沙量特性回归分析
Table 12-9 Regression analysis of sediment yield characteristic in runoff plots

小区代号	植被类型	产沙回归方程	R^2	样本数
a	沙棘+油松（Ⅰ）	$S = 0.07 + 0.005Q + 0.21I_{10} - 0.19I_{30}$	0.91**	9
b	沙棘+油松（Ⅱ）	$S = 0.17 + 0.007Q + 0.99I_{10} - 0.66I_{30}$	0.89**	9
y	油松	$S = -0.3 + 0.001Q + 1.52I_{10} - 0.58I_{30}$	0.89**	9
c	达呼里胡枝子+赖草	$S = 0.03 + 0.003Q + 0.46I_{10} - 0.28I_{30}$	0.93**	9
s	沙棘	$S = -0.11 + 0.006Q + 0.23I_{10} - 0.15I_{30}$	0.78*	9

S 为产沙量，kg；Q 为径流量，L；I_{10} 为最大 10min 雨强，mm/10min；I_{30} 为最大 30min 雨强，mm/30min；* 表示在 0.05 水平上显著；** 表示在 0.01 水平上显著

结果表明（表 12-9），各径流小区内产沙量与径流量（Q）、最大 10min 雨强（I_{10}）、最大 30min 雨强（I_{30}）均具有显著相关性。其中，达呼里胡枝子+赖草草地（c 小区）的相关性最大，决定系数（R^2）达 0.93，林地中，沙棘+油松林地（Ⅰ）（a 小区）的相关性最大，决定系数（R^2）达 0.91，沙棘林地（s 小区）的相关性最小，决定系数（R^2）为 0.78，但也在 0.05 水平具有显著相关性。

12.4.2.1 降雨量与产沙量的关系

将各小区场降雨量与产沙量对比分析（图 12-7），结果显示，小区建成初期，各小区产沙量均非常高，降雨量与产沙量的相关性不明显，主要由于降雨量尽管对径流量影响较大，但产沙是在径流产生，并对表土造成剥蚀、搬运后才发生，因此即使产流形成，产沙量还决定于植被、土壤等其他因素。

12.4.2.2 降雨强度与产沙量的关系

将各小区场降雨雨强与产沙量对比分析（图 12-8），结果显示，在形成地表径流后，产沙量与降雨强度显著相关，随降雨强度增加，产沙量增大。小区建成初期，不同林地类型的产沙量呈：油松林地（y 小区）>沙棘+油松林地（Ⅱ）（b 小区）>沙棘林地（s 小区）>沙棘+油松林地（Ⅰ）（a 小区），达呼里胡枝子+赖草草地（c 小区）产沙量则显著

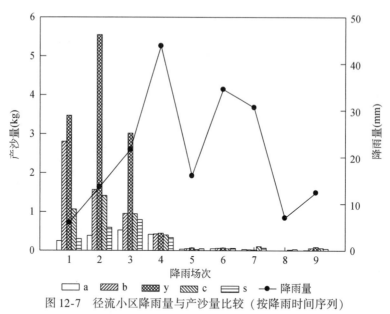

图 12-7 径流小区降雨量与产沙量比较（按降雨时间序列）

Fig. 12-7　Comparison of precipitation and sediment yield in runoff plots（according to rainfall time series）

第 1、2、3 场降雨为 2009 年测定，第 4 场为 2010 年测定，第 5、6 场为 2011 年测定，

第 7、8、9 场为 2012 年测定

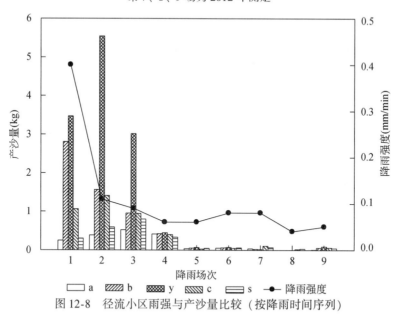

图 12-8 径流小区雨强与产沙量比较（按降雨时间序列）

Fig. 12-8　Comparison of rainfall intensity and sediment yield in runoff plots（according to rainfall time series）

第 1、2、3 场降雨为 2009 年测定，第 4 场为 2010 年测定，第 5、6 场为 2011 年测定，

第 7、8、9 场为 2012 年测定

小于除沙棘+油松林地（I）（a 小区）以外的其他林地。随着植被生长，各小区林地郁闭度

增大，地表覆盖增加，植被覆盖小区的减沙作用逐渐增强，各小区场降雨的产沙量最大值显著减小，产沙量波动基本趋于稳定，但不同植被类型间仍存在一定差异，产沙量排序为：达呼里胡枝子+赖草草地（c 小区）>油松林地（y 小区）>沙棘林地（s 小区）>沙棘+油松林地（Ⅱ）（b 小区）>沙棘+油松林地（Ⅰ）（a 小区）。

12.4.3 坡度对坡面产流的影响

选择坡度相差大，分别为 12°、29°、28° 的沙棘+油松林地（Ⅰ）（a 小区）、沙棘+油松林地（Ⅱ）（b 小区）、达呼里胡枝子+赖草草地（c 小区）小区，同时选择坡度相近，分别为 12°、17°、17° 的沙棘+油松林地（Ⅰ）（a 小区）、油松林地（y 小区）、沙棘林地（s 小区）小区进行对比分析。

结果显示，植被类型相同，坡度不同的小区间，坡度越大产流量越大；坡度相近的小区间，产流量呈：油松林地（y 小区）>沙棘林地（s 小区）>沙棘+油松林地（Ⅰ）（a 小区）、达呼里胡枝子+赖草草地（c 小区）>沙棘+油松林地（Ⅱ）（b 小区）。

12.4.4 坡度对坡面产沙的影响

选择坡度相差大，分别为 12°、29°、28° 的沙棘+油松林地（Ⅰ）（a 小区）、沙棘+油松林地（Ⅱ）（b 小区）、达呼里胡枝子+赖草草地（c 小区）小区，同时选择坡度相近，分别为 12°、17°、17° 的沙棘+油松林地（Ⅰ）（a 小区）、油松林地（y 小区）、沙棘林地（s 小区）小区进行对比分析。

结果显示，相同植被类型、不同坡度的小区间，坡度越大、产沙量越大；坡度相近的小区间，产沙量呈：油松林地（y 小区）>沙棘林地（s 小区）>沙棘+油松林地（Ⅰ）（a 小区）、达呼里胡枝子+赖草草地（c 小区）>沙棘+油松林地（Ⅱ）（b 小区）。

12.4.5 坡面产流与产沙的关系

将各小区场降雨径流量与产沙量对比分析（图 12-9），结果显示，径流量与产沙量显著相关。随径流量增大、产沙量显著增大。与 2009 年小区建成初期的产沙相比，2010 年之后，各小区的产沙量显著减少，其波动范围基本趋于稳定，说明植被经过生长发育，减沙作用逐步增强。不同植被类型的减沙能力不同，各小区间的产沙量排序呈：达呼里胡枝子+赖草草地（c 小区）>油松林地（Ⅱ）（b 小区）>沙棘林地（s 小区）>沙棘+油松林地（Ⅱ）（b 小区）>沙棘+油松林地（Ⅰ）（a 小区）。相对草地来说，灌木、乔木林地的减沙效果更佳，且随植被恢复年限延长，产沙量波动减小，变化范围基本趋于稳定。

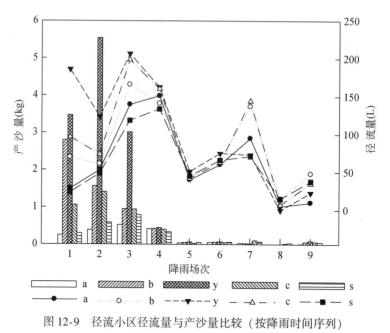

图 12-9　径流小区径流量与产沙量比较（按降雨时间序列）

Fig. 12-9　Comparison of runoff and sediment yield in runoff plots（according to rainfall time series）

12.5　小　　结

1）径流小区实测资料统计分析表明，降雨量、雨强和坡度均能显著影响径流量，而径流量、雨强和坡度则显著影响产沙量。不同植被覆盖条件下，产流、产沙不同，经过 4 年以上的生长发育，各植被覆盖模式的径流量呈：草地>沙棘+油松（Ⅱ）>沙棘>油松>沙棘+油松（Ⅰ），产沙量呈：草地>油松>沙棘>沙棘+油松（Ⅱ）>沙棘+油松（Ⅰ），总体上，灌木和乔木林地较荒草地具有更强的减流减沙效果，而乔、灌混交模式又较乔木或灌木纯林具有更强的减流减沙效果。

2）通径分析结果表明，坡面尺度的次降雨产流、产沙过程中，植被盖度、降雨量、降雨历时、最大 30min 雨强、土壤稳渗率是影响径流量的主要因素，各因素对径流量的直接影响大小呈：降雨历时>最大 30min 雨强>降雨量>植被盖度>土壤稳渗率，其中，降雨历时是促进径流量的最重要因素，而植被盖度则对径流量具有重要的抑制作用；径流量、植被盖度、坡度、降雨量、场均雨强、最大 15min 雨强、土壤容重是产沙量的主要影响因素，各因素对产沙量的直接影响大小呈：径流量>最大 15min 雨强>土壤容重>降雨量>场均雨强>植被盖度>坡度，其中，径流量是促进产沙量的最重要因素，其次为最大 15min 雨强，而坡度、植被盖度和场均雨强则主要与其他因子共同作用，间接影响产沙量。

3）陕北黄土区主要人工造林模式中，沙棘+油松混交林地的土壤孔隙度高于两种纯林，且均高于天然荒草地；土壤容重油松纯林高于沙棘+油松混交林，高于荒草地，高于沙棘纯林；土壤初渗率油松纯林高于荒草地，高于沙棘+油松混交林，高于沙棘纯林；荒草地、沙棘+油松混交林、沙棘纯林的土壤入渗过程均比较平缓；土壤抗冲性呈：沙棘纯林大于沙棘+油松混交林，大于荒草地，大于油松纯林。总体上，人工植被恢复后，不同林地均较荒草地的土壤物理性能明显改善，综合考虑不同植被模式的土壤物理性状指标及其减流减沙效果认为，沙棘纯林和沙棘+油松混交林在陕北黄土区的坡面水土流失防治中具有良好的适宜性。

参 考 文 献

艾宁，魏天兴，朱清科. 2013. 陕北黄土高原不同植被类型下降雨对坡面径流侵蚀产沙的影响. 水土保持学报，27（2）：26-30，35

明道绪. 1986. 通径分析的原理与方法（续3）. 农业科学导报，1（4）：40-45.

余新晓，张晓明，武思宏，等. 2006. 黄土区林草植被与降水对坡面径流和侵蚀产沙的影响. 山地学报，24（1）：19-26.

赵健，魏天兴，陈致富，等. 2010. 陕西吴起县退耕还林地不同植被水土保持效益分析. 水土保持学报，24（3）：31-34，49.

中国科学院南京土壤研究所物理研究室. 1978. 土壤物理性质测定法. 北京：科学出版社.

周毅，魏天兴，解建强，等. 2011. 黄土高原不同林地类型水土保持效益分析. 水土保持学报，25（3）：12-16，21.

Defersha M B, Melesse A M. 2012. Effect of rainfall intensity, slope and antecedent moisture content on sediment concentration and sediment enrichment ratio. Catena, 90（3）：47-52.

Ekwue E I, Harrilal A. 2010. Effect of soil type, peat, slope, compaction effort and their interactions on infiltration, runoff and raindrop erosion of some Trinidadian soils. Biosystems Engineering, 105（1）：112-118.

Fujimoto M, Ohte N, Tani M. 2011. Effects of hill slope topography on runoff response in a small catchment in the Fudoji Experimental Watershed, central Japan. Hydrological Processes, 25（12）：1874-1886.

Lal R. 1976. Soil erosion on Alfisols in Western Nigeria：Ⅲ. Effects of rainfall characteristics. Geoderma, 16（5）：389-401.

Martinez-mena M, Rogel J A, Albaladejo J, et al. 2000. Influence of vegetal cover on sediment particle size distribution in natural rainfall conditions in a semiarid environment. Catena, 38（3）：175-190.

Nadal-romero E, Lasanta T, García-Ruiz J M. 2013. Runoff and sediment yield from land under various uses in a Mediterranean mountain area：long-term results from an experimental station. Earth Surface Processes and Landforms, 38（4）：346-355.

Ran Q H, Su D Y, Li P, et al. 2012. Experimental study of the impact of rainfall characteristics on runoff generation and soil erosion. Journal of Hydrology, 424/425（6）：99-111.

Wischmeier W H, Smith D D. 1978. Predicting rainfall erosion losses：A guide to conservation planning. Washington D C：US Department of Agriculture.

Xiao P Q, Yao W Y, Römkens M J M. 2011. Effects of grass and shrub cover on the critical unit stream power in overland flow. International Journal of Sediment Research, 26（3）：387-394.

|第13章| 黄土高原小流域土壤侵蚀对林地空间分布变化响应

影响土壤侵蚀的因素包括降雨、地形、植被、土壤及人为因素等（王占礼，2000）。以植被变化为主的土地利用变化不仅影响坡面尺度的土壤侵蚀，而且改变流域尺度的产输沙过程。黄土高原地区，自退耕还林（草）工程实施以来，土地利用方式发生了剧烈变化，林草植被面积显著增加（李登科等，2009），成为该区土壤侵蚀强度降低的主要原因（汪亚峰等，2009）。研究表明，林草植被在斑块、坡面、流域3个尺度内均具有减少水土流失的作用（杜峰和程积民，1999），然而不同植被类型及其搭配组合的水土保持效益不同。因此，要更有效地防治水土流失，除增加植被数量外，还需构建合理的植被空间分布格局（徐宪立等，2006）。在林草植被面积总体增加的背景下，研究植被空间格局变化及其对侵蚀产沙的影响对于揭示植被影响水土流失的过程与机制，从而更加科学、有效地控制水土流失具有重要意义。

现有研究主要借助景观生态学中的一些参数、指标用以刻画、分析土地利用空间格局时空变化特征（马克明和傅伯杰，2000；刘灿然和陈灵芝，2000），并与相关生态过程相联系，试图分析土地利用格局变化所产生的影响与效应。Boix-Fayos等（2007）在西班牙东南部的长期监测表明，植被覆被格局不同但规格相同的监测样地，土壤流失量可相差9倍之多；Rey（2004）在法国的研究认为，当植被分布于坡面底部时，其覆盖率仅需达到20%即可有效拦截上坡来沙。国内的相关报道多针对黄土高原地区，研究内容和试验方法虽有所不同，但其结论基本都反映出植被分布于坡底时较坡顶具有更好的水土保持效果（游珍等，2005；李勉等，2005；卫伟等，2012）。与国外研究相比，目前国内有关植被格局对侵蚀产沙影响的研究还较薄弱，且多针对坡面不同植被组合方式对土壤侵蚀的影响，针对流域尺度植被空间分布与土壤侵蚀关系的研究少有报道。北洛河上游流域自退耕还林（林）工程后，林地面积大幅增加，且受气候、地形及人工造林规划等因素的综合影响，新增林地在不同小流域内呈不同分布格局，为研究小流域林地空间分布特征对土壤侵蚀的影响提供了良好基础。为此，本书在北洛河上游流域内的吴起县内，采用均匀抽样选取具有不同林地分布格局的小流域，即产汇流、产输沙的基本地貌单元，再基于中国土壤侵蚀模型（Chinese soil loss equation，CSLE）（Liu et al.，2002）确定各小流域土壤侵蚀强度，最终综合分析小流域土壤侵蚀强度对林地分布格局的变化响应，以期为水土保持林地配置以及进一步研究流域产流产沙机制提供参考。

13.1　小流域土壤侵蚀强度与林地分布特征确定

13.1.1　小流域选取及其土壤侵蚀强度评估

陕西吴起县内包括北洛河和无定河两条水系，其中 80% 的县域面积属北洛河上游流域。1999 年开始实施退耕还林（草）工程，截至 2009 年，全县林草覆盖率提高至 87%，其中，林地面积比例从 6% 增加到 35%。林地包括有林地、疏林地和灌木林地，以落叶阔叶林、针阔混交林为主要林地类型，乔木以山杏（*Armeniaca sibirica*）、刺槐（*Robinia pseudoacacia*）和油松（*Pinus tabulaeformis*）等为主，灌木以沙棘（*Hippophaer hamnoides*）、柠条（*Caragana korshinskii*）等为主。

与之前的县域土壤侵蚀强度评估中的小流域选取方法一样，按照 1.1% 的抽样比例，在全县 10 km 长的方形网格中心抽取平均面积为 1.08 km² 的小流域，最终选取 39 个小流域（小流域位置与分布详见图 9-1）。

对于各小流域，采用中国土壤侵蚀模型（CSLE）计算的 2011 年土壤侵蚀强度：

$$A = 100R \cdot K \cdot LS \cdot B \cdot E \cdot T \tag{13-1}$$

式中，A 为单位面积年均侵蚀量，t/（km² · a）；R 为降雨侵蚀力因子，MJ · mm/（hm² · h · a）；K 为土壤可蚀性因子，t · hm² · h/（hm² · MJ · mm）；L 为坡长因子（无量纲）；S 为坡度因子（无量纲）；B 为生物措施因子（无量纲因子）；E 为工程措施因子（无量纲）；T 为耕作措施因子（无量纲）。

土壤可蚀性因子（K）、坡长因子（L）、坡度因子（S）、生物措施因子（B）、工程措施因子（E）、耕作措施因子（T）均采用之前县域土壤侵蚀强度评估中选取的因子算法和取值，而降雨侵蚀力因子（R）则基于吴起县气象站 2011 年逐月雨量资料，按照章文波和付金生（2003）提出的方法计算获得 2011 年降雨侵蚀力因子值。

13.1.2　小流域林地分布特征指标与分类

综合现有植被格局特征指标，最终选取林地面积比例、林地斑块密度指数、林地斑块形状指数、林地植被覆盖度和林地坡位指数 5 个指标用以刻画林地在小流域内的空间分布特征，其计算方法分别如下：

（1）林地面积比例

流域内林地面积占流域总面积的百分比。

（2）林地斑块密度指数

林地斑块密度指数即林地斑块个数与面积的比值，由此可以得出研究区林地斑块总个数与其面积之比，即

$$C = \frac{n}{S} \tag{13-2}$$

式中，C 为斑块密度指数，C 值越大，破碎化程度越高；n 为小流域林地斑块总数；S 为研究区林地总面积，个/hm²。

（3）林地斑块形状指数

林地斑块形状指数是通过计算林地的斑块周长与同面积圆形的周长之比来测定该景观类型的复杂程度，计算公式为

$$L = \frac{P_i}{2\sqrt{\pi A}} \tag{13-3}$$

式中，L 为景观形状指数（L 越接近于 1，斑块圆度越好，其形状越简单；反之，L 越大，其形状越复杂）；P_i 为景观 i 类型斑块周长，m；A 为斑块面积，m²。

（4）林地植被覆盖度

取流域各林地斑块内林灌草植被盖度的平均值，用来反映林地及林下植被的生长情况。

（5）林地坡位指数

林地坡位指数表示土地利用斑块的分布位置。基于 1∶1 万数字化地形图，利用 ArcGIS 软件平台内生成分辨率为 10 m 的 DEM，统计林地斑块高程的平均值；用流域内的高程最大值代表坡顶，高程最小值代表坡脚，坡位指数是指林地斑块平均高程与坡脚高程差和坡顶高程与坡脚高程差的比值。其取值的含义为：林地坡位指数 0～0.1 属平地，0.1～0.4 属下坡位，0.4～0.7 属中坡位，0.7～1 属上坡位。每个坡位再继续划分成 3 类子坡位，即 0.11～0.20 属下下坡位，0.21～0.30 属下中坡位，0.31～0.4 属下上坡位；0.41～0.50 属中下坡位，0.51～0.60 属中中坡位，0.61～0.7 属中上坡位；0.71～0.80 属上下坡位，0.81～0.90 属上中坡位，0.91～1.00 属上上坡位。

以各小流域的不同立地分布特征指标为变量，在 SPSS 软件中，采用系统聚类法进行聚类分析，划定具有不同林地分布特点的流域类型，以便为进一步分析不同林地分布类型的土壤侵蚀强度变化提供依据。

13.2 基于林地分布特征的小流域分类与林地格局解析

按照林地分布特征指标的小流域聚类分析结果表明（图 13-1），39 个小流域总体可分为 4 类，即 9 号、13 号、5 号、24 号、28 号、1 号、22 号、37 号、8 号、17 号、32 号、33 号、28 号、29 号共 14 个小流域属第 1 类；3 号、11 号、27 号、6 号、23 号、15 号、30 号共 7 个小流域属第 2 类；4 号、14 号、16 号、19 号、18 号共 5 个小流域属第 3 类；7 号、26 号、31 号、39 号、10 号、2 号、20 号、25 号、35 号、21 号、34 号、36 号、12 号共 13 个小流域属第 4 类。按照该分类结果，对 4 类小流域的林地分布特征指数做单因素方差分析，各类小流域间的林地分布特征指数均都在 0.05 的水平上存在显著差异，由此说明系统聚类的划分结果能够很好地反映不同小流域间的林地分布差异。

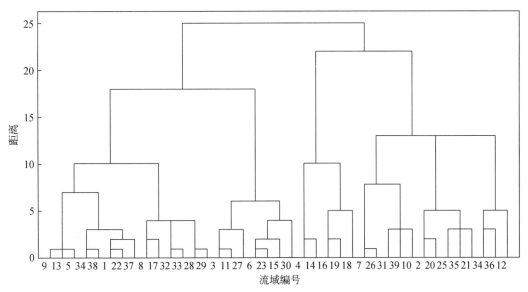

图 13-1　用系统聚类法对 39 个小流域的聚类结果

Fig. 13-1　Clustering figure of 39 watersheds by system clustering method

为进一步分析不同类型小流域的林地分布特征差异，按 4 种不同类型，分别统计各类小流域的林地分布特征指标（表 13-1 和图 13-2）。

表 13-1　林地分布特征指标的均值

Table 13-1　Mean value of woodland distribution characteristic indexes

小流域类别	林地面积比例（％）	林地斑块密度指数（个/hm²）	林地斑块形状指数	林地植被覆盖度（％）	林地坡位指数
第 1 类	45	0.13	1.76	70.71	0.50
第 2 类	32	0.14	1.46	70.64	0.59
第 3 类	20	0.09	1.65	82.70	0.68
第 4 类	51	0.27	1.43	66.33	0.56

根据不同类型小流域的林地分布特征指标变化情况，可以基本总结出 4 类小流域的林地分布特点。

第 1 类小流域：林地面积比例较大；林地斑块密度指数较小，林地的破碎程度较小；林地形状指数较大，林地的形状较为复杂；林地植被覆盖度居中；林地平均分布在中下坡位。

第 2 类小流域：林地面积比例较小；林地斑块密度指数偏小，林地的破碎化程度居中偏小；林地形状指数较小，林地的形状较为简单；林地植被覆盖度居中；林地平均分布在中中坡位。

第 3 类小流域：林地面积比例很小，均值小于其他 3 类流域；林地斑块密度指数很

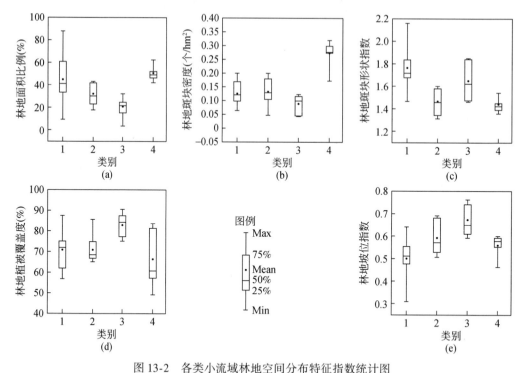

图 13-2　各类小流域林地空间分布特征指数统计图

Fig. 13-2　Statistical boxdiagram groups of watershed forest land spatial distribution index

小，均值也小于另外 3 类流域，林地的破碎化程度很小；林地的斑块形状较为复杂；林地植被覆盖度很大，均值大于另外 3 类流域；林地坡位指数均值也比其他 3 类流域都大，林地平均分布在中上坡位。

　　第 4 类小流域：林地面积比例较大；林地斑块密度很大，均值大于其他 3 类流域；林地的形状较为简单；林地植被覆盖度较小；林地平均分布在中中坡位。

13.3　不同林地分布格局小流域的土壤侵蚀强度变化

13.3.1　不同类型小流域土壤侵蚀差异

　　根据中国土壤侵蚀模型（CSLE）计算的土壤侵蚀强度，按照《土壤侵蚀分类分级标准》（SL190—2007）（中华人民共和国水利部，2008）获得 39 个小流域不同土壤侵蚀强度的面积比例（表 13-2）。

表 13-2　抽样小流域不同土壤侵蚀强度等级面积比例

Table 13-2　The area proportions of different soil erosion intensities from certain sampled watersheds

抽样小流域编号	不同土壤侵蚀强度等级的面积比例（%）					
	微度	轻度	中度	强烈	极强烈	剧烈
2 号	34.76	31.47	27.40	3.46	0.86	2.05
9 号	39.90	28.34	22.94	6.78	0.94	1.10
11 号	32.90	16.82	41.10	8.53	0.64	0.00
13 号	41.36	37.25	11.78	9.62	0.00	0.00
21 号	43.97	27.54	25.24	1.03	1.99	0.23
23 号	39.47	30.44	26.14	0.98	1.28	1.69
25 号	61.57	21.51	15.46	0.25	0.74	0.48
27 号	43.58	25.50	27.81	0.71	0.95	1.44
29 号	24.63	33.06	31.81	8.74	0.86	0.90
42 号	46.88	23.53	18.00	6.24	4.07	1.29
44 号	36.90	23.48	31.92	7.69	0.00	0.00
46 号	56.88	13.17	11.56	12.10	5.03	1.26
48 号	33.22	39.26	15.62	7.05	0.87	3.97
50 号	50.91	36.40	12.54	0.15	0.00	0.00
64 号	89.19	6.75	0.91	0.70	0.68	1.77
66 号	31.98	27.64	30.40	7.60	1.25	1.32
68 号	15.41	31.18	35.11	12.68	5.21	0.42
70 号	24.62	28.87	23.19	16.08	7.25	0.00
72 号	30.77	27.19	31.57	6.29	3.96	0.22
74 号	53.32	21.27	20.10	3.64	1.67	0.00
76 号	77.79	14.72	5.06	2.36	0.07	0.00
93 号	26.64	31.95	22.61	15.09	3.58	0.13
95 号	23.92	31.39	42.68	1.10	0.26	0.65
97 号	23.16	26.24	28.64	20.43	0.97	0.56
99 号	65.90	20.54	4.25	6.09	3.21	0.00
101 号	45.35	31.75	19.16	3.43	0.31	0.00
103 号	42.53	16.31	10.16	9.84	20.99	0.17
105 号	25.70	24.51	28.91	18.03	1.86	0.98
122 号	36.44	32.47	22.26	2.67	3.38	2.79
124 号	20.00	31.87	27.28	13.03	7.82	0.00
126 号	42.78	20.80	13.38	11.68	11.31	0.05
128 号	25.55	32.99	15.05	12.47	12.23	1.70

续表

抽样小流域编号	不同土壤侵蚀强度等级的面积比例（%）					
	微度	轻度	中度	强烈	极强烈	剧烈
130号	27.65	18.52	23.29	18.48	10.84	1.22
138号	37.32	32.94	20.52	5.03	4.19	0.00
139号	13.08	24.56	35.49	18.93	7.95	0.00
141号	11.39	21.16	27.23	21.64	18.58	0.00
143号	20.56	13.46	25.42	21.19	19.37	0.00
148号	53.62	16.80	13.82	7.58	7.99	0.18
150号	66.69	17.28	10.48	4.57	0.99	0.00

注：根据《土壤侵蚀分级分类标准》（SL190-2007）（中华人民共和国水利部，2008），土壤侵蚀强度分为微度（<1000 t/（km²·a））、轻度（1000~2500 t/（km²·a））、中度（2500~5000 t/（km²·a））、强烈（5000~8000 t/（km²·a））、极强烈（8000~15 000 t/（km²·a））和剧烈（>15 000 t/（km²·a））。

　　为进一步分析不同林地分布格局的小流域在土壤侵蚀强度方面的差异，按照4类小流域分别统计其土壤侵蚀强度（图13-3）。结果显示，4类小流域间的平均土壤侵蚀强度存在较大差异：第1类小流域土壤侵蚀强度较小，平均土壤侵蚀模数为2171 t/（km²·a）；第2类小流域土壤侵蚀强度较大，平均土壤侵蚀模数为2952 t/（km²·a）；第3类小流域土壤侵蚀强度居中，平均土壤侵蚀模数为2499 t/（km²·a），略小于所有39个小流域的平均水平；第4类小流域土壤侵蚀强度略小于第3类小流域，平均土壤侵蚀模数为2307 t/（km²·a）。总体上，4类小流域的平均土壤侵蚀强度反映出与林地分布的相互关系，即林地面积比例小、分布集中的小流域土壤侵蚀强度较大。

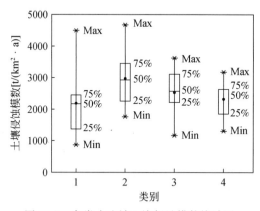

图13-3　各类小流域土壤侵蚀模数统计图

Fig. 13-3　Statistical boxdiagram of groups of watershed soil erosion modulus

13.3.2　小流域土壤侵蚀强度与林地分布的关系

　　为揭示小流域土壤侵蚀强度与林地分布的关系，将采用系统聚类在39个小流域中选出的 25 个林地植被覆盖度与林地坡位指数相当的小流域作为对象，重点分析小流域平均土壤侵蚀模数与其林地面积比例、林地斑块密度指数和林地斑块形状指数的相关性。结果表明，土壤侵蚀模数分别与林地面积比例和林地斑块形状指数在 0.05 水平上呈显著负相关。由此可见，在林地坡位指数一定时，土壤侵蚀模数随林地面积比例和林地斑块形状指数的增加而减小。

在此基础上，采用 SPSS 软件按 4 类和全部小流域再就土壤侵蚀模数与其对应的林地分布特征指数进行单因子相关性分析（表 13-3）。

表 13-3 各类流域土壤侵蚀模数与林地分布特征指数的相关分析
Table 13-3 Correlation analysis of various types of soil erosion modulus and forest spatial index

小流域类别	林地面积比例（％）	林地斑块密度指数（个/hm²）	林地斑块形状指数	林地植被覆盖度（％）	林地坡位指数
第 1 类	−0.325	−0.146	0.147	−0.568*	0.151
第 2 类	0.040	−0.473	−0.259	−0.274	−0.194
第 3 类	0.112	0.440	0.062	0.614	0.253
第 4 类	−0.367	−0.594	−0.361	−0.972**	−0.001
全部	−0.278	−0.181	−0.209	−0.325*	0.165

*双尾检查相关程度在 0.05 水平上显著；**双尾检查相关程度在 0.01 水平上显著。

结果表明，在林地分布特征指数中，仅林地植被覆盖度与土壤侵蚀模数存在显著负相关关系，且只出现在第 1 类、第 4 类和全部流域。由此可认为，小流域土壤侵蚀强度主要受林地植被覆盖度的影响，林地植被覆盖度对土壤侵蚀有抑制作用。

为了进一步探讨小流域土壤侵蚀模数和林地分布特征的定量关系，将各小流域土壤侵蚀模数与其林地分布特征指数进行多元相关性分析。其中，土壤侵蚀模数（y）为因变量，林地空间分布指数为自变量（林地面积比例为 x_1，林地斑块密度指数为 x_2，林地斑块形状指数为 x_3，林地植被覆盖度为 x_4，林地坡位指数为 x_5），所获得的回归方程为

$$y = 7449 - 1025x_1 - 3503x_2 - 1097x_3 - 43x_4 + 1433x_5 \ (R^2 = 0.333,\ F = 3.294,\ P = 0.016)$$

(13-4)

由回归方程可以看出，不同林地分布特征综合影响土壤侵蚀模数，其中，林地斑块密度指数、林地斑块形状指数、林地植被覆盖度和林地面积比例的增加将对土壤侵蚀发挥抑制作用，而林地坡位指数增加则将加剧土壤侵蚀，即相同面积的林地，其分布越靠近坡顶，减少水土流失的作用越弱。

比较图 13-2 中第 1 类、第 2 类、第 3 类小流域的各林地分布特征指标可知，第 2 类与第 1 类小流域相比，林地斑块形状指数、林地植被覆盖度和林地面积比例这 3 个土壤侵蚀的抑制性指标值较小，而土壤侵蚀的加剧性指标——林地坡位指数值较大；第 2 类与第 3 类小流域相比，林地斑块密度指数和林地面积比例 2 个土壤侵蚀抑制性指标值较大，而土壤侵蚀的加剧性指标——林地坡位指数值较小；第 2 类小流域的平均土壤侵蚀模数与第 1

类小流域相差 771 t/（km^2·a），大于同第 3 类小流域的差值 453 t/（km^2·a）。该结果与多元线性回归分析的结果一致，均在一定程度上反映了林地分布特征对流域土壤侵蚀的重要影响。

13.4　小　　结

1）在北洛河上游流域内的吴起县，基于 1% 比例均匀抽样选取的 39 个小流域，按照其林地分布特征大致可分为 4 种类型：第 1 类林地面积比例较大，平均约 45%，林地植被覆盖度居中，林地多分布在中下坡位；第 2 类林地面积比例较小，平均约 32%，林地植被覆盖度较小，林地多分布在中中坡位；第 3 类小流域，林地面积比例最小，平均约 20%，林地植被覆盖度最大，林地多分布在中上坡位；第 4 类林地面积比例最大，平均约 51%，林地植被覆盖度较小，林地多分布在中中坡位。各类小流域间的林地分布特征指标存在显著差异。

2）具有不同林地分布特征的 4 类小流域间，平均土壤侵蚀强度也存在差异，并与不同林地分布特征指标存在相关关系。其中，第 1 类、第 4 类及全部小流域的平均土壤侵蚀模数与其林地植被覆盖度存在显著的负相关关系（0.05 显著水平），而当林地植被盖度和林地坡位指数一定时，其平均土壤侵蚀模数则与林地面积比例和林地斑块形状指数存在显著的负相关关系（0.05 显著水平）。

3）小流域土壤侵蚀模数与其林地分布特征指数间的多元回归方程分析表明，不同林地分布特征指标综合影响土壤侵蚀，对本书所选取的各样本流域，大致可解释 1/3 的土壤侵蚀变化。其中，林地面积比例、林地斑块密度指数、林地斑块形状指数和林地植被覆盖度的增加将会抑制土壤侵蚀，而林地坡位指数的增加则会加剧土壤侵蚀，即相同面积的林地，其分布越靠近上坡，水土保持效果越弱。这可能是由于小流域内林草植被防治土壤侵蚀的作用除通过减少所覆盖坡面的降雨溅蚀和径流冲刷外，还通过拦截地表产流和产沙实现，而坡面径流需要一定坡长的汇集后才出现，且越向坡底理论汇流量越大，因此当植被越靠近坡顶时，由于尚未产生大量汇流，因此其拦截径流、产沙的作用难以发挥，故整体水土保持效果趋弱。

参 考 文 献

杜峰，程积民 . 1999. 植被与水土流失 . 四川草原，（2）：6-11.

李登科，卓静，孙智辉 . 2009. 基于 RS 和 GIS 的退耕还林生态建设工程成效监测 . 农业工程学报，24（12）：120-126.

李勉，姚文艺，陈江南，等 . 2005. 坡面草被覆盖对坡沟侵蚀产沙过程的影响 . 地理学报，60（5）：725-732.

刘灿然，陈灵芝 . 2000. 北京地区植被景观中斑块形状的指数分析 . 生态学报，20（4）：559-567.

马克明，傅伯杰 . 2000. 北京东灵山区景观类型空间邻接与分布规律 . 生态学报，20（5）：748-752.

汪亚峰，傅伯杰，陈利顶，等 . 2009. 黄土丘陵小流域土地利用变化的土壤侵蚀效应：基于^{137}Cs 示踪的定量评价 . 应用生态学报，20（7）：1571-1576.

王占礼. 2000. 中国土壤侵蚀影响因素及其危害分析. 农业工程学报, 16 (4): 32-36.

卫伟, 贾福岩, 陈利顶, 等. 2012. 黄土丘陵区坡面水蚀对降雨和下垫面微观格局的响应. 环境科学, 33 (8): 2674-2679.

徐宪立, 马克明, 傅伯杰, 等. 2006. 植被与水土流失关系研究进展. 生态学报, 26 (9): 3137-3143.

游珍, 李占斌, 蒋庆丰. 2005. 坡面植被分布对降雨侵蚀的影响研究. 泥沙研究, (6): 40-43.

张清春, 刘宝元. 2002. 植被与水土流失研究综述. 水土保持研究, 9 (4): 96-101.

章文波, 付金生. 2003. 不同类型雨量资料估算降雨侵蚀力. 资源科学, 25 (1): 35-41.

中华人民共和国水利部. 2008. 土壤侵蚀分类分级标准 (SL 190—2007). 北京: 中国水利水电出版社.

Bartley R, Corfield J P, Abbott B N, et al. 2010. Impacts of improved grazing land management on sediment yields, Part 1: hillslope processes. Journal of Hydrology, 389 (3/4): 237-248.

Boix-Fayos C, Martínez-Mena M, Arnau-Rosalén E, et al. 2006. Measuring soil erosion by field plots: understanding the sources of variation. Earth Science Reviews, 78 (3/4): 267-285.

Liu B Y, Zhang K L, Xie Y. 2002. An empirical soil loss equation. Proceedings 12th International Soil Conservation Organization Conference Vol. III. Beijing: Tsinghua University Press.

Rey F. 2004. Effectiveness of vegetation barriers for marly sediment trapping. Earth Surface Processes and Landforms, 29 (9): 1161-1169.

第 14 章 | 黄土高原大中流域侵蚀产沙对植被重建变化响应

为改善黄土高原生态环境、控制入黄泥沙，20 世纪 70 年代以来，国家在黄土高原开展了一系列水土保持生态建设，区内林草植被显著增加，土壤侵蚀明显降低，在近数十年黄河泥沙减少中发挥了重要作用。由此也使植被重建在黄河流域水沙变化中的具体贡献比例、植被变化流域生态水文响应等问题得到广泛关注。然而，林草植被对径流、输沙的影响随空间尺度变化，不同尺度间通常难以互推（徐宪立等，2006；郑明国等，2007）。目前针对坡面和小流域尺度的植被水沙调控能力与机制均有报道（王红闪等，2004；张晓明等，2005；Bi et al.，2009；Yu et al.，2010），但对于大中流域还多是单纯针对植被变化在年均尺度减水减沙效益的分析评价（王光谦等，2006；穆兴民等，2007；信忠保等，2009；高照良等，2013），有关大中流域植被变化水沙调控规律的研究少见报道。同时，在分析手段上，也未见将水文统计和模型模拟综合的研究报道，因此有关结果尚欠完整。为此，本书选择地处黄土高原腹地，近年开展大规模植被重建的典型大中流域——北洛河上游，基于水文气象、遥感影像、数字地形等多源数据资料，综合采用双累计曲线、Mann-Kendall 检验、统计回归等水文统计方法，以及 SWAT 模型和分布式统计模型等模型模拟手段，尝试更加全面地分析流域径流、输沙年际和年内的植被变化响应规律，以期为更加合理地开展黄土高原植被恢复建设提供支撑，促进区域生态改善和黄河泥沙治理。

14.1 基于水文统计的植被重建水沙调控效应

水文统计分析是评价气候和土地利用变化对径流、输沙等生态水文影响的基本手段，具有过程相对简单、结果相对准确等特点，一般包括回归分析、谱分析、傅里叶级数以及参数检验或者非参数检验等。为确定北洛河上游流域植被重建对径流、输沙的影响，本书在利用遥感解译获取土地利用变化信息的基础上，综合采用双累计曲线、Mann-Kendall 检验、统计回归等方法分析流域径流、输沙年际和年内的植被变化响应规律，尝试揭示黄土区大中流域尺度内的植被水沙调控机制。

14.1.1 基础数据与处理

(1) 气象数据

根据流域内外 8 个气象站逐日降雨资料（气象站分布见图 3-25），按月、年统计获得各站逐月和逐年降雨。同时，采用基于日降雨的侵蚀力模型（章文波和付金生，2003）计算各站逐年降雨侵蚀力：

$$M_i = \alpha \sum_{j=1}^{k} (D_j)^{\beta}$$
$$\beta = 0.8363 + 18.144 P_{d12}^{-1} + 24.455 P_{y12}^{-1}$$
$$\alpha = 21.586\beta^{-7.1891} \tag{14-1}$$

式中，M_i 为第 i 年降雨侵蚀力，MJ·mm/（hm²·h·a）；k 为一年内的天数，天；D_j 为年内第 j 日侵蚀性降雨量，mm；P_{d12} 为日均侵蚀性降雨量，mm/d；P_{y12} 为年均侵蚀性降雨量，mm/a，日雨量大于 12 mm 侵蚀性降雨标准保留，小于 12 mm 按 0 处理（谢云等，2000）；α 和 β 为参数。

基于 8 个气象站逐年、逐月降雨量以及逐年降雨侵蚀力，在 ArcGIS 软件中采用简单克里金插值获得流域 1980~2009 年对应时段面降雨量与面降雨侵蚀力。

（2）水文数据

径流、输沙采用流域卡口水文站（吴起站，108.17°E，36.92°N）1980~2009 年逐月观测数据，径流深和输沙模数按对应时段水文站径流量、输沙量与流域面积比计算；基流采用直线分割法，即以年内枯季最小 3 个月的月均流量为基准，在流量过程线上水平分割，直线下方为全年基流量。

（3）土地利用数据

植被重建驱动下的流域土地利用/覆被变化，首先根据流域所包含的吴起县和定边县林业、水利行业生态建设统计资料确定演变历程，再选择不同阶段典型代表年份的遥感影像解译获取，具体选取 1986 年和 2004 年 2 期 Landsat TM 数据，按之前所述的解译方法和标准，获取对应年份的土地利用信息，作为植被重建前、后的流域土地利用组成。

14.1.2 植被重建对流域水沙总量的调控效应

通过对流域 1980~2009 年水沙情势变化及其驱动因素的分析表明，2001~2009 年，大规模植被重建驱动下流域土地利用明显变化，导致流域径流、输沙在降雨及其侵蚀能力增加的气候背景下显著减少，这一时期为植被重建调控流域水沙的显著作用期。以 1980~1994 年为基准期，分别采用双累积曲线法、径流/输沙系数还原法和统计系列对比法（李子君等，2008；秦伟等，2010）计算植被重建对流域水沙的调控效应。

（1）双累积曲线法

$$B_{Q1} = \frac{Q_{c1} - Q_a}{Q_{c1}} \times 100\% \tag{14-2}$$

$$B_{S1} = \frac{S_{c1} - S_a}{S_{c1}} \times 100\% \tag{14-3}$$

式中，B_{Q1} 和 B_{S1} 分别为双累积曲线法计算的减水效应和减沙效应，%；Q_{c1} 和 Q_a 分别为双累积曲线计算的评价期年均径流量和实测的评价期年均径流量，万 m³；S_{c1} 和 S_a 分别为双累积曲线计算的评价期年均输沙量和实测的评价期年均输沙量，万 t。

(2) 径流/输沙系数还原法

$$B_{Q2} = \frac{Q_{c2} - Q_a}{Q_{c2}} \times 100\% \qquad (14\text{-}4)$$

$$B_{S2} = \frac{S_{c2} - S_a}{S_{c2}} \times 100\% \qquad (14\text{-}5)$$

$$Q_{c2} = \alpha P_b F \qquad (14\text{-}6)$$

$$\alpha = \frac{Q_s}{FP_s} \qquad (14\text{-}7)$$

$$S_{c2} = \beta R_b F \qquad (14\text{-}8)$$

$$\beta = \frac{S_s}{FR_s} \qquad (14\text{-}9)$$

式中，B_{Q2} 和 B_{S2} 分别为径流/输沙系数还原法计算的减水效应和减沙效应，%；Q_{c2} 为径流系数法计算的评价期年均径流量，万 m^3；S_{c2} 为输沙系数法计算的评价期年均输沙量，万 t；α 为基准期的流域径流系数，万 m^3/（$km^2 \cdot mm$）；β 为基准期的流域输沙系数，万 $t \cdot hm^2 \cdot h \cdot a$/（$km^2 \cdot MJ \cdot mm$）；$F$ 为流域面积，km^2；Q_s 为基准期实测年均径流量，万 m^3；S_s 为基准期实测年均输沙量，万 t；P_s 为基准期实测年均降水量，mm；P_b 为评价期实测年均降水量，mm；R_s 为基准期实测年均降雨侵蚀力量，$MJ \cdot mm$/（$hm^2 \cdot h \cdot a$）；R_b 为评价期实测年均降雨侵蚀力量，$MJ \cdot mm$/（$hm^2 \cdot h \cdot a$）。

(3) 统计系列对比法

$$B_{Q3} = \frac{Q_{c3} - Q_a}{Q_{c3}} \times 100\% \qquad (14\text{-}10)$$

$$B_{S2} = \frac{S_{c3} - S_a}{S_{c3}} \times 100\% \qquad (14\text{-}11)$$

式中，B_{Q3} 和 B_{S3} 分别为统计系列对比法计算的减水效应和减沙效应，%；Q_{c3} 为基准期实测年均径流量，万 m^3；S_{c3} 为基准期实测年均输沙量，万 t。

根据实测径流、输沙资料可知，1980~1994 年基准期内流域降雨-径流双累积曲线方程和降雨-输沙双累积方程分别为

$$Q' = 22.85P' - 7178 \ (R^2 = 0.98) \qquad (14\text{-}12)$$

$$S' = 8.17P' - 5511 \qquad (R^2 = 0.92) \qquad (14\text{-}13)$$

式中，Q' 为累积径流量，万 m^3；S' 为累积输沙量，万 t；P' 为累积降雨量，mm。

根据双累积曲线法、径流/输沙系数还原法和统计系列对比法所对应的计算公式，基于逐年降雨、降雨侵蚀力、径流和输沙，计算 2001~2009 年植被重建水沙调控效益（结果见表 14-1）。

表 14-1 不同方法计算流域 2001～2009 年植被重建水沙调控效应

Table 14-1 Regulation effects of runoff and sediment of vegetation restoration in the upper reaches of Beiluohe River basin calculated by different methods

指标	实测年均径流量（万 m³/a）	预测年均径流量（万 m³/a）	减水效应（%）	实测年均输沙量（万 t/a）	预测年均输沙量（万 t/a）	减沙效应（%）	平均含沙量（t/m³）
基准期（1980～1994 年）	10 066.1	—	—	3 918.1	—	—	0.39
双累积曲线法	6 361.9	9 889.7	36	1 017.1	3 536.1	71	—
径流/输沙系数还原法	6 361.9	10 374.8	39	1 017.1	4 540.5	78	—
统计系列对比法	6 361.9	6 361.9	37	1 017.1	1 017.1	71	0.16

结果表明，2001～2009 年，流域实测年均径流和输沙较基准期减少 3704.2 万 m³/a 和 2901 万 t/a，流域径流含沙量由 0.39 t/m³ 下降为 0.16 t/m³。统计系列对比法确定的减水、减沙效应为 37% 和 71%；双累积曲线法确定的减水、减沙效应为 36% 和 71%；径流/输沙系数还原法确定的减水、减沙效应为 39% 和 78%。

统计系列对比法针对基准期与评价期实测水沙进行对比，反映气候和下垫面综合作用引起的水沙变化幅度。双累积曲线法和径流/输沙系数还原法根据下垫面条件不变时，实际气候条件对应的径流和输沙与实测水沙的差异推求其变化幅度，单独反映植被重建的水沙调控效应，通常在气候变化具有增加径流、输沙作用时，计算结果大于统计系列对比法的计算结果。同时，双累积曲线法通过变量累加，消除极端气候影响，在气候指标与径流、输沙间建立相对稳定的相关关系，以此为计算依据；径流/输沙系数还原法则以一定流域内，单位降雨产流率和单位降雨侵蚀产沙率相对稳定为计算依据。本书中 3 种方法计算的减水、减沙效应比较接近，相互印证，反映了计算结果的可靠性。最终，选用双累积曲线计算结果分析减水、减沙效应，即减水、减沙效应分别为 36% 和 71%，表明在实际降雨状况下，与基准期下垫面条件下的流域径流和输沙量相比，受植被重建影响，2001～2009 年水沙显著减少，径流和输沙各累计减少 3.2 亿 m³ 和 2.3 亿 t，相当于年均减少径流深 10 mm，减少输沙模数 0.7 万 t/km²，对于流域范围而言，植被重建的单位减沙耗水量为 1.4 m³/t（秦伟等，2014）。

同时，由土地利用变化分析可知，流域植被重建后新增林地 1293 km²，是减少侵蚀、产沙的主要土地利用变化类型，据此推算获得考虑气候变化背景的植被重建单位面积年均减水、减沙能力约 275 m³/hm² 和 198 t/hm²。减水、减沙能力接近是由于该区属多沙、粗沙区，径流多为高含沙水流且以粗沙为主。同时，流域内，一定面积的植被斑块，总是作为特定水文路径的段落，其水沙调控效应不仅是对覆盖区域土壤侵蚀的直接控制，也通过改变所在水文路径上的产流、产沙，进而影响流域径流、输沙。黄土高原地区，坡面与沟道间的水沙关系正是其集中体现。因此，对流域尺度而言，植被的单位面积减水、减沙能力显著大于通常在坡面小区尺度所获得的观测结果。

14.1.3　植被重建对流域年际水沙的调控效应

植被变化的水沙调控效应在年际间受降雨影响，表现为不同降雨年份的响应幅度差异。为此，采用 DPS9.5 软件，根据流域逐年降雨绘制 P–Ⅲ型频率曲线，以频率 25% 和 75% 分别为降雨丰、枯年份划分界限，确定流域 1980～2009 年降雨丰、平、枯等级及类型，分类对比植被重建效应期和基准期的水沙变化（降雨频率分析如图 14-1 所示）。

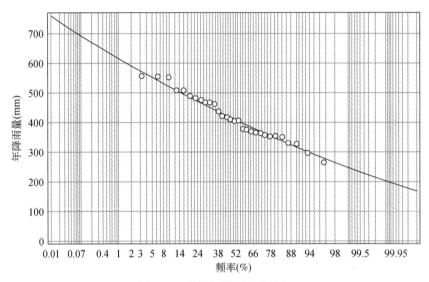

图 14-1　流域年降雨频率分布

Fig. 14-1　Rainfall frequency distribution of the upper reaches of Beiluohe River basin

根据流域年降雨 P–Ⅲ频率曲线（图 14-1），确定出流域丰水年和枯水年的雨量标准分别为大于 460 mm 和小于 360 mm，在 360～460 mm 为平水年。据此判定流域 1980～2009 年的降雨状况，并按丰、平、枯 3 类降雨年份，统计对比基准期和效应期的水沙变化（表 14-2）。

表 14-2　流域不同降雨年份降雨、径流与输沙比较

Table 14-2　Comparison of rainfall, runoff and sediment in deferent rainfall levels in the upper reaches of Beiluohe River basin

时段	样本数	输沙模数 （t/km^2）	平均降雨 （mm）	平均径流深 （mm）	平均基流深 （mm）	平均地表径流深 （mm）
1980～1994 年	4	26 384.9	513.3	50.1	7.1	43.0
2001～2009 年	4	4 950.2	518.6	23.3	6.0	17.3
变化幅度（%）	—	−81	1	−54	−16	−60
1980～1994 年	7	6 941.5	414.1	23.6	6.5	17.1

续表

时段	样本数	输沙模数 （t/km^{-2}）	平均降雨 （mm）	平均径流深 （mm）	平均基流深 （mm）	平均地表径流深 （mm）
2001～2009 年	2	451.1	390.6	14.1	6.1	8.0
变化幅度（%）	—	-94	-6	-40	-6	-53
1980～1994 年	4	4 372.3	310.4	18.9	6.8	12.1
2001～2009 年	3	2 009.2	346.6	15.3	4.8	10.5
变化幅度（%）	—	-54	12	-19	-29	-13

结果表明，丰水年和枯水年效应期降雨较基准期均有所增加，径流、输沙却均有减少；平水年效应期降雨较基准期减少 6%，但径流和输沙均大幅减少，其中输沙模数减少 94%、径流深减少 40%。因此，可以确定植被重建后，流域产流、输沙在不同降雨年份均有下降。同时，不同降雨年份间，产流、输沙减少程度大致呈丰水年＞平水年＞枯水年，由此表明植被重建对流域水沙的调控受降雨影响显著，降雨越大调控效应越强。除此以外，植被重建的径流调控效应对于地表径流和基流存在差异。具体而言，植被重建后的地表径流和基流在不同年份均有所减少，但地表径流减少强于基流，且这种差异随降雨同步增大，也就是说植被重建减少基流的能力相对有限，在 1%～3%，而降雨增加后径流减少主要通过减少地表径流实现。

14.1.4 植被重建对流域年内水沙的调控效应

流域径流、输沙年内分布不均，月际间受降雨量和降雨强度等因素影响，导致植被重建年内不同时期的水沙调控效益变化。为此，按植被重建前后，汛期（5～10 月）和非汛期（1～4 月和 11～12 月）分析植被重建对流域年内水沙的调控效应。为消除极值影响，以各月平均输沙、径流进行回归分析。由于，非汛期输沙仅占全年总输沙的 1%，且 1995 年后，流域 1～3 月及 11～12 月实测输沙为 0。因此，仅分析汛期输沙变化。

14.1.4.1 汛期和非汛期径流变化响应

图 14-2 显示，植被重建后汛期月径流–降雨趋势线斜率变缓，表明同等降雨条件下流域产流能力较植被重建前降低，且随降雨量增加，前后期相差越大，而当月降雨量小于 25 mm 时，两个时期的月际降雨产流能力相当，即植被重建对流域汛期月际径流的调控能力需在降雨量大于一定临界等级时方显著表现，且随降雨增加而增强。按植被重建前的径流–降雨关系和植被重建后的实际月均降雨计算理论径流，并与同期实际径流对比可确定，植被重建后平均减少汛期月际径流 33%。

植被重建前后，非汛期月径流–降雨趋势线斜率略小于植被重建前，表明植被重建可减少流域非汛期月际径流，但影响不显著。两线在月降雨量 16 mm 时相交，且之后随降雨增加植被重建后的月径流较植被重建前增加。这符合有些研究（Hao et al.，2004）提出的植被增加，流域产流增加的观点，但具体原因尚待进一步分析。

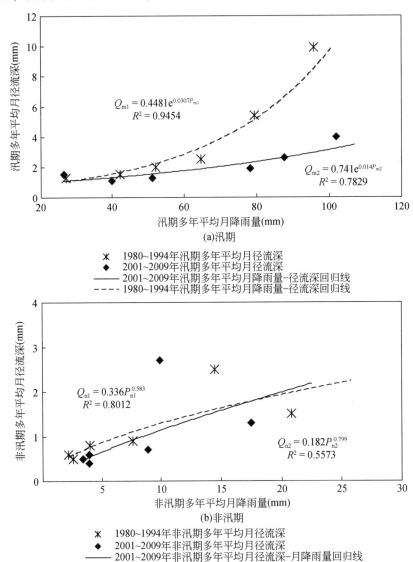

图 14-2　流域植被重建前后多年平均月降雨-径流关系

Fig. 14-2　The relationship between average monthly rainfall and average monthly runoff before and after vegetation restoration in the upper reaches of Beiluohe River basin

14.1.4.2　汛期输沙变化响应

图 14-3 显示植被重建后汛期月输沙-降雨趋势线斜率变缓，表明同等降雨条件下流域产沙能力较植被重建前降低，且随降雨量增加，前后期相差越大，而当降雨量小于 25 mm 时，两个时期的月际降雨输沙能力相当，即植被重建对流域汛期月际输沙的调控能力需在降雨量大于一定临界等级时方显著表现，且随降雨增加而增强。按植被重建前的输沙-降

雨关系和植被重建后的实际月均降雨计算理论输沙，并与同期实际输沙对比可确定，植被重建平均减少汛期月际输沙 67%。

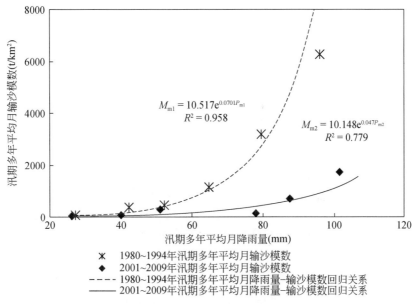

图 14-3　流域植被重建前后汛期多年平均月输沙模数-月降雨关系

Fig. 14-3　The relationship between average monthly sediment yield and average monthly rainfall in the flood season before and after vegetation restoration in the upper reaches of Beiluohe River basin

14.2　基于 SWAT 模型模拟的植被重建水沙调控效应

水文模型模拟是研究流域植被重建水沙响应的有效手段。不仅能够与传统水文统计分析相互对比印证，还能反映流域水沙过程对植被重建的变化响应。为此，本书采用之前经参数率定和模拟检验的 SWAT 模型，根据之前流域土地利用及水沙情势变化分析，以及 SWAT 模型在年际尺度的检验效果，在整个研究期内选择 1983～1992 年和 2002～2009 年作为植被重建前、后的典型时段进行侵蚀产沙模拟，通过模拟不同土地利用和降雨条件下的流域径流、输沙变化，确定植被重建的水沙调控效应。

14.2.1　基于 SWAT 模型模拟的植被重建减水效应

模型径流模拟结果显示（表 14-3），植被重建前、后，按实际土地利用和降雨情景的 SWAT 模型模拟年均径流量分别为 $9.31×10^7$ m³ 和 $6.43×10^7$ m³，与实测年均径流量 $9.43×10^7$ m³ 和 $5.85×10^7$ m³ 的相对误差为 1% 和 0.3%，年均尺度上径流模拟结果与实测结果十分接近，可用于进行减水效应分析。

表 14-3　基于 SWAT 模型模拟的植被重建减水效应

Table 14-3　The water reduce effects of vegetation restoration simulated by SWAT

时段	Q_a（m^3）	Q_{c1986}（m^3）	Q_{c2004}（m^3）	年均减水效应（%）				
				$Q_{c2004}-Q_{c1986}$	$Q_{c1986}-Q_{c2004}$	$Q_{c2004}-Q_a$	$Q_{c1986}-Q_a$	均值
植被重建前	9.43×10^7	9.31×10^7	8.42×10^7	10	—	11	—	11
植被重建后	5.85×10^7	6.45×10^7	5.87×10^7	—	10	—	10	10

注：Q_a 为对应时段实测年均径流量；Q_{c1986} 为对应时段 1986 年土地利用情景下的 SWAT 模型模拟年均产流量；Q_{c2004} 为对应时段 2004 年土地利用情景下的 SWAT 模型模拟年均产流量；$Q_{c2004}-Q_{c1986}$ 为对应时段 2004 年土地利用情景下 SWAT 模型模拟年均产流量较 1986 年土地利用情景下 SWAT 模型模拟年均产流量的变化率；$Q_{c1986}-Q_{c2004}$ 为 1986 年土地利用情景下 SWAT 模型模拟年均产流量较 2004 年土地利用情景下 SWAT 模型模拟年均产流量的变化率；$Q_{c2004}-Q_a$ 为对应时段 2004 年土地利用情景下 SWAT 模型模拟年均产流量较实测年均径流量的变化率；$Q_{c1986}-Q_a$ 为对应时段 1986 年土地利用情景下 SWAT 模型模拟年均产流量较实测年均径流量的变化率。

对于植被重建前，该时段实际降雨和植被重建后的土地利用情景下的 SWAT 模型模拟年均径流量与实测年均径流相比，减少 11%，即植被重建在这一时期的降雨条件下可产生的年均减水效应为 11%。考虑到模型模拟本身的误差，将该时段实际降雨和植被重建前、后的两个土地利用情景下 SWAT 模型模拟年均径流量进行比较，则植被重建年均减水效应为 10%，平均值为 11%；同理，对于植被重建后，两种方式确定的植被重建年均减水效应均为 10%，平均值为 10%，明显小于之前通过水文统计分析（双累积曲线法）确定的年均减水效应 36%。两种方法评价结果的差异：一方面受分析时段不一致影响；另一方面也由模型模拟误差所致。

14.2.2　基于 SWAT 模型模拟的植被重建减沙效应

模型输沙模拟结果显示（表 14-4），植被重建前、后，按实际土地利用和降雨情景的 SWAT 模型模拟年均输沙量分别为 3.28×10^7 t 和 7.59×10^6 t，与实测年均输沙量 3.27×10^7 t 和 7.14×10^6 t 的相对误差为 0.3% 和 6%，年均尺度上输沙模拟结果与实测结果十分接近，可用于进行减沙效应分析。

表 14-4　基于 SWAT 模型模拟的植被重建减沙效应

Table 14-4　The sediment reduce effects of vegetation restoration simulated by SWAT

时段	S_a（t）	S_{c1986}（t）	S_{c2004}（t）	年均减沙效应（%）				
				$S_{c2004}-S_{c1986}$	$S_{c1986}-S_{c2004}$	$S_{c2004}-S_a$	$S_{c1986}-S_a$	均值
植被重建前	3.27×10^7	3.28×10^7	1.44×10^7	56	—	56	—	56
植被重建后	7.14×10^6	1.36×10^7	7.59×10^6	—	82	—	81	82

注：S_a 为对应时段实测年均输沙量；S_{c1986} 为对应时段 1986 年土地利用情景下的 SWAT 模型模拟年均产沙量；S_{c2004} 为对应时段 2004 年土地利用情景下的 SWAT 模型模拟年均产沙量；$S_{c2004}-S_{c1986}$ 为对应时段 2004 年土地利用情景下 SWAT 模型模拟年均产沙量较 1986 年土地利用情景下 SWAT 模型模拟年均产沙量的变化率；$S_{c1986}-S_{c2004}$ 为 1986 年土地利用情景下 SWAT 模型模拟年均产沙量较 2004 年土地利用情景下 SWAT 模型模拟年均产沙量的变化率；$S_{c2004}-S_a$ 为对应时段 2004 年土地利用情景下 SWAT 模型模拟年均产沙量较实测年均输沙量的变化率；$S_{c1986}-S_a$ 为对应时段 1986 年土地利用情景下 SWAT 模型模拟年均产沙量较实测年均输沙量的变化率。

对于植被重建前，该时段实际降雨和植被重建后的土地利用情景下的 SWAT 模型模拟年均输沙量与实测年均输沙相比，减少 56%，即植被重建在这一时期的降雨条件下可产生的年均减沙效应为 56%。考虑到模型模拟本身的误差，将该时段实际降雨和植被重建前、后的两个土地利用情景下 SWAT 模型模拟年均输沙量进行比较，则植被重建年均减沙效应为 56%，平均值为 56%；同理，对于植被重建后，两种方式确定的植被重建年均减沙效应分别为 81% 和 82%，平均值为 82%，略大于之前通过水文统计分析（双累积曲线法）确定的年均减沙效应 71%。两种方法评价结果的差异：一方面受分析时段不一致影响；另一方面也由模型模拟误差所致。

14.3　基于分布式统计模型模拟的植被重建水沙调控效应

为了更清晰地描述侵蚀产沙动力机制与过程，物理模型通常需要输入大量参数，而这些参数在大中流域或区域尺度往往难以准确、便捷地获取，从而限制了物理模型的应用。而植被变化对流域径流、输沙的影响，除表现为改变流域出口水沙来量与时间分布外，还表现在改变流域内的侵蚀产沙空间分布。为此，本书采用之前集成构建的黄土区大中流域侵蚀产沙分布式统计模型，根据之前流域土地利用及水沙情势变化分析，在整个研究期内选择 1980～1994 年和 2001～2004 年作为植被重建前、后的典型时段进行侵蚀产沙模拟，并将结果与地形地貌和土地利用等下垫面信息综合分析，以确定植被重建对流域不同地貌单元、不同土地利用类型的侵蚀产沙分布，以及侵蚀空间分异及其影响因素所带来的变化，从而更加全面、深入地揭示流域侵蚀产沙对植被重建的变化响应机制。

14.3.1　不同地貌单元侵蚀产沙分布对植被重建变化响应

14.3.1.1　沟间地侵蚀特征分析

在 ArcGIS 中，采用空间分析栅格运算将 RUSLE 各因子叠加，并以划分的沟间地侵蚀单元边界为掩膜进行裁切，获得沟间地单元土壤侵蚀空间分布。根据国家《土壤侵蚀分类分级标准》（中华人民共和国水利部，2008）划分等级，最终获得植被重建前、后的流域沟间地多年平均土壤侵蚀强度空间分布（图 14-4 和图 14-5），对其面积、强度等属性进行统计分析（表 14-5）。

结果表明，植被重建前、后，流域沟间地多年平均土壤侵蚀强度分别为 5770 t/（km² · a）和 1438 t/（km² · a），分属强度等级和轻度等级，不同等级的土壤侵蚀面积显著变化，沟间地土壤侵蚀强度总体下降 75%。植被重建前，流域 49% 的沟间地存在强度以上土壤侵蚀，轻度以下的土壤侵蚀面积占 31%；植被重建后，强度以上土壤侵蚀的沟间地面积大幅减少，仅占流域沟间地的 12%，而轻度以下的土壤侵蚀面积则增至 81%。

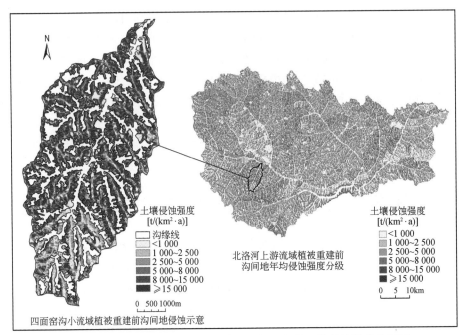

图 14-4　北洛河上游流域植被重建前沟间地年均土壤侵蚀强度分级图

Fig. 14-4　The classification of average annual soil erosion intensity in inter-gully unit of the upper
reaches of Beiluohe River basin before vegetation restoration

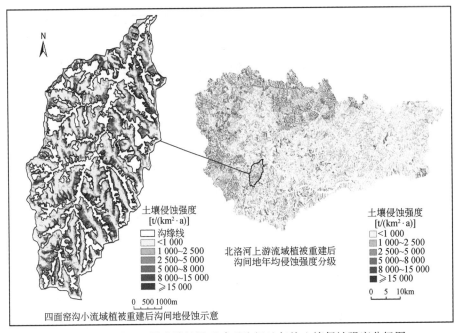

图 14-5　北洛河上游流域植被重建后沟间地年均土壤侵蚀强度分级图

Fig. 14-5　The classification of average annual soil erosion intensity in inter-gully unit of the upper
reaches of Beiluohe River basin after vegetation restoration

表 14-5　北洛河上游流域沟间地土壤侵蚀强度变化

表 14-5　北洛河上游流域沟间地土壤侵蚀强度变化

Table 14-5　The change of soil erosion intensity in inter-gully unit of the upper reaches of Beiluohe River basin

时段	侵蚀强度 [t/(km² · a)]	微度 <1 000	轻度 1 000~2 500	中度 2 500~5 000	强度 5 000~8 000	极强 8 000~15 000	剧烈 ≥15 000	平均侵蚀强度 [t/(km² · a)]
植被重 建前	面积（km²）	356.05	360.47	480.49	395.22	478.06	268.45	5 770.46
	比例（%）	15.22	15.41	20.54	16.91	20.44	11.48	
植被重 建后	面积（km²）	1 558.44	335.37	169.89	86.24	106.88	81.92	1 437.93
	比例（%）	66.64	14.34	7.26	3.69	4.57	3.5	

14.3.1.2　沟谷地侵蚀特征分析

依照之前所述的改造沟坡侵蚀模型参数获取方法，运用 ArcGIS 空间分析和水文模块，并结合 C 语言编程，获取模型参数，并以划分的沟谷地侵蚀单元边界为掩膜进行裁切，获得沟谷地单元土壤侵蚀空间分布。根据国家土壤侵蚀分类分级标准（中华人民共和国水利部，2008）划分等级，最终获得植被重建前后、后的流域沟谷地多年平均土壤侵蚀强度空间分布（图 14-6 和图 14-7），对其面积、强度等属性进行统计分析（表 14-6）。

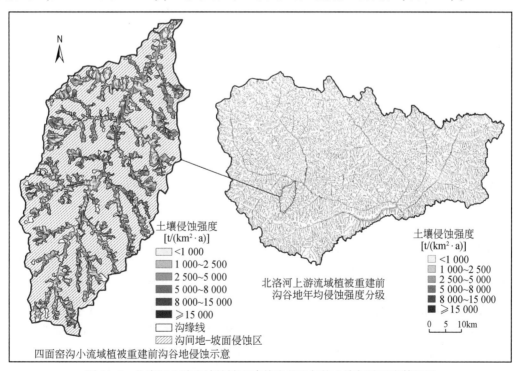

图 14-6　北洛河上游流域植被重建前沟谷地年均土壤侵蚀强度等级图

Fig. 14-6　The classification of average annual soil erosion intensity in gully bank unit of the upper reaches of Beiluohe River basin before vegetation restoration

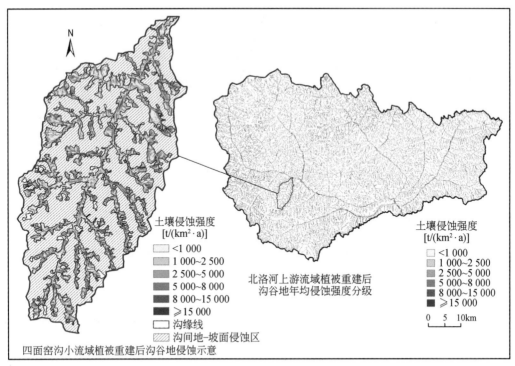

图 14-7　北洛河上游流域植被重建后沟谷地年均土壤侵蚀强度等级图

Fig. 14-7　The classification of average annual soil erosion intensity in gully bank unit of the
upper reaches of Beiluohe River basin after vegetation restoration

表 14-6　北洛河上游流域沟谷地侵蚀强度变化

Table 14-6　The change of soil erosion intensity in gully bank unit of the upper reaches
of Beiluohe River basin

时段	侵蚀强度 [t/(km²·a)]	微度 <1 000	轻度 1 000~2 500	中度 2 500~5 000	强度 5 000~8 000	极强 8 000~15 000	剧烈 ≥15 000	平均侵蚀强度 [t/(km²·a)]
植被重建前	面积（km²）	315.21	217.84	196.96	102.22	81.88	144.47	28 093.92
	比例（%）	29.78	20.58	18.6	9.66	7.73	13.65	
植被重建后	面积（km²）	399.27	224.81	162.56	80.01	68.53	123.4	16 196.91
	比例（%）	37.72	21.24	15.35	7.56	6.47	11.66	

　　结果表明，植被重建前、后，流域沟谷地多年平均土壤侵蚀强度分别为 28 093.92 t/
（km²·a）和 16 196.91 t/（km²·a），均属剧烈侵蚀等级，沟谷地土壤侵蚀强度总体下降
42%。植被重建前，流域 31% 的沟谷地存在强度以上土壤侵蚀，轻度以下的土壤侵蚀面积
占 50%；植被重建后，强度以上土壤侵蚀的沟谷地面积大幅减少，仅占流域沟谷地的
26%，而轻度以下的土壤侵蚀面积增至 59%。

　　总体上，植被重建后的沟谷地与沟间地土壤侵蚀强度均较植被重建前大幅降低。但与沟间地不同,虽然植被重建前、后沟谷地平均侵蚀强度均较高,但侵蚀强度大于 5000 t/(km²·a) 的面积则相对较少,两个时期均未超过 50%,表明沟谷地侵蚀强度空间分异显著,不足一半特殊地貌部位的侵蚀强度十分剧烈,而一半以上地貌部位的土壤侵蚀并不严重。这主要是因为沟谷地坡度较大,通常超过坡面侵蚀的临界坡度,其承雨面积较沟间地坡面减少,但更易形成股流对局部集中冲刷。同时,来自沟间地的坡面汇流越过沟缘线到达沟坡地时,往往对局部造成剧烈冲刷,形成冲沟和切沟的沟头。因此,沟谷地侵蚀强度分布表现为遭受剧烈冲刷的部位侵蚀严重,而未遭受冲刷的部位侵蚀不严重。

14.3.1.3 植被重建前后沟间地与沟谷地侵蚀产沙对比

为进一步确定不同地貌单元侵蚀产沙对植被重建的变化响应,在 ArcGIS 中,利用分析工具裁切功能,基于沟缘线获得流域植被重建前、后的沟间地侵蚀区和沟谷地侵蚀区植被信息(表 14-7),并统计植被重建前、后不同侵蚀地貌单元及流域的侵蚀、产沙(表 14-8)。

表 14-7 北洛河上游流域植被重建前、后沟间地与沟谷地植被变化

Table 14-7 The vegetation change of inter-gully unit and gully bank unit of the upper reaches of Beiluohe River basin before and after vegetation restoration

土地利用类型		有林地		疏林地		灌木林地		草地		植被	
		沟间地	沟谷地	沟间地	沟谷地	沟间地	沟谷地	沟间地	沟谷地	沟间地	沟谷地
植被重建前	面积(km²)	1.28	0.69	34.37	22.76	51.82	31.59	1116.76	683.91	1204.23	738.95
	比例(%)	0.05	0.06	1.47	2.10	2.22	2.91	47.75	62.99	51.49	68.06
植被重建后	面积(km²)	89.21	85.87	414.47	185.94	448.51	211.56	801.03	392.19	1753.22	875.56
	比例(%)	3.81	7.91	17.72	17.13	19.19	19.49	34.25	36.12	74.97	80.65
变化情况	面积(km²)	87.93	85.18	380.1	163.18	396.69	179.97	-315.73	-291.72	548.99	136.61
	比例(%)	3.76	7.85	16.25	15.03	16.97	16.58	-13.5	-26.87	23.48	12.59

表 14-8 北洛河上游流域植被重建前、后的侵蚀产沙强度变化

Table 14-8 The change of soil erosion intensity and sediment yield in the upper reaches of Beiluohe River basin before and after vegetation restoration

时段	沟间地年均侵蚀强度 [t/(km²·a)]	沟谷地年均侵蚀强度 [t/(km²·a)]	流域年均侵蚀强度 [t/(km²·a)]	沟间地年均产沙量(万 t/a)	沟间地年均产沙比例(%)	沟谷地年均产沙量(万 t/a)	沟谷地年均产沙比例(%)	流域年均产沙量(万 t/a)
植被重建前	5 770.46	28 093.92	12 652.06	1 308.81	33.59	2 588.18	66.41	3 896.99
植被重建后	1 437.93	16 196.91	6 036.72	322.46	17.96	1 473.04	82.04	1 795.50
变化量	-4 332.53	-11 897	-6 615.34	-986.35	-15.63	-1 115.14	15.63	-2 101.49
变化率(%)	-75.08	-42.35	-52.29	-75.36	-46.53	-43.09	23.54	-53.93

结果表明，大规模植被重建后，流域不同类型的植被数量显著增加，林草植被面积和覆盖率分别由 1943 km² 和 57% 增加为 2629 km² 和 77%。其中，包括有林地、疏林地和灌木林地的林地面积和森林覆盖率则分别由 143 km² 和 4% 增加为 1436 km² 和 42%；草地由于大面积转变为林地和其他用地类型，面积和覆盖率分别由 1801 km² 和 53% 减少为 1193 km² 和 35%。由于植被覆盖增加，在降雨和降雨侵蚀力明显增加而具有加剧侵蚀、产沙的气候背景下，流域侵蚀强度由 12 652.06 t/（km²·a）下降为 6036.72 t/（km²·a），侵蚀强度等级由极强度下降为强度。与侵蚀强度变化一致，产沙强度由 3896.99 万 t/a 减少为 1795.50 万 t/a。

由于沟间地和沟谷地的侵蚀特征及植被变化存在差异，因此两个侵蚀单元的侵蚀、产沙对植被重建的变化响应不同。其中，沟间地侵蚀、产沙强度分别由 5770.46 t/（km²·a）和 1308.81 万 t/a 减少为 1437.93 t/（km²·a）和 322.46 万 t/a；沟谷地侵蚀、产沙强度分别由 28 093.92 t/（km²·a）和 2588.18 万 t/a 下降为 16 196.91 t/（km²·a）和 1473.04 万 t/a。从植被变化情况看，沟间地植被面积由 1204 km² 增加为 1753 km²，植被覆盖率由 51% 提高为 75%；沟谷地植被面积由 739 km² 增加为 876 km²，植被覆盖率由 68% 提高为 81%。可以看出，植被增加主要分布于流域沟间地，造成该地貌单元侵蚀、产沙强度明显下降；沟谷地侵蚀、产沙主要受上坡来水、来沙影响，上坡沟间地植被增加后，产流、产沙减少，加之区内植被增加，共同造成区内侵蚀、产沙强度下降。

具体而言，沟间地植被变化中，有林地、疏林地和灌木林地分别增加 88 km²、380 km² 和 397 km²，累计增加林地 865 km²，其余为草地减少，林地增加成为导致侵蚀、产沙减少的主要植被变化形式。沟谷地植被变化中，有林地、疏林地和灌木林地分别增加 85 km²、163 km² 和 180 km²，林地面积累计增加 428 km²。相比之下，沟谷地植被变化规模小于沟间地。同时，沟谷地侵蚀主要受上坡来水、来沙影响，即使植被覆盖较好，若降雨过程中上坡来水、来沙较大，其侵蚀、产沙依然较强。因此，总体上，沟谷地侵蚀、产沙下降幅度低于沟间地，分别为 42% 和 43%。沟间地与沟谷地侵蚀、产沙减幅差异，使流域坡–沟侵蚀、产沙分布发生较大变化，坡–沟产沙比例由大规模植被重建前的 1∶2 变化为 1∶5，植被重建后沟谷地对流域产沙的贡献比例显著增强，成为最主要的侵蚀、产沙源。除此以外，两个时期，沟、坡产沙占流域总产沙的比例均介于唐克丽（2004）通过多年实测资料分析确定的比例范围，即沟间地侵蚀产沙占总侵蚀产沙的 17.8%~47.6%，沟谷地侵蚀产沙占总侵蚀产沙的 52.4%~82.2%，从而在一定程度上反映了模型模拟结果空间分布的合理性。

14.3.2 不同土地利用类型侵蚀产沙对植被重建变化响应

大规模植被重建驱动下流域土地利用结构与格局显著变化，造成区内侵蚀、产沙在不同土地利用类型和不同空间位置的分布改变。在 ArcGIS 中，将不同时段流域侵蚀、产沙与对应时段土地利用叠加分析，获得植被重建前、后流域不同土地利用类型（除水域外）侵蚀、产沙信息（表 14-9），用于分析流域不同土地利用类型侵蚀产沙对植被重建的变化响应。

表 14-9　流域植被重建前、后不同土地利用类型侵蚀产沙变化

Table 14-9　The soil erosion and sediment yield change of different land-use types in the upper reaches of Beiluohe River basin before and after vegetation restoration

时段	土地利用类型	耕地	草地	林地	建设用地	滩地
植被重建前	面积（km²）	1465.30	1800.67	142.52	1.98	7.18
	占流域面积比（%）	42.79	52.58	4.16	0.06	0.21
	年均侵蚀强度［万 t/（km²·a）］	0.98	1.57	0.39	2.46	1.09
	年均产沙强度（万 t/a）	1381.65	2457.19	45.89	4.62	7.64
	年均产沙比例（%）	35.45	63.05	1.18	0.12	0.2
植被重建后	面积（km²）	774.21	1193.23	1435.56	11.00	6.35
	占流域面积比（%）	22.61	34.84	41.92	0.32	0.19
	年均侵蚀强度［万 t/（km²·a）］	0.40	1.23	0.16	3.17	1.98
	年均产沙强度（万 t/a）	275.21	1315.56	176.93	15.83	11.97
	年均产沙比例（%）	15.33	73.27	9.85	0.88	0.67

　　结果表明，植被重建改变了流域土地利用结构和格局，使不同土地利用类型的侵蚀、产沙强度发生变化。与植被重建前相比，植被重建后，林地、草地和耕地作为流域主要土地利用类型，侵蚀、产沙强度均明显下降。其中，林地由于疏林地和灌木林地面积大幅增长而使产沙总量增加，相对于原有少量有林地而言产沙强度提高；草地和耕地的产沙强度与侵蚀强度均明显下降。除此以外，建设用地和滩地面积增大，且同期降雨侵蚀力增长而表现为侵蚀、产沙强度明显提高。总体而言，植被重建后不仅流域平均侵蚀、产沙强度明显下降，且侵蚀、产沙在不同土地利用类型中的分布也显著改变。植被重建前，草地和耕地是流域土地利用绝对主体，面积分别占流域总面积的 52.28% 和 42.79%，侵蚀强度较高，分别达 1.57 万 t/（km²·a）和 0.98 万 t/（km²·a），成为流域主要产沙源，产沙量分别占流域总产沙的 63.05% 和 35.45%；植被重建后，林地、草地和耕地成为流域主要土地利用类型，分别占流域总面积的 41.92%、34.84% 和 22.61%。其中，除草地侵蚀强度为 1.23 万 t/（km²·a），仍属极强度等级外，林地和耕地的侵蚀强度仅 0.16 万 t/（km²·a）和 0.40 万 t/（km²·a），分别由中度和极强度下降为轻度和中度。但由于面积较大，且主要分布于沟谷地，草地仍是目前流域最主要的产沙源，产沙量占流域总产沙的 73.27%。

14.3.3　侵蚀空间分异及其影响因素对植被重建变化响应

　　土壤侵蚀受降雨、地形及土地利用/覆被等因素综合影响，且不同因素在决定侵蚀时空变化过程中，具有不同的影响程度。通过分析植被重建前、后不同环境因素对流域侵蚀空间分布变化的贡献，能在一定程度上反映植被重建影响流域侵蚀产沙的作用机制。

　　流域是形成径流、输沙的基本地貌单元，是反映不同环境因素综合影响侵蚀产沙的理

想空间体。针对之前进行的子流域划分，在集水面内仅存在一个水沙出口的独立子流域中选取 20 个独立子流域用于分析土壤侵蚀空间分布，另选取 10 个独立子流域用于检验分析结果。由于所选子流域面积均小于 45 km²，且大多在 10～40 km²，同属小尺度流域，因此不考虑流域面积变化所带来的尺度效应。为尽可能客观地反映流域土壤侵蚀空间分布特征，所有小流域随机选取，并保证在大流域内均匀分布（图 14-8）。

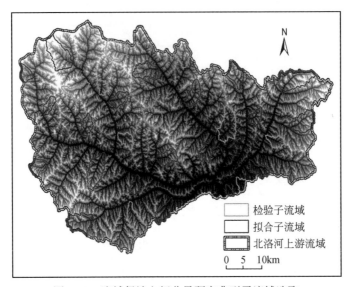

图 14-8　流域侵蚀空间分异研究典型子流域选取

Fig. 14-8　Selection of sub-basins for spatial analysis of erosion and sediment

在 ArcGIS 中，采用空间分析模块将流域坡度等级、坡-沟侵蚀单元分区、不同时期土地利用、年均降雨和侵蚀强度分布等专题图层分别与子流域叠加，提取子流域平均土壤侵蚀强度、平均坡度、坡-沟比例、植被覆盖率、森林覆盖率和年均降雨量等环境影响因素。然后，运用皮尔逊积差相关系数对不同时段子流域平均土壤侵蚀强度及其环境影响因素进行相关分析（表 14-10 和表 14-11）。

表 14-10　植被重建前子流域平均侵蚀强度与环境因素相关系数

Table 14-10　The correlation coefficient matrix of sub-basin average soil erosion intensity and environmental factors before vegetation restoration

指标	平均侵蚀强度	平均坡度	坡-沟比例	植被覆盖率	森林覆盖率	年均降雨量
平均侵蚀强度	1.00					
平均坡度	0.67*	1.00				
坡-沟比例	-0.62*	-0.65*	1.00			
植被覆盖率	-0.57*	-0.22	-0.62*	1.00		
森林覆盖率	-0.42	-0.17	0.35	0.41	1.00	
年均降雨量	0.78**	0.65*	-0.51	0.71**	0.41	1.00

　　* $\alpha=0.1$；　** $\alpha=0.01$。

表 14-11 植被重建后子流域平均侵蚀强度与环境因素相关系数

Table 14-11 The correlation coefficient matrix of sub-basin average soil erosion intensity and
environmental factors after vegetation restoration

指标	平均侵蚀强度	平均坡度	坡-沟比例	植被覆盖率	森林覆盖率	年均降雨量
平均侵蚀强度	1.00					
平均坡度	0.36	1.00				
坡-沟比例	0.61*	-0.65*	1.00			
植被覆盖率	-0.65*	0.28	0.52	1.00		
森林覆盖率	-0.84**	0.22	0.66*	0.86**	1.00	
年均降雨量	-0.69*	0.53	-0.56	0.68*	0.79**	1.00

*$\alpha=0.1$; **$\alpha=0.01$。

相关分析结果显示，植被重建前，子流域平均侵蚀强度变化，即流域侵蚀空间分异，主要受平均坡度、坡-沟比例、植被覆盖率和年均降雨量影响。其中，平均坡度与平均侵蚀强度呈显著正相关，坡-沟比例和植被覆盖率均与平均侵蚀强度呈显著负相关，而年均降雨量则与平均侵蚀强度呈极显著正相关。平均坡度、植被覆盖率及年均降雨量与平均侵蚀强度的关系易于理解，与通常认为的平均侵蚀强度与相应环境影响因素的关系一致，即坡度越大、降雨越多则侵蚀越强，植被覆盖率越高则侵蚀越弱。坡-沟比例与平均侵蚀强度呈负相关，这主要是由于这一时期，流域土地利用类型以耕地和草地为主，坡-沟比例越大表明子流域内沟间地面积越大，越易进行农业耕作，从而耕地面积越大，植被面积越小，因此平均侵蚀强度越高。坡-沟比例与植被覆盖率间呈显著负相关即由此导致。植被重建后，子流域平均侵蚀强度变化主要受坡-沟比例、植被覆盖率、森林覆盖率和年均降雨量影响。其中，坡-沟比例与平均侵蚀强度呈显著正相关，植被覆盖率和年均降雨量与平均侵蚀强度均呈显著负相关，而森林覆盖率则与平均侵蚀强度呈极显著负相关。植被覆盖率和森林覆盖率与平均侵蚀强度的关系易于理解，只是由于这一时期林地大幅增加，从而对侵蚀的影响力提高，因此森林覆盖率与平均侵蚀强度的关系由之前的不显著相关变为显著相关。坡-沟比例与平均侵蚀强度的关系由之前的负相关转变为正相关，这与流域土地利用结构显著改变有关：大规模植被重建后流域沟间地内耕地和草地大多转变为林地，而沟谷地林地面积增加相对较少。因此，坡-沟比例越大表明子流域内沟间面积越大，林地增加面积越大，因此平均侵蚀强度越低。坡-沟比例与森林覆盖率间呈显著正相关也反映出这种关系。年均降雨量与平均侵蚀强度的关系与通常所认为的降雨越大侵蚀越强的关系相反，这主要是因为流域降雨呈自西北向东南递增分布，处在流域西北部的定边县在这一时期内的植被重建力度明显小于处在流域东南部的吴起县，因此林地呈自西北向东南递增分布，这一点在之前土地利用重心变化分析已得到确定。也就是说，这一时期，流域内降雨多的区域，森林覆盖率较高。由于植被与降雨具有相同空间分布，当植被对侵蚀影响大于降雨时，降雨与侵蚀强度的关系实则是植被与侵蚀的关系，因此呈负相关。

在相关分析的基础上，基于所选取的拟合子流域有关数据，对植被重建前后侵蚀强度与具有显著影响的环境因素进行多元回归拟合（表 14-12）。

表 14-12　流域植被重建前、后子流域平均侵蚀强度与环境因素回归方程

Table 14-12　Regression equations between average soil erosion intensity and environmental factors before and after vegetation restoration

时段	多元回归方程	标准化多元回归方程	相关系数	显著性水平	样本个数
植被重建前	$-36\,610.900 + 211.361S_a + 733.922R_t$ $-76.327V_r + 107.150P_a$	$0.119S_a + 0.114R_t$ $-0.280V_r + 0.834P_a$	0.654	0.064*	20
植被重建后	$50\,044.471 - 2\,293.792R_t + 92.488V_r$ $-80.412F_r - 90.263P_a$	$-0.321R_t + 0.380V_r$ $-0.797F_r - 0.543P_a$	0.812	0.002**	20

注：S_a为子流域平均坡度；R_t为子流域坡沟比例；V_r为子流域植被覆盖率；F_r为子流域森林覆盖率；P_a为子流域年均降雨量；*$\alpha = 0.1$；**$\alpha = 0.01$。

为进一步检验回归拟合结果的有效性，运用拟合获得回归方程计算所选取的检验子流域的平均侵蚀强度，并选用绝对误差（AE）、相对误差（MRE）、变差系数（DC）、Sutcliffe 效率系数（E_{ns}）和决定系数（R^2）反映精度（图 14-9）：

$$AE = P_i - O_i$$

$$MRE = \frac{1}{n} \sum_{i=1}^{n} \left| \frac{O_i - P_i}{O_i} \right|$$

$$DC = \sqrt{\frac{\sum_{i=1}^{n} (P_i - O_i)^2}{n}} \cdot \frac{1}{\overline{O}}$$

$$E_{ns} = 1 - \frac{\sum_{i=1}^{n} (P_i - O_i)^2}{\sum_{i=1}^{n} (O_i - \overline{O})^2}$$

$$R^2 = \frac{\left(\sum_{i=1}^{n} (O_i - \overline{O})(P_i - \overline{P}) \right)^2}{\sum_{i=1}^{n} (O_i - \overline{O})^2 \sum_{i=1}^{n} (Pi - \overline{P})^2}$$

式中，P_i为模拟值；O_i为实测值；$\overline{O}$为实测值的平均值；$\overline{P}$为模拟值的平均值；n为数据个数。

检验结果（表 14-13）表明，植被重建前、后，子流域平均侵蚀强度模拟结果与实际侵蚀强度间的平均绝对误差分别为 -635.48 t/（$km^2 \cdot a$）和 -105.60 t/（$km^2 \cdot a$），平均相对误差分别为 -6.25% 和 0.78%，变差系数较小，分别为 0.12 和 0.11，Nash-Sutcliffe 效率系数分别为 0.68 和 0.81，决定系数分别为 0.77 和 0.82。不同检验指标均反映出模拟结果具有较好的可靠性。因此，根据子流域平均侵蚀强度与环境影响因素建立的流域侵蚀分布拟合方程能客观地反映流域不同时段侵蚀强度空间分异特征。

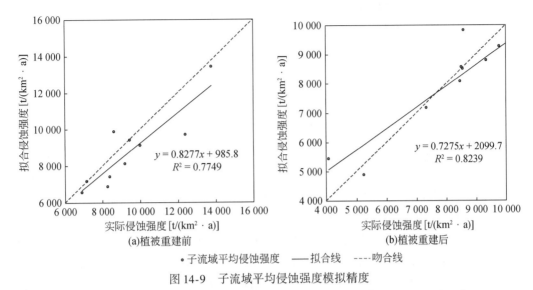

$$y = 0.8277x + 985.8$$
$$R^2 = 0.7749$$

$$y = 0.7275x + 2099.7$$
$$R^2 = 0.8239$$

(a)植被重建前　　　　　　　　　　(b)植被重建后

• 子流域平均侵蚀强度　　——拟合线　　----吻合线

图 14-9　子流域平均侵蚀强度模拟精度

Fig. 14-9　Analysis of the accuracy of simulated average annual erosion intensity of
sub−basin before and after vegetation restoration

表 14-13　不同时段子流域侵蚀强度模拟检验结果

Table 14-13　Test result of simulated erosion intensity of sub−basin before and after vegetation restoration

时段	AE $[t/(km^2 \cdot a)]$	MRE（%）	DC	E_{ns}	R^2	样本个数
植被重建前	−635.48	−6.25	0.12	0.68	0.77	10
植被重建后	−105.60	0.78	0.11	0.81	0.82	10

　　多元回归方程中，回归系数绝对值表示不同环境影响因素对侵蚀强度的相对贡献率。拟合结果表明，植被重建前，流域侵蚀强度空间分异主要受平均坡度、坡−沟比例、植被覆盖率和年均降雨量影响。其中，平均坡度和坡−沟比例代表地形因素，植被覆盖率代表植被因素，年均降雨量代表降雨因素，则由不同环境影响因素的标准化回归系数可知，这一时期地形、植被和降雨对流域侵蚀强度空间分异的贡献分别为17%、21%和62%。侵蚀强度空间分布主要受降雨影响，其次为地形，植被对侵蚀影响较弱。植被重建后，流域侵蚀强度空间分布主要受坡−沟比例、植被覆盖率、森林覆盖率和降雨量影响。其中，坡−沟比例代表地形因素，植被覆盖率和森林覆盖率代表植被因素，年均降雨量代表降雨因素，则由不同环境影响因素的标准化回归系数可知，这一时期地形、植被和降雨对流域侵蚀强度空间分异的贡献分别为16%、58%和26%。侵蚀强度空间分布主要受植被影响，其次为降雨，地形对侵蚀影响较弱。植被重建后，植被对流域侵蚀空间分异的贡献较植被重建前提高37%，相对提升1.8倍，从影响最小的因素变为影响最大的因素。不同环境因素对侵蚀强度空间分异的影响在很大程度上反映了其对土壤侵蚀发生、发展的影响。在环境因素耦合影响过程中，主导因素对侵蚀的作用将最终决定相应时空范围内的侵蚀强度与

分布。通过植被重建，流域内植被因素对侵蚀强度及分布的影响贡献显著提升，从而使地形、降雨等其他具有加剧侵蚀强度的环境因素所发挥的作用明显减弱，成为植被调控侵蚀、产沙的重要作用机制。

14.4 小　　结

1）基于双累积曲线等水文统计分析可知，以植被重建前的 1980～1994 年为基准期，2001～2009 年，流域林草植被覆盖率由 57% 增至 77%，导致径流、输沙显著减少，年均减水、减沙效应为 36% 和 71%，即在实际降雨状况下，植被重建导致流域径流和输沙累计减少 3.2 亿 m^3 和 2.3 亿 t，相当于年均减少径流深 10 mm，减少输沙模数 0.7 万 t/km^2。由此，一方面反映出植被重建控制流域水土流失的有效性；另一方面，由于该区属多沙、粗沙区，径流多为高含沙水流且以粗沙为主，故减水、减沙能力大致在同一量级，单位减沙耗水量为 1.4 m^3/t，虽然远小于黄河干流水利工程调沙的单位用水量 10～40 m^3/t（王光谦等，2006），但通过区内植被建设减少流域侵蚀产沙，仍将减少相当数量的下游输水。因此，面对黄河中下游水资源不足的现状，黄土高原开展水土保持林草植被建设，必须考虑水资源承载力和水环境容量，确定区域植被建设合理规模。

2）基于频率统计和回归分析可知，黄土区大中流域植被重建水沙调控效应在年际与年内均受降雨影响，不同降雨年份和月份水沙变幅存在差异。年际尺度上，植被重建后的水沙减幅呈丰水年 > 平水年 > 枯水年，通常年降雨越大，林草植被减水、减沙效应越强；年内尺度上，汛期水沙减幅强于非汛期，植被重建减少月际水沙的效应需在月雨量大于一定临界阈值后方显著表现，之后随雨量增加而增大，初步确定对于北洛河上游所在的陕北黄土区大中流域而言，该阈值为 25 mm 左右。除此以外，黄土区大中流域增加林草植被将同时减少地表径流和基流，但地表径流减少强于基流，不同降雨条件下基流减幅基本稳定，随降雨增大流域径流总量减少主要通过减少地表径流实现。

3）基于 SWAT 模型模拟分析可知，2002～2009 年，在实际降雨条件下，因植被重建导致的土地利用变化，最终造成流域径流、输沙减少，年均减水、减沙效应分别为 10% 和 82%，其中，年均减水效应明显小于双累积曲线法确定的年均减水效应 36%，减沙效应则略大于双累积曲线法确定的年均减沙效应 71%。除受分析时段不一致的影响外，在一定程度上反映出 SWAT 模型在黄土区大中流域水文模拟中，可能导致径流较大幅度的整体减小，而输沙较小幅度的增大。

4）基于分布式统计模型模拟可知，大规模植被重建导致在降雨和降雨侵蚀力明显增加而具有加剧侵蚀、产沙的气候背景下，北洛河上游流域土壤侵蚀强度大幅下降，由植被重建前（1980～1994 年）的 12 652.06 t/（km^2·a）下降为植被重建后（2001～2004 年）的 6036.72 t/（km^2·a），侵蚀强度等级由极强度下降为强度。坡-沟系统间，沟间地重建前、后的年均土壤侵蚀强度分别为 5770.46 t/（km^2·a）和 1437.93 t/（km^2·a），分属强度等级和轻度等级，侵蚀强度总体下降 75%；沟谷地年均土壤侵蚀强度分别为 28 093.92 t/（km^2·a）和 16 196.91 t/（km^2·a），均属剧烈侵蚀等级，沟谷地土壤侵蚀强度总体下降 42%。侵蚀强度下降的同时，流域坡-沟系统内不同等级的土壤侵蚀面积也显著变化。植被重建前，49% 的沟间地存在强度以上土壤侵蚀，轻度以下的土壤侵蚀面积占 31%；31% 的沟谷地存在强度以上土壤侵蚀，轻度以下的土壤侵蚀面积占 50%。植被重建后，强度以上土壤侵蚀的沟间地面积大幅减少，仅占流域沟间地的 12%，而轻度以下的土壤侵蚀面积则增至 81%；强度以上土壤侵蚀的沟谷地面积大幅减少，仅占流域沟谷地的 26%，而轻度以下的土壤侵蚀面积增至 59%。总体上，植被重建后的沟谷地与沟间地土壤侵蚀强度均较植被重建前大幅降低。但与沟间地不同，虽然植被重建前、后沟谷地平均侵蚀强度均较高，但侵蚀强度大于 5000 t/（km²·a）的面积则相对较少，两个时期均未超过 50%，表明沟谷地侵蚀强度空间分异显著，不足一半特殊地貌部位的侵蚀强度十分剧烈，而一半以上地貌部位的土壤侵蚀并不严重。

5）基于分布式统计模型模拟可知，大规模植被重建导致北洛河上游流域内的产沙强度由 3896.99 万 t/a 减少为 1795.50 万 t/a。由于沟间地和沟谷地的侵蚀特征及植被变化存在差异，因此两个侵蚀单元的产沙对植被重建的变化响应不同。其中，沟间地产沙强度由 1308.81 万 t/a 减少为 322.46 万 t/a，降幅 42%；沟谷地产沙强度由 2588.18 万 t/a 下降为 1473.04 万 t/a，降幅 43%。结合植被变化分布可知，流域植被增加主要分布于流域沟间地，造成该地貌单元侵蚀、产沙强度明显下降；沟谷地侵蚀、产沙主要受上坡来水、来沙影响，上坡沟间地植被增加后，产流、产沙减少，加之区内植被增加，共同造成区内侵蚀、产沙强度下降。沟间地与沟谷地产沙减幅差异，使流域坡-沟侵蚀、产沙分布发生较大变化，坡-沟产沙比例由大规模植被重建前的 1:2 变化为 1:5，植被重建后沟谷地对流域产沙的贡献比例显著增强，成为最主要的侵蚀、产沙源。

6）基于分布式统计模型模拟可知，植被重建后不仅流域平均侵蚀、产沙强度明显下降，且侵蚀、产沙在不同土地利用类型中的分布也显著改变。植被重建前，草地和耕地是流域土地利用绝对主体，面积分别占流域总面积的 52.28% 和 42.79%，侵蚀强度较高，分别达 1.57 万 t/（km²·a）和 0.98 万 t/（km²·a），成为流域主要产沙源，产沙量分别占流域总产沙的 63.05% 和 35.45%；植被重建后，林地、草地和耕地成为流域主要土地利用类型，分别占流域总面积的 41.92%、34.84% 和 22.61%。其中，除草地侵蚀强度为 1.23 万 t/（km²·a），仍属极强度等级外，林地和耕地的侵蚀强度仅 0.16 万 t/（km²·a）和 0.40 万 t/（km²·a），分别由中度和极强度下降为轻度和中度。但由于面积较大，且主要分布于沟谷地，草地仍是目前流域最主要的产沙源，产沙量占流域总产沙的 73.27%。

7）基于分布式统计模型模拟和典型小流域侵蚀产沙与影响因子的多元回归分析发现，植被重建前，北洛河上游流域侵蚀强度空间分异主要受平均坡度、坡-沟比例、植被覆盖率和年均降雨量影响。其中，坡度和坡-沟比例代表地形因素，植被覆盖率代表植被因素，年均降雨量代表降雨因素，则地形、植被和降雨对流域侵蚀强度空间分异的贡献分别为 17%、21% 和 62%，流域侵蚀强度空间分布主要受降雨影响，其次为地形，植被对侵蚀影响较弱。植被重建后，流域侵蚀强度空间分布主要受坡-沟比例、植被覆盖率、森林覆盖率和年均降雨量影响。其中，坡-沟比例代表地形因素，植被覆盖率和森林覆盖率代表植被因素，年均降雨量代表降雨因素，则地形、植被和降雨对流域侵蚀强度空间分异的贡献分别为16%、58%和26%，流域侵蚀强度空间分布主要受植被影响，其次为降雨，地形对侵蚀影响较弱。植被重建后，植被对流域侵蚀空间分异的贡献提高37%，相对提升1.8倍，从影响最小的因素变为影响最大的因素。不同环境因素对侵蚀强度空间分异的影响在很大程度上反映了其对土壤侵蚀发生、发展的影响。在环境因素耦合影响过程中，主导因素对侵蚀的作用将最终决定相应时空范围内的侵蚀强度与分布。通过植被重建，流域内植被因素对侵蚀强度及分布的影响贡献显著提升，从而使地形、降雨等其他具有加剧侵蚀强度的环境因素所发挥的作用明显减弱，成为植被调控侵蚀、产沙的重要作用机制。

参 考 文 献

高照良，付艳玲，张建军，等.2013. 近50年黄河中游流域水沙过程及对退耕的响应. 农业工程学报，29（6）：99-105.

李子君，李秀彬，余新晓.2008. 基于水文分析法评估水保措施对潮河上游年径流量的影响. 北京林业大学学报，30（增刊2）：6-11.

穆兴民，巴桑赤烈，Zhang L，等.2007. 黄河河口镇至龙门区间来水来沙变化及其对水利水保措施的响应. 泥沙研究，（2）：36-41.

秦伟，朱清科，刘广全，等.2010. 北洛河上游生态建设的水沙调控效应. 水利学报，41（11）：1325-1332.

秦伟，曹文洪，左长清，等.2014. 黄土区大中流域径流输沙对植被重建变化响应//浙江省水利河口研究院，浙江省海洋规划设计研究院. 第九届全国泥沙基本理论研究学术讨论会论文集. 北京：中国水利水电出版社：720-727.

唐克丽.2004. 中国水土保持. 北京：科学出版社.

王光谦，张长春，刘家宏，等.2006. 黄河流域多沙粗沙区植被覆盖变化与减水减沙效益分析. 泥沙研究，（2）：10-16.

王红闪，黄明斌，张橹.2004. 黄土高原植被重建对小流域水循环的影响. 自然资源学报，19（3）：344-350.

谢云，刘宝元，章文波.2000. 侵蚀性降雨标准研究. 水土保持学报，14（4）：6-11.

信忠保，余新晓，甘敬，等.2009. 黄河中游河龙区间植被覆盖变化与径流输沙关系研究. 北京林业大学学报，31（5）：1-7.

徐宪立，马克明，傅伯杰，等.2006. 植被与水土流失关系研究进展. 生态学报，26（9）：3137-3143.

张晓明，余新晓，武思宏，等.2005. 黄土森林植被对坡面径流和侵蚀产沙的影响. 应用生态学报，16（9）：1613-1617.

章文波，付金生.2003. 不同类型雨量资料估算降雨侵蚀力. 资源科学，25（1）：35-41.

郑明国，蔡强国，陈浩，等.2007. 黄土丘陵沟壑区植被对不同空间尺度水沙关系的影响. 生态学报，27（9）：3572-3581.

中华人民共和国水利部.2008. 土壤侵蚀分类分级标准（SL190—2007）. 北京：中国水利水电出版社.

Bi H X, Liu B, Wu J, et al. 2009. Effects of precipitation and landuse on runoff during the past 50 years in a typical watershed in the Loess Plateau, China. International Journal of Sediment Research, 24 (3): 352-364.

Hao F H, Chen L Q, Liu C M, et al. 2004. Impact of land use change on runoff and sediment yield. Journal of Soil and Water Conservation, 18 (3): 5-8.

Yu P T, Wang Y H, Wu X D, et al. 2010. Water yield reduction due to forestation in arid mountainous regions, northwest China. International Journal of Sediment Research, 25 (4): 423-430.